Lothar J. Seiwert

Coaching Kompakt Kurs

Professioneller arbeiten und leben ...
in Balance

28 Lehrbriefe

OLZOG

GESAMTINHALTSVERZEICHNIS

Lothar J. Seiwert

Coaching Kompakt Kurs
Professioneller arbeiten und leben ...
in Balance

28 Lehrbriefe

660 223 105

BASISBRIEF

zum

LOTHAR J. SEIWERT COACHINGBRIEF

Professioneller & souveräner arbeiten und leben

Monatlicher Coaching-Service ❖ Basisbrief

Liebe Leserin, lieber Leser,

die Tatsache, daß Sie diesen Basisbrief in Händen halten, zeigt, daß Ihnen Ihre persönliche Weiterentwicklung wichtig ist. Damit gehören Sie zu den ausgewählten zwei Prozent der Deutschen, die ihre Zukunft nicht dem Zufall überlassen. Mit unserem monatlichen Coaching-Service möchte ich Sie auf Ihrem Weg begleiten und jeden Ihrer Schritte unterstützen, der Sie in Richtung Ihres Ziels, professioneller und souveräner zu arbeiten und zu leben, bringt.

Unser Coaching beginnt

Als Einstimmung auf unsere monatliche Zusammenarbeit haben Sie die Broschü-

re „Basiswissen" und vorliegenden „Basisbrief" erhalten. Arbeiten Sie als erstes das Basiswissen durch. Dort erhalten Sie Grundlagen-Know-how für alle folgenden **COACHINGBRIEFE**, auf das Sie immer wieder zurückgreifen können und auf das wir in unserem Coaching aufbauen werden.

Im folgenden zeige ich Ihnen an einem kurzen Beispiel zum Thema „Mission Statement" (Lebensvision) den Aufbau unseres monatlichen Coachings. Ich gebe Ihnen hier die sieben Coaching-Schritte im Überblick. Im monatlichen **COACHINGBRIEF** werden wir zu einem Thema jeweils nur einen oder zwei Schritte gehen, arbeiten aber gleichzeitig an mehreren Themen. Auf diese Weise bleibt Ihnen genügend Zeit für den wichtigen Praxistransfer.

Unser Beispiel ist nur ein kleiner Ausschnitt zu diesem wichtigen Thema, das wir in den **COACHINGBRIEFEN** weiterverfolgen und vertiefen werden.

Ihr

Lothar J. Seiwert

PROFESSOR DR. LOTHAR J. SEIWERT gilt als Europas führender Experte für Zeitsouveränität, Effektivität und sinnvolles Lebensmanagement. Er ist erfolgreicher Bestsellerautor und erhielt 1999 als erster deutscher Trainer den internationalen Trainingspreis "Excellence in Practice" der ASTD (American Society for Training und Development).

ALLTAG
HEUTE — MORGEN
Keine Zeit — Zeit haben
hektik, streß — Mit Muße und Übersicht arbeiten
Keine Aufträge — Konstante Auftragseingänge
...ortes Familienleben — Mehr Gemeinsamkeit in der Familie
...sichere Finar...er — gesicherte Zukunft

Themen

Finden Sie Ihre Lebensvision

„Wenn du ein Schiff bauen willst, dann rufe nicht die Menschen zusammen, um Pläne zu machen, Arbeit zu verteilen... und Holz zu schlagen, sondern lehre sie die Sehnsucht nach dem weiten, endlosen Meer. Dann bauen sie das Schiff von alleine."

Antoine de Saint-Exupéry

Über Visionen und Lebensziele wird viel geredet. Frage ich allerdings meine Seminar-Teilnehmer nach ihren Lebenszielen und Visionen, dann stelle ich fest, daß die wenigsten genau wissen, was sie in ihrem Leben wirklich erreichen wollen: wofür Sie täglich all ihre Kraft, Zeit und Energie einsetzen und wofür sie Karrierepläne schmieden, Familien gründen, sich recken und strecken.

Visionen werden oft mit Zielen verwechselt. Doch schauen Sie sich das obige Zitat aus „Der kleine Prinz" an, dann erkennen Sie den Unterschied so-

Lebensvision
Viele Begriffe, eine Bedeutung

Während unserer Beschäftigung mit dem Thema Lebensvision, werden Ihnen unterschiedliche Begriffe über den Weg laufen, die alle dasselbe meinen: „Ihre große Idee, was Sie mit Ihrem Leben anfangen wollen."
Sie wird bezeichnet mit: Lebensvision, Big idea, Mission Statement, Leitbild, Lebensziel oder Lebensmotto.

Egal, wie Sie es nennen, wichtig ist, daß Sie ganz genau wissen, was Sie damit meinen.

fort: Ihre Vision ist das WARUM hinter all Ihren kleinen und großen Zielen. Jeder von uns hat dieses WARUM, doch die wenigsten kennen es. Es ist die große Idee (die Amerikaner nennen ihre Lebensvision auch ihre „big idea"), die hinter all unseren Zielen steckt.

Und nur wenn Sie einen klaren Blick auf das große Ganze in Ihrem Leben haben, wenn Sie wissen, wofür Sie morgens aufstehen, dann besitzen Sie auch in den schwierigsten Situationen die Kraft und Energie, Ihren Alltag zu meistern.

Nur mit einem großen Lebensziel vor Augen werden Sie eine dauerhaft gesunde Lebens-Balance erreichen, die Sie Tag für Tag Ihren Träumen und Zielen näherbringt.

Nur wenn Sie eine klare Vision davon haben, was Sie in Ihrem Leben erreichen wollen, können Sie Ihrem Leben bewußt Sinn und Richtung geben.

Erfolgspyramide: Die Schritte zu Ihrer Vision

Während unserer gemeinsamen Arbeit an Ihrer Lebensvision werden wir uns immer wieder mit folgenden Fragen auseinandersetzen:

≋ Was will ich in meinem Leben noch alles erreichen?

≋ Was ist mir wichtig, welche persönlichen Werte schätze ich besonders?

≋ Worin liegen meine besonderen Fähigkeiten und Begabungen?

≋ Worauf will ich am Ende meines Lebens zurückblicken?

Damit Sie Schritt für Schritt eine klare Vorstellung von dem bekommen, was Sie mit Ihrem Leben anfangen wollen, werden wir uns in unserem Coaching immer wieder auf die „Erfolgspyramide zur Effektivität" (siehe auch Basiswissen, Seite 9f.) beziehen.

Sie sehen, daß die Lebensvision den ersten Schritt auf unserer Erfolgspyramide darstellt. Ohne Ihr Wertesystem genau zu kennen, das heißt, ohne zu wissen, was hinter all Ihren Aktivitäten steht, werden Sie die Schritte 2 bis 7 nur halbherzig gehen können.

Eine Langzeitstudie der Harvard-Universität über den Werdegang von Studienabgängern ergab, daß nur drei Prozent aller Teilnehmer der Studie eine klare Lebensvision und klare Zielvorstellungen, wie sie diese erreichen wollten, besaßen.

Und genau diese drei Prozent verdienten im Durchschnitt dreimal soviel wie ihre ehemaligen Studienkollegen ohne genaues Bild von ihrem Leben.

Daran erkennen Sie, daß eine Lebensvision keine Spinnerei für stille Stunden ist, sondern direkte Auswirkungen auf Ihr gesamtes Leben, zum Beispiel auch Ihr berufliches Weiterkommen, hat.

Lassen Sie uns im folgenden gemeinsam die ersten Schritte zu Ihrer persönlichen „big idea" gehen.

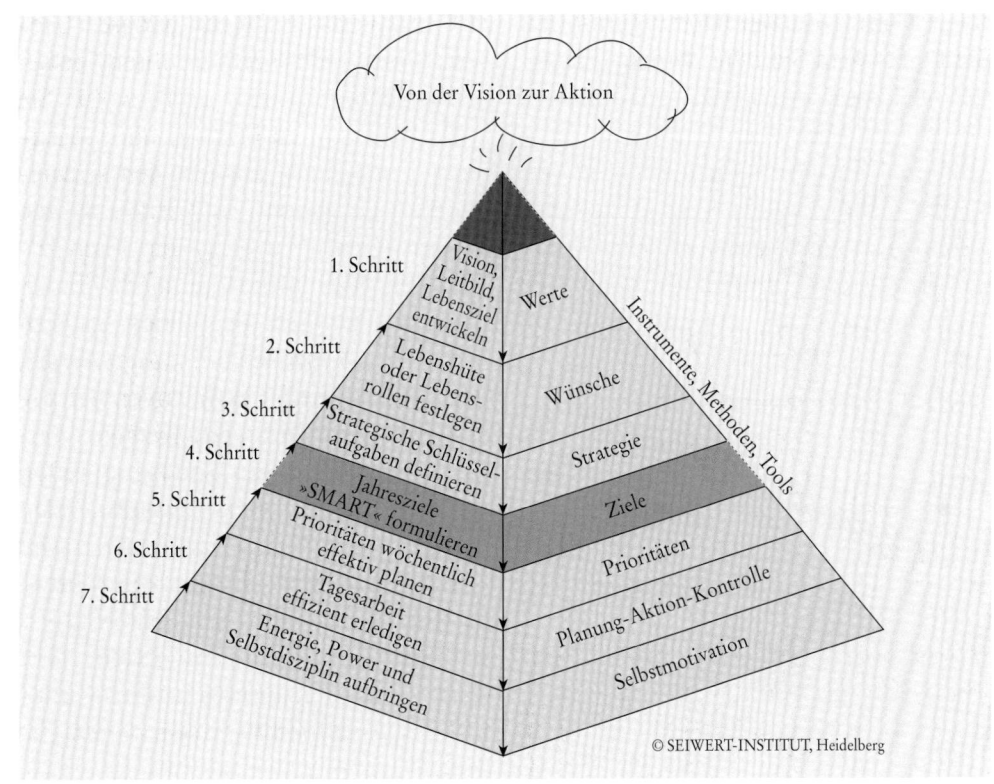

© SEIWERT-INSTITUT, Heidelberg

1. Schritt:
Das Thema: Ihre 5-Jahres-Perspektive

Beginnen Sie die Arbeit an Ihrer Lebensvision mit einem 5-Jahres-Schritt: Jede Reise beginnt mit der ersten Etappe

Wir beginnen die Arbeit an Ihrer persönlichen Lebensvision mit einem kleinen Schritt: Ich bitte Sie, sich Klarheit über Ihre Vision für die nächsten fünf Jahre zu verschaffen. Wenn Sie mit diesem relativ gut überschaubaren Zeitraum beginnen und sich verdeutlichen, was Sie alles in nur fünf Jahren erreichen können, werden Sie ein besseres Gefühl dafür bekommen, was Sie mit Ihrem Leben anfangen möchten.

2. Schritt:
Ein Beispiel

Setzen Sie als erstes die Prioritäten für jeden einzelnen Ihrer Lebensbereiche. Schauen Sie sich dazu noch einmal das Zeit-Balance-Modell im Basiswissen Seite 24 f. an.

Der Geschäftsstellenleiter einer erfolgreichen Außendienstorganisation beschrieb die Vision für seinen Lebenshut (vgl. Basiswissen S. 27) als Teamleader (siehe Kasten oben):

Ihre Vision finden Sie nur, wenn Sie sich alle Lebensbereiche genau anschauen

Einmal aufgeschrieben dient Ihnen Ihre Vision zugleich als praktischer Maßstab, im hektischen Tagesgeschehen die jeweils richtigen Prioritäten zu setzen und zu leben.

Fallbeispiel: Meine Vision

Lebenshut: Teamleader

„Meine Kollegen und Mitarbeiter sind für mich gleichberechtigte Partner, denen ich mit Ehrlichkeit und Zuverlässigkeit begegne. Meinen Erfolg erziele ich nur mit meinem Team; daher steht für mich das Wohl der Geschäftsstelle und meines Teams über dem Wohl einzelner Interessen.

Ich bin Vorbild und Visionär, um für das gesamte Team heute und auch in der Zukunft den gemeinsamen Erfolg zu gewährleisten."

3. Schritt:
Aufgabe für Ihre Praxis: Heute in 5 Jahren

Wir alle können eine neue Gewohnheit erst verinnerlichen, wenn wir sie in unserer Praxis selbst erfahren und umgesetzt haben.

Deshalb geht es jetzt ans Tun. Wir beginnen mit einer „kleinen" Vision: Stellen Sie sich vor, wo Sie in fünf Jahren stehen werden?

Lassen Sie dafür Ihre momentanen Gedanken einfach los, lehnen Sie sich relax zurück, schließen Sie Ihre Augen, und stellen Sie sich einfach vor, daß Sie in die Zukunft „gebeamt" werden.

⧄ Denken Sie genau fünf Jahre weiter, gerechnet von heute an: Welches Datum schreiben wir? Was wird sich „HEUTE in 5 Jahren" für Sie alles verändert haben?

Nehmen Sie das Formular „Heute in 5 Jahren" (Seite 7 unseres heutigen Briefes) als Anleitung, und entwerfen Sie Ihre 5-Jahres-Vision auf Papier. (Vielleicht möchten Sie das Blatt auch kopieren, um es leicht mitnehmen und abändern zu können.)

Sie werden sich wundern, was diese kleine Zeitreise in Ihnen bewirken wird. Wichtig dabei ist, daß Sie sich von heutigen Einschränkungen und Hindernissen frei machen und kühn Ihre Träume auf dem Papier verwirklichen.

Sie müssen nicht gleich Picasso übertreffen wollen, aber malen und visualisieren Sie, da Ihr Unterbewußtsein in Bildern denkt. Sie aktivieren damit die Potentiale Ihrer rechten Hirnhälfte und erschließen sich den Zugang zu Ihren verborgenen Wünschen, Bedürfnissen und Zielen.

(Kleine Hilfe: Damit Sie eine Vorstellung davon bekommen, was Sie in nur fünf Jahren alles erreichen können, rufen Sie sich jetzt kurz ins Gedächtnis, wo Sie vor fünf Jahren standen und was Sie bis dato alles erreicht haben.)

Ihre Vision können Sie nur in sich selbst finden oder aus Ihrem Inneren heraus entwickeln.

Welches sind Ihre wichtigsten Werte für jeden Ihrer Lebensbereiche?

3. Schritt: Heute in 5 Jahren

Damit Sie Ihre Zukunft klar vor Augen sehen können, sollten Sie die Gegenwart einfach hinter sich lassen und sich zu einem (oder zu jedem, wenn Sie mögen) der vier Lebensbereiche folgende Fragen stellen:

Mein Beruf, meine Leistung	Meine Familie, mein Privatleben
Welchen Beruf werde ich ausüben? Was wird von mir verlangt? Was werde ich verdienen? Wie wird mein Arbeitsumfeld aussehen?	Habe ich Kinder? Wer wird heute in fünf Jahren für mich wichtig sein? Lebe ich weiterhin hier? Wer ist nicht mehr bei mir?

Meine Erfahrungen, mein Wissen	Mein Lebensmotto, meine Prioritäten
Was habe ich neu hinzugelernt? Welche neuen Erfahrungen habe ich gemacht? Welche Reisen habe ich gemacht, und welches Hobby betreibe ich? Welche Sportarten werde ich betreiben?	Welche Vision habe ich? Wenn in diesen fünf Jahren alles möglich gewesen wäre, welche meiner Wünsche habe ich erfüllt? Wen bewundere ich am meisten? Was will ich erreichen?

Nehmen Sie nun farbige Stifte, und bringen Sie Ihre Träume und Zukunftsvorstellungen einfach aufs Papier – „Kann ich nicht!" ist eine Einschränkung, die Sie sich selbst auferlegen. Nutzen Sie das Formular auf Seite 7, und malen Sie in jede Ecke ein kleines Szenario des jeweiligen Lebensbereiches; Schreiben Sie nach dem Malen Ihre Gedanken dazu auf!

Beruf, Arbeit, Leistung	Familie, private Beziehungen
Lernen, Wissen, Erfahrungen	Lebens- Prioritäten, Lebensmotto

So entsteht Ihre 5-Jahres-Vision: Schauen Sie sich Ihr fertiges Kunstwerk an, und schreiben Sie in vier bis fünf Sätzen auf, was Sie in den einzelnen Bereichen sehen.

4. Schritt:
Ihre ersten Ergebnisse und Fragen

Der Verkaufsberater eines angesehenen süddeutschen Autohauses schickte uns seine 5-Jahres-Perspektive mit der Bitte um Kommentar:

Lassen Sie Ihren Gedanken freien Lauf, wenn Sie Ihre Vision niederschreiben. Im Laufe der Beschäftigung mit dem Thema konkretisieren sich Ihre Ziele von selbst.

Lebensbereich Familie

„Ich habe mit meiner Frau eine glückliche Beziehung, die immer noch auf Liebe, Vertrauen und gegenseitigem Respekt aufgebaut ist. Unsere Kinder empfinden ihre Eltern als Beschützer und Helfer, aber wir sind ihnen immer noch auch gute Freunde und Spielgefährten. In unserem Freundeskreis sind wir in einer kleinen Gruppe von Leuten eingebunden, die wie wir ein Interesse an echten Beziehungen haben."

Mein Kommentar: Ihre Prioritäten in diesem Lebensbereich sind sehr ausgewogen. Bei Ihnen dominieren die immateriellen Werte.
Mein Kompliment!
Weiter so!

Übrigens: Während zu Beginn der ersten Übungen zur Visionsfindung bei jüngeren Dynamikern immer wieder zum Beispiel der Ferrari auftaucht, ist er späte-

stens bei der niedergeschriebenen Version des Lebensleitbildes – zur größten Überraschung der Betroffenen selbst – plötzlich wieder verschwunden, weil jetzt anderes wichtiger geworden ist.

Oftmals scheinen die „greifbaren" Ziele, wie der Ferrari oder das schicke Eigenheim erstrebenswert. Doch wichtig ist, was dahinter steht – was diese Dinge symbolisieren.

5. Schritt:
Hinweise zur Optimierung

Die Entwicklung Ihrer Vision ist ein Reifeprozeß. Tragen Sie daher die aktuelle Fassung Ihres 5-Jahres-Leitbilds zum Beispiel in Ihrem Zeitplanbuch oder Ihrer Brieftasche mit sich herum.

Schauen Sie Ihren Entwurf immer wieder an. Machen Sie Notizen, Streichungen oder Ergänzungen, bis Sie Ihr Leitbild wieder umformuliert und verbessert haben.

Schreiben Sie alles einmal in einem Guß zusammen, und Sie werden feststellen, daß die einzelnen Bereiche nahtlos ineinander übergehen: Dahinter steht Ihr ganz persönliches Wertesystem, und daher wird sich ein einheitliches Ganzes ergeben.

Verspüren Sie eine Richtung, einen tieferen Sinn, eine Herausforderung und eine Motivation, wenn Sie Ihr Leitbild durchlesen?

Ich habe Seminar-Teilnehmer erlebt, die schon bei diesen ersten Übungen eine Leitbildversion gefunden haben, die Ihnen nicht nur für fünf Jahre die Richtung gegeben hat, sondern Ihr persönliches "Mission Statement" wurde. Andere überarbeiten ihre Entwürfe immer wieder, bis sie sich mit ihrem Lebensbild wohlfühlen. Es gibt hier keine Patentre-

Heute in 5 Jahren

Beruf, Arbeit Leistung | Familie, private Beziehungen

Lernen, Wissen, Erfahrung | Lebens-Prioritäten, Lebens-Motto

zepte, aber ich lege Ihnen ans Herz, diese Aufgabe so weit zu verfolgen, bis Sie damit zufrieden sind.

6. Schritt:
Jeden Tag einen weiteren Schritt

Erst wenn Sie fühlen, daß Ihr Leitbild stimmig ist, werden Sie sich unbewußt auf seine Erfüllung programmieren. Bewußt unterstützen Sie sich mit einer konkreten Zielplanung, über die wir in einem der nächsten Briefe sprechen werden

Reservieren Sie sich in den folgenden vier Wochen jeweils zehn Minuten pro Tag, in denen Sie über Ihre 5-Jahres-Mission nachdenken. Nutzen Sie dazu das System der 7 Lebenshüte (vgl. Basiswissen, S. 27ff.). Formulieren Sie kleine Leitbilder für jeden Ihrer Lebenshüte.

7. Schritt:
Eine neue Gewohnheit entsteht

Während meiner Studienreisen in den USA habe ich eine Reihe von Anwendern kennengelernt, die ihr Leitbild jeden Morgen durchlesen. Dies ist für diese Menschen die wirksamste Vorbereitung auf ihren Arbeitstag. Damit stimmen sie sich auf ihre wirklich wichtigen Prioritäten ein.

> Auch wenn es Ihnen ungewohnt und albern vorkommt: Testen Sie dieses Vorgehen zehn Tage lang.

Nehmen Sie sich nicht nur vor, an Ihr Leitbild zu denken, sondern hängen Sie es sich gut sichtbar auf (zum Beispiel auf dem Lenkrad Ihres Wagens), und lesen Sie es jeden Morgen vor Ihrem Tagesstart durch.

Gehen Sie den ersten Schritt sofort

Als Seminar-Coach habe ich Tausende Mal die Erfahrung gemacht, daß auch skeptische Seminar-Teilnehmer oder solche, die mit dem Ziel gekommen waren, das Seminar nur als Entspannung vom Alltag zu nutzen (der Arbeitgeber bezahlt ja), am Ende profitierten. Der Grund: Durch die vielen praktischen Übungen hatten sie gar keine andere Chance als einen großen Schritt voranzukommen. Denn wer sich einmal intensiv aus der Perspektive der konkreten Ziele und Visionen mit seinem Leben auseinandersetzt, bei dem wird ein Mechanismus in Gang gesetzt, der ihn fortan sein Tun aus einer anderen Perspektive hinterfragen läßt.

Nutzen Sie diese Chance ebenfalls, und beginnen Sie gleich jetzt mit der Umsetzung der hier vorgeschlagenen Wege. Ich freue mich auf unsere Zusammenarbeit und wünsche Ihnen viel Erfolg mit Ihrer 5-Jahres-Perspektive,

Ihr

Lothar J. Seiwert

BasisWissen

zum

LOTHAR J. SEIWERT COACHINGBRIEF

Professioneller & souveräner arbeiten und leben

Inhaltsverzeichnis

WAS WIR IHNEN ANBIETEN

Professioneller & souveräner arbeiten und leben

Professionalität und Effektivität in allen Lebensbereichen gewinnen
Souveränität und Gelassenheit ausstrahlen
Balance und Persönlichkeit entwickeln

Liebe Leserin, lieber Leser,

Erfolg ist eine Folge ...

Jeder von uns hat große Erwartungen an sein Leben. Wir wünschen uns beruflichen Erfolg, finanzielle Unabhängigkeit und harmonische Beziehungen. Und die meisten Menschen arbeiten täglich sehr hart daran, ihre Wünsche zu realisieren. Ohne nach links oder rechts zu schauen, nehmen sie beruflich eine Hürde nach der anderen – doch glücklich werden sie dabei nicht. Sie übersehen die Grundvoraussetzungen für Erfolg: Ein erfülltes und erfolgreiches Leben ergibt sich nicht zufällig. Es

ist immer das Ergebnis systematischer Zielplanung, ständiger Lernbereitschaft und permanenter Arbeit an sich selbst. Mit meinem monatlichen Coaching-Service lade ich Sie ein, mit mir gemeinsam an Ihren Zielen und Ihrer persönlichen Performance zu arbeiten. Ich stelle Ihnen bewährte Techniken und Methoden für Ihr privates und berufliches Weiterkommen vor und möchte Ihnen vor allen Dingen eine neue Sicht auf Ihren Umgang mit sich selbst und mit der Ihnen zur Verfügung stehenden Zeit vermitteln.

Die Geheimnisse erfolgreicher Menschen heißen nicht Glück oder Zufall, sondern Planung und Konsequenz. Lernen Sie, nicht immer noch mehr, sondern das Richtige zu tun, um aus Ihren Träumen Ziele zu machen, die realistisch und erreichbar sind. Wagen Sie mit mir den Blick über den eigenen Tellerrand – er ist immer lohnenswert.

Ihr

Lothar J. Seiwert

PROFESSOR DR. LOTHAR J. SEIWERT gilt als Europas führender Experte für Zeitsouveränität, Effektivität und sinnvolles Lebensmanagement. Er ist erfolgreicher Bestsellerautor und erhielt 1999 als erster deutscher Trainer den internationalen Trainingspreis "Excellence in Practice" der ASTD (American Society for Training und Development).

Was Sie in unserem gemeinsamen Coaching erwartet

Auf den folgenden Seiten gebe ich Ihnen den roten Faden für unser gemeinsames Coaching. Sie erfahren, wie unser monatliches Coaching aufgebaut ist und wie Sie meine Anregungen nutzen können, um optimal davon zu profitieren.

Die Zahlen 3 und 7 werden Sie während unserer gemeinsamen Arbeit immer wieder begleiten. So ist unser Coaching in 3 Rubriken untergliedert. Sowohl in diesem Basiswissen wie auch im monatlichen Service finden Sie diese drei Rubriken wieder.

Innerhalb der einzelnen Rubriken werde ich Sie in jeweils 7 Coachingschritten mit dem jeweiligen Thema vertraut machen.

Drei Rubriken in jedem CoachingBrief:
1. Professionalität und Effektivität = Strategien für Ihre tägliche Praxis
2. Souveränität und Gelassenheit = Sie bekommen Ihre Zeit in den Griff
3. Balance und Persönlichkeit = Das Warum hinter Ihrem Tun

1. Rubrik: Professionalität und Effektivität

Hier stelle ich Ihnen Strategien und Techniken vor, die Ihnen sowohl Ihre tägliche Routine als auch die Planung Ihrer Tätigkeiten erleichtern. Die Amerikaner sagen: „Don't work hard, work smart." (Arbeite nicht härter, sondern intelligenter). Diesen Grundsatz werden wir mit Leben füllen. Sie lernen, in all Ihrem Tun effektiver und effizienter zu werden.

Sie bekommen also die Werkzeuge geboten, die Ihnen ermöglichen, die richtigen Dinge in einer vernünftigen Art und Weise anzugehen.

2. Rubrik: Souveränität und Gelassenheit

An diesen Stellen biete ich Ihnen Übungen, Techniken und Strategien an, die Ihnen ermöglichen, Ihre Lebenszeit so zu nutzen, daß Sie ein Gefühl der Zufriedenheit bekommen. Dabei geht es nicht darum, immer mehr Dinge in immer kürzerer Zeit zu tun und Ihr Leben in einen Mega-Zeitplaner zu pressen.

Erfolg ist immer eine Folge... zielgerichteten Handelns: Ihr Weg zu persönlicher Brillanz ist gleichzeitig Ihr Ziel. Mit jeder neuen Erkenntnis, jeder neuen Technik und jeder neuen Sichtweise auf die Dinge kommen Sie Ihrem Ziel, souverän und gelassen erfolgreich zu sein, einen Riesenschritt näher.

Es geht vielmehr um eine neue Sicht auf die Menschen und Dinge, denen wir täglich unsere Zeit widmen.

3. Rubrik: Balance und Persönlichkeit

Last but not least: Beinhalten die beiden ersten Teile das „Wie" und das „Was" unseres Tuns, so möchte ich im dritten Teil des Briefes das „Warum" etwas näher beleuchten. Denn sie können mit liebgewordenen schlechten Gewohnheiten nur brechen, wenn Sie erkennen, welche inneren Beweggründe Sie für Ihr Handeln haben. Hier stelle ich Ihnen mein Lifeleadership-Konzept vor: Für mich ist die Basis für ein zufriedenes und glückliches Leben die gelungene Balance zwischen den einzelnen Lebensbereichen.

Das Coachingkonzept: In 7 Schritten zum Erfolg

Damit Sie aus unserem gemeinsamen Coaching den größtmöglichen Nutzen ziehen können, werde ich Ihnen die einzelnen Themen in einer einfachen, immer wiederkehrenden Systematik vorstellen. Ergebnisse, mit denen Sie zufrieden sind, können nur im Dialog entstehen. Unser 7-stufiger Coaching-Leitfaden bildet die Grundlage für unseren Dialog (siehe nebenstehenden Kasten).

Diesen Coaching-Prozeß werden wir bei allen Themen verfolgen, wobei wir zu jeweils einem Thema monatlich nur einen Schritt gehen werden, denn weniger ist mehr: Wenn Sie tatsächlich etwas verändern wollen, dann funktioniert das in kleinen Schritten am besten, mit Hau-Ruck-Aktionen erreichen Sie nur kurzfristige Lösungen.

Fallbeispiele, vor allem von Menschen, die diese Techniken bereits umsetzen, Checklisten, Übungen und Illustrationen von Tiki Küstenmacher, werden unseren monatlichen Dialog bereichern und auflockern.

7 Schritte zu Ihrem Erfolg

✖ **1.** Coaching-Schritt: Sie lernen das Thema kennen
✖ **2.** Coaching-Schritt: Am Beispiel erkläre ich Ihnen die Anwendungsmöglichkeiten
✖ **3.** Coaching-Schritt: Sie erhalten eine Aufgabe und eine konkrete Anleitung für Ihre eigene Praxis
✖ **4.** Coaching-Schritt: Sie können per Email, Fax oder im Internet-Chatroom Ihre Ergebnisse präsentieren und offene Fragen stellen
✖ **5.** Coaching-Schritt: Sie erhalten Hinweise zur Optimierung Ihres Vorgehens und gehen damit erneut in die Umsetzung
✖ **6.** Coaching-Schritt: Sie starten mit der optimierten Vorbereitung einen weiteren Versuch zur Umsetzung
✖ **7.** Coaching-Schritt: Sie erhalten erneut Feedback und etablieren die neue Gewohnheit als Routine

Die 7 Schritte unseres gemeinsamen Coachings

... und die nächsten Seiten

Im vorliegenden Basiswissen gebe ich Ihnen Grundlagen-Know-how, damit Sie sich optimal auf unser Coaching einstellen können und wissen, in welche Richtung wir gehen werden.

Die hier vorgestellten Basics werden wir immer wieder aufgreifen und Sie werden die eine oder andere Anregung in Ihrem Alltag mit Leben füllen.

Basis-Know-how für unser gemeinsames Coaching

Professionalität und Effektivität – Basiswissen

Das 1x1 der EKS: Die 4 Basics der Engpass-Konzentrierten Strategie
Selbstmanagement: Zielplanung, Prioritätenmanagement
Porträt: Jack Welch

Erfolg ist eine Folge...

...der richtigen Strategie

EKS: Strategisch denken

Sicher haben Sie sich schon oft gefragt, warum manche Unternehmen und auch manche Menschen anderen immer um Längen voraus sind. Es sind nicht Glück, Zufall, Begabung oder überdurchschnittliche Risikobereitschaft, die die Erfolgreichen vom Durchschnitt unterscheiden. Es ist auch kein Zufall, daß diese Menschen immer die richtigen Ideen zur rechten Zeit haben und die Leute kennen, die sie weiterbringen: Es ist einzig und allein eine Frage der Strategie: Der Systemforscher Wolfgang Mewes entwickelte in den 70er Jahren ein Modell, das die wichtigsten Eckpfeiler einer solchen Strategie beinhaltet, die EKS (Engpass-Konzentrierte Strategie). Im folgenden stelle ich Ihnen kurz die Grundprinzipien der EKS vor, wir werden in unserem Coaching immer wieder darauf zu sprechen kommen und ich werde Ihnen Wege und Möglichkeiten zeigen, wie Sie diese Strategie auf Ihren Alltag anwenden können und stel-

EKS, die Engpass-Konzentrierte Strategie

le Ihnen Menschen vor, die ihr Leben strategisch planen und so zum Erfolg kommen.

💡 Mit Hilfe der EKS-Strategie lernen Sie, Ihre Kräfte so zu konzentrieren, daß Sie in Ihrem Bereich Spitzenleistungen erbringen!

1. EKS-Prinzip: Konzentrieren statt verzetteln

Nur wenn Sie sich auf das eine Gebiet konzentrieren, was Sie am besten beherrschen, können Sie Spitzenleistung erzielen. Deshalb lautet der erste EKS-Grundsatz: Konzentration der Kräfte.

Sie kennen es aus dem Sport: Nur der Erste wird registriert und seine Leistung wird gewürdigt. Niemand interessiert sich für den Zweiten.

Für Sie heißt das: Wenn Sie flexibel in mehreren Bereichen einsetzbar sind, dort aber nur Durchschnittsleistungen bringen, bleiben Sie und Ihre Leistungen austauschbar. Doch es sind die Spezialisten, die die Nase vorn haben. Sie arbeiten mit allen Kräften an der Verfeinerung der Kenntnisse in ihrem Spezialge-

biet. Werden auch Sie durch Spezialisierung in einem beruflichen Betätigungsfeld sichtbar leistungsfähiger als all Ihre Kollegen. Saugen Sie das Wissen Ihres Fachgebiets auf wie ein trockener Schwamm das Wasser, bieten Sie mehr Nutzen als alle anderen. Erst wenn Sie sich einen solchen Spezialistenstatus aufgebaut haben, heben Sie sich von der Masse ab und werden gefragt sein.

2. EKS-Prinzip: Das Kernproblem erkennen

Organisationen sind genau wie biologische Organismen vernetzte Systeme. Das heißt, daß sich eine Veränderung auf alle Teile des Systems auswirkt. Für Sie bedeutet das, sich genau zu überlegen, auf welchen Schwerpunkt Sie sich konzentrieren. Denn es reicht nicht, sich zu spezialisieren, Sie müssen auch wissen, an welchem Punkt Sie ansetzen, ansonsten verpufft Ihr Kräfteeinsatz.

3. EKS-Prinzip: Engpass erkennen und beseitigen

Arbeiten Sie mit all Ihren Kräften daran, den größten Engpass in Ihrem Arbeitsgebiet zu erkennen und zu beseitigen. Es heißt, dort anzusetzen, wo das Kernproblem einer Sache liegt. Ist dieses gelöst, erleichtert es die Lösung aller anderen Aufgaben entschieden, und Sie kommen voran.

4. EKS-Prinzip: Der Nutzen für andere zählt

Die meisten Unternehmen und auch Menschen konzentrieren sich immer auf das, was ihnen den größten Gewinn und Nutzen bringt. Doch das Geheimnis der Erfolgreichen liegt gerade im Gegenteil: Sie lösen zuerst die Probleme anderer,

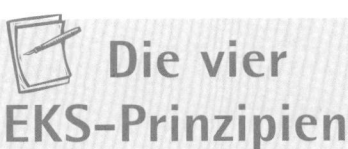

Die vier EKS-Prinzipien

✖ Konzentration der Kräfte
✖ Schwerpunkte setzen
✖ Minimum-Faktor: Engpass
✖ Nur der Nutzen zählt

Die Prinzipien der EKS-Strategie

dabei gewinnen sie am meisten. Lösen Sie sich also gedanklich von Ihren eigenen Zielen und konzentrieren sich stattdessen auf die Probleme Ihrer Kunden oder Ihres Arbeitsgebiets, dann wird sich das auch für Sie bezahlt machen, in vielerlei Hinsicht. Schon die alten Griechen erkannten dieses Prinzip des Du-zentrierten Denkens: „Frage Dich immer, was der andere will."

Fallbeispiel: David und Goliath

Daß nicht die Größe der eingesetzten Kraft, sondern ihr exakter Einsatz erfolgsentscheidend ist, veranschaulicht die Legende von David und Goliath. Darin besiegt der schmächtige Hirt David den körperlich weit überlegenen Riesen Goliath. Er konzentrierte seine Kräfte mit Hilfe einer Steinschleuder und zielte genau auf den wirkungsvollsten Punkt, nämlich die Stirn. Er konzentrierte sich nicht auf seine Abwehr, sondern ging direkt auf den wundesten „Engpass"punkt seines Gegenübers ein. Für Sie heißt das, nicht die Konkurrenten k.o. zu schlagen, sondern sich einzig und allein auf den Nutzen zu konzentrieren, den Sie bieten wollen.

Strategisches richtiges Handeln führt Sie zum Ziel

... Erfolg ist eine Folge
... der richtigen Arbeitstechniken

Sich selbst managen

„Wenn Sie weiterhin nur das tun, was Sie zur Zeit tun, erreichen Sie auch nur das, was Sie zur Zeit erreichen."

Unter dem Stichwort „Professionalität und Effektivität" werden Sie in jedem CoachingBrief Tips und Anleitungen zu den wichtigsten Techniken des Selbstmanagement finden. Im folgenden einige Beispiele dazu:

Lernen Sie, Wichtiges vom Unwichtigem zu unterscheiden und konsequent danach zu handeln

Prioritäten setzen nach dem ABCDE-Prinzip

Eines der Hauptprobleme vieler Menschen besteht darin, daß sie ständig versuchen, zuviele Dinge aufeinmal zu tun. Die Gefahr dabei besteht im Verzetteln. Kennen Sie das Gefühl, am Ende eines langen Arbeitstages zwar viel erledigt, aber wenig erreicht zu haben?

Garantiert kennen Sie das Prinzip des Prioritäten Setzens, aber wenden Sie es auch konsequent an?

Lernen Sie, konsequent Prioritäten zu setzen – der einzige Weg, sich nicht zu verzetteln.

Prioritätensetzung mit Hilfe der ABCDE-Analyse hat den Vorteil, daß Sie für sich Klarheit erhalten, was wirklich

Prioritäten setzen: ABCDE

Prioritäten setzen heißt, Ihren Aufgaben konsequent eine Rangfolge einzuräumen. Nachdem Sie diese bestimmt haben, sollten Sie sich gleichzeitig immer nur auf eine Aufgabe konzentrieren. Weniger ist mehr.

A Die wichtigsten und dringlichsten Aufgaben, die Ihnen den größten Ertrag bringen: sofort tun

B Wichtige Aufgaben, die aber nicht dringend sind, nicht auf die lange Bank schieben, sondern konkret terminieren

C Dringende Aufgaben, die täglich zu Hauf auf Ihrem Tisch landen, bei näherem Hinsehen aber wenig bringen: entweder

D elegieren, denn Sie müssen nicht alles selbst erledigen oder

E ntsorgen in die Ablage P, wenn Sie im Endeffekt nichts bringen

wichtig ist, anstatt vor einem Riesenaufgabenberg innerlich zu resignieren, und vielleicht gar nichts auf die Reihe zu bekommen.

Mit Eisenhower-Manier ans Ziel

Auf den US-General D. Eisenhower geht eine Regel zurück, nach der Sie Ihre ABCDE-Aufgaben unterscheiden können. Er setzte seine Prioritäten nach den Kriterien:

🔊 Wichtigkeit der Aufgabe,
🔊 Dringlichkeit der Aufgabe.

Für Ihren Alltag bedeutet das, daß Sie Aufgaben von hoher Wichtigkeit und Dringlichkeit sofort selbst erledigen sollten. Aufgaben, die wichtig, aber nicht so dringlich sind, sollten Sie sofort terminieren. Aufgaben, die keine so hohe Wichtigkeit besitzen, aber erledigt werden müssen sollten Sie delegieren, und Aufgaben, die bei näherem Hinsehen nichts bringen sollten sofort mit kühnem Schwung in der Ablage P (Papierkorb) landen. Denn gerade diese Aufträge sind es, die uns am meisten blockieren, weil wir sie irgendwo ablegen und als unerledigt abspeichern.

65 %		20 %	15 %	Anteil am Ergebnis
A-Aufgaben	B	C-Aufgaben		
		D	E	
15 %	20 %	65 %		Anteil am Aufgaben- volumen

Prioritäten setzen mit dem Pareto-Prinzip

Auf den italienischen Ökonomen Vilfredo Pareto geht die sogenannte 80:20-Regel (Pareto-Prinzip) zurück. Sie besagt, daß Sie mit nur 20 Prozent Ihrer aufgewandten Zeit 80 Prozent Ihrer Ergebnisse erbringen. Für Ihre Prioritätensetzung bedeutet das, daß der Anteil der A-Aufgaben ca. 20 Prozent ausmacht, und Sie damit etwa 80 Prozent Ihrer Gesamtergebnisse erreichen (s. Abb. oben).

Pizza-Taxi-Effekt vermeiden

Zuerst müssen Sie lernen, die dringenden von den wichtigen Aufgaben zu unterscheiden. Auf Seite 20 ff. beschäftigen wir uns mit dem Phänomen der Schnellebigkeit: Jeder möchte heute alles sofort, am liebsten schon gestern. Deshalb setzen viele Menschen ihre Prioritäten in ihrem hektischen Alltag nach Dringlichkeit. Letztendlich bleiben dabei die B-Aufgaben, die zwar wichtig, aber nicht dringlich sind, oft auf der Strecke.

Führen Sie sich bei Ihrer täglichen Prioritätensetzung deshalb immer wieder den sogenannten Pizza-Taxi-Effekt vor Augen: Sie haben sicher schon einmal telefonisch eine Pizza bestellt. Wann wollten Sie diese haben? Am liebsten sofort? Genauso läuft es auch in unserem Alltag. Möchte jemand einen Termin mit Ihnen vereinbaren, dann am liebsten sofort; möchte jemand von Ihnen einen Auftrag erledigt haben, dann am liebsten sofort; bitten Sie jemanden um einen Gefallen, wann möchten Sie diesen erledigt haben??

Das heißt: Wenn Sie nicht permanent unter Termindruck stehen wollen, dann lernen Sie, alle „Soforts" zukünftig kritisch nach Wichtigkeit und tatsächlicher Dringlichkeit zu hinterfragen.

Vermeiden Sie den Pizza-Taxi-Effekt bei Ihrer Prioritätenplanung

Ziele gekonnt planen

Ich möchte Ihnen jetzt ein Thema ans Herz legen, auf das wir in unserem gemeinsamen Coaching immer wieder zu sprechen kommen werden: Die Zielplanung. Schauen Sie auf die

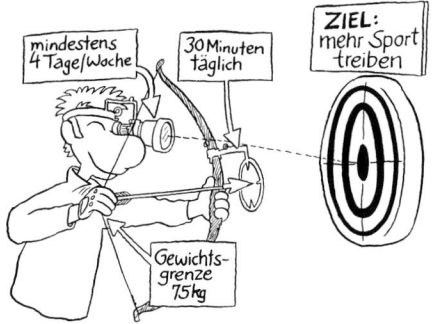

Bevor Sie nach dem Wie – also dem Weg zu Ihrem Ziel fragen, sollten Sie sich mit dem Warum – also den Grund für Ihr Handeln beschäftigen.

von mir entwickelte Erfolgspyramide zur Effektivität (unten). Das Thema Ziele setzen habe ich dort als 4. Schritt positioniert. Innerhalb unseres Coachings stehen sie in der Rubrik: „Professionalität und Effektivität". Es sind also To do's, Techniken, die Ihnen den Alltag erleichtern sollen. Doch ich möchte Sie bereits an dieser Stelle darauf hinweisen, daß Ihnen allein mit der Technik des Ziele Setzens nicht entscheidend geholfen ist. Bevor Sie an die Frage gehen, wie Sie ein Ergebnis erreichen wollen, müssen Sie sich mit dem Grund beschäftigen, warum Sie dieses Ziel setzen und erreichen wollen.

In der Rubrik „Balance und Persönlichkeit" werden wir über dieses Warum sprechen. Das Modell der Lebenshüte werde ich Ihnen ab Seite 25 kurz vorstellen. Hinter diesen Lebensrollen, die jeder von uns spielt, stehen unsere Visionen, unsere Werte und unserer Lebensaufgabe. Es erstaunt mich in meinen Seminaren

immer wieder, daß nur die wenigsten Menschen genau wissen, was ihre Lebensaufgabe wirklich beinhaltet. Die Amerikaner nennen es die „big idea" eines Menschen, den Grund, warum er lebt. Wir werden in unserem Coaching darüber sprechen, wie Sie Ihre „big idea" erkennen können – Ihr absolut übergeordnetes Ziel, das der Grund dafür ist, warum Sie all die vielen Teilziele, beruflich oder privat, erreichen wollen, die für Sie das Leben spannend, interessant und lebenswert machen.

Die SMART-Formel für Ihre Zielsetzung

Im folgenden stelle ich Ihnen mit der SMART-Formel eine Technik vor, die Ihnen hilft, kurzfristige Ziele so zu formulieren, daß Sie eine realistische Chance haben, sie auch zu erreichen.

Leo B. Helzel von der University of California formulierte: „Ein Ziel ist ein

Die Erfolgspyramide zur Effektivität

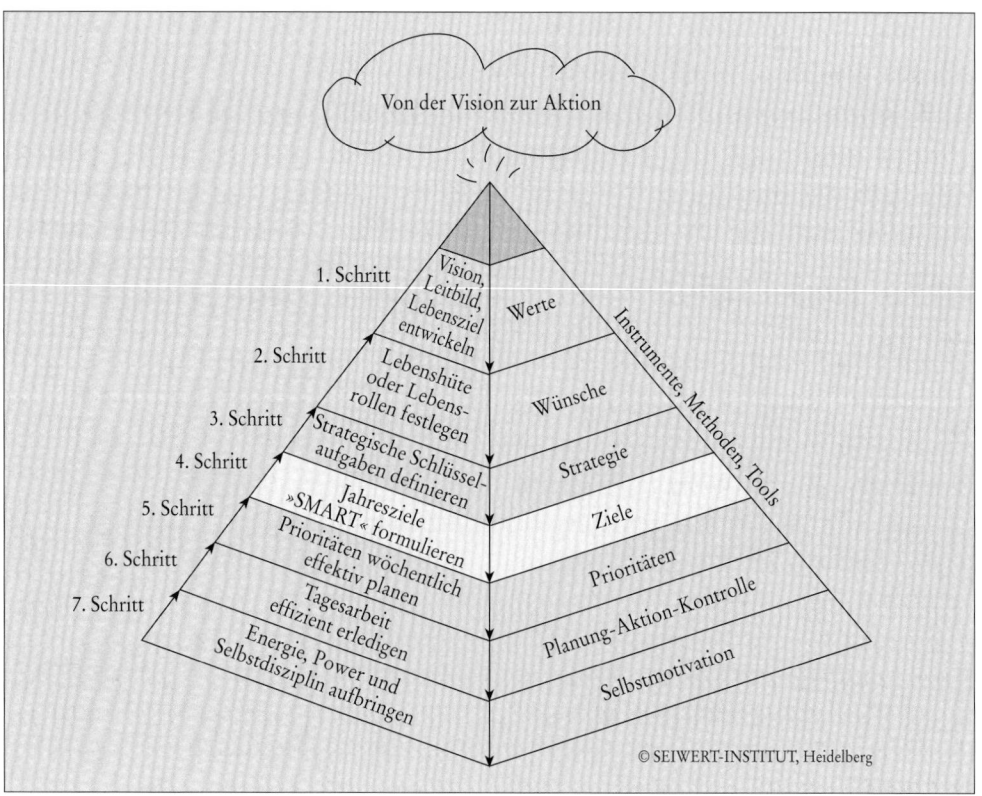

Von der Vision zur Aktion

1. Schritt — Vision, Leitbild, Lebensziel entwickeln — Werte — Instrumente, Methoden, Tools
2. Schritt — Lebenshüte oder Lebensrollen festlegen — Wünsche
3. Schritt — Strategische Schlüsselaufgaben definieren — Strategie
4. Schritt — Jahresziele »SMART« formulieren — Ziele
5. Schritt — Prioritäten wöchentlich effektiv planen — Prioritäten
6. Schritt — Tagesarbeit effizient erledigen — Planung-Aktion-Kontrolle
7. Schritt — Energie, Power und Selbstdisziplin aufbringen — Selbstmotivation

© SEIWERT-INSTITUT, Heidelberg

Traum mit Deadline." Damit hat er das Wesen von Zielen treffend erfaßt. Die meisten Menschen glauben, Ziele zu besitzen. Fragt man sie danach, dann antworten sie: „Ich möchte gesund bleiben." oder „Ich möchte viel Geld verdienen." Vielleicht kommt auch die Antwort: „Ich möchte Karriere machen." Doch all das sind keine Ziele, denn ohne konkrete Maßnahmen und Termine bleiben all diese frommen Wünsche dem Zufall überlassen.

Die SMART-Formel ist eine Technik, mit deren Hilfe Sie Ihre Ziele konkretisieren können. Sie können sie für jede Art von Zielen einsetzen, egal, ob es langfristige Ziele für die nächsten zehn Jahre sind, die Etappenziele in jedem Ihrer Lebensbereiche für das nächste Jahr oder auch Ihre jeweiligen Teilziele für die nächste Woche.

🌀 **S-Spezifisch:** Formulieren Sie jedes Ziel spezifisch, konkret und eindeutig, ansonsten bleibt es ein Wunsch.

Beispiel: Vielleicht ist eine harmonische Partnerschaft einer Ihrer Wünsche. Wollen Sie daraus ein Ziel machen, dann sollten Sie konkret festlegen, was Sie dafür tun wollen.

✒ Ziele immer aufschreiben

Unser Gehirn braucht eine klare Anweisung, um zu handeln. Deshalb müssen Ziele in jedem Lebensbereich konkret und klar formuliert sein – und vor allem schriftlich fixiert. Ziele, die Sie nicht persönlich aufgeschrieben haben, bleiben ewige Wünsche. Wer sein Ziel nicht aufschreibt, der glaubt nicht wirklich daran, es jemals zu erreichen. Es ist eine Maßnahme, sich vor einer Enttäuschung zu bewahren.

🌀 **M-Meßbar:** Formulieren Sie so, daß Sie den Grad der Zielerreichung messen können, denn ansonsten verlieren Sie Ihr Ziel aus den Augen.

Beispiel: Ist es Ihr Ziel, regelmäßig zu joggen. Dann machen Sie dieses Ziel meßbar, indem Sie genau festlegen, wie oft Sie pro Woche joggen.

🌀 **A-Aktionsorientiert:** Formulieren Sie Ihre Ziele immer so, daß Sie Ansatzpunkte für positive Veränderung beinhalten, verzichten Sie darauf zu formulieren, was Sie nicht tun wollen.

Beispiel: Sie nehmen sich vor, sich gesund zu ernähren. Dann formulieren Sie: „Ich werde täglich zu jeder Mahlzeit Salate, Obst oder Gemüse essen. " Falsch wäre die Formulierung: „Ich werde nicht mehr gedankenlos schlemmen."

🌀 **R-Realistisch:** Setzen Sie Ihre Ziele immer so, daß Sie auch die Chance haben, sie zu erreichen. Der Grundsatz lautet: Ehrgeizig, aber erreichbar.

Beispiel: „Ich werde 4x wöchentlich joggen und werde innerhalb eines Jahres so trainieren, daß ich nach 12 Monaten 12 Kilometer laufen kann." Unrealistisch wäre: „Ich werde 4x wöchentlich trainieren, um am Ende eines Jahres den Köln-Marathon mitzulaufen."

🌀 **T-Terminierbar:** Versehen Sie jedes Ihrer Ziele mit einem genauen zeitlichen Bezug, so daß Sie sich auch an den Terminen messen können.

Beispiel zu Harmonie in der Partnerschaft: „Jeden 2. Freitag im Monat gehe ich mit meiner Partnerin ins Kino oder Theater."

Mag Ihnen diese SMART-Formel am Anfang vielleicht umständlich vorkommen, so werden Sie bei der praktischen Umsetzung merken, wieviel mehr Ihnen diese Art der konkreten Zielsetzung bringen wird.

Setzen Sie Ihre Ziele so, daß Sie sich nach ihnen strecken müssen –, aber bleiben Sie auf dem Boden der Realität.

Wichtig für Ihre Zielsetzung: Jedes Ziel muß kontrollierbar sein.

Professionalität und Effektivität – Porträt

Jack Welch ist heute der erfolgreichste und meistbewunderte amerikanische Manager. Innerhalb eines Jahrzehnts hat er aus dem früher schwerfälligem, bürokratischen Koloß General Electric (GE) das schlagkräftigste Unternehmen der Welt geformt. Hinter dieser Ausnahmeleistung steht ein Mensch mit klaren Zielen und einem konsequent gelebten Wertesystem.

Innerhalb unseres Coachings werde ich Ihnen immer wieder Menschen vorstellen, die ihre Ziele hochgesteckt und mit großer Konsequenz erreicht haben. Es kommt dabei nicht darauf an, ob sie weltbekannt sind, wie Jack Welch. Wichtig ist mir, daß es sich um Menschen handelt, die konsequent nach ihren Prinzipien leben und handeln.

Es werden Menschen sein, die es geschafft haben, die wichtigste Hürde für Veränderung zu nehmen: ihre eigene Komfortzone zu überwinden, das heißt, über ihren eigenen Schatten alter Gewohnheiten gesprungen zu sein.

Nutzen Sie bei jeder Gelegenheit diese Chance, aus den Erfahrungen anderer zu lernen. Das hat nichts mit nachahmen oder kopieren zu tun. Sie haben dabei die Chance, erfolgreiche Muster zu übernehmen und auf Ihr Leben zu übertragen. Man lernt immer von den Menschen am meisten, die eine Situation erlebt haben. Das Erleben macht den entscheidenden Unterschied, denn in der Theorie kann jeder General Electric führen oder einen Marathon laufen.

Ich lade Sie ein, mir die Erfolge und Erfahrungen während unserer gemeinsamen Arbeit mitzuteilen. Sehr gern stelle ich Ihren Weg, zum Ziel zu kommen dann unseren Lesern vor. Nichts ist für einen Coach schöner, als der Erfolg seiner Partner.

Jack Welch – Stillstand bedeutet den Tod

„Ich kann es mir nicht leisten, mich auf meinen Lorbeeren auszuruhen. Wenn ich das tue, bin ich tot!"

Dies sagt im Dezember 1997 der Mann, der an der Spitze des Unternehmens steht, das seit 1993 ununterbrochen den ersten Platz der weltweit 100-Top-Unternehmen mit dem höchsten Marktwert einnimmt.

Neben den vielen Aha-Erlebnissen, die das von Robert Slater verfaßte Buch über den General-Electric-Giganten Jack Welch (Wer führt, muß nicht managen", mi-verlag) für mich bereit gehalten hat (unbedingt empfehlenswert!!), ist diese für den Beginn unseres Coachings die vielleicht wichtigste Botschaft:

„Entdecken, wo die besten Ideen sind, und diese dann praktizieren." Dies ist auch eines der wichtigsten Erfolgsfaktoren von GE. Wenn es etwas gibt, was diesen Mann ärgerlich macht, so ist es die Arroganz gestandener Manager, die einen Anspruch auf Allwissenheit besitzen und denken, für sie gäbe es nichts mehr hinzuzulernen. „Jede gute Idee, sagt Welch, lohnt, daß man Sie weiterverfolgt und sich zu eigen macht – egal, woher sie stammt."

Und Welch nennt diese Übernahme fremder Ideen „legitimes Plagiat". Betreiben Sie dieses legitime Plagiat, wo immer Sie eine Idee bekommen, die es für Sie persönlich lohnt, weiterzuverfolgen.

Souveränität und Gelassenheit – Basiswissen

Die vier DISG-Zeittypen
Zeitdiebe: Warum es so schwer ist, nein zu sagen
Zeitmanagement: Tagesplanung mit der Alpen-Methode

Erfolg ist eine Folge...
...der richtigen Zeiteinteilung

Welcher Zeittyp sind Sie?

»Nur eines beglückt zu jeder Frist:
Schaffen, wofür man geschaffen ist.«

Paul Heyse, Lyriker

In dieser Rubrik „Souveränität und Gelassenheit" werde ich Ihnen Techniken vorstellen, die es Ihnen erleichtern, souverän mit Ihrer Zeit umzugehen, damit Sie zu der Gelassenheit finden, die Sie benötigen, um die Dinge nach Ihren Vorstellungen anzugehen.

Auch für den Umgang mit Zeit gibt es keine Pauschalrezepte: Jeder Mensch hat seine individuellen Stärken, Schwächen, Vorlieben und Abneigungen. Daher stelle ich Ihnen mit dem DISG-Modell ein Werkzeug vor, das Ihnen hilft, Ihren eigenen Zeittyp, aber

Jeder Mensch nutzt seine Zeit anders: Finden Sie Ihren optimalen Weg!

auch den Zeitverhaltensstil anderer besser zu erkennen, um richtig, d.h. typgerecht, auf sie einzugehen. Im folgenden einige Grundlagen dieses Modells.

Wir werden in unserem Coaching näher darauf eingehen und immer wieder darauf zurückkommen.

Sie finden bei jedem Menschen vier grundlegende, beobachtbare Verhaltensmuster in unterschiedlicher Intensität wieder: Dominant, Initiativ, Stetig und Gewissenhaft.

Das DISG-Persönlichkeitsmodell unterscheidet vier Verhaltensstile. Diese ergeben sich aus den Gegensatzpaaren extrovertiert oder introvertiert sowie menschen- oder sachorientiert. Menschen sind eher

-  sachorientiert, wenn sie lieber Angebote prüfen und vergleichen oder Testberichte, Unterlagen, Konzepte durcharbeiten;
-  menschenorientiert, wenn sie lieber Gespräche von Angesicht zu Angesicht führen oder Präsentationen in Meetings mit anderen bevorzugen;
-  introvertiert, wenn sie lieber abwarten oder ein Problem genau durchdenken, bevor sie handeln;
-  extrovertiert, wenn sie lieber spontan vorgehen, gefühlsmäßig entscheiden und möglichst schnell zu Ergebnissen kommen wollen.

Wir kennen bei
Menschen vier
Grundverhalten:
dominant, initiativ,
stetig, gewissenhaft.

Dominant:
nur das Ergebnis
zählt

Initiativ:
Einzig die Beziehung
ist wichtig.

Stetig:
Es muß alles harmo-
nisch bleiben.

Gewissenhaft:
Perfektion ist alles.

Auf der Grundlage dieser beiden Ach-
senpole beobachtete und beschrieb der
amerikanische Psychologe William
Moulton Marston bereits in den zwanzi-
ger Jahren vier grundlegende Verhaltensstile eines Menschen: »Dominance«
– »Inducement« – »Submission« – »Com-
pliance«.

Diese Verhaltensmuster »D-I-S-G«
finden sich bei jedem Menschen in
unterschiedlicher Intensität wieder
und ergeben so vier Grundtypen der
Persönlichkeit:

🕒 Dominante Menschen zeigen
ein aufgabenorientiertes und extrovertiertes Verhalten: den Drang, die Kontrolle zu übernehmen und Ergebnisse zu
erzielen. »Dominante« wollen Herausforderungen annehmen und siegen.

🕒 Initiative Menschen zeigen ein
extrovertiertes und menschenorientiertes Verhalten: den Drang, andere zu
motivieren, sich auszudrücken und gehört zu werden. »Initiative« wollen andere überzeugen und beeinflussen.

🕒 Stetige Menschen zeigen ein
menschenorientiertes
und introvertiertes Ver-
halten: den Drang nach
Stabilität und Harmo-
nie. »Stetige« wollen
andere unterstützen
und für geordnete Be-
ziehungen sorgen.

🕒 Gewissenhafte
Menschen zeigen ein
introvertiertes und auf-
gabenorientiertes Ver-
halten: den Drang, das
Richtige »richtig« zu
tun. »Gewissenhafte«
wollen Ärger vermeiden
und achten auf Präzisi-
on und Genauigkeit.

Dabei zeigt jeder
Mensch generell Ver-

haltenstendenzen aus jedem dieser vier
Stile. Wir neigen jedoch dazu, je nach
beruflichem oder privatem Umfeld,
einen dieser Stile öfter an den Tag zu
legen als die Verhaltenstendenzen der
anderen drei Stile. Sie können Ihre Effektivität im Zeit- und Selbstmanagement verbessern, wenn Sie im Arbeitsalltag Ihre persönlichen Eigenheiten,
aber auch die Ihrer Mitmenschen stärker
berücksichtigen.

Test: Welcher Zeit-Typ sind Sie?

Auch in Ihrem Umgang mit Zeit spiegelt
sich das eben beschriebene Typverhalten
wieder. Der auf der nächsten Seite folgende kurze Test hilft Ihnen einzuschät-
zen, welches persönlichen Zeitverhalten
Sie normalerweise an den Tag legen. Wir
werden in unserem Coaching auf diese
Form, das eigene Handeln besser zu verstehen, vertiefend eingehen.

🕒 Anleitung zum Durchführen des
Tests: Versetzen Sie sich in eine be-

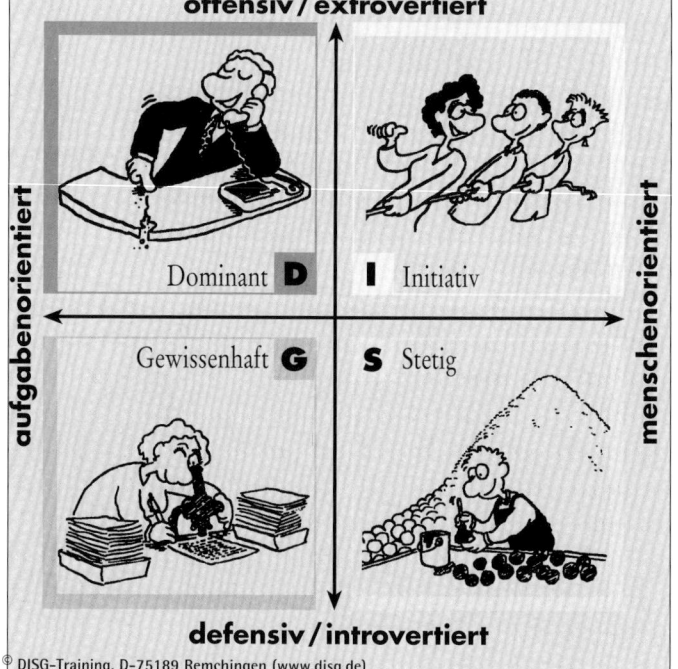

© DISG-Training, D-75189 Remchingen (www.disg.de)

A	☐ egozentrisch	☐ enthusiastisch	☐ passiv	☐ perfektionistisch
B	☐ direkt	☐ gesellig	☐ geduldig	☐ genau
C	☐ kühn	☐ überzeugend	☐ loyal	☐ logisch
D	☐ herrisch	☐ impulsiv	☐ voraussagbar	☐ diplomatisch
E	☐ anspruchsvoll	☐ emotional	☐ teamfähig	☐ systematisch
F	☐ energisch	☐ selbstfordernd	☐ gelassen	☐ konventionell
G	☐ umtriebig	☐ beliebt	☐ verträglich	☐ sorgfältig
H	☐ abenteuerlustig	☐ einflußreich	☐ selbstgefällig	☐ gründlich
I	☐ entschlossen	☐ optimistisch	☐ gutmütig	☐ vorsichtig
J	☐ hartnäckig	☐ lebensfroh	☐ entspannt	☐ akkurat
	☐ Gesamtsumme: D	☐ Gesamtsumme: I	☐ Gesamtsumme: S	☐ Gesamtsumme: G

© DISG-Training, D-75189 Remchingen

stimmte, möglichst konkrete Situation, zum Beispiel in Ihrem Arbeitsumfeld. Wählen Sie dann aus den vier Wörtern in Zeile A dasjenige aus, das Ihrer Einschätzung nach am ehesten auf Sie zutrifft. Schreiben Sie eine »4« in das Kästchen vor diesem Wort. Die anderen Verhaltensweisen in Reihe A versehen Sie in absteigender Folge mit »3«, »2« und »1«.

Genauso verfahren Sie mit den Zeilen B bis J. Wichtig: Jede Zahl darf pro Zeile nur einmal erscheinen! Anschließend zählen Sie jede der vier Spalten zusammen und tragen unten in das Kästchen die Summe ein (Kontrolle: Gesamtsumme = 100).

Keine Bange, es gibt hier keine „falschen" oder „richtigen" Antworten, denn die Begriffe stehen für Ihren bevorzugten Verhaltensstil in einer bestimmten Situation.

⊕ Auswertung: Zeichnen Sie Ihr persönliches Testergebnis in das rechte Flächendiagramm. Dabei repräsentiert das Kästchen bzw. der Buchstabe mit der höchsten Punktzahl Ihr am stärksten ausgeprägtes Verhalten; die Summen der anderen Buchstaben zeigen Ihre Verhaltenstendenzen in den anderen drei DISG-Bereichen.

Jeder Mensch ist einzigartig. Unser Kurztest kann Ihnen jedoch eine grobe Tendenz aufzeigen, die Ihnen Ausgangspunkt für Ihre Arbeit sein kann.

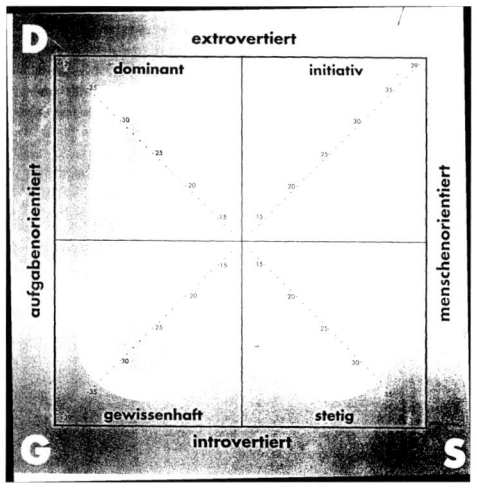

Tragen Sie hier das Ergebnis Ihres Tests ein. Welcher Zeittyp sind Sie?

Charakteristik der einzelnen Zeittypen

Welcher Zeittyp sind Sie? Finden Sie sich wieder?

Der Dominante Zeitmanager: alles herausholen, was irgendwie geht

Der initiative Zeitmanager: Spontan jede Gelegenheit nutzen

Der stetige Zeitmanager: alles nach genauem Plan erledigen

Der gewissenhafte Zeitmanager: die Zeit reicht für seine Perfektion niemals aus,

Finden Sie sich in einer der folgenden Kurzcharakteristiken der einzelnen Zeitmanagement-Typen wieder?

◔ Dominante Zeitmanager würden am liebsten die Zeit anhalten, um sich ihr nicht unterwerfen zu müssen. Sie wollen die Zeit ausnutzen und das Maximale aus jeder Minute herausholen. Zu Verabredungen kommen sie meist pünktlich, behalten sich jedoch immer das Recht vor, zu spät zu kommen, wenn etwas für sie „Wichtigeres" dazwischenkommen sollte. Dominante warten nicht gern; sie erwarten ganz einfach, daß die anderen auf jeden Fall pünktlich sind und, falls nötig, dann auf sie selbst warten.

◔ Initiative Zeitmanager tendieren dazu, sehr spontan in der Gegenwart zu denken und zu handeln. Sie achten nicht allzusehr auf die Uhrzeit und auf Termine, weil diese sie einer Struktur unterwerfen. Deshalb kommen Initiative oftmals zu spät. Sie haben andererseits aber auch Verständnis für das Zuspätkommen anderer.

Für hoch Initiative sind Beziehungen wichtiger als Pünktlichkeit. Initiative begeistern sich gern für neue Projekte oder Ideen und versuchen, zu viele Dinge auf einmal zu erledigen.

◔ Stetige Zeitmanager empfinden die Zeit als Feind, wenn sie unter extremem Termindruck arbeiten müssen. Im allgemeinen sind Stetige pünktlich, wenn sie selber für das Gelingen der Aufgabe verantwortlich sind. Sie tolerieren auch das Zuspätkommen anderer.

◔ Gewissenhafte Zeitmanager werden immer mehr Zeit als andere brauchen, weil sie die Dinge gründlich tun. Oft fehlt ihnen einfach die Zeit, um

alles zu erledigen, was sie sich vorgenommen haben. Sie sind pünktlich, weil sie sich keine unangenehme Situation durch Zuspätkommen schaffen wollen. Sie erwarten auch von anderen Pünktlichkeit und haben für das Zuspätkommen kein Verständnis.

Bei den meisten Menschen herrschen mindestens zwei der vier Verhaltenstendenzen vor. Wer beispielsweise gleichermaßen „dominant" und „initiativ" geprägt ist, rückt bei ungünstigen Rahmenbedingungen eher die Aufgabe in den Vordergrund, während er sich in einer günstigeren Atmosphäre stärker von der beziehungsorientierten Seite zeigt.

Gute und schlechte Persönlichkeits-Profile gibt es nicht. Wichtig ist, die eigenen Stärken und Engpässe zu kennen, um auch in kritischen Situationen Ihr persönliches Zeit- und Selbstmanagement ruhig und souverän zu meistern.

Zeitdiebe: Warum es so schwer ist, nein zu sagen

Viele Menschen arbeiten nicht den ganzen Tag, sondern werden gearbeitet. Obwohl sie häufig Überstunden machen, wissen sie abends oft nicht, was sie während des Tages wirklich Entscheidendes geleistet haben.

Der entscheidende Engpass zu einem erfolgreichen Zeitmanagement liegt sehr oft in Ihrer persönlichen Einstellung und Ihrem, zum Teil unbewußten, Verhalten: Sie versuchen, es jedem recht zu machen, engagieren sich und opfern sich auf. Eine wirksame Zeitplanung und Arbeitmethodik fehlt jedoch. Ihr Verhalten erscheint Ihnen selbst unsystematisch, sprunghaft, planlos, hektisch, ja chaotisch. Wir werden in unserem Coaching darauf eingehen, wie Sie sich Ihren Tag optimal einteilen können, um Ihre Ziele auch tatsächlich zu erreichen. Zunächst möchte ich Sie jedoch auf die Zeitdiebe aufmerksam machen, die vielleicht bereits von Ihnen Besitz ergriffen haben, ohne daß Sie es bewußt registrieren.

⏰ Die Unfähigkeit, »Nein!« zu sagen, ist wohl die beliebteste Zeitfresser und größte Zielerreichungsverhinderer. Gehören Sie zu den Menschen, die niemandem etwas abschlagen können, schon gar nicht dem eigenen Chef? Eigentlich müßten Sie ja Ihre eigenen Projekte voranbringen, aber ...

⏰ Keine Ziele: Sie könnten zwar sagen, was Sie so zu tun haben, aber aufgeschrieben, was Sie in Ihrem Leben,

im folgenden Jahr, in der nächsten Woche oder auch nur am heutigen Arbeitstag erreichen wollen, haben Sie nicht. Geht es Ihnen dann vielleicht auch so, daß Sie in dem, was Sie den ganzen Tag über tun, manchmal wenig Sinn sehen?

⏰ Fehlende Prioritäten und Tagesplanung: Als Gedächtnisriese benötigen Sie keine schriftliche Prioritäten- oder Tagesplanung. Warum haben Sie aber abends oft das Gefühl, zu den wirklich wichtigen Sachen nicht gekommen zu sein?

⏰ Telefonische Unterbrechungen: Da Sie natürlich kundenorientiert sind, können Sie Ihr Gegenüber am anderen Ende der Leitung ja nicht unterbrechen. Könnte dieses Gefühl, viele Gespräche unnötigerweise oder zu lang zu führen, vielleicht auch aus Ihrem falschen Telefonverhalten resultieren?

⏰ Ablenkungen: Der Kollege von nebenan baut gerade sein Haus, und da können Sie ihn ja nicht barsch abweisen, wenn er Ihnen täglich die neueste Story von der Unverschämtheit der Handwerker erzählen möchte.

⏰ Langwierige überflüssige Besprechungen: Ist ein Meeting angesagt, wissen Sie, daß der Vormittag gelaufen ist. Wie ist Ihr eigenes Meeting-Verhalten? Passen Sie sich an, oder verlangen Sie konsequent nach klaren inhaltlichen und zeitlichen Absprachen?

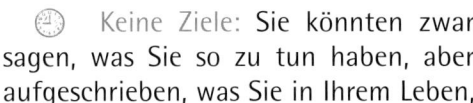 

Übung: Es ist Ihre Zeit

Ihre Zeit ist Ihr wichtigstes Gut. Nehmen Sie sich einmal fünf Minuten Zeit, und machen Sie sich die Kostbarkeit Ihrer persönlichen Zeit bewußt:

1. Was genau kosten Sie zwei Störstunden?

....
....
....

2. Wer oder was stiehlt Ihnen Ihre Zeit?

....
....
....
....

Es ist bequem, seine Ziel nicht aufzuschreiben, dann fragt man auch nicht nach ihren Ergebnissen

Manchmal ist es schwerer, ein Gespräch zu beenden, als gelangweilt am Hörer zu bleiben

Sie pflegen die „sozialen Beziehungen"; ein Schelm, wer da von Zeitvergeudung spricht

Nutzen Sie manchmal langatmige Meetings, um sich Tagträumen vom letzten Urlaub hinzugeben?

Nur, wenn Sie Ihre Zeitdiebe erkennen, können Sie sich gegen sie zur Wehr setzen

Schreibtischchaos: Sie verbringen die Hälfte Ihrer Zeit mit dem Suchen Ihrer Projektunterlagen

Offenes Haus: Jeder ist wichtiger als Sie selbst

Aufschieberitis: Was ich heute könnt besorgen, das verschieb ich glatt auf morgen

Erbsenzähler: Warum eine große Kugel rollen, wenn man 100 kleine bewegen kann

⏱ Der ewige Papierkram: Quillt Ihr Schreibtisch über mit Ungelesenem und Unbearbeitetem? Statt sich immer wieder zu sagen, daß Sie ganz bestimmt morgen damit beginnen, Ihren persönlichen Büro-Mount-Everest abzubauen. Haben Sie sich schon einmal überlegt, Ihre Büroorganisation zu überdenken?

⏱ Unangemeldete Besucher und externe Störungen: Haben Sie sich schon einmal gewehrt? Haben Sie all den wichtigen Menschen, die einfach mal reinschauen, weil sie in der Nähe waren oder dem Kollegen vom Schwesterunternehmen, der unbedingt sofort wissen will, wie Sie das Projekt X über die Bühne gebracht haben, schon einmal freundlich, aber bestimmt gesagt, daß Sie gern einen Termin machen, aber momentan an einem äußerst wichtigen Projekt sitzen?

⏱ Aufschieben unangenehmer Aufgaben: Schieben Sie große, zeitintensive oder für Sie unangenehme Aufgaben vor sich her, da Sie ja momentan überhaupt keine Ruhe für diese Sachen finden? Fehlt es Ihnen an der Konsequenz, solche Aufgaben zu Ende zu führen?

⏱ Überperfektionismus: Sind Sie nicht eher zufrieden, als bis Sie auch das letzte Detail von einer Sache genau durchleuchtet und erfaßt haben, bevor Sie sich der Aufgabe widmen? Könnte es

sein, daß hier weniger in vielen Fällen entscheidend mehr bringt?

⏱ Mangelnde Konsequenz und Selbstdisziplin: Sie versuchen ja alles, um Ihre Aufgaben fristgerecht zu erledigen, aber oftmals fehlt es Ihnen an der notwendigen Selbstdisziplin, Ihre tollen Zeitpläne auch in die Tat umzusetzen?

⏱ Fehlerhafte Kommunikation: Passiert es Ihnen relativ häufig, daß es Mißverständnisse in Absprachen mit Kollegen gibt, die den Arbeitsablauf behindern oder sogar zu Reibereien führen? Geben Sie manchmal Informationen nicht rechtzeitig an andere weiter, so daß auch hier wieder eine Quelle für Mißverständnisse entsteht? Das kann daran liegen, daß Ihre Art zu kommunizieren, nicht optimal ist.

Haben Sie bei einigen Beispielen Ihre persönlichen Zeitdiebe wiedererkannt? Wir werden in unserem Coaching gemeinsam Strategien entwickeln, diese in die Flucht zu schlagen.

Tagesplanung mit der ALPEN-Methode

Als Einstieg in unsere Zeitplanarbeit möchte ich Sie mit der sogenannten ALPEN-Methode für Ihre Tagesplanung vertraut machen. Denn wenn Sie beginnen wollen, regelmäßig und systematisch mit Zeitplänen zu arbeiten, empfehle ich Ihnen, mit der Planung Ihres Arbeitstages zu beginnen.

Der Tag ist die kleinste und überschaubarste Einheit jeder systematischen Zeit- und Zielplanung. Der Vorteil: Sie können täglich wieder neu damit beginnen, wenn es einmal nicht optimal gelaufen ist. Und Sie erhalten in kleinen Schritten die notwendige Routine für Ihre Wochen-, Monats-, Jahres- oder sogar Lebensplanung.

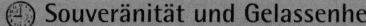

Planen Sie mit 60:20:20

„Erstens kommt es immer anderes, und zweitens als man denkt." Verplanen Sie grundsätzlich nur ca. 60 Prozent Ihrer Arbeitszeit, denn erfahrungsgemäß müssen Sie die restlichen 40 Prozent für „Störungen einrechnen."

- 60 Prozent ohnehin für Ihre geplanten Aktivitäten reservieren
- 20 Prozent für unerwartete Aktivitäten, wie Störungen und Zeitdiebe einplanen
- 20 Prozent für spontane soziale Aktivitäten (ungeplante Telefonate, Gespräche, Geburtstag etc.)

Die A-L-P-E-N-Methode erfordert durchschnittlich acht Minuten Ihrer Zeit, um 80 Prozent mehr Zeit für das Wesentliche zu gewinnen.

Die Voraussetzung: Suchen Sie sich zuerst einen festen Platz und einen feststehenden Zeitpunkt für Ihre tägliche Zeitplanung (zum Beispiel täglich als letzte Aktivität im Büro).

Aufgaben aufschreiben

Schreiben Sie abends auf, was Sie am nächsten Tag erledigen wollen. Damit schließen Sie den zurückliegenden tag ab und stimmen sich gedanklich auf den kommenden ein. Ist die Tagesplanung abgeschlossen, können Sie sich voller Muße Ihrem Feierabend widmen.

Zur Planung zählen: Aufgaben aus Ihrem Gesamtaufgabenkatalog für die Woche oder den Monat, Unerledigtes vom Vortag, Neu hinzukommendes Tagesgeschäft, Termine, die Sie wahrnehmen wollen, Telefonate und Korrespondenz sowie periodisch wiederkehrende Aufgaben.

Länge der Aktivitäten einschätzen

Notieren Sie für jede Aufgabe den realistischen Zeitbedarf.

Bleiben Sie bei der Planung auf dem Boden Ihrer Realität

Pufferzeit reservieren

Verplanen Sie immer nur 60 Prozent Ihrer Arbeitszeit (siehe auch nebenstehenden Kasten)

Verplanen Sie nicht den ganzen Tag

Entscheidungen über Prioritäten, Kürzungen und Delegationsmöglichkeiten treffen

Streichen Sie jetzt Ihren Plan rigoros auf ein realistisches Maß zusammen, indem Sie Prioritäten setzen, gnadenlos kürzen und alles, was Sie nicht selbst machen müssen, delegieren.

Haben Sie den Mut, sich für Wichtiges und gegen das Chaos zu entscheiden

Nachkontrolle

Kontrollieren Sie täglich die Erfüllung ihres Plans, und übertragen Sie Unerledigtes auf den nächsten Tag. Das ist die beste Methode, Aufgeschobenes endlich anzupacken oder eine Aufgabe zu streichen, weil sie sich inzwischen von selbst erledigt hat.

Nehmen Sie sich die Zeit, abends konsequent Ihre Zielerreichung zu überprüfen

Ein realistischer Tagesplan sollte wirklich nur das enthalten, was Sie an diesem Tag erledigen wollen. Je mehr Sie Ihre Ziele für erreichbar halten, umso mehr konzentrieren Sie auch Ihre Kräfte darauf und bündeln Ihre Energie, um sie auch zu erreichen.

Ich wünsche Ihnen viel Spaß bei Ihrer neuen Art der Tagesplanung und freue mich, wenn Sie dadurch mit Weniger mehr erreichen

Balance und Persönlichkeit – Basiswissen

- Leben oder gelebt werden – Vom Geschwindigkeitsrausch unserer Zeit
- Vom Zeitmanagement zu Lifeleadership
- Leben besser im Griff mit dem Zeit-Balance-Modell
- Das Konzept der Lebenshüte

Entscheiden Sie: Leben oder gelebt werden

Erfolg ist eine Frage ...

... der Persönlichkeit

»Nur wer die Wellentäler von Muße und Entspannung genauso begeistert surft wie die Wellenberge von Streß und Anspannung, wird zum Robby Naish* des Erfolgs.«

Alexander Christiani

(*Robby Naish ist 12facher Surfweltmeister)

Der erste Schritt in Richtung eines ausgefüllten Lebens ist die bewußte Entscheidung für Ihren persönlichen Umgang mit Zeit. Wir leben in einer Welt, in der Geschwindigkeit das entscheidende Kriterium für Leistung ist.

Geschwindigkeits-paradigma: Just in time, aber bitte schnell

Nach dem Geschwindigkeits-Paradigma dreht sich das Rad immer schneller: Geschwindigkeit wird immer mehr zum entscheidenden Wettbewerbsfaktor.

Produktions- und Lieferzeiten, Innovations- und Entwicklungszyklen von Produkten und die Lebensdauer von Produkten verkürzen sich, Zielgruppen und deren Verhaltensmuster werden immer unberechenbarer: Schnellebigkeit ist angesagt.

Jeder will alles sofort, am liebsten schon (vor)gestern. In amerikanisch geführten Unternehmen wird »a.s.a.p.« (= as soon as possible – so schnell wie möglich) zum allgemeinen Standard, wenn es um Terminsetzungen oder Zeitabsprachen geht. Wer keine E-Mail-Adresse hat, ist nicht mehr up to date,

Leben auf der Überholspur: Zeitdruck vermindert Lebensqualität

und die elektronische Rückantwort wird ungeduldig nach spätestens 24 Stunden erwartet. Die gewöhnliche Briefpost wird als »snail mail« (Schneckenpost) nur noch müde belächelt.

Viele haben das Gefühl, auf der Überholspur zu leben. Nicht die Großen dominieren die Kleinen, sondern die Schnellen überholen die Langsamen. Größere Schnelligkeit bedeutet, ein vergleichbares Arbeitsergebnis in kürzerer

Unsere Zeit wird von Geschwindigkeit regiert. Lernen Sie, bewußt gegenzusteuern, denn langsamer ist oftmals schneller.

Zeit erbringen zu müssen bzw. die Qualität und Geschwindigkeit seiner Arbeit permanent zu steigern.

Viele Menschen denken über diese permanente Belastung durch Zeitdruck gar nicht mehr nach, sie nehmen sie einfach hin. Manche gehen sogar soweit zu meinen, ohne diese Art von Zeitstreß nicht mehr leben zu können. Das geht soweit, daß selbst „heilige" Ruhephasen, wie der Feierabend, der Urlaub oder auch das Wochenende, „optimal verplant" werden – falls nicht mit Arbeit, dann mit generalstabsmäßig geplanten Freizeitaktivitäten. Die modernen Zeitzombies haben ganz einfach verlernt, sich zu entspannen oder einfach einmal nichts zu tun.

Dieses High-Speed-Denken beinhaltet neben den positiven Effekten des höheren Outputs durch den Einsatz ausgefeilter Zeitmanagementtechniken und konsequenter Planung auch viele mittelfristig negative Nebeneffekte:

So läßt bei permanenter Belastung die körperliche Leistungsfähigkeit nach.

Zeichen dafür sind kleine oder auch größere körperliche Beschwerden. Und psychische Streßsymptome, wie Unkonzentriertheit oder fehlende Ideen, folgen.

Die Alternative: Entdecken Sie die Langsamkeit

»Du kannst noch so oft an der Olive zupfen, sie wird deshalb nicht früher reif.«

Toskanisches Sprichwort

Mit zunehmender Verbreitung der Geschwindigkeitskultur zeigen sich auch immer mehr deren Schwächen. Heute propagieren amerikanische Managementvordenker immer häufiger den neuen Mut zur Langsamkeit und die Abkehr vom Tempowahn. Vernünftig gelebt, kann dies viel mehr bringen als die ewige Hetzjagd durchs Leben.

Schon unsere Vorfahren wußten, daß einzig und allein der richtige Rhythmus zwischen Ruhe und Bewegung zum Erfolg führt.

Sie bekommen immer das, was Sie säen: Wer seinem Körper keine Ruhepausen gönnt, erntet Krankheit und Unzufriedenheit.

Gute Gründe für den Mittagsschlaf

Dr. Jürgen Zulley, international bekannter Schlafforscher aus Regensburg, ist Verfechter des täglichen Büroschlafs. Denn schon nach wenigen Minuten Entspannung erholt sich unser Organismus und unsere Konzentrationsfähigkeit steigt wieder an.

✖ Der richtige Zeitpunkt: nach dem Essen haben wir unsere größte Tiefphase, deshalb zwischen 13 und 14 Uhr die Augen schließen.

✖ Die Dauer des Schläfchens: 10 Minuten genügen, nie länger als 30 Minuten dösen, ansonsten setzt die Tiefschlafphase ein.

✖ Was ist mit Lärm und Licht? Helligkeit und Geräusche sind optimal, sie verhindern, daß Sie zu fest eindösen.

✖ Berühmte Büroschläfer: Von Napoleon über Einstein bis Bill Clinton bekennen sich erfolgreiche Vielarbeiter für das tägliche Nickerchen. In Japan oder den USA wird Büroschlaf von den Unternehmen gefördert, weil sie um seine kreative Wirkung wissen.

Täglich 10 Minuten Mittagsschlaf sorgen für die richtige Mischung zwischen Streß und Entspannung

Wer sich regelmäßig entspannt, der empfindet die sogenannten Streßzeiten nicht als Belastung, sondern als Bereicherung. Weniger arbeiten kann nicht nur produktiver sein, sondern führt letztlich zu besseren Entscheidungen. Ein Leben zwischen Anspannung und Ruhe fördert die Kreativität und Produktivität. Wir können Zufriedenheit nur erreichen, wenn wir unser Tempo selbst bestimmen lernen.

Vom Zeitmanagement zu Lifeleadership

Lernen Sie, Ihr Arbeitstempo selbst zu bestimmen, nur dann können Sie Ihr Leistungspotential voll ausschöpfen

»Man kann dem Leben nicht mehr Tage geben, aber den Tagen mehr Leben.«
Amerikanische Managerweisheit

Es heißt also für Sie, den richtigen Weg des Umgangs mit Ihrer Zeit zu finden.

Und Zeit zu managen umfaßt dabei weitaus mehr, als Posteingänge nach Prioritäten zu sortieren und ein Zeitplanbuch zu führen. Sie müssen in erster Linie wissen, WARUM Sie etwas tun, um dann die Techniken zu lernen, WIE Sie es am effektivsten erledigen können.

Dieser Denkansatz führt uns zu dem Begriff des Lebensmanagement (Lifeleadership) – ich möchte Sie mit meinem Coaching in die Lage versetzen, das Steuer auf Ihrem Lebensschiff bewußt in der Hand zu halten. In unserem Coaching werden Sie herausfinden, wohin Sie fahren wollen. Sie werden lernen, wie Sie

Lernen Sie, das Wichtige zu tun, dann erledigt sich so manches Dringliche von selbst

Lifeleadership

Heute beginnt der erste Tag vom Rest Ihres Lebens – Beginnen Sie ihn mit einem neuen Zeitbewußtsein.

Es geht nicht nur um Techniken, immer mehr Zeit zu sparen, sondern darum, wie Sie Ihre Zeit so gestalten, daß Sie damit tatsächlich zufrieden sind.

Werden Sie zeitsouverän. Gestalten Sie Ihre Zeit und Ihr Leben innerhalb Ihrer Rahmenbedingungen so, daß es Ihren Vorstellungen und Wünschen entspricht.

Ihr Schiff durch die Wellenberge und -täler Ihres Lebens steuern müssen. Und erst dann werden Sie in der Lage sein, Ihr Leben so zu gestalten, wie Sie es sich wünschen und vorstellen.

Effektiv und effizient handeln ist der Schlüssel

Das wahre Kernproblem der meisten Menschen besteht darin, daß sie in der Dringlichkeit des Arbeitsalltags vornehmlich in operative Hektik zu verfallen drohen. Deshalb verlieren sie ihre Lebensprioritäten leicht aus dem Auge.

Jeder um uns herum will alles sofort, am liebsten schon vorgestern. Um die wirklich wichtigen Dinge wollen wir uns dann kümmern, wenn wir endlich einmal »Zeit haben«. Doch diese persönliche Auszeit haben wir im Grunde genommen: Nie!

Terminkalender, Organizer, Zeitplanbücher sowie elektronische Einzelplatzlösungen bis hin zum »Group Networking« können Ihnen helfen, Ihren beschleunigten Arbeitsalltag besser in den Griff zu bekommen. Mit einschlägig bewährten Formularen für Tagespläne, To-Do-Listen und Projektübersichten bekommen Sie Ihre Arbeitszeit zweifelsohne besser in den Griff. Sie planen regelmäßig Ihren Tag, setzen eindeutige Prioritäten und gehen konsequenter mit Störfaktoren und Zeitdieben um.

Doch Techniken zum Zeitmanagement können immer nur an den Symptomen kurieren. Sie nutzen Ihnen nur, wenn Sie die wahren Ursachen Ihres Zeitproblems erkannt haben.

Ein so praktiziertes Zeitmanagement ist geeignet, Ihre Effizienz nachhaltig zu verbessern, nämlich das, was Sie tun, richtig zu tun.

Wenn Sie sich jedoch auf die falschen Aktivitäten konzentrieren, sind Sie weiterhin im Zeitstreß, jedoch wesentlich professioneller organisiert.

Deshalb muß zur Effizienz auch die Effektivität kommen: Sie müssen lernen, Prioritäten zu setzen, also das Richtige zu tun.

Stellen Sie sich vor, ein Bündel mit Geldscheinen flattert vor Ihnen zu

Boden: ein Fünfhundert-Euro-Schein und viele Fünf-Euro-Scheine. Worauf würden Sie sich zuerst stürzen, wenn auch andere Passanten sofort zugreifen dürfen? – Auf den großen Schein natürlich? Das wäre »effektiv«, und das täte jeder andere genauso! Aber was haben Sie letzte Woche in Ihrem Job jeden Tag getan? Haben Sie sich auch auf die »großen Dinge«, die »Big Points« oder Scheine konzentriert oder haben

Effizienz heißt, die Dinge richtig tun, Effektivität bedeutet, die richtigen Dinge tun. Nur wenn Sie beides beachten, werden Sie Ihre Ziele erreichen.

🔍 Haltet den (Zeit)Dieb!

Entwendet Ihnen jemand Geld und Gut, dann wissen Sie sich zu wehren. Doch täglich wird Ihnen ein viel wertvolleres Gut gestohlen – und Sie machen gute Mine zum bösen Spiel, viel schlimmer noch, Sie bedanken sich vielleicht noch dafür. Denken Sie an die vielen Meetings, die ergebnislos vorübergehen, an den netten Kollegen, der nur ebenmal auf einen kleinen Plausch vorbeischaut, an ..., an..., an... „Die einzigen Diebe, die in unserer Kultur nicht bestraft werden, sind die Zeitdiebe", beklagte sich schon Napoleon.

Zeit ist wertvoller als Geld, denn sie ist unwiederbringlich.

Lernen Sie, Störfaktoren konsequent zu beseitigen und „Nein" zu sagen, nur so verhindern Sie Zeitdiebstahl.

Hören Sie auf, so wichtige Dinge, wie das Spielen mit Ihren Kindern, das tägliche Joggen oder die gesunde Ernährung ständig auf bessere Zeiten zu verschieben. Sie leben hier und heute.

Lassen Sie sich nicht zu Dingen hinreißen, zu denen Sie keine Lust haben. Nur aus Höflichkeit oder „weil es so üblich ist" vergeuden Sie wertvolle Lebenszeit, die Sie für Menschen und Dinge, die Ihnen wirklich wichtig sind, einsetzen könnten.

Sie sich in vielen kleinen Nebensächlich-keiten verzettelt?

Wer glaubt, mit dem Erwerb eines Zeitplanbuches oder dem Besuch eines herkömmlichen Zeitmanagement-Semi-nars hinterher wirklich mehr Zeit als vorher zu haben, unterliegt einem Trug-schluß.

Denn die Zeit selbst können Sie nicht managen. Sie arbeiten dann sicherlich effizienter, aber nicht unbedingt effek-tiver. Entscheidend ist, für welche Akti-vitäten Sie Ihr restliches Lebenszeitkapi-tal einsetzen und ob Sie Ihrem Tun einen höheren Sinn geben wollen. Zeitmana-gement wird so zu Lifeleadership.

Konzentrieren Sie sich eine Woche lang bewußt auf die wirklich wichtigen Dinge

Leben besser im Griff mit dem Zeit-Balance-Modell

»Ob etwas Gift oder Heilmittel ist, bestimmt allein die Dosis.«

Hippokrates

»Dafür habe ich im Moment leider keine Zeit, aber wenn ich erst..., dann...« – Wie oft haben Sie diese Pseudo-Entschuldi-gung oder Lebenslüge schon gehört oder selbst gebraucht?

Dieses ewige Aufschieben der wirk-lich wichtigen Dinge in Ihrem Leben ist ein sicheres Anzeichen dafür, daß Ihr

Keine Zeit ist nur eine andere Formulierung für kein Interesse

Leben beginnt, außer Balance zu gera-ten. Hand aufs Herz, stimmen bei Ihnen beispielsweise die Relationen zwischen Berufs- und Privatleben?

Es ist keine Seltenheit, daß Familien-väter im ehrlichen Bemühen, den Le-bensstandard ihrer Lieben ständig zu er-höhen, der Arbeit absolute Priorität ein-räumen – dabei Gesundheit, Partner-schaft und Kinder sträflich vernachlässi-gen. Die Folge: Der erste Herzinfarkt mit 45 oder auch die Scheidung.

Die einseitige chronische Überbe-tonung eines Lebensbereichs führt zwangsläufig zu Problemen in ande-ren, ebenso wichtigen Bereichen. Diese wiederum beeinflussen die berufliche Leistung negativ: letzt-lich wird »mehr eher weniger«.

Die persönliche Wohlfühl-Balance im Hinblick auf die vier wichtigsten Le-bensbereiche Körper, Private Beziehun-gen, Arbeit und Sinn ist nicht unbedingt eine Frage des Zeiteinsatzes, sondern der Qualität. Fakt aber ist, daß es unbedingt notwendig ist, alle vier Bereiche gleichrangig zu behandeln, und das heißt, sie alle gleichwertig in der per-sönlichen Planung zu berücksichtigen. In der Praxis sollten Sie sich also den Ki-nobesuch mit Ihrem Sohn genauso als Termin blockieren wie die Präsentation

 # Übung: Ihre Lebensbalance

Nehmen wir an, die Summe aller vier Lebensbereiche betrage 100 Prozent. Versetzen Sie sich gedanklich in Ihre momentane Lebenssituation - nicht Ihre Wunschvorstellung davon, sondern die tatsächliche Situation. Teilen Sie jetzt die 100 Prozent möglichst schnell und spontan auf die vier Lebensbereiche auf. Je länger Sie überlegen, desto unrealistischer wird das Ergebnis.

Überlegen Sie, wo Sie in jedem einzelnen Ihrer wichtigsten Lebensbereiche stehen und durch welche Aktivitäten Sie Ihrer persönlichen Balance näherkommen könnten

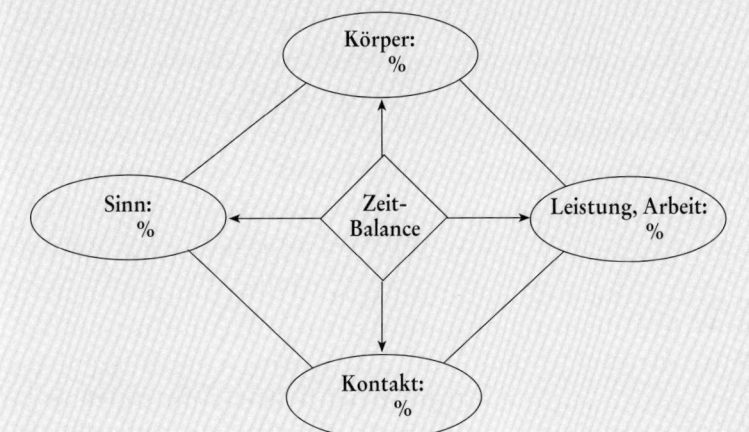

Befindet sich auch nur einer Ihrer Lebensbereiche außer Balance, wirkt sich das auf alle anderen Bereiche aus!

Ihres wichtigsten beruflichen Projekts. Denn wenn Sie einen Lebensbereich schon aus der schriftlichen Planung entlassen, dann ist der erste Schritt zum Aufschieben oder Absagen bereits getan. Gleichrangige Planung aller Aktivitäten ist der Anfang einer gesunden Lebens-Balance.

Jedes Ungleichgewicht in einem Lebensbereich wirkt sich negativ auf die anderen aus:

Beispiel: Ein Zuviel im Bereich Beruf führt zu psychosomatischen Störungen, Konflikten bei familiären oder privaten Beziehungen bis hin zu Sinnkrisen. »Nachdem ich nach einem Herzinfarkt auf der Intensivstation lag, ist mir endlich klargeworden, daß ich mich beruflich fix und fertig mache.« (49jähriger Verkaufsleiter).

Das Balance-Modell ist einer der Eckpfeiler ganzheitlichen Lebensmanagements und wird Ihnen helfen, Ihre Zeit so zu nutzen, daß Sie in jedem Lebensbereich Ihre Ziele erreichen.

Das Konzept der Lebenshüte

„Wer bedauert auf dem Sterbebett, daß er nicht mehr Zeit im Büro verbracht hat?"
Stephen R. Covey

Neben dem eben beschriebenen Balance-Modell möchte ich Ihnen auch am Prinzip der Lebenshüte verdeutlichen, wie wichtig es ist, sich genau zu überlegen, wie und wofür Sie Ihre Zeit einsetzen: Sowohl in Ihrem Berufs- wie auch Privatleben haben Sie verschiedene Hüte auf, und Sie füllen alle möglichen Rollen aus, in denen Sie Verantwortung tragen.

Beruflich könnte es sein, daß Sie gleichzeitig Verkaufsleiter, Führungskraft, Mitarbeiter, Projektleiter, Referent

Jeder von uns füllt in seinem Leben verschiedene Rollen aus. Achten Sie darauf, daß Ihnen diese Lebenshüte nicht über den Kopf wachsen

oder Dozent, Arbeitskreismitglied oder Verbandsfunktionär sind.

In Ihrem Privatleben tragen Sie ebenfalls mehrere Hüte auf Ihrem Kopf, etwa als Ehemann/-frau, Partner/in, Vater-/Mutter, Freund/Freundin, Vereinsmitglied, Hobby-Koch, Vermieter, Nachbar, Nachhilfelehrer oder Elternbeirat.

Finden Sie sich in der einen oder anderen Rolle wieder? Der Hauptgrund, warum viele mit ihrer Zeit Schwierigkeiten haben und mit hoher Drehzahl durchs Leben jagen, liegt darin, daß sie auf zu vielen Hochzeiten tanzen und sich mit zu vielen Dingen auf einmal beschäftigen.

Muß es dieses Pöstchen wirklich noch sein? Überprüfen Sie Ihre Lebenshüte, und trennen Sie sich konsequent von Modellen, die nicht 100prozentig zu Ihnen passen

7 Hüte reichen für die gesamte Saison

Die Strukturierung Ihrer Lebensprioritäten und Ihrer Aktivitäten nach Hüten oder Rollen bietet Ihnen den idealen Rahmen für Ihre gesamte Planung.

Wir alle tragen immer mehrere Hüte zugleich auf unserem Kopf, leben unser Leben in Form bestimmter Rollen –

Wenn Sie weiter nach oben wollen, müssen Sie Ballast abwerfen, denn wer losläßt, hat zwei Hände frei.

7 Lebenshüte

Um Ihre Lebensprioritäten optimal zu setzen, sollten Sie Ihre persönlichen Schlüsselrollen (Lebenshüte) genau definieren.

1. Welche Hüte tragen Sie momentan auf Ihrem Kopf?
2. Bewerten Sie alle Hüte mit entsprechenden Smileys: ☺ ☻ ☹
3. Falls erforderlich, reduzieren Sie jetzt Ihre Lebenshüte auf maximal sieben.
4. Schreiben Sie Ihre 7 Lebenshüte auf, und hängen Sie das Plakat gut sichtbar auf.

nicht wie im Theater, aber in realen Lebenskategorien, die wir entweder freiwillig gewählt haben oder in die wir aufgrund äußerer Umstände irgendwie hineingeraten sind: im Beruf, in der Familie oder in der Gemeinschaft.

Die Kunst liegt in der Beschränkung auf das Wesentliche: weniger ist auch hier mehr! Definieren Sie Ihre Lebenshüte (siehe auch Kasten oben), und überlegen Sie, welche Ihnen wirklich wichtig und für Sie unverzichtbar sind.

Wichtig: Reduzieren Sie die eigenen Rollen auf maximal sieben. Dies ist garantiert problematisch, aber es ist Ihre einzige Möglichkeit, einer gesunden Balance nahezukommen.

Der Mensch ist nun einmal ein Gewohnheitstier. Vielen fällt es äußerst schwer, sich von langjährigen Ehrenämtern, Pöstchen und ähnlichen Verpflichtungen zu lösen und damit einhergehende, liebgewonnene Rituale aufzugeben. Aber jeder Ballonfahrer weiß: Wer weiter nach oben will, der muß Ballast abwerfen.

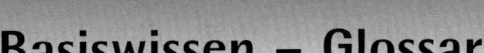

Basiswissen – Glossar

ABCDE-Analyse

Die ABCDE-Analyse ist ein Werkzeug für Ihre systematische Zeitplanung, mit dessen Hilfe Sie lernen, konsequent Prioritäten zu setzen. Sie teilen alle eingehenden Aufgaben sofort nach Ihrer Wichtigkeit und Dringlichkeit in eine Kategorie ein: A=wichtig und dringlich; B = wichtig, aber nicht dringend, C = dringend, aber nicht wichtig, deshalb entweder: D = delegieren oder E = entsorgen.

ALPEN-Methode

Die ALPEN-Methode ist ein hilfreiches Instrument für Ihre Tagesplanung. In fünf Schritten etablieren Sie eine Routine, die Sie für Ihre gesamte Ziel- und Zeitplanung übernehmen können: A=Aufgaben aufschreiben, L=Länge der Aktivitäten einschätzen, P=Pufferzeiten reservieren, E=Entscheidungen über Prioritäten, Delegation oder Weglassen einer Aufgabe sofort treffen, N=Nachkontrolle und Übertrag bzw. Streichennicht erledigter Jobs.

Balance-Modell

Wir können unser Leben in vier grundlegende Bereiche aufteilen: Familie – Körper – Arbeit – Sinn. Bei vielen Menschen steht ein Lebensbereich, zum Beispiel der Beruf, im Vordergrund. Das Problem: wird ein Bereich überbetont, so hat dies Auswirkungen auf alle anderen Bereiche. Ihr Ziel sollte es sein, eine Ausgeglichenheit zwischen allen Lebensbereichen anzustreben, wobei hier nicht der zeitliche Einsatz, sondern die Qualität gemeint ist, in der Sie sich für jeden der vier Bereiche einsetzen.

DISG-Persönlichkeitsmodell

Das DISG-Persönlichkeitsmodell unterscheidet vier Grundstile menschlichen Verhaltens: D = Dominant, I = Initiativ, S = Stetig und G = Gewissenhaft. Jeder Mensch besitzt Anteile aller vier Bereiche, hat aber meistens einen oder zwei Bereiche besonders ausgeprägt. Mit Hilfe des DISG-Modells lernen Sie sich selbst und andere Menschen besser einschätzen. Es dient Ihnen als Ausgangsbasis für die Arbeit an Ihrer Persönlichkeit – sei es im eigenen Arbeitsverhalten, im Umgang mit der Zeit oder in der Kommunikation mit anderen.

Effektivität

Effektiv heißt, konsequent Prioritäten zu setzen, also das Richtige zu tun.

Effizienz

Effizient arbeiten bedeutet, die Dinge, die Sie tun, richtig, das heißt mit dem größtmöglichen Output in der kürzesten Zeit, zu tun.

Der Schlüssel zu erfolgreichen Handeln ist das Zusammenspiel von Effektivität und Effizienz: die richtigen Dinge (effektiv) richtig zu tun (effizient).

EKS Engpass-Konzentrierte Strategie

Mit Hilfe der Engpass-Konzentrierten Strategie können Sie lernen, sich auf eine Aufgabe zu spezialisieren und Ihre Kräfte zu konzentrieren, daß Sie in Ihrem gewählten Bereich Spitzenleistung erzielen. Die wichtigsten Prinzipien der EKS heißen: Konzentration der Kräfte; Engpass erkennen und beseitigen sowie konsequent nutzenorientiert zu denken und zu handeln.

Erfolgspyramide

Als sinnvolles Werkzeug, um zu sehen, wo Sie auf Ihrem Weg zu mehr Professionalität und Souveränität stehen, kann Ihnen die Erfolgspyramide zur Effektivität dienen (siehe Seite 10). Sie erhalten damit einen siebenstufigen Wegweiser für Ihre Arbeit: Im erstenSchritt fragen Sie nach Ihren Lebenszielen, nach dem WARUM hinter Ihrem Tun. Im zweiten Schritt legen Sie die Rollen fest, die Sie in Ihrem Leben spielen wollen. Schritt 3 dient Ihnen zur Festlegung der Strategie für Ihre Zielerreichung. Im Schritt 4 formulieren Sie die Etappenziele für das nächste Jahr. Im 5. und 6. Schritt brechen Sie Ihre Jahresziele auf Wochen- und Tagesportionen herunter. Und im 7.Schritt lernen Sie, wie Sie sich die Energie und Disziplin zur Umsetzung Ihrer Ziele erarbeiten.

Hetzkrankheit

In unserer Welt ist Geschwindigkeit zum Kriterium für Leistung geworden, und Menschen halten es für normal, permanent unter Zeit- und Leistungsdruck zu stehen. Viele haben das Gefühl, auf der Überholspur zu leben, aber das Steuer nicht mehr in der Hand zu haben. Stellen Sie sich bewußt gegen diesen sinnlosen Geschwindigkeitswahn. Sagen Sie „Nein", wenn Dinge nur dringend, aber nicht wirklich wichtig sind. Ansonsten werden Sie

ewig das Gefühl haben, im Hamsterrad gefangen zu sein und strampeln zu müssen. Streß muß nicht Krankheit bedeuten: Solange Sie nach Ihren eigenen Prioritäten leben und neben den Leistungsphasen auch genügend Zeit für Entspannung einplanen, sind Sie nicht gefährdet, Opfer der Hetzkrankheit zu werden. Langsamer ist schneller, wenn Sie die Dinge, die Sie tun, konzentriert erledigen und sich nicht unter Druck setzen lassen.

Kernkompetenzen

Basierend auf der EKS-Strategie sollten Sie alles daransetzen, Ihre Kernkompetenzen herauszufinden und permanent an ihrer Vervollkommnung zu arbeiten. Nur so positionieren Sie sich als Spezialist in Ihrem Fachgebiet. Streben Sie nicht an, überall Durchschnitt zu sein, sondern heben Sie sich in einem Bereich deutlich von der Masse ab.

Komfortzone

Wir alle besitzen einen Handlungsbereich innerhalb unserer guten und schlechten Gewohnheiten, innerhalb dessen wir uns sicher fühlen, wir keine Risiken eingehen müssen, um bequem zu handeln. Diese Zone unserer Gewohnheiten wird die Komfortzone genannt. Wollen Sie Ihr Verhalten und Ihre Handlung in einem Bereich ändern, dann müssen Sie Ihre Komfortzone verlassen. Das bedeutet Anstrengung, Unsicherheit und Arbeit. Doch Entwicklung findet immer nur außerhalb unserer Komfortzone statt.

Lebenshüte

Das Balance-Modell definiert unsere vier wichtigsten Lebensbereiche. In all diesen Bereichen spielen Sie unterschiedliche Rollen, haben also unterschiedliche Lebenshüte auf dem Kopf: Im Bereich Familie können das die des Vaters, Partners, Sohns, Freundes sein. Streben Sie an, insgesamt nicht mehr als 7 Schlüsselhüte auf Ihrem Kopf zu tragen. Diese können Sie dann optimal ausfüllen.

Lebenszyklen

Die Definition der Lebenszyklen von Erwachsenen haben sich gegenüber früher grundlegend verändert. Die Amerikanerin Gail Sheehy beschreibt diese neuen Eckpunkte des Erwachsenseins: Demnach verläuft das „vorläufige" Erwachsenenalter von 18 bis 30; das erste Erwachsenenalter von 30 bis 45 und das zweite Erwachsenenalter startet mit 45. Das heißt, statt sich mit 45 auf dem absteigenden Ast zu wähnen, nehmen heute viele Menschen den Beginn der letzten neuen Lebensphase als Startpunkt für eine Veränderung und Weiterentwicklung im positiven Sinne.

Lifeleadership

Ich habe den Begriff Lifeleadership geprägt und bringe damit die Wichtigkeit einer ganzheitlichen Sichtweise auf unser Handeln zum Ausdruck. Zeitmanagement und Techniken des Selbstmanagements bringen uns keinen Schritt voran, wenn

wir nicht wissen, wofür wir immer schneller und besser werden wollen. Leadership bedeutet: die Dinge nicht nur zu managen, also die besten Techniken und Methoden für Effektivität und Effizienz zu kennen, sondern Ihr Leben eigenverantwortlich zu bestimmen und authentisch zu leben.

Loslassen

Viele Menschen haben Probleme mit ihrer Zeiteinteilung und sind auf Dauer unzufrieden, weil sie nicht loslassen können. Als Chef haben sie Probleme zu delegieren, als Mutter schaffen sie es nicht, ihren Sprößling selbständig handeln zu lassen, als Manager meinen sie, 12 Stunden täglich im Büro verbringen zu müssen, weil sie ja unabkömmlich sind. Egal, ob Sie das Wörtchen „Nein" aus Ihrem Sprachschatz verbannt haben oder falsche Prioritäten in Ihrem Leben setzen. Lernen Sie, einfach auch einmal loszulassen und Ihr Tun von außen zu betrachten. Das befreit und bringt Ihnen entscheidende Aha-Erlebnisse.

Mission Statement

Nur wenn Sie eine klare Vision, ein berufliches und persönliches Leitbild – ein Lebensziel – haben, sind Sie in der Lage, Ihrem Leben ganz bewußt Sinn und Richtung zu geben. Die Amerikaner sprechen

hier von der „Big Idea" (die Idee, aus seinem Leben etwas Großes zu machen) oder dem „Mission Statement". Stephen R. Covey empfiehlt, über die vier „L´s" nachzudenken, auf die es bei einem erfüllten Leben ankommt: „To Live, to Love, to Learn, to Leave a Legacy", d.h. wie will ich leben, lieben, lernen und ein Vermächtnis hinterlassen?

Paradigmenwechsel

Ein Paradigma im Sinne der Persönlichkeitsentwicklung ist ein mentales Modell, nach dem die Menschen bewußt oder unbewußt leben. In Zeiten des Wandels kann man die Menschen nach ihrem Umgang mit solchen neuen Mustern in drei Gruppen einteilen: Die sogenannten Paradigmen-Veränderer sind die Genies oder Spinner, sie schaffen aktiv neue Paradigmen, indem sie Ideen verwirklichen, die sich andere nicht einmal zu denken trauen. Die Paradigmen-Pioniere greifen diese Ideen auf und nutzen sie aktiv für sich. Und die sogenannten Siedler warten bis sich das neue Paradigma vollständig durchgesetzt hat und alle damit verbundenen Risiken ausgeschlossen sind, um es dann als ihre Idee zu verkaufen (siehe auch Vera F. Birkenbihl).

Pareto-Prinzip

Der italienische Ökonom Vilfredo Pareto entwickelte das Prinzip der Prioritätensetzung nach der 80-20-Regel. Demnach erreichen wir in allen Lebensbereichen in 20 Prozent der richtig eingesetzten Zeit 80 Prozent unserer Ergebnisse.

Pizza-Taxi-Effekt

Wenn Sie telefonisch eine Pizza bestellen, dann wollen Sie diese am liebsten sofort. Genauso läuft bei sehr vielen Menschen der Tag ab. Sie lassen sich vom allgemein herrschenden Wunsch nach „Sofort" beherrschen und denken gar nicht mehr über Dringlichkeit nach. Sie sind nicht mehr Herr ihrer Zeit. Eines des wichtigsten Planungsprinzipien unserer Zeit heißt aus diesem Grund: „Wenn

Sie nicht permanent unter Termindruck stehen wollen, dann prüfen Sie jedes „sofort" auf seine tatsächliche Dringlichkeit.

60-20-20-Regel

Die Sechzig-Zwanzig-Zwanzig-Regel sollte Ihnen Faustformel für Ihre gesamte Planung sein. Sie besagt, daß Sie grundsätzlich nur 60 Prozent Ihrer zur Verfügung stehenden Zeit fest verplanen sollten. 20 Prozent sollten Sie für unerwartete Aktivitäten, wie Störungen und Zeitdiebe einplanen. Die verbleibenden 20 Prozent vergehen in der Regel für spontane soziale Aktionen, wie ungeplante Telefonate, Gespräche und Mini-Events.

SMART-Formel

Die SMART-Formel ist eine Methode für Ihre Zielsetzung, mit deren Hilfe Sie Ihre Ziele so formulieren lernen, daß sie auch erreichbar werden: S=spezifisch, konkret und eindeutig; M=meßbar; A-aktionsorientiert, R=realistisch nach dem Grundsatz ehrgeizig, aber erreichbar; T=terminierbar, d.h. auch zeitlich konkret meßbar.

Souveränität und Gelassenheit

Dem Alltag mit all seinen Herausforderungen souverän und gelassen zu begegnen ist das Hauptziel unseres gemeinsamen Coachings. Denn wem nutzt es, mit Hilfe professioneller Techniken, zum Beispiel im beruflichen Bereich, erfolgreich zu werden, wenn dies auf Kosten seiner inneren Ruhe und Zufriedenheit geschieht. All die Techniken, die ich Ihnen vorstelle, werden Sie nur weiterbringen, wenn Sie dieses Gesamtziel nicht aus den Augen verlieren.

Tagesplanung

Eine systematische Tagesplanung ist Start und Herz jeglicher Zielplanung. Reservieren Sie täglich acht Minuten für die Vorbereitung auf den nächsten Tag, dann gewinnen Sie 80 Prozent mehr Zeit für das Wesentliche. Die wichtigsten Instrumente für Ihre Tagesplanung sind die ALPEN-Methode die 60-20-20-Regel und die Prioritätensetzung nach dem Pareto-Prinzip. Inhalte Ihrer Tagesplanung: Denken Sie bei Ihrer Planung an das Balance-Modell, und planen Sie immer genügend Zeit für Entspannung mit ein.

Vision

Eine Vision bedeutet, ein genaues, inneres Bild von dem, was man erreichen möchte, vor Augen zu haben (siehe Cartoon oben). Eine Vision sollte so klar und fest verinnerlicht sein, daß wir sie gleich einer Mission konsequent verfolgen. Die Amerikaner sprechen auch von Mission Statement, also einem Leitbild mit Erfüllungsverpflichtung, das alle daraus resultierenden Ziele beeinflußt.

Zeitbewußtsein

Viele Menschen umgeben sich mit einem ganz besonderen Statussymbol, das ihre Wichtigkeit und Unabkömmlichkeit herausstellen soll: keine Zeit zu haben. Fakt aber ist, daß jeder von uns alle Zeit hat, die es gibt. Keine Zeit zu haben bedeutet nur, daß es andere Dinge gibt, die wichtiger sind. Deshalb lohnt es, daß Sie sich damit beschäftigen, wie Sie mit Ihrer Zeit umgehen und wofür Sie sie nutzen. Ich möchte Ihnen mit meinem Coaching helfen, daß Sie Zeit für die Dinge finden, die Ihnen wirklich wichtig sind.

Zeitdiebe

Jeder von uns ist täglich von Dieben umgeben, die sich so geschickt in unser Leben eingeschlichen haben, daß wir nicht merken, wie wir bestohlen werden. Hier die wichtigsten: Die Unfähigkeit, nein zu sagen; keine oder unklare Ziele, fehlende Prioritäten- und Tagesplanung; Unterbrechungen; überflüssige Besprechungen; Bürokratismus und Papierkram; unangemeldete Besucher und Störungen; Aufschieben unangenehmer Aufgaben; Überperfektionismus; Mangelnde Konsequenz und Selbstdisziplin; fehlerhafte Kommunikation.

Zielplanung

Die meisten Menschen glauben, Ziele zu besitzen. Doch bei näherem Hinschauen erweisen sich diese Ziele als unbrauchbar, auch nur einen kleinen Schritt vorwärts zu kommen. Entscheidend für Ihre Zielplanung ist das Prinzip der Schriftlichkeit, Ziele, die Sie nicht konkret mit Termin und Umsetzungsschritten aufgeschrieben haben, wollen Sie auch nicht erreichen.

660 223 001

660 233 002

LOTHAR J. SEIWERT

COACHINGBRIEF

Professioneller & souveräner arbeiten und leben

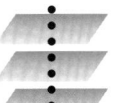

Professionalität und Effektivität in allen Lebensbereichen gewinnen
Souveränität und Gelassenheit ausstrahlen
Balance und Persönlichkeit entwickeln

Monatlicher Coaching-Service ❖ Januar 2000

Liebe Leserin, lieber Leser,

wir sind angekommen im neuen Jahrtausend. Laut Experten sind die sogenannten „soft skills" – Zielorientierter Arbeitsstil, Teamfähigkeit, soziale Kompetenz – die Eintrittskarte in unsere neue Zeit, in der wir die tägliche Flut neuen Wissens schnellstens verarbeiten *müssen*, flexibel und natürlich risikobereit sein *müssen*. Die Zeit also, in der sich jeder unheimlich anstrengen *muss*, um fit und vorn zu bleiben.

Mit unserem **COACHINGBRIEF** finden Sie den Weg zur Erschließung Ihrer Soft skills ohne das Wort „muss". Denn diese Fähigkeiten zu erlernen macht in erster Linie Spaß, weil Sie den Fortschritt täglich an sich selbst spüren.

Der Weg ist das Ziel, und den geht jeder Schritt für Schritt

In unserem heutigen **COACHINGBRIEF** möchte ich mit Ihnen weiter am Thema Ziele arbeiten (im Basiswissen habe ich Ihnen mit der SMART-Methode bereits ein Instrument zur konkreten Umsetzung angeboten und im Basisbrief haben Sie die erste Übung zum Thema Lebensvision absolviert).

Ihr Unterbewusstsein beginnt erst mit der konkreten Umsetzung Ihrer Ziele, wenn Sie einen genauen Fahrplan in Form schriftlicher Etappenziele festgelegt haben. Heute beginnen wir mit der Etappe: Jahresziele.

Lassen Sie sich auf unsere Übungen ein, und Sie werden erleben, dass Ihre guten Vorsätze fürs neue Jahr(tausend) nicht mit der Schneeschmelze im März vergehen, sondern Ihnen konkrete Ergebnisse bringen werden. Ich wünsche, dass Ihnen Ihr 2000-Start gelingt und Sie mit Hilfe unseres **COACHINGBRIEFS** ein gutes Stück in Richtung Ihrer persönlichen Wünsche vorankommen.

Ihr

Lothar J. Seiwert

PROFESSOR DR. LOTHAR J. SEIWERT gilt als Europas führender Experte für Zeitsouveränität, Effektivität und sinnvolles Lebensmanagement. Er ist erfolgreicher Bestsellerautor und erhielt 1999 als erster deutscher Trainer den internationalen Trainingspreis "Excellence in Practice" der ASTD (American Society for Training und Development).

Themen

Bitte rufen Sie sich noch einmal die Übungen zur 5-Jahres-Vision (Basisbrief Seite 4 ff.) und die SMART-Methode zum Ziele setzen (Basiswissen, Seite 10 f.) in Erinnerung, bevor Sie mit diesem **COACHINGBRIEF** starten. Danke.

Wie Sie Ihre persönlichen Ziele erreichen

„Die meisten überschätzen, was sie in einem Jahr schaffen, und unterschätzen, was sie in zehn Jahren erreichen können."
Alexander Christiani, Erfolgstrainer

Wenn wir über Zielerreichung sprechen, dann bedeutet das nicht, immer mehr Ziele aufzunehmen, um Ihren Tag auch optimal auszulasten. Es gilt in erster Linie zu entscheiden, welche Dinge Sie aus Ihrem täglichen Leben streichen wollen, um sich voll und ganz auf die Aufgaben zu konzentrieren, die Sie Ihren tatsächlichen Zielen näherbringen.

Dazu müssen Sie Ihr Lebensziel kennen und wissen, mit welchen Teilzielen Sie ihm jährlich, monatlich, wöchentlich und täglich näherkommen. Mein Vorschlag für eine Definition der wichtigen Aufgaben in Ihrem Leben:

Wichtig ist alles, was Sie Ihren wahren Zielen auf direktem Weg näherbringt.

Thema Lebensvision: Bestandsaufnahme

Begeben Sie sich in Ihre Vergangenheit. Überlegen Sie, wo Sie herkommen, wo sie vor zehn Jahren standen. Sie werden sehen, wie viel Sie seitdem erreicht haben. Mit einer konsequenten Zielplanung können Sie Ihre persönliche Entwicklung noch um ein Vielfaches beschleunigen.

„Wenn Sie wissen wollen, wohin Sie gehen, müssen Sie wissen, woher Sie kommen."

Bevor wir zu unserem heutigen Hauptthema – Ihrer Jahreszielplanung 2000 – kommen, möchte ich Ihnen eine weitere Übung zur Formulierung Ihrer Lebensvision vorstellen: Ihre persönliche Bestandsaufnahme. Unsere Zukunft lässt sich nicht losgelöst von unserer Vergangenheit gestalten. Denn einerseits sind Sie durch Ihre bisherige Entwicklung vorgeprägt. Ihre Eltern, die Schule, Ihre sozialen Bindungen, Ihr bisheriger Bildungsweg, Ihr beruflicher Werdegang und all Ihre Erfahrungen haben Ihr ganz

Ihr Erfolgspendel

Erinnern Sie sich an die Erfolgspyramide zur Effektivität (Basiswissen, Seite 10, Basisbrief Seite 2). Wollen Sie Ihre Ziele im Leben tatsächlich erreichen, dann sollten Sie sich immer wieder diese 7 Schritte vor Augen führen. Wenn Sie beim ersten Schritt beginnen, also eine Lebensvision und ein festes Wertesystem besitzen, werden Sie auch die Energie aufbringen, Ihre Jahres,-, Monats,-, Wochen,- und Tagesziele zu erreichen. Dazu eine kleine Geschichte, die Ihnen ein Bild vom Wirken der Erfolgspyramide gibt:

Ein Freund erzählte mir von einem Mönch, der ihm über viele Jahre Freund und Lehrer war. Sprach er mit ihm über Werte und Ziele, dann pflegte der Mönch eine kleine Kette mit einem Kreuz hervorzunehmen und begann, sie pendeln zu lassen. Er faßte sie zuerst ganz oben an. Der Radius, den das Kreuz beschrieb, war sehr groß. Nun nahm er dem Kreuz immer mehr Bewegungsfreiheit, indem er die Kette immer weiter unten anpackte. Der Radius des Kreuzes verkleinerte sich zusehends.

Sein Schluß: Je höher Deine Werte im Leben sind, desto größer wird Dein Lebensradius sein.

persönliches Wertesystem, Ihre Wünsche und Ihre gesamten Lebensorientierungen geprägt. In den meisten Fällen ist dies unbewusst geschehen. Denn viele Menschen denken nicht über ihre wichtigsten Werte nach und begründen es mit Pech, wenn ihr Leben in Richtungen verläuft, die ihnen missfallen, und meinen, Glück gehabt zu haben, wenn etwas funktioniert.

Überlassen Sie diese Glück- und Pech-Theorien anderen. Ihre private Zukunft ist planbar. Unternehmen Sie im

Folgenden eine kleine Reise in Ihre eigene Vergangenheit. Setzen Sie sich hin, schalten Sie alle Störfaktoren aus und gehen Sie mit der Übung auf Seite 4 und 5 konsequent zurück. Wichtig ist, dass Sie alle Fragen schriftlich beantworten.

Am Ende der Übung werden Sie Klarheit darüber haben, welche Vorbilder und Einflüsse Sie bisher geprägt haben, worin Ihre Lebenseinstellungen und Werte liegen. Und Sie werden viel besser als bisher wissen, welche Gewohnheiten, Kontakte und Handlungen Sie beibehalten möchten und was Sie unbedingt verändern wollen. Auf jeden Fall werden Sie sehen, dass Ihre bisherige Entwicklung wenig mit Glück oder Pech zu tun hat. Das, was Sie gesät haben, haben Sie garantiert auch geerntet.

Viele meiner Seminarteilnehmer bekommen durch diese Übung einen wahren Schub in puncto Selbstwertgefühl. Denn wenn Sie sich die Zeit nehmen und aufschreiben, wo Sie vor zehn Jahren standen und was Sie in diesem Bereich bis heute alles erreicht haben, dann erkennen Sie erst, wie viel Sie geleistet haben.

Ihr Ziel ist Ihre zukünftige Erfolgsfähigkeit. Es kommt nicht darauf an, dass besonders positive Dinge in Ihren Antworten stehen. Es ist nur wichtig, dass Sie eine ehrliche Ausgangsbasis für Ihre weitere Arbeit erhalten.

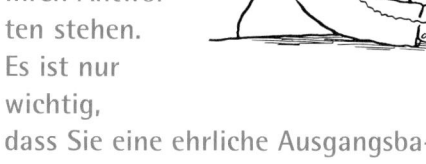

Meine Ziele 2000

Bevor Sie mit der Übung beginnen, möchte ich Sie bitte, ganz spontan Ihre momentan wichtigsten Ziele für das gerade begonnene Jahr aufzuschreiben:

1.

2.

3.

4.

Was haben Sie sich in jedem Ihrer Lebensbereiche für das Jahr 2000 vorgenommen? Denken Sie nicht lange nach, sondern schreiben Sie die vier wichtigsten Ziele in nebenstehenden Kasten.

Die Bausteine Ihrer Lebensvision

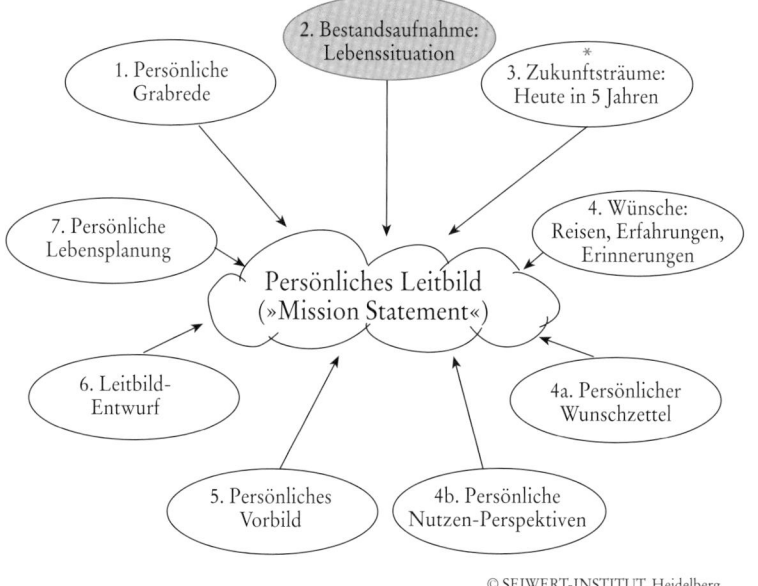

Um Sie bei der Formulierung Ihrer Lebensvision zu unterstützen, werden wir in diesem Jahr folgende Schritte gemeinsam gehen. In unserer heutigen Übung geht es um eine Bestandsaufnahme Ihres bisherigen Wegs.

* siehe Basisbrief

© SEIWERT-INSTITUT, Heidelberg

Übung: Meine Lebensbetrachtung

1. Was war mein erstes Erfolgserlebnis in der Kindheit, an das ich mich noch konkret erinnern kann?

2. Wie beurteile ich mein Elternhaus, meine Stellung in der Familie und meine Erziehung?

3. Wie stand oder stehe ich persönlich zu meinem Vater? Was bewunderte oder bewundere ich an ihm? In welchen Beziehungen hat er mir Steine in den Weg gelegt?

4. Wie stand oder stehe ich persönlich zu meiner Mutter? Was bewunderte oder bewundere ich an ihr? In welchen Beziehungen hat sie mir Steine in den Weg gelegt?

5. Wer von beiden Eltern dominierte und welchen Einfluss hatte das auf mein Leben? Was ist mir davon besonders in Erinnerung?

6. Wie war meine Familie insgesamt? Harmonisch, disharmonisch? (Beispiele von Harmonie und Disharmonie)

7. In welchem Glauben wurde ich erzogen und was bedeutet mir heute mein Glauben?

8. Welche kulturellen Faktoren spielten bisher in meinem Leben eine Rolle? Wie groß ist mein Interesse für Literatur, Musik und Kunst ....?

9. Welche Persönlichkeiten aus Wirtschaft, Politik, Kultur, Sport und anderen Bereichen schätze ich besonders und warum (z.B. wegen ihrer Leistung, Lebensart oder sonstiger Werte)?

10. Habe ich so etwas wie einen »geistigen Mentor« oder eine innere Leitfigur – etwa dass ich mich manchmal frage: Wie würde dieser jetzt in meiner Situation entscheiden?

11. In Gesellschaft welcher Menschen (Freunde, Geschäftspartner, Kollegen, Vereins-/Verbandsmitglieder etc.) fühle ich mich wohl und ungezwungen, und welche Wirkungen hat das auf mein privates und berufliches Leben?

12. In Gesellschaft welcher Menschen fühle ich mich unwohl und unfrei, und welche Wirkungen hat das auf mein privates und berufliches Leben?

13. Wann und bei welchen Aufgaben oder Herausforderungen fühle ich mich wohl und bestätigt – oder sogar geradezu »stark« – und was habe ich dadurch erreicht (Erfolge)?

14. Über welche besonderen Kenntnisse (Wissensgebiete), Erfahrungen (praxisbezogene Tätigkeiten) und Fähigkeiten (Skills) verfüge ich? Schreiben Sie alle Kenntnisse, Erfahrungen und Fähigkeiten auf ein gesondertes Blatt, und bewerten Sie diese rechts auf der Seite wie im unteren Beispiel:

Meine Fähigkeiten   ++   +   +/–

1. Ich habe mich in den letzten zehn Jahren fachlich ständig weitergebildet
und verfüge über aktuelles berufliches Fach-Know-how

2. Ich bin kommunikationsstark und kann meine Meinung in Diskussionen
gut vermitteln und vertreten

3. Ich kann mich hervorragend organisieren

Bewertung (++ = sehr gut, + = gut +/– = befriedigend) bitte ankreuzen!

15. Was waren bisher meine größten Erfolge; was habe ich dadurch erreicht?

16. Wann und bei welchen Aufgaben oder Herausforderungen fühle ich mich unwohl oder »schwach«; welche Misserfolge hatte ich dadurch?

17. Worin bestehen zur Zeit im beruflichen Bereich für mich größere Probleme oder Gefahrenpotentiale (mangelndes Können, Weiterbildung, Überlastung, Konkurrenzsituation, Unternehmensgefährdung etc.), und was kann ich dagegen tun?

19. Worin bestehen zur Zeit im privaten Bereich für mich größere Probleme oder Gefahrenpotentiale, und was kann ich dagegen tun?
a) Ehe und Partnerschaft:

b) Kinder:

c) Eltern, Verwandte, Freunde:

d) Freizeitbeschäftigung:

20. Wenn ich drei Wünsche frei hätte, würde ich mir Folgendes wünschen:

a)

b)

c)

Ob Sie Ihre Ziele erreichen, hängt stark von Ihrer inneren Motivation ab. Nutzen Sie dazu einen vernünftigen Fahrplan, dann erhöht sich Ihre Erfolgschance um ein Vielfaches, weil Ihr Unterbewusstsein einen konkreten Weg bekommt, an den es sich halten kann.

Ihre Jahresziel-planung 2000

Durch die Bestandsaufnahme wissen Sie jetzt, woher Sie kommen und wie Sie bisher vorgegangen sind. Geben Sie Ihrer Zukunft einen Turbo, indem Sie durch die richtigen Ziele Ihr Lebenssteuer noch bewusster in die Hand nehmen.

1. Voraussetzung: Das Modell der Lebenshüte

Ich möchte Sie noch einmal auf das Prinzip der Lebenshüte aufmerksam machen (Basiswissen auf Seite 25 f.). Dort habe ich Ihnen auch eine Übung angeboten, mit deren Hilfe Sie Ihre sieben wichtigsten Lebensrollen bestimmt haben. Notieren Sie diese Rollen jetzt noch einmal in die Abbildung.

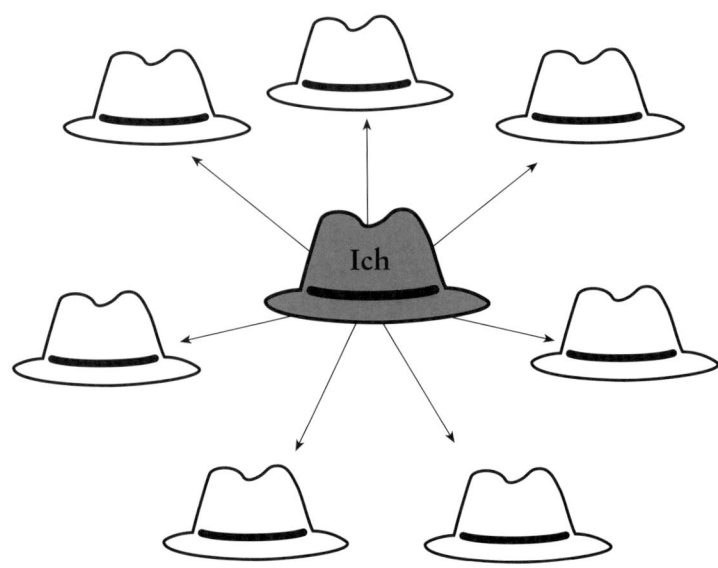

2. Voraussetzung: Das Zeit-Balance-Modell

Dieselbe Verfahrensweise schlage ich Ihnen mit dem Zeit-Balance-Modell vor

(Basiswissen, Seite 24f.). Schreiben Sie in die Abbildung auf Seite 7 in Stichworten, was Ihnen in jedem Lebensbereich wichtig ist. Das können Namen, Aktivitäten oder Ergebnisse sein. Und notieren Sie kurz den Prozentsatz (von 100), den Sie momentan jedem einzelnen Bereich widmen.

Es ist normal, dass sich bei der Beschäftigung mit den einzelnen Bereichen oft ein deutliches Ungleichgewicht zu Gunsten eines Lebensbereichs ergibt. Im Bereich Leistung/Arbeit finden sich häufig Werte um die 70 Prozent. Das ist selbstverständlich, denn die meisten von uns befinden sich in der Lebensphase einer Erwerbstätigkeit.

Setzen Sie die Prioritäten einfach so, dass Sie sich persönlich mit den Prozentsätzen wohlfühlen (unabhängig von beruflichen, finanziellen oder sonstigen Zwängen, unter denen Sie denken zu stehen).

Der Bereich Sinn nimmt übrigens in den meisten Fällen nur einen sehr geringen Prozentsatz ein (fünf bis zehn, wenn überhaupt). Denken Sie darüber nach, wie wichtig Ihnen dieser Bereich tatsächlich ist (siehe die kleine Geschichte auf Seite 2). Sie wissen, dass Sie viel mehr erreichen können, wenn Ihnen der Sinn hinter all Ihrem Tun tatsächlich klar ist.

Sie sollten Ihre Lebens-Balance nicht rechnerisch lösen, nach der Formel: 100 geteilt durch Anzahl der Lebensbereiche ergibt vier Teile zu 25 Prozent. Die persönliche Wohlfühl-Balance im Hinblick auf die vier Lebensbereiche wird von jedem Menschen sehr unterschiedlich wahrgenommen. Es spielt keine Rolle, wie viel Zeit Sie in den jeweiligen Bereich investieren. Es sollte aber auf jeden Fall so viel Zeit- und

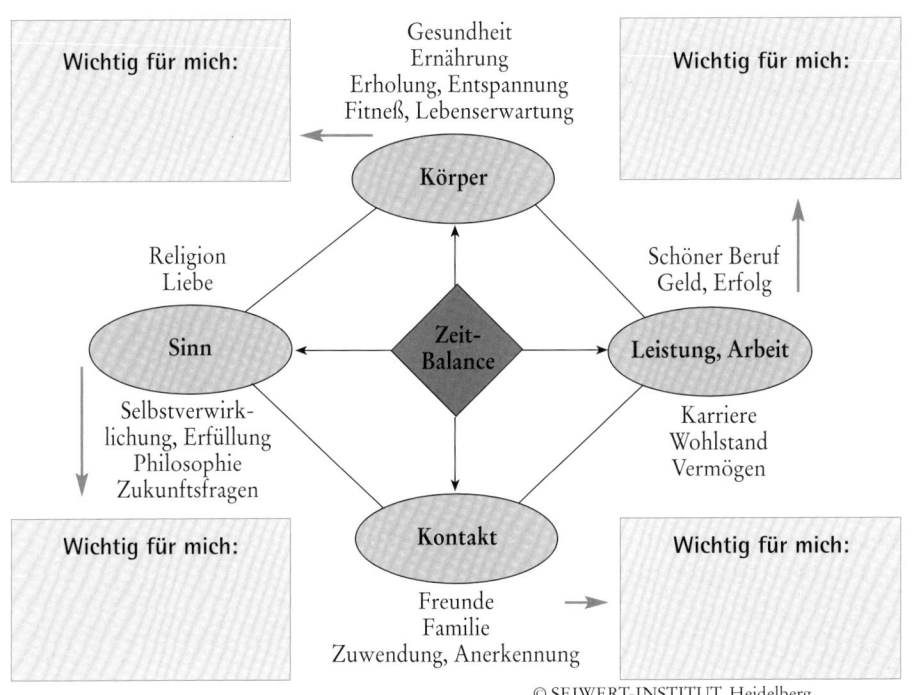

Schauen Sie sich das Zeit-Balance-Modell an, und entscheiden Sie, ob in Ihren Jahreszielen die einzelnen Lebensbereiche gleichrangig vertreten sind. Schreiben Sie neben das jeweilige Ziel, welchen Lebensbereich es vertritt, welche Ihrer Lebenshüte es widerspiegelt.

© SEIWERT-INSTITUT, Heidelberg

Energieinvest sein, dass Sie das Gefühl haben, zufrieden damit zu sein. Schon dieses Prozente verteilen und die Grobverteilung der Prioritäten in den einzelnen Lebensbereichen verrät Ihnen das tatsächliche Problem so vieler Planungen: Wir alle sind darauf getrimmt, nur die beruflichen Aufgaben als wichtig und terminierbedürftig zu sehen (hier hatten Sie bestimmt keine Probleme, Aufgaben zu finden). Das Spielen mit unseren Kindern, die Zeit für die persönliche Weiterbildung oder das Hobby, einfach einmal eine Stunde Zeit für sich selbst oder auch die gemeinsame Zeit mit dem Partner, Freunden oder einem Familienangehörigen verdrängen wir in aller Regel in unserer Planung.

Wir stecken diese wichtigen Aktivitäten im Alltag immer in die Zeiten, die neben der beruflichen Planung irgendwie übrigbleiben. Doch damit setzen wir genau die falschen Prioritäten. Unsere guten Vorsätze am Silvesterabend

sprechen eine andere Sprache. So ungewohnt und scheinbar lächerlich es Ihnen vorkommen mag, auch noch den gemeinsamen Abend mit dem Partner schriftlich festzuhalten.

Genau das ist der Schlüssel: Sie müssen bereit sein, auch in Ihrer schriftlichen Planung allen Lebensbereichen Platz einzuräumen. Die Falle der niemals realisierten guten Vorsätze schnappt nämlich hier zu.

3. Voraussetzung: Ziele müssen Sie im Inneren bewegen

Und noch ein Aspekt entscheidet über die Erreichbarkeit Ihrer Ziele.

Ohne Emotionen ist jedes Ziel von vornherein eine Totgeburt.

Denn unser Handeln wird in erster Linie von unseren inneren Bedürfnissen und Motivationen bestimmt. Möchte zum Beispiel Ihre Partnerin, dass Sie im kommenden Jahr zehn Kilogramm abnehmen, weil sie sich Sorgen um Ihre Ge

Folgende kleine Tests zeigen Ihnen, ob Sie das richtige Ziel verfolgen:

1. Zielkonzentration: Wenn Sie im Dunkeln sitzen oder abends im Bett liegen (Sie dürfen durch nichts abgelenkt sein), und es gelingt Ihnen, zehn Minuten über Ihr Ziel nachzudenken und mit den Gedanken nicht abzuschweifen, dann hat Ihr Unterbewusstsein dieses Ziel akzeptiert.

2. Klare innere Bilder und Filme: Gelingt es Ihnen, sich ein konkretes inneres Bild davon zu malen oder einen Film vor Ihrem inneren Auge zu sehen, wie es ist, wenn Sie an Ihrem Ziel angekommen sind, dann sind Sie auf dem richtigen Weg.

Die optimale Vorbereitung Ihres Gehirns auf Ziele und Wünsche ist die Kombination eines klaren inneren Bildes oder Films mit der konkreten schriftlichen Formulierung Ihrer Vorhaben.

sundheit macht, Sie aber sind der Meinung, dass mit Ihrer Figur und Ihrer Lebensweise alles in Ordnung ist, dann brauchen Sie dieses Ziel gar nicht erst in Ihre Jahreszielplanung aufzunehmen.

Überprüfen Sie, welche Beweggründe Ihren Zielen zugrunde liegen, bevor Sie sie in Ihre Liste aufnehmen. Es gibt negativ und positiv besetzte Beweggründe (siehe Kasten oben). Sie können auch Ziele erreichen, deren Auslöser solche negativen Motivatoren sind, aber Sie werden weder auf dem Weg noch im Ergebnis zufrieden mit diesen Zielen sein.

Fragen Sie sich deshalb immer, bevor Sie sich ein Ziel setzen: „Passt dieses Ziel wirklich zu mir?" „Bin ich mit meinem Herzen dabei?"

Jahresziele konkret: 365 Tage Disziplin

„Ich möchte gesund bleiben. Ich möchte viel Geld verdienen. Ich möchte beruflich erfolgreich werden. Ich möchte eine harmonische Partnerschaft haben." Solche Allgemeinheiten bleiben in der Regel gute Vorsätze, um bei Gelegenheit wieder hervorgeholt zu werden. Manchmal allerdings verstreichen die Gelegenheiten: die Kinder sind aus dem Haus, die Beziehung ist gescheitert, das Berufsleben ist ohne die gewünschten Höhen beendet und alles, was man immer auf die Zeiten verschoben hat, in denen „man endlich Zeit hat", muss leider ausfallen, weil die ungesunde Lebensweise über Jahre (trotz des jährlichen Vorsatzes, gesünder leben zu wollen) den Sieg davontrug.

Lassen Sie deshalb jetzt Ihrem Wollen Taten folgen. Sie haben die Voraussetzungen geschaffen. Formulieren Sie jetzt Ihre Jahresziele 2000. Nur wenn Sie die richtigen Prioritäten für die näch-

Beweggründe für Ihre Zielsetzung

Typische negative Beweggründe für Ihre Zielsetzung sind:
- Forderungen Ihres Umfeldes (Partner, Familie, Freunde, Chef)
- Kampf um Statussymbole
- Geltungssucht
- Minderwertigkeitskomplexe
- Neid

Positive emotionale Gründe für Ihre Zielsetzung können sein:
- Ihre Lebensvision
- Der Wunsch nach Selbstverwirklichung
- Spaß daran, anderen eine Freude zu machen

sten zwölf Monate setzen, schaffen Sie es im Alltag monatlich, wöchentlich und täglich, sich auf das Wesentliche zu konzentrieren, nämlich die Aufgaben, die Sie Ihren Zielen näher bringen.

Nur wer bewusst Ziele hat und verfolgt, richtet auch seine unbewussten Kräfte auf sein Tun aus und verstärkt die persönliche Motivation und Selbstdisziplin.

Damit Sie Ihre Ziele auch erreichen, müssen Sie sie gehirngerecht formulieren und die einzelnen Etappen festlegen, die Sie benötigen, um sie zu erreichen.

Wie das konkret aussieht, sehen Sie an den Beispielen auf Seite 9. Aus dem Basiswissen (Seite 11f.) kennen Sie die SMART-Formel:
- S-Spezifisch, konkret formuliert
- M-Messbar
- A-Aktionsorientiert
- R-Realistisch
- T-Terminiert

Porträt Joschka Fischer: Konsequente Ziele

Auf dieser Seite werden Sie Menschen kennenlernen, die unseren aktuellen Coachingschritt erfolgreich umgesetzt haben. Zum Thema „Erfolgreiche Zielplanung" gäbe es natürlich unendlich viele Beispiele. Ich habe für Sie eines herausgesucht, das verdeutlicht, wie wichtig der Aspekt Emotion innerhalb Ihrer Zielplanung ist.

Joschka Fischer beschreibt in seinem Buch: „Mein langer Lauf zu mir selbst" (Kiepenheuer & Witsch), seinen Weg vom Michelinmännchen zum gesunden, fitten Mann in den besten Jahren. Sein Geheimrezept für den Turnaround von 112 kg zu 75 kg innerhalb eines Jahres besteht aus drei Zutaten:

🦭 Disziplin,
🦭 Disziplin und
🦭 Disziplin.

Ohne Lebensbalance keine Zufriedenheit

Wie kann jemand so viel Disziplin aufbringen, innerhalb eines Jahres fast 40 kg Körpergewicht zu verlieren, und das ohne Operationen, ohne Diäten und ohne Wunder?, werden Sie sich vielleicht fragen. Die Antwort: Es funktioniert, wenn Sie sich ein klares Ziel setzen und wenn dieses Ziel bei Ihnen emotional stark besetzt ist: In seinem Fall Scheidung. „Die Erde tat sich vor mir auf... und unter der Wucht der emotionalen Katastrophe zerbrach mein ganzes bisheriges Leben... in derselben Sekunde wusste ich, dass ich zu meinem idealen Kampfgewicht des Jahres 1985 zurückwollte, ... zurück zu einer Zeit also, in der ich mich selbst noch wohlgefühlt hatte in meiner eigenen Haut."

In Fischers Fall war die persönliche Wohlfühl-Balance zwischen den einzelnen Lebensbereichen so extrem aus dem Ruder geraten, dass der „persönliche Absturz" drohte. Heute beweist Herr Fischer, dass man auch mit einem Job, der im Lebensbereich Arbeit Höchstleistung fordert, die Balance erreichen kann, wenn man nur darauf achtet und jeden Lebensbereich persönlich so gewichtet, dass man ein gutes Gefühl dabei hat.

Ich möchte Ihnen dieses Buch als Lektüre empfehlen, denn Sie werden darin die besprochenen Schritte für Ihre persönliche Zielplanung exzellent umgesetzt finden. Dabei spielt es keine Rolle, ob Sie abnehmen, einfach nur etwas für Ihren Körper tun wollen, beruflich einen neuen Schritt tun möchten oder ein ganz anderes Ziel haben.

Lassen Sie es nicht erst zur emotionalen Katastrophe, in welchem Lebensbereich auch immer, kommen. Jeder Erfolg basiert auf konsequenter, emotional geprägter Zielsetzung. Wenn Sie wissen, wohin sie wollen und warum Sie dahin wollen, werden Sie die Disziplin aufbringen loszumarschieren. Joschka Fischer tat dies im wahrsten Sinne des Wortes.

Joschka Fischer
Mein langer Lauf
zu mir selbst

Die Situation, in der wir heute leben, entspricht genau den Zielen, die wir uns gestern gesetzt haben. Darum gilt: Heute ist die Zukunft.

Ihre Ziele von heute sind Ihr Leben von morgen.

Tipp: Sollten Sie Probleme haben, Ihre Ziele für die einzelnen Lebensbereiche und Lebenshüte zu finden, dann überlegen Sie, wo Sie Engpässe haben, die Sie an Ihrer Weiterentwicklung hindern. Beispiel: Bereich Körper/Gesundheit: Ihr Engpass: Sie sind oft kurzatmig und fühlen sich schlapp und müde Ihr Ziel: Ich wiege 75 kg, kann ohne Probleme 5 km am Stück joggen und fühle mich jung, gesund und fit wie schon seit zehn Jahren nicht mehr

Nutzen Sie das Formular auf Seite 11, um Ihre persönlichen Jahresziele 2000 zu formulieren, kopieren Sie es sich, sooft Sie es benötigen

Beispiele: SMARTe Jahresziele 2000

Die richtige Zielformulierung löst Emotionen in Ihnen aus, die Ihnen die Energie zur Zielerreichung zur Verfügung stellen. Lässt Sie ein Ziel „kalt", dann vergessen Sie es. Formulieren Sie Ihre Ziele als greifbare und klare Zielsituation, die Sie bereits erreicht haben. Die 3W's der Zielformulierung lauten: Was, Wer, Wann und dürfen bei keinem Ihrer Ziele fehlen.

Lebensbereich	Beziehungen
Mein Vorsatz:	Harmonischere Partnerschaft
Etappenziel 1:	Gemeinsame Zukunftsplanung: Wir verbringen einmal jährlich ein Wochenende in einem Hotel unserer Wahl, lassen die letzten zwölf Monate Revue passieren und planen gemeinsam das nächste Jahr. Alle drei Monate legen wir ein Wochenende fest, an dem wir unsere Zielerreichung gemeinsam prüfen.
Etappenziel 2:	Gemeinsame Unternehmungen: Wir gehen einmal wöchentlich gemeinsam aus, ins Kino, Theater, Essen oder einfach nur auf einen langen Spaziergang. Wir joggen täglich zusammen.
Etappenziel 3:	Erziehung unserer Kinder: Ich nehme mindestens 2x wöchentlich am Familienabendessen teil. Ich besuche gemeinsam mit meinem Sohn alle Spiele unseres Lieblingsfußballclubs. Jeden ersten Freitag im Monat findet unser Familienrat statt.
Mein Ziel:	Wir wissen viel mehr vom Alltag, von den Sehnsüchten und Wünschen des anderen. Uns geht es prima, wir fühlen uns als wirkliches Paar und als Familie wie seit Jahren nicht.

Lebensbereich	Körper/Gesundheit
Mein Vorsatz:	Gesünder leben
Etappenziel 1:	Bewegung: Ich jogge täglich morgens von 6.00 Uhr bis 6.30 Uhr für mindestens 1/2 Stunde.
Etappenziel 2:	Ernährung: Ich esse nur noch zu den Mahlzeiten (3 bis 5 kleine Mahlzeiten pro Tag genügen mir). Mindestens zwei Drittel meiner Nahrung bestehen aus Obst, Gemüse und fettarm zubereiteten Speisen. Ich trinke bewusst viel Wasser und ungesüßte Tees und beschränke meinen Kaffeekonsum auf 2 Tassen pro Tag. Ehernes Gesetz: kein Süßes, höchstens zweimal pro Woche Alkohol.
Etappenziel 3:	Entspannung und Schlaf: Ich schlafe mindestens fünfmal pro Woche mehr als sechs Stunden. Ich entspanne mich täglich um die Mittagszeit für zehn Minuten (Büroschlaf).
Mein Ziel:	Ich kann am 31.12. 2000 5 km ohne Beschwerden durchlaufen. Ich wiege 75 Kilogramm und fühle mich so fit und gesund wie schon seit Jahren nicht mehr.

Meine Jahresziele 2000

Lebensbereich: _____

Mein Vorsatz: _____

Etappenziel 1: _____
_____
_____

Etappenziel 2: _____
_____
_____

Etappenziel 3: _____
_____
_____

Mein Ziel: _____
_____
_____

Lebensbereich: _____

Mein Vorsatz: _____

Etappenziel 1: _____
_____
_____

Etappenziel 2: _____
_____

Etappenziel 3: _____
_____
_____

Mein Ziel: _____
_____
_____

Achtung: Fertigen Sie sich genügend Kopien von diesem Formular an, bevor Sie es ausfüllen!

Erstellen Sie sich Jahresziele für jeden Ihrer Lebensbereiche. MIt welchem Sie beginnen, bleibt Ihnen selbst überlassen.

Ihre Ergebnisse können Sie mir faxen (089) 71 04 66 61 oder per email senden: aktuell@coaching-briefe.de
Ich gebe Ihnen gern ein Feedback.

Ihr
Lothar J. Seiwert

Zielplanung heißt nicht, dass Sie Ihre gesamte Zeit „verplanen" sollen. Es ist wichtig, dass Sie Zeiten haben, in denen Sie nichts vorhaben, in denen Sie sich einfach treiben lassen. Der Psychologe David J. Kuntz nennt es „Stopping". Viele Menschen müssen wieder lernen, mit ungeplanten Zeiten umzugehen.

Mein Tipp: Nutzen Sie unverhoffte Wartezeiten – im Stau, an der Kasse, beim Arzt zum Nachdenken, zum Besinnen auf sich selbst. Lassen Sie einmal ein ganzes Wochenende auf sich zukommen, ohne sich etwas vorzunehmen. Lernen Sie, das Nichtstun wieder zu schätzen.

Nutzen Sie für Ihre Jahresziele das Formular auf Seite 11. Wichtig:

▧ Positiv in der Ich-Form: „Ich jogge täglich" Nicht: „Ich möchte nicht mehr so bewegungsfaul sein."

▧ Verboten sind Formulierungen, wie: nie, kein, nicht mehr, aufhören, möchte.

▧ Niemanden, außer sich selbst, verantwortlich machen: „Ich arbeite an meinen beruflichen Zielen (a,b,c,d,) und bin ab 1. Januar 2001 Abteilungsleiter."

▧ Den Preis bezahlen: Die Erreichung jedes Ziels kostet Sie Energie, Disziplin, und Entbehrungen. Denn Sie müssen sich dafür aus Ihrer Komfortzone hinausbewegen und bereit sein, den Preis für Ihren Fortschritt zu zahlen, ansonsten bleibt auch das noch so perfekt formulierte Ziel ein Wunschtraum.

Die 72-Stunden-Regel: Beginnen Sie sofort

Sie kennen jetzt Ihren Fahrplan. Doch auch der geneigteste Coach kann Ihnen die Arbeit nicht abnehmen. Die wichtigste Trainingsregel lautet: „Willst Du an einer neuen Gewohnheit arbeiten, dann tue innerhalb von 72 Stunden nach dem guten Vorsatz den ersten Schritt dazu." Viel Spaß dabei!

Ihr Lothar J. Seiwert

2000 – So wird es Ihr bestes Jahr seit langem

1. Nehmen Sie sich die Zeit für Ihre detaillierte und konkrete Jahreszielplanung.
2. Reservieren Sie sich monatlich einen Tag nur für sich – lassen Sie es sich an diesem Tag richtig gutgehen.
3. Nehmen Sie sich eine Woche Urlaub mehr als letztes Jahr.
4. Realisieren Sie einen Wunsch, den Sie sich schon immer erfüllen wollten: eine Safari mit den Kindern, Skifahren lernen, sechs Wochen Urlaub am Stück ...
5. Kaufen Sie sich vier Bücher, die Sie schon immer lesen wollten, planen Sie die Lesezeit fest ein.
6. Beginnen Sie für eine Sache zu sparen, die Sie schon immer realisieren wollten.
7. Erneuern Sie Ihre Freundschaften und Beziehungen zur Familie: Rufen Sie jede Woche eine der Personen an, mit denen Sie Kontakt pflegen wollen.
8. Machen Sie jeden Tag jemandem ein Kompliment und loben Sie.
9. Setzen Sie Ihre Ziele doppelt so hoch, wie Sie „eigentlich" wollten.

Das ist Ihr Jahr. Nutzen Sie es!

660 233 003

B 51393

LOTHAR J. SEIWERT
COACHINGBRIEF

Professioneller & souveräner arbeiten und leben

Professionalität und Effektivität in allen Lebensbereichen gewinnen
Souveränität und Gelassenheit ausstrahlen
Balance und Persönlichkeit entwickeln

Monatlicher Coaching-Service ❖ Februar 2000

Liebe Leserin, lieber Leser,

im heutigen **COACHINGBRIEF** möchte ich Ihnen einige Ideen auf den Weg geben, wie Sie den Engpass-Faktor Zeit strategisch richtig nutzen können. Dabei geht es diesmal nicht um Zeitspartipps oder effektive Arbeitstechniken, sondern um den generell richtigen Einsatz Ihrer eigenen Kräfte und Möglichkeiten – um Ihre Lebensstrategie. Die wichtigste Voraussetzung dafür ist die Konzentration Ihrer Kräfte. Man kann nur auf einem Gebiet hervorragende Resultate erzielen. Wer sich verzettelt, wird ewig im Durchschnitt schwimmen.

Ziel unseres gemeinsamen Coachings ist es, dass Sie lernen, das Gewicht auf das für Sie Wesentliche zu legen. Und das sind die Dinge, die im Einklang mit Ihrem persönlichen Leitbild stehen. Somit sind die heutigen Übungen ein weiterer Schritt zur Formulierung Ihrer Lebensvision und ein praktikabler Ansatz zu einem bewußt gelebten und strategisch geplanten Jahr 2000.

In der Ausgabe von Focus 1/2000 finden Sie ab der Seite 94 eine sehr interessante Titelstory zu unserem Thema Zeit- und Lebensmanagement (www.focus.de/job).

Ich möchte Ihnen empfehlen, den Zeit-Test auf Seite 106 f. auszufüllen. Ich werde Sie später nochmals bitten, ihn durchzuführen. Auf diese Weise werden Sie Ihren Fortschritt genau verfolgen können.

Ihr

Lothar J. Seiwert

PROFESSOR DR. LOTHAR J. SEIWERT gilt als Europas führender Experte für Zeitsouveränität, Effektivität und sinnvolles Lebensmanagement. Er ist erfolgreicher Bestsellerautor und erhielt 1999 als erster deutscher Trainer den internationalen Trainingspreis "Excellence in Practice" der ASTD (American Society for Training und Development).

Themen

Bitte lesen Sie noch einmal meine Ausführungen zum Thema EKS (Basiswissen Seite 6 f.), bevor Sie mit diesem **CoachingBrief** starten. Danke.

Strategie: Konzentrieren Sie Ihre Kräfte

„Nicht die Größe Ihrer Kräfte und Mittel, nicht einmal die Größe Ihrer Intelligenz bestimmen Ihren Erfolg, sondern einzig und allein Ihre Fähigkeit, sich auf Ihr Ziel zu fokussieren."

Wolfgang Mewes,
Begründer der EKS-Strategie

Ich hoffe, Ihnen mit unseren bisherigen Coachingschritten bereits die Augen und Ihr Herz für das Balance-Prinzip zwischen unseren vier wichtigsten Lebensbereichen geöffnet zu haben. Unseren heutigen Brief sollten Sie keinesfalls als eine Abweichung von diesem Tenor verstehen. Wir sprechen über Ihre Lebensstrategie und werden diese am Beispiel Ihrer beruflichen Orientierung erläutern.

Es ist Fakt, dass für die meisten von uns der Bereich Arbeit/Leistung die meiste Zeit und das größte Engagement

◉ Konzentration heißt anders sein

Unser heutiger Brief basiert zum großen Teil auf den Theorien von Wolfgang Mewes, der mit seiner Engpass-Konzentrierten Strategie (EKS) eine bahnbrechende Leistung im Bereich des strategischen Denkens vorweisen kann. Sein Kredo:

◉ Seien Sie anders als andere, werden Sie einzigartig.

◉ Konzentrieren Sie sich gezielt auf Ihre Stärken, vernachlässigen Sie Ihre Schwächen.

◉ Schärfen Sie Ihren Blick für neue Betätigungsfelder und Chancen.

verlangt. Es gilt bei manchen Menschen immer noch als schick, von der beruflichen Überbelastung zu sprechen und davon, wieviel Zeit sie für ihren Job verwenden. Doch Fakt ist auch, dass in der heutigen Wirtschaft weder die abgelei-

Die Erfolgspyramide zur Effektivität

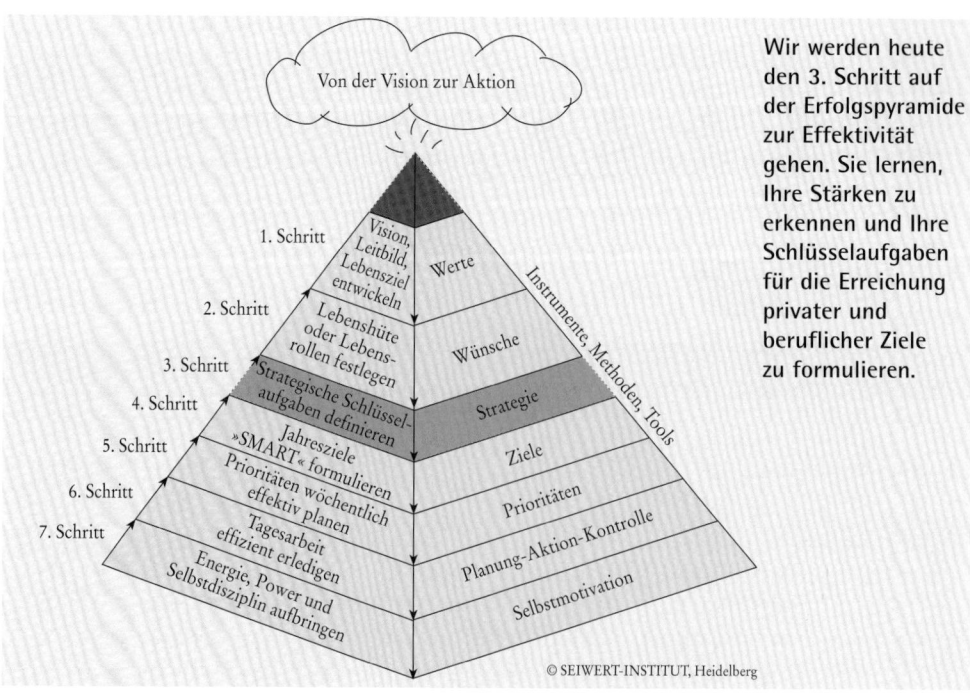

© SEIWERT-INSTITUT, Heidelberg

Wir werden heute den 3. Schritt auf der Erfolgspyramide zur Effektivität gehen. Sie lernen, Ihre Stärken zu erkennen und Ihre Schlüsselaufgaben für die Erreichung privater und beruflicher Ziele zu formulieren.

steten Arbeitsstunden noch die entstandenen Mühen und Anstrengungen der Mitarbeiter zählen. Was einzig und allein zählt, sind die Ergebnisse, die Sie erzielen. Aus diesem Grund sollten Sie sich täglich ebenfalls diese Frage stellen und sie ehrlich beantworten: Was habe ich heute erreicht – im Bezug auf meine arbeitsbedingten Projekte, aber auch bezüglich meiner persönlichen Prioritäten und Ziele? Inwieweit bin ich den von mir definierten Lebenshüten heute gerecht geworden? Bin ich meinen Zielen heute ein Stück nähergekommen?

Wirklich effektive und kontinuierlich befriedigende Ergebnisse können Sie nur erzielen, wenn Sie für sich die Rolle im Berufsleben gefunden haben, die Ihren ganz persönlichen Stärken entspricht und die Ihnen am meisten Spaß macht. Ich biete Ihnen im folgenden das Handwerkszeug an, um diese Rolle zu definieren.

Der Schlüsselbegriff heißt Konzentration. Konzentration auf die eigenen Stärken, auf Prioritäten und auf die richtigen Menschen. Nur wenn Sie Ihre Rolle gefunden haben, werden Sie auch lernen, so gezielt und effektiv mit Ihrer Zeit umzugehen, dass Sie in einer annehmbaren Zahl von Stunden pro Tag die gewünschten Resultate erzielen.

Konzentration und Spezialisierung: Basis Ihres Erfolgs

Es ist ein ungeschriebenes Gesetz, ob im Sport, in der Wirtschaft oder in der Forschung: Nur wer seine Kräfte konzentriert und in einem Bereich der Erste wird, der wird auch registriert und seine Leistung wird gewürdigt.

Das gilt auch für Ihre persönliche Performance, egal ob im Beruf oder in Ihrer

 **Spitz statt breit**

In der Geschichte der Menschheit wurden die entscheidenden Schlachten gewonnen, weil es die Generäle verstanden, ihre Kräfte am entscheidenden Punkt zusammenzuziehen. Als der Erfinder der sogenannten schiefen Schlachtordnung gilt der griechische Feldherr Epaminondas. Seine Definition von Konzentration lautete: „Spitz statt breit".

Als Feldherr von Theben konzentrierte er seine Kräfte, indem er beim Angriff des Gegners einen einzigen Flügel seines Heeres verstärkte und so den Durchbruch durch die gegnerische Front erzielte. Der Vorteil: War der Feind an einer Stelle verwundet, verließ ihn die Courage, während die eigenen Krieger von Siegesmut geradezu beflügelt wurden.

Mit dieser Information möchte ich Sie nicht anregen, sich Feindbilder aufzubauen und deren Schwachstel-

len mit Hilfe der schiefen Schlachtordnung zu durchbrechen (auch eine Variante für den aktuellen deutschen Streit um einem Maschendrahtzaun contra Knallerbsenstrauch). Das Bild „spitz statt breit" möchte ich Ihnen anbieten, um sich für Ihr Leben und für Ihre Ziele den Grundsatz der Konzentration zu verinnerlichen.

Unser Thema Konzentration basiert auf Wolfgang Mewes' Lehre zur Engpass-Konzentrierten Strategie. Für vertiefende Studien empfehle ich Ihnen den aktuellen EKS-Lehrgang. Nähere Informationen erhalten Sie bei: EKS® – Die Strategie, Gutenbergstraße 2, D-64319 Pfungstadt, Tel: (06157) 806406 Fax: (06157) 806402.

Der weltberühmte Unternehmensberater Peter F. Drucker sagt, dass der Grundsatz der Kräftekonzentration der am meisten vernachlässigte Unternehmergrundsatz der Welt sei. Er sagt: „Wir leiden alle unter der Krankheit, dass wir am liebsten immer nur ein bißchen von allem machen." In unserer abendländischen Kultur ist es nun einmal tief und fest verankert, mit einer gewissen Bandbreite an Wissen glänzen zu müssen, Hans Dampf in allen Gassen zu sein, um nicht als „Fachidiot" verpönt zu sein. Denken Sie vielleicht auch (noch immer) so?

Freizeit. Niemand interessiert sich wirklich für Sie, wenn Sie flexibel in mehreren Bereichen einsetzbar sind und dort auch jeweils ganz gute Leistungen bringen. Denken Sie an die nimmermüden, fleißigen Kollegen, die seit 20 Jahren in der Firma sind, sich mit allem und jedem auskennen, überall einspringen, alles übernehmen. Wird ihre Leistung wirklich anerkannt und gewertschätzt? Nein, es wird immer der Spezialist gesucht und ge-(be)fördert.

Der Mitarbeiter, der für die Firma in seinem Bereich Außergewöhnliches leisten kann, hat die Nase vorn.

Als Experte anerkannt zu sein ist keine Frage des Talents oder der guten Beziehungen zum Chef. Wer sich mit ganzer Kraft darauf konzentriert, die gleiche Leistung immer mehr zu optimieren, wird zwangsläufig erfolgreicher als jemand, der seine Kräfte in die unterschiedlichsten Aktivitäten steckt und sich verzettelt.

Sportler oder Genies sind die besten Beispiele für diese Behauptung. Wäre beispielsweise bei Steffi Graf nicht so früh die Liebe zum Tennis spielen geweckt worden, dann wäre sie mit ihrem athletischen Talent vielleicht in mehreren Disziplinen Stadtmeisterin geworden. Aber sie wäre niemals zu der Jahrhundertsportlerin gewachsen, die sie heute ist. Sie konzentrierte sich einzig und allein auf den Ausbau ihres Tennis-Talents (zu Beginn sicher nicht ganz allein aus eigenem Antrieb), arbeitete mit allen Kräften an der Verfeinerung ihrer Kenntnisse – und ist heute die wohl herausragendste deutsche Sportlerin des 20. Jahrhunderts.

🔹 Erkennen Sie Ihre toten Pferde

Eine Weisheit der Dakota-Indianer sagt: „Wenn Du entdeckst, dass Du ein totes Pferd reitest, steig ab." Doch in unserem Leben wenden wir alternative Strategien an:

1. Wir besorgen eine stärkere Peitsche.
2. Wir sagen: „So haben wir das Pferd doch immer geritten."
3. Wir gründen einen Arbeitskreis, um das Pferd zu analysieren.
4. Wir wechseln die Reiter.
6. Wir kaufen etwas zu, das tote Pferde schneller laufen lässt.
7. Wir erklären einfach, dass unser Pferd "besser, schneller und billiger" tot ist.

Diese Strategien gelten bei weitem nicht nur für das Wirtschaftsleben. Sie finden sich in jeder Familie, in jeder Beziehung, bei jedem Hobby und auch in Ihrem persönlichen Karriereplan. Denn eine Sache zu „verschlimmbessern" ist immer noch bequemer, als sie ganz aufzugeben und etwas Neues zu wagen. Konzentration bedeutet auch, sich auf das Richtige zu konzentrieren, indem man das Falsche hinter sich lässt.

1. Schritt: Ihre persönliche Stärkenanalyse

„Konzentriere Dich darauf, was Du erreichen willst, nicht auf das, wovor Du Dich fürchtest."

Anthony Robbins

Der größte Fehler, den besonders gern wir Deutschen begehen, ist, dass wir unsere Fehler und Schwächen analysieren, anstatt uns auf den Ausbau unserer Stärken zu konzentrieren. Hat der Filius in Mathe eine 5 nach Hause gebracht, aber in Französisch eine 2, dann wird auf dieser 5 herumgeritten, statt die Französisch-Leistung so zu würdigen und auszubauen, dass sie dem Kind einen Motivationsschub gibt, mit dem es auch in Mathematik eine schwache 3 erreicht.

Auf den Seiten 6 und 7 finden Sie eine Übung, mit deren Hilfe Sie Ihre Stärken definieren können. Ausgangspunkt dabei ist immer die Frage, was Sie bisher alles geleistet haben. Sehr häufig erkennt man die eigenen Stärken nicht deutlich. Entweder halten Sie sie für so selbstverständlich, dass Sie sie gar nicht erwähnen möchten.

Jede Leistung setzt sich aus zahlreichen Einzelleistungen zusammen. Ist dann das Gesamtergebnis eher durchschnittlich, dann vernachlässigen Sie vielleicht diese Leistung ganz und verkennen die Stärke darin, die Sie zu Ihrer persönlichen Spezialisierung ausbauen könnten.

Wichtig ist auch, dass Sie bei Ihren Antworten an die Dinge denken, die Ihr jetziges Arbeitsgebiet nicht beinhaltet, die Sie aber besonders gut und gern erledigen.

Vergessen Sie also nicht Hobbys oder ehrenamtliche Tätigkeiten. Das Angenehme lässt sich viel öfter mit

🔆 Genies werden nicht geboren

Wunderkinder im Sport oder in der Kunst sind immer auch umstritten. „Kinderdressur" ist nicht jedermanns Sache. Doch zeigen sie ganz deutlich das Erfolgsprinzip der Spezialisierung: Durch Konzentration und permanente Wiederholung (Training) werden Sie zum Experten. Die amerikanischen Wissenschaftler Anders Ericsson und Michael Howe (Florida State University) fanden sogar heraus, daß die Erfolgsgeheimnisse von Mozart, Beethoven und Einstein auch nichts anderes waren.

Ihr Fazit: Außergewöhnliche Erfolge gehen nicht auf angeborenes Talent, sondern auf Spezialisierung und Training zurück. Im Durchschnitt dauert es laut Ericsson zehn Jahre, bis ein Mensch auf seinem Gebiet zu Leistungen fähig wäre, die als schöpferisches Genie gewertet würden.

Sie sollen sich jetzt nicht ein Gebiet suchen, zehn Jahre vor sich hin trainieren, um kurz vor der Pensionierung als Experte anerkannt zu werden. Doch nutzen Sie dieses Grundprinzip der Spezialisierung für ihre Karriere.

dem Nützlichen verbinden, als Sie glauben.

Diese Stärkenanalyse gibt Ihnen auch die Schrittfolge für Ihr gesamtes methodisches Vorgehen vor. Probleme lassen sich mit folgendem Vorgehen am besten lösen:

🔆 Problem formulieren,

🔆 im Brainstorming viele Ideen und Lösungsansätze finden,

🔆 die erfolgversprechenden Möglichkeiten selektieren.

Anderen Nutzen bieten:
Eines der wichtigen EKS-Prinzipien lautet, anderen zuerst Nutzen zu bieten. Bauen Sie sich in Ihrem gewählten Spezialgebiet eine sichtbare Kompetenz auf. Doch geizen Sie nicht mit Ihrem Know-how, sondern geben Sie es weiter, bieten Sie anderen, Kollegen, Mitarbeitern, Kunden, damit Nutzen. Nur auf diese Weise werden Sie als Experte anerkannt und geschätzt und erreichen Ihre persönlichen Ziele.

Wenn Sie Ihre Stärken notieren, dann beschränken Sie sich nicht auf Allgemeinplätze. Schreiben Sie sich zum Beispiel „Kontaktstärke" zu, dann beschreiben Sie genau, in welchen Situationen, mit welchen Menschen Sie diese Stärke besitzen. Im EKS-Lehrgang ist das Beispiel eines Versicherungsmaklers beschrieben, der besonders gut mit Vorständen in der Chemieindustrie kommunizieren konnte und dort vorzugsweise Betriebsunterbrechungsversicherungen verkaufte. Mit dieser Stärke hat er sich spezialisiert. Ein begeisterter Golfsportler, der als Programmierer arbeitete, fand über eine Stärkenanalyse heraus, wie er Beruf und Hobby vereinbaren konnte. Er spezialisierte sich auf Software für die Organisation des Spielbetriebs.

Übung: Erkennen Sie Ihre beruflichen Stärken

I. Schreiben Sie zu folgenden Fragen stichpunktartig Ihre Stärken und Leistungen auf, die Ihnen spontan in den Sinn kommen.

⚙ **Ihre Kenntnisse und Leistungen**

1. Welche Schul-, Lehr- und Studienabschlüsse haben Sie?
2. An welchen Forbildungsmaßnahmen haben Sie teilgenommen, und welche Fähigkeiten haben sie dort erworben?
3. Welchen Dingen galt während Ihrer Ausbildung das größte Interesse?
4. In welchen Wirtschaftszweigen haben Sie bereits Erfahrungen gesammelt?
5. Welche Funktionen haben Sie ausgeübt, mit welchen Aufgaben waren Sie betraut?
6. Welche Aufgabengebiete haben Sie derzeit?
7. Vergleichen Sie sich mit Ihren Kollegen: Wo sind Sie stärker als die anderen?
8. Worin sehen Sie den Entwicklungsengpass:
   ...in Ihrer Abteilung?
   ...in Ihrem Unternehmen?
   ...in Ihrer Branche?
9. Was tun Sie beruflich am liebsten?
10. Welche Hobbys, Interessen und Neigungen haben Sie?
11. Über welche finanziellen und materiellen Reserven verfügen Sie?

⚙ **Ihre Erfahrungen mit Problemlösungen**

12. Welche Probleme haben Sie bisher in Ihrem Berufsleben gelöst?
13. An welchen Projekten haben Sie bisher mitgewirkt?
14. Für welche Leistungen wurden Sie in der Vergangenheit besonders gelobt?
15. An welcher Art von Problemen arbeiten Sie am liebsten?
16. Haben Sie gesundheitliche Stärken oder Schwächen?

⚙ **Ihre Ziele, Leitbilder und Wunschvorstellungen** (Sehen Sie sich dazu noch einmal die Übung: Lebensbetrachtung aus dem Januar-Brief, Seite 4f. an)

17. Was möchten Sie am Ende Ihres Arbeitslebens erreicht haben (materiell und immateriell)?
18. Haben Sie ein Vorbild? Wenn ja, wer ist es und warum?
19. Wenn Sie ganz frei wählen könnten: Welche Position möchten Sie haben?

⚙ **Ihre Beziehungen und Ihr Image**

20. Welche Beziehungen haben Sie zu Vorgesetzten, Kollegen, einflussreichen Menschen, Geldgebern, Meinungsführern (Journalisten, Redaktionen), Kollegen aus der gleichen Branche, möglichen Kooperationspartnern?
21. Was trauen Ihnen Mitarbeiter, Kollegen und Vorgesetzte zu?
22. Welche Vorstellungen haben andere von dem Unternehmen, bei dem Sie beschäftigt sind?
23. Welche Beziehungen haben Sie zu den Kunden Ihres Unternehmens?

II. Wählen Sie nun Ihre dominierenden Stärken aus. Schreiben Sie aus der Vielzahl der gefundenen Ansätze 20 heraus, die Ihnen besonders wichtig erscheinen. Bewerten Sie Sie dann auf der vorgegebenen Skala. Falls Sie die Möglichkeit haben, lassen Sie eine Person Ihres Vertrauens ebenfalls eine Bewertung vornehmen.

Fragen Sie Personen Ihres Vertrauens nach Ihren Stärken. Das können der Partner, Freunde, gute Kollegen sein, Menschen, deren ehrliche Meinung Sie erwarten können. Beziehen Sie diese Meinungen in Ihre Analyse ein.

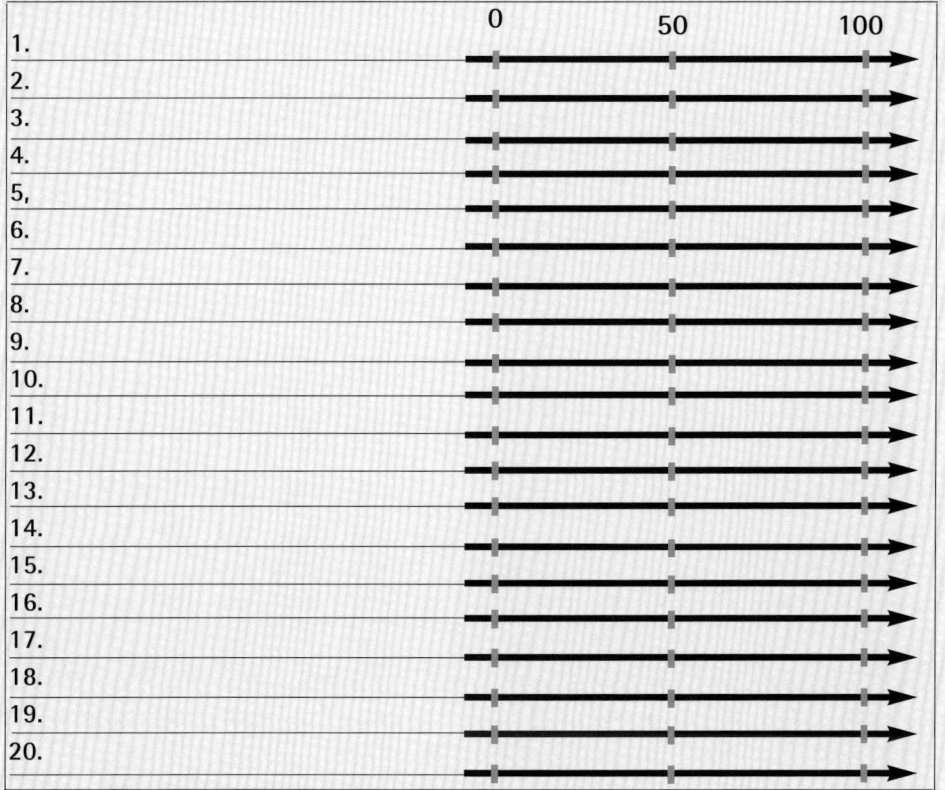

	0	50	100
1.			
2.			
3.			
4.			
5,			
6.			
7.			
8.			
9.			
10.			
11.			
12.			
13.			
14.			
15.			
16.			
17.			
18.			
19.			
20.			

0	= unbedeutende Stärke	x	= eigene Bewertung
50	= durchschnittliche Stärke	o	= Fremdbewertung/Freund, Partner, Kollege
100	= herausragende Stärke	M	= Ihre Einschätzung Mitbewerber
		U	= Ihre Einschätzung Umwelt

III. Wählen Sie nun fünf Ihrer dominanten Stärken aus. Überlegen Sie, welche Stärkenkombinationen erfolgversprechend sind (das müssen nicht unbedingt Stärken sein, die mit 100 bewertet sind, manchmal ergeben zwei durchschnittliche Stärken eine einzigartige Profilierung). Ziehen Sie dazu vorab zwei Entscheidungskriterien heran:

1. Mitbewerber: Welche Stärken sind im Vergleich zu Ihren Konkurrenten (Kollegen, Mitbewerbern) herausragend, mittelmäßig, unbedeutend?

   ....

   ....

2. Umwelt: Wie würden Ihre Kollegen, Vorgesetzten oder Kunden diese Stärken bewerten?

   ....

   ....

Quelle: EKS® Die Strategie

Wollen Sie als Berufseinsteiger Ihr ideales Aufgabenfeld bestimmen, dann sollten Sie auf das anfängliche Sammeln geeigneter Bereiche den größten Wert legen. Denn anfangs werden Sie nur die Aufgabenfelder finden, in denen sich alle tummeln. Erst durch wirklich konzentrierte Suche finden Sie Ihre Nische.

Als Berufserfahrener geht es für Sie darum, aus den bestehenden Gebieten das erfolg-versprechendste Feld herauszufiltern. Nachdem Sie alle Ihre Aufgabenfelder notiert haben, sollten Sie sich noch einmal Ihr Stärken-profil ansehen und auch in benachbar-ten Feldern schauen, um sicherzugehen, daß Sie nicht betriebsblind sind.

2. Schritt: Finden Sie Ihr Spezialgebiet

Wichtig ist, dass Sie schnellstmöglich ein Aufgabenfeld finden, das Ihren Stärken entspricht. Denn ohne für eine nutzbringende Aufgabe eingesetzt zu werden, nutzen Ihnen Ihre Stärken nichts, außerdem können Sie sie am besten in der Praxis „trainieren". Es bedarf in erster Linie Mut und Entschlossenheit, diesen Schritt konsequent zu verfolgen. Denn es hat sich als sinnvoller erwiesen, ein neu formuliertes Aufgabenfeld in der Praxis zu testen, als jahrelang mit theoretischen Eventualitäten schwanger zu gehen. Folgende Kriterien sollten Sie unbedingt in Ihre Überlegungen einbe-ziehen:

✷ Selbstbestimmung und Identifika-tion: Nur was Sie wirklich gern tun, können Sie am erfolgreichsten tun. Wichtig ist also, dass Sie sich 100 Prozent mit Ihrem Aufgabenfeld identifizieren. Dies gilt nicht nur für Berufsanfänger. Es gibt Men-schen, die ihr Berufsleben in einem Job verbringen, den sie eigentlich nicht mögen, nur weil der Chef, die Eltern oder der Zufall sie dort hin-gesetzt haben.

✷ Klein beginnen: Der größte Fehler besteht darin, im großen Stil zu be-ginnen. Je enger das Aufgabenfeld anfangs ist, desto schneller ver-läuft das Wachstum. Denn Sie ken-nen dann Ihr Gebiet besser als alle anderen.

✷ Mut zur Praxis: Manche Bewer-bungsstrategien empfehlen, das künftige Aufgabenfeld genaue-stens zu analysieren, damit Sie Ihre Zukunft exakt vorausberechnen können. Doch der beste Test ist die Praxis selbst.

📝 Ihr ideales Aufgabenfeld

Listen Sie jetzt auf der Grundlage Ihrer Stärken und Vorlieben alle für Sie in Frage kommenden Aufgabenfelder auf. Wie auf Seite 5 rechts unten beschrie-ben, suchen Sie sich dann die erfolgver-sprechendsten heraus und bewerten Sie sie nach Ihren persönlichen Eignungs-kriterien.

✷ Ein Beispiel: Neuorientierung, Marketingassistentin

✷ Stärkenprofil: Tanja G., 34 abge-schlossenes Psychologiestudium, jahrelange Tätigkeit als Marke-tingassistentin bei einer Werbe-agentur, Organisationstalent, sehr gutes Sprachvermögen, Freude am Umgang mit Kindern,

✷ In ihrem jetzigen Job fühlt sie sich intellektuell unterfordert.

✷ Ihre Lösung: Sie gründet auf Franchisebasis ein eigenes Institut zur Förderung lernschwa-cher Kinder.

Ich schreibe hier nicht im Auftrag der Bundesregierung, Abteilung Arbeitslo-senstatistik, um Sie dazu zu bewegen, ihren sicheren Job aufzugeben und sich auf Teufel komm raus neu zu orientieren.

Doch möchte ich Sie dazu anregen, in sich zu gehen und zu überlegen, ob das, was Sie tun, tatsächlich das ist, was Ihnen am meisten Spaß macht, was Sie ausfüllt und wo Sie Ihre Stärken nutzen und ausbauen können. Wir verbringen einen Groß-teil unseres Lebens mit Arbeit, diese Zeit sollte uns absolut ausfüllen.

Porträt Red Adair: Der Spezialist

Das Leben von Paul Neal (Red) Adair ist der beste Beweis für die Wirksamkeit der EKS-Strategie. Der heute über 80jährige amerikanische Brandspezialist Red Adair arbeitete sich mit seiner Konzentration auf ein sehr eng begrenztes Spezialgebiet, nämlich das Löschen schwieriger Brände, vom Hilfsarbeiter zum Marktführer und Multimillionär empor.

Konzentration auf ein spezielles Problem

In Eschenfeld (Oberpfalz) brannte Anfang der 70er Jahre ein unterirdischer Erdgasspeicher. Nachdem die besten deutschen Feuerlösch-Spezialisten und mehr als hundert Feuerwehren 148 Stunden lang versucht hatten, den Brand zu löschen, konnte man den weltbesten Erdgasbrand-Spezialisten für diese Aufgabe gewinnen. Für 1,6 Millio-

Red Adair

Die Ursachen des außergewöhnlichen Erfolgs von Red Adair auf einen Blick

1. Er konzentrierte sich auf die Lösung eines Problems in seinem Aufgabenfeld: die Löschung schwieriger Brände.
2. Dieses Problem ist zugleich äusserst gefragt bei seiner Zielgruppe.
3. Durch seine Erfolge nahm sein Selbstbewußtsein zu, daraus zog er mehr Sicherheit und Tatkraft.
4. Seine Bekanntheit wuchs, ohne dass er sich darum bemühen mußte.

nen Dollar Honorar löschte Red Adair den Brand in nur 18 Minuten.

Wie kann ein Mensch allen anderen dermaßen überlegen sein? Die Antwort: durch konsequente Spezialisierung auf ein bestimmtes Problem seiner Zielgruppe.

Vom Hilfsarbeiter zum Marktführer

Der Werdegang Red Adairs ist nicht die amerikanische Story vom Tellerwäscher zum Millionär. Er überließ seine Karriere nicht dem Zufall. Als Hilfsarbeiter bei Southern Pacific erfuhr er, daß man im Ölgeschäft besonders gut verdient.

Deshalb nahm er sich vor, dieses Geschäft von der Pike auf zu lernen. Sein erster Blow-Out, die Explosion einer Ölquelle, gab ihm auch die Richtung für seine Spezialisierung vor. Während alle anderen davonliefen, blieb Adair, stellte das Sicherheitsventil ab und löschte somit den Brand.

Als Held wegen seines Muts gefeiert, war seine lakonische Bemerkung: „Wozu Mut? Ich wußte, wo das Sicherheitsventil war und stellte es ab."

1959 gründete er sein eigenes Lösch-Unternehmen. Seine Devise: „Ich gehe niemals ein unnötiges Risiko ein, die Vorarbeiten müssen perfekt sein. Jeder Brand ist anders, nur der Spezialist weiß, welches Vorgehen sinnvoll ist."

Haben Sie Ihre Spezialisierung gefunden, werden Sie durch ihre Erfolgserlebnisse ständig bestätigt und gewinnen zunehmend Motivation, Sicherheit und Tatkraft.

Ihr eingeschlagener Weg wird somit ständig bestätigt und Ihre persönliche Erfolgsspirale beginnt sich zu drehen.

Schlüsselaufgaben helfen Ihnen, Ihren Zielen näherzukommen. Trauen Sie sich ruhig, und erwählen Sie ein Teilziel, bei dem Sie die größte Mühe haben, Ihren inneren Schweinehund zu überwinden, zu Ihrer Kernaufgabe in diesem Bereich. Fragen Sie sich bei jedem Ihrer Ziele: Was ist aus meiner Sicht die wichtigste Aufgabe, was würde mir am schnellsten helfen, das Ziel zu erreichen?

Beispiele: Schlüsselaufgaben 2000

Entscheidend ist es, sich bei der Formulierung von Schlüsselaufgaben auf einige wenige Punkte zu konzentrieren. Am Beispiel der Jahresziele aus dem Januarbrief möchte ich Ihnen verdeutlichen, wie Sie für sich Ihre Kernaufgaben für 2000 finden können. Dabei gilt als oberste Regel: Weniger ist mehr.

Lebensbereich Beziehungen
Mein Vorsatz: Harmonischere Partnerschaft
Etappenziel 1: Gemeinsame Zukunftsplanung: Wir verbringen einmal jährlich ein Wochenende in einem Hotel unserer Wahl, lassen die letzten zwölf Monate Revue passieren und planen gemeinsam das nächste Jahr. Alle drei Monate legen wir ein Wochenende fest, an dem wir unsere Zielerreichung gemeinsam prüfen.
Etappenziel 2: Gemeinsame Unternehmungen: Wir gehen einmal wöchentlich gemeinsam aus, ins Kino, Theater, Essen oder einfach nur auf einen langen Spaziergang. Wir joggen täglich zusammen.
Etappenziel 3: Erziehung unserer Kinder: Ich nehme mindestens 2 x wöchentlich am Familienabendessen teil. Ich besuche gemeinsam mit meinem Sohn alle Spiele unseres Lieblings-Fussballclubs. Jeden ersten Freitag im Monat findet unser Familienrat statt.
Mein Ziel: Wir wissen viel mehr vom Alltag, von den Sehnsüchten und Wünschen des anderen. Uns geht es prima, wir fühlen uns als wirkliches Paar und als Familie wie seit Jahren nicht.

Schlüsselaufgabe für diesen Lebensbereich: Ich bin mindestens zweimal wöchentlich so zeitig zu Hause, dass ich die Kinder sehe und am Familienabendessen teilnehme.

Lebensbereich Körper/Gesundheit
Mein Vorsatz: Gesünder leben
Etappenziel 1: Bewegung: Ich jogge täglich morgens von 6.00 Uhr bis 6.30 Uhr für mindestens 1/2 Stunde.
Etappenziel 2: Ernährung: Ich esse nur noch zu den Mahlzeiten (3 bis 5 kleine Mahlzeiten pro Tag genügen mir). Mindestens zwei Drittel meiner Nahrung bestehen aus Obst, Gemüse und fettarm zubereiteten Speisen. Ich trinke bewusst viel Wasser und ungesüsste Tees und beschränke meinen Kaffeekonsum auf 2 Tassen pro Tag. Ehernes Gesetz: kein Süsses, höchstens 2 x pro Woche Alkohol.
Mein Ziel: Ich kann am 31.12. 2000 5 km ohne Beschwerden durchlaufen. Ich wiege 75 Kilogramm und fühle mich so fit und gesund wie schon seit Jahren nicht mehr.

Schlüsselaufgabe für diesen Lebensbereich: Ich jogge mindestens 3 x pro Woche für mindestens 1/2 Stunde.

 Übung:

Meine Schlüssel-aufgaben 2000

Ihre Ergebnisse
oder Fragen zum
Inhalt unseres
COACHINGBRIEFS
können Sie mir faxen
(089) 71 04 66 61
oder per E-Mail
senden:
aktuell@coaching-
briefe.de
Ich gebe Ihnen gern
ein Feedback.

Ihr
Lothar J. Seiwert

Weniger ist mehr! Definieren Sie Ihre Schlüsselaufgaben 2000 für jeden der vier Lebensbereiche. Das heißt nicht, dass Sie jetzt Ihre Jahresziele vergessen sollten, doch ist es sinnvoll, sich auf eine Aufgabe für jeden Lebensbereich zu konzentrieren, die Sie auf jeden Fall erledigen. Sie werden sehen, dass Ihnen diese wenigen erreichten Aufgaben und die damit verbundenen Erfolgserlebnisse Aufschwung für Ihre gesamte Zielerreichung geben werden.

Lebensbereich: Körper/Gesundheit

Meine Schlüsselaufgabe: ....

Lebensbereich: Arbeit/Leistung

Meine Schlüsselaufgabe: ....

Lebensbereich: Kontakte/Beziehungen

Meine Schlüsselaufgabe: ....

Lebensbereich: Sinn/Selbstverwirklichung

Meine Schlüsselaufgabe: ....

Lebenshut oder Lebensbereich? Einige Leser hatten noch Schwierigkeiten, die Termini Lebensbereich und Lebenshut für sich zu definieren. Wir können unser Leben in vier grundlegende Bereiche unterteilen: Körper, Sinn, Kontakt, Leistung (Januar-Brief, Seite 7, BasisWissen Seite 25f.). In jedem Lebensbereich übernehmen wir verschiedene Rollen, haben also die unterschiedlichsten Lebenshüte auf dem Kopf. Eine Frau kann im Bereich: Kontakt folgende Lebenshüte aufhaben: Freundin, Bekannte, Mutter, Partnerin, Tochter, Nachbarin... Die Kunst besteht darin, die wichtigsten Hüte für sich zu finden und sich darauf zu konzentrieren.

3. Schritt: Zielplanung mit Schlüsselaufgaben

Sie haben inzwischen Ihre Rollen für die einzelnen Lebensbereiche bestimmt (Lebenshüte) und darauf aufbauend Ihre Jahresziele für Ihre einzelnen Lebensbereiche schriftlich fixiert. Ich möchte Ihnen vorschlagen, die notierten Ziele noch einmal hinsichtlich des Prinzips der Konzentration zu überprüfen. Hierzu ist es sinnvoll, für jeden Lebensbereich und jedes festgelegte Etappenziel Schlüsselaufgaben (Assignments) zu formulieren (wie Sie das konkret umsetzen können, sehen Sie auf den Seiten 10 und 11).

Dieses Konkretisieren hilft Ihnen zu erkennen, was Ihnen wirklich wichtig ist, zu definieren, was Sie etwa in Ihrer Rolle als Vater im einzelnen konkret tun, um Ihre Ziele auch zu erreichen.

Einigen wenigen Erfolgreichen sind ihre Schlüsselaufgaben sofort klar, und sie handeln konsequent danach. Die meisten Leute aber muß man auf ihre strategischen Prioritäten aufmerksam machen und sie speziell daraufhin ausrichten und fokussieren.

Schlüsselaufgaben festzulegen bedeutet, sich auf einige wenige Punkte zu konzentrieren. Beim ersten Durchgang kommen Sie vielleicht auf eine Liste mit acht oder zehn Kernaufgaben. Das ist in

❤️ EKS in der Liebe

Das Prinzip der Konzentration gilt für alle Lebensbereiche. Konzentrieren Sie sich am Valentinstag auf Ihre Stärken als liebender Partner, ein kleines Zeichen genügt. Zu finden unter: www.fleurop.de

aller Regel zuviel und führt dazu, die Ziele nicht anzugehen oder sich zu verzetteln.

Die Kunst der richtigen Prioritätensetzung liegt in einem strategischen Durchdenken Ihrer beruflichen wie privaten Lebenshüte und -ziele und einem konsequenten Zusammenstreichen aller Möchtegern-Aktivitäten. Weniger ist auch hier mehr!

Es gibt zum Beispiel erfolgreiche Manager, die sich pro Jahr nur eine einzige Schlüsselaufgabe vornehmen, diese mit aller Konsequenz verfolgen und dann auch erreichen. Wenn Sie zwei, drei oder vier Kernaufgaben für sich finden, dann ist das das rechte Maß. Dies werden Sie spätestens im Verlaufe dieses Jahres während der konkreten Umsetzung dieser Aufgaben merken.

Ihr

Lothar J. Seiwert

660 233 004

B 51393

LOTHAR J. SEIWERT
COACHINGBRIEF

Professioneller & souveräner arbeiten und leben

Professionalität und Effektivität in allen Lebensbereichen gewinnen
Souveränität und Gelassenheit ausstrahlen
Balance und Persönlichkeit entwickeln

Monatlicher Coaching-Service ❖ März 2000

Liebe Leserin, lieber Leser,

jeder von uns weiß, wie schnell Ziele im Alltag verpuffen, zermalen werden in der Mühle des ewig Dringlichen. In unserem Schwerpunkt Wochenplanung fordere ich Sie auf, jedes Ihrer Teilziele in einem Zeitplanbuch zu terminieren, da ich aus langjähriger eigener und der Erfahrung mit meinen Seminarteilnehmern weiß, dass das die einzige Metho-

de ist, sich in kleinen Schritten seine Träume zu erfüllen. Doch möchte ich gleich an dieser Stelle auch klarstellen, dass ich damit nicht beabsichtige, Sie mit unserem **COACHINGBRIEF** zum Zeitplanbuch-Zombie umzufunktionieren.

Wir sprechen davon, Prioritäten zu setzen und diese Prioritäten konsequent abzuarbeiten. Dazu gehört einfach auch, dass sie zeitlich geplant werden.

Lesen Sie also auf den nächsten Seiten, dass Sie die Verabredung mit sich selbst schriftlich planen sollten, dann ordnen Sie das richtig ein. Im Sinne Ihrer ausgewogenen Lebensbalance sind Ihre privaten Ziele genauso wichtig wie geschäftliche Termine. Und deshalb verdienen sie einen Platz in Ihrem Zeitplanbuch. Der Unterschied dieses Vorgehens zu dem eines Zombies: Sie konzentrieren sich bewusst auf das, was zählt.

Ihr

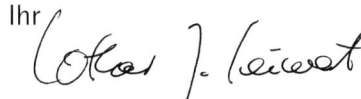

Lothar J. Seiwert

HABE MEIN ZEITPLANBUCH VERLOREN

PROFESSOR DR. LOTHAR J. SEIWERT gilt als Europas führender Experte für Zeitsouveränität, Effektivität und sinnvolles Lebensmanagement. Er ist erfolgreicher Bestsellerautor und erhielt 1999 als erster deutscher Trainer den internationalen Trainingspreis „Excellence in Practice" der ASTD (American Society for Training und Development).

Themen

Das Geheimnis Ihrer Planung:
Die Woche kommt vor dem Tag

„Es gibt nichts Gutes, außer:
man tut es!"
Erich Kästner

Die wichtigste Vorbedingung für das Erreichen Ihrer Ziele ist eine konsequente Wochenplanung. Denn reine Tagesplanung verstärkt und fördert die Prioritäten-steuerung durch Dringlichkeit. Wochenplanung hingegen unterstützt ganzheitlich Ihre Orientierung an der Wichtigkeit der Aufgaben für Ihre Lebensbalance.

Sie wissen inzwischen sehr konkret, was Sie in den nächsten fünf Jahren erreichen wollen, und haben die Etappen für dieses Jahr bereits bestimmt. Falls Sie bereits gewohnt sind, mit Terminkalender zu arbeiten, haben Sie vielleicht schon damit begonnen, Ihre Ziele in Ihrem Terminkalender zu fixieren. Doch die meisten Menschen trennen Zielplanung und Terminkalender fein säuberlich. Und wenn überhaupt, dann werden Teilziele nur in die tägliche Terminplanung aufgenommen.

Wollen Sie allerdings Ihre Ziele kontinuierlich in Handlungen umsetzen, dann brauchen Sie einen größeren Planungshorizont. Lernen Sie, nicht mehr in Tageszielen zu denken, sondern planen Sie von heute an Ihre Woche.

Tagesplanung ist natürlich notwendig. Doch sie ist der letzte Schritt Ihrer Zeitplanung. Der einzelne Tag als Planungsperspektive funktioniert nicht zum Erreichen Ihrer Ziele, denn er ist zu kurzlebig, um den Ansprüchen Ihrer ganzheitlichen Planung gerecht zu werden. Die ganze Woche hingegen spiegelt Ihren Lebensrhythmus realistisch wider. Inklusive Wochenende bietet Sie Ihnen die Möglichkeit, Aktivitäten für alle Lebensbereiche zu planen. Nur so haben

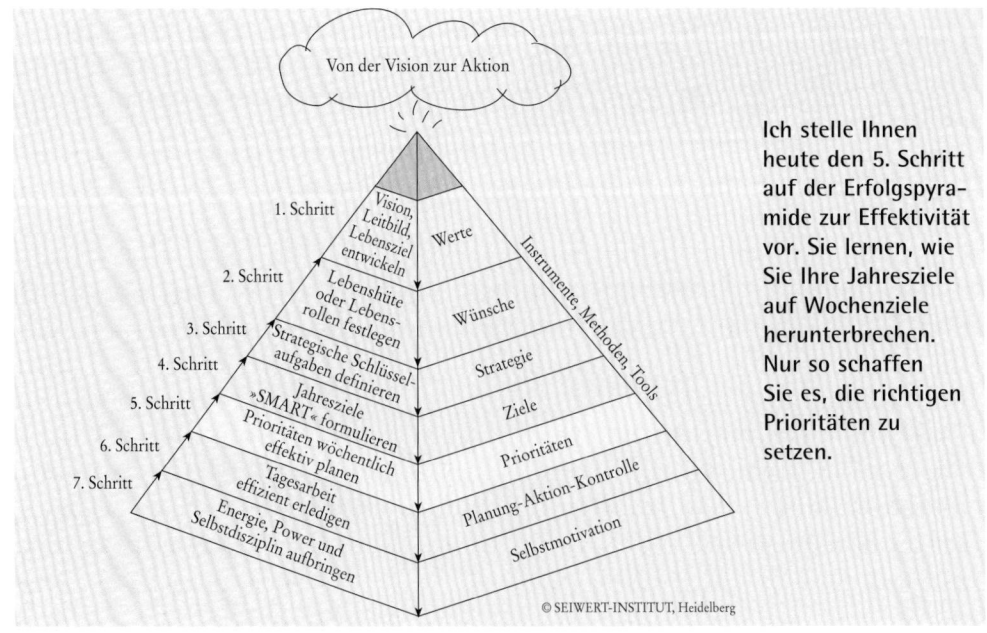

Die Erfolgspyramide zur Effektivität

© SEIWERT-INSTITUT, Heidelberg

Ich stelle Ihnen heute den 5. Schritt auf der Erfolgspyramide zur Effektivität vor. Sie lernen, wie Sie Ihre Jahresziele auf Wochenziele herunterbrechen. Nur so schaffen Sie es, die richtigen Prioritäten zu setzen.

Sie die Chance, die Ziele in allen Lebensbereichen im Überblick zu behalten.

Warum? Sie wissen, dass es immer wieder Tage gibt, an denen Ihre gesamte Planung auf den Kopf gestellt wird. Die Gründe dafür liegen oft in unerwarteten Ereignissen oder Aufträgen, die unsere Planung durcheinander bringen. Aber ebenso oft finden wir die Gründe bei uns selbst, wenn wir ehrlich sind. Manchmal blicken wir auf einen Tag zurück und verstehen selbst nicht, warum wir heute nichts auf die Reihe bekommen haben – oft macht uns unsere innere Einstellung einen Strich durch die Rechnung.

Fakt ist: Nur die wöchentliche Planung verbindet Ihre Ziele sinnvoll mit Zeit, füllt Ihre Visionen mit Aktionen. Das große Ziel wird über die Schnittstelle Wochenplanung mit dem Tagesgeschehen verbunden.

Planen Sie Ihre Woche nach Prioritäten

Wenn Sie es schaffen, in einer Woche für alle Ihre Lebensbereiche und Lebenshüte aktiv etwas zu tun, dann erreichen Sie Ihre Ziele und haben Ihre Zeit und Ihr Leben im Griff. Doch oftmals sind es zu viele Aktivitäten, die Sie realisieren wollen.

Das Geheimnis einer vernünftigen Wochenplanung heißt deshalb, Prioritäten zu setzen. Sie erhalten Ihre Balance, wenn Sie jede Woche für jeden Lebenshut und jedes Ziel einen Schwerpunkt setzen.

Der amerikanische Selbstmanagement-Papst Steven Covey spricht in diesem Zusammenhang vom so genannten Kieselprinzip (siehe auch nebenstehenden Kasten). Sie blockieren zuerst die Zeit für die Schwerpunktaufgaben und verteilen dann erst alle anderen Aufga-

 # Kieselprinzip

Die konkrete Umsetzung Ihrer Wochenplanung lässt sich am besten mit dem so genannten Kieselprinzip verdeutlichen: Angenommen, vor Ihnen stünde ein Zehn-Liter-Wassereimer, randvoll gefüllt mit Kieselsteinen. Sie werden gefragt: „Was passt noch in diesen Eimer hinein?" Als Antwort kommt dann am häufigsten: „Noch ein paar ganz kleine Kiesel, etwas Sand und vielleicht auch noch etwas Wasser, um alle Zwischenräume auszufüllen."

Vielleicht meinen Sie, auf Ihre Zeitplanung übertragen, bedeutet das: „Wenn ich alle noch ungenutzten Lücken verplane, dann kann ich mehr Ziele umsetzen."

Doch diese Rechnung geht nicht auf. Was Sie vom Kieselprinzip für Ihre Planung lernen können: Legen Sie die dicken Kiesel, also Ihre **wichtigsten** Ziele, zuerst in den Eimer hinein. Nur so erreichen Sie Ausgewogenheit und Balance zwischen den wichtigsten Lebensbereichen, die Grundvoraussetzung für Ausgeglichenheit und Erfolg. Und denken Sie daran, wenn Sie den Eimer zu voll packen, dann verlieren Sie den Überblick.

Planen Sie Ihre Woche nach dem Kieselprinzip, und protokollieren Sie täglich, was Sie geschafft haben. So behalten Sie den Überblick und motivieren sich zum Weitermachen.

Reservieren Sie sich eine feste Zeit für Ihre Wochenplanung – dieser kleine Zeitinvest wird sich tausendfach rentieren

Besuchen Sie uns auch im Internet unter: http://www. Coaching-Briefe.de

ben, die nicht mit festen vorgegebenen Terminen verbunden sind. Und so sollten Sie vorgehen:

🕐 Planungszeit festlegen: Reservieren Sie sich einen festen Tag und nach Möglichkeit eine feste Zeit, in der Sie die vor Ihnen liegende Woche planen. Am besten ist der frühe Sonntagabend geeignet, dann haben Sie das Wochenende

Danke für Ihre Anfragen

Recht herzlichen Dank für Ihre zahlreichen Reaktionen auf unseren Januar-Brief. Ihre grosse Resonanz zeigt mir, dass Sie bereit sind, sich auf unser Coaching-Konzept einzulassen und aktiv mitarbeiten. Ihre Fragen und vor allem die Entwürfe Ihrer Zielpläne sind natürlich die sehr persönlichen Umsetzungen unseres Konzepts. Wir werden sie daher in den aktuellen Ausgaben nicht vorstellen. In den Fällen, in denen ich konkrete Änderungsvorschläge für Sie hatte, haben Sie ein persönliches Feedback erhalten. Vielen Ihrer Zielpläne ist aus der „technischen" Sicht nichts mehr hinzuzufügen. Ich freue mich aber, wenn Sie mir in gewissen Zeitabständen signalisieren würden, wie Sie die Umsetzung realisieren.

Gerne veröffentlichen wir auch Ihren Leserbrief, dazu müssten Sie uns aber in Ihrer Zuschrift ausdrücklich Ihr Einverständnis geben.

Herzlich, Ihr Lothar J. Seiwert

(hoffentlich relaxt) verbracht und können sich in aller Ruhe auf die kommende Woche einstellen. Sie benötigen für eine solche Wochenplanung nicht mehr als 20 Minuten.

🕐 Wochenplaner anschaffen: Falls Sie noch nicht mit einer Wochenübersicht arbeiten, dann schlage ich Ihnen vor, aus Gründen der Übersichtlichkeit auf eine Wochenplanung überzugehen. Die meisten Zeitplanbuch-Anbieter haben Formulare, in der die Woche als Planungsgrundlage dient, im Angebot. Ich bevorzuge den Tempus-Planer (siehe auch Seite 6), da er neben der Wochenübersicht auch einen dazugehörigen Wochen-Kompass besitzt, in den Sie Ihre Schwerpunkte für die einzelnen Lebensbereiche und Ihre wichtigsten Lebenshüte eintragen können.

🕐 Prioritäten aufschreiben: Nehmen Sie sich Ihre Jahreszielplanung vor, und schreiben Sie auf, welche Teilziele Sie für jeden Lebensbereich in dieser Woche realisieren möchten. Gehen Sie mit Ihren sieben Lebenshüten ebenso vor.

🕐 Feste Termine eintragen: Tragen Sie zuerst Ihre festen beruflichen oder privaten Termine ein.

🕐 Zeit für Ihre Prioritäten reservieren: Blockieren Sie nun die Zeit für die Teilziele in jedem Lebensbereich und für jeden Lebenshut, die Sie in dieser Woche erreichen möchten.

🕐 Zielerreichung prüfen: Ein entscheidender Schritt für Ihre Wochenplanung ist die Kontrolle Ihrer Zielerreichung. Sobald Sie mit dieser Art der Planung begonnen haben, sollte das der erste Schritt in Ihrer wöchentlichen Planung sein: Prüfen Sie, inwieweit Sie in der zurückliegenden Woche Ihre Ziele erreicht haben. (Diese Kontrolle kann Ihnen gleichzeitig als Erfolgstagebuch, dienen.) Übertragen Sie die nicht erledigten Ziele in die neue Woche. Realisie-

ren Sie über mehrere Wochen bestimmte Ziele nicht, dann sollten Sie Ihre Zielplanung überdenken. Vielleicht entspricht das Ziel nicht Ihren tatsächlichen Wünschen oder ist unrealistisch.

Ganz entscheidend ist, dass Sie tatsächlich für jeden Lebensbereich planen. Sie dürfen das für Sie persönlich Wichtige nicht nur irgendwo im Hinterkopf haben. Sie müssen es auch schriftlich fixieren und terminieren, ansonsten realisieren Sie Ihre Vorhaben nicht. Dazu gehört auch, dass Sie die Termine mit sich selbst schriftlich planen. Haben Sie sich etwa im Bereich Kontakt vorgenommen, Ihre Freundschaften intensiver zu pflegen, dann terminieren Sie die Telefontermine mit Bekannten und Freunden in Ihrem Zeitplanbuch. Wollen Sie mehr mit Ihren Kindern spielen oder mit

Ihrem Partner unternehmen, dann terminieren Sie auch diese Zeiten fest in Ihrem Wochenplan. Dieses Vorgehen wird Ihnen am Anfang fremd erscheinen. Sie werden sich als Zeitplanfreak vorkommen, der sogar den eigenen Termin zum Joggen in den Planer einträgt.

Aber es ist ein tausendfach bewiesener Fakt: Nur, was wir schriftlich fixiert und exakt terminiert haben, hat die Chance, auch tatsächlich durchgeführt zu werden.

♡ Ziele erreichen wir im Kopf zuerst

Weil er so viel vom Laufen versteht wie die Afrikaner, nennen sie ihn in Nairobi den „weißen Kenyaner". Die Rede ist von Dieter Baumann, trotz des momentanen Doping-Rummels um seine Person, wohl der deutsche Ausnahmeläufer. Lange machte der weiße Kenyaner seinem Spitznamen alle Ehre. Er lief, unbeeindruckt von den Leistungen der Afrikaner, mit ihnen mit und ihnen davon – bis zu dem Tag, an dem er sich seine inneren Grenzen selbst setzte:

In einem Zeitungsinterview sagte er: „Was die Afrikaner erreicht haben, versteht kein Europäer mehr. Die bewegen sich jetzt in Bereichen, die wohl nur noch für sie erreichbar sind – der helle Wahnsinn." Von da an lief er den afrikanischen Läufern nur noch hinterher.

Zeitplanung: Eine Frage der Einstellung

„Glaube an Grenzen, und sie gehören Dir."
aus: Richard Bach „Die Möwe Jonathan"

Es wird passieren, dass Sie die von mir vorgeschlagene Methode der Ziel- und Wochenplanung anwenden, aber trotzdem die Tage und Wochen verstreichen lassen, ohne Ihre Ziele anzugehen. Grund dafür ist in den meisten Fällen Ihre innere Einstellung. Wir besitzen so viele innere Grenzen, die uns vom Erreichen unserer Ziele abhalten. Wenn wir diese Grenzen erkennen, dann können wir sie auch überwinden.

Wie Dieter Baumann im Beispiel, so haben wir alle mentale Blockaden, bestimmte innere Glaubenssätze, die uns

Sie erreichen jedes Ihrer Ziele zweimal: Das erste Mal in Ihrem Kopf. Und das allein ist die Vorbedingung für Ihren Erfolg. Erst an zweiter Stelle kommt die Realität.

Beispiel für Ihre Wochenplanung nach Prioritäten

Im Folgenden sehen Sie eine Möglichkeit, wie Sie Ihre Woche mit Hilfe eines vorab erstellten Wochen-Kompass nach Prioritäten planen können. Dabei kommt es nicht darauf an, welches Formular Sie dafür benutzen. Wichtig ist, dass Sie sich im Vorfeld einen Gesamtüberblick verschaffen, die Schwerpunkte festlegen und diese dann vor Wochenbeginn zeitlich fixieren.

Der Vorteil dieses Vorgehens besteht darin, dass die Wahrscheinlichkeit, etwas für Ihre Ziele in allen Lebensbereichen zu tun, damit sehr hoch wird. Sie verschieben einmal schriftlich Geplantes nicht zu schnell zu Gunsten des Dringlichen.

Das Wochen-Kompass-Formular ist erhältlich über:
tempus®
Postfach: 14 20
89529 Giengen
Tel: (01805) 250110

daran hindern, unsere täglichen Aufgaben zu realisieren und unsere Träume und Ziele Wirklichkeit werden zu lassen. Solche Glaubenssätze reichen von:

♥ „In einem fremden Bett kann ich nicht schlafen." (Und wer diesen Gedanken schon von seiner Mutter eingetrichtert bekam, der schläft auch in keinem fremden Bett.)

♥ „Ich muss in allen Bereichen immer der/die Beste sein." (Wer mit diesem Antreiber aufwuchs, für den ist das Leben eine harte Herausforderung, immer ist die Angst da, dass ein anderer besser sein könnte.)

♥ „Ich schaffe es sowieso nicht." (Wer das denkt, der sucht sich aus den möglichen Lösungswegen für seine Probleme immer die, die nicht funktionieren.)

Um diese Grenzen überwinden zu können, müssen wir sie natürlich erst einmal erkennen. Wichtige Verstärker dieser Glaubenssätze sind unsere so genannten inneren Antreiber. Das sind Botschaften, die wir in unserer Kindheit (meistens von unseren Eltern) erhalten haben. Diese Antreiber können wir zu unserem Vorteil nutzen, wenn wir sie gezielt einsetzen. Auf den Seiten 10 und 11 finden Sie einen Test, mit dessen Hilfe Sie Ihre Antreiber herausfinden.

Die Macht Ihrer Emotionen: Greifen Sie nach den Sternen

Eine Technik zur Zielsetzung ist wichtig. Doch die Kraft, die Sie Ihre Ziele letztlich erreichen lässt, sind allein Ihre Gefühle. Nicht Beziehungen, Erbschaften und Zufall machen Sie erfolgreich, sondern Ihre Emotionen – der gezielte Einsatz von Freude, Dankbarkeit oder Begeisterung. Viele Spitzensportler und Top-Manager nutzen die Methoden mentaler Programmierung.

Im Folgenden finden Sie einige kleine Übungen, die Ihnen die Kraft der mentalen Programmierung verdeutlichen werden:

Tägliche Mini-Mental-Übung: Stimmen Sie sich jeden Abend auf den nächsten Tag ein: 1. Wie lautet Ihr wichtigstes Tagesziel für morgen? 2. Sagen Sie es laut. 3. Stellen Sie sich kurz vor: Es ist 24 Stunden später. Sie blicken auf einen erfolgreichen Tag zurück. Wie fühlen Sie sich dabei? Sind Sie zufrieden, dankbar, stolz auf sich? Durch diese kleine Programmierung beschäftigt sich Ihr Unterbewusstsein bereits die ganze Nacht mit Ihren positiv formulierten Zielen für den nächsten Tag.

Entwickelt wurde diese Übung von Manfred Stähle, der sich als Trainer auf mentale Programmierung spezialisiert hat. Informationen: Stähle Mental-Training, CH-Oberwil CH-Vorwahl (00 41) Tel.: + 61 40 20 401 Fax: + 61 40 39 440 www.staehle.ch joy@staehle.ch

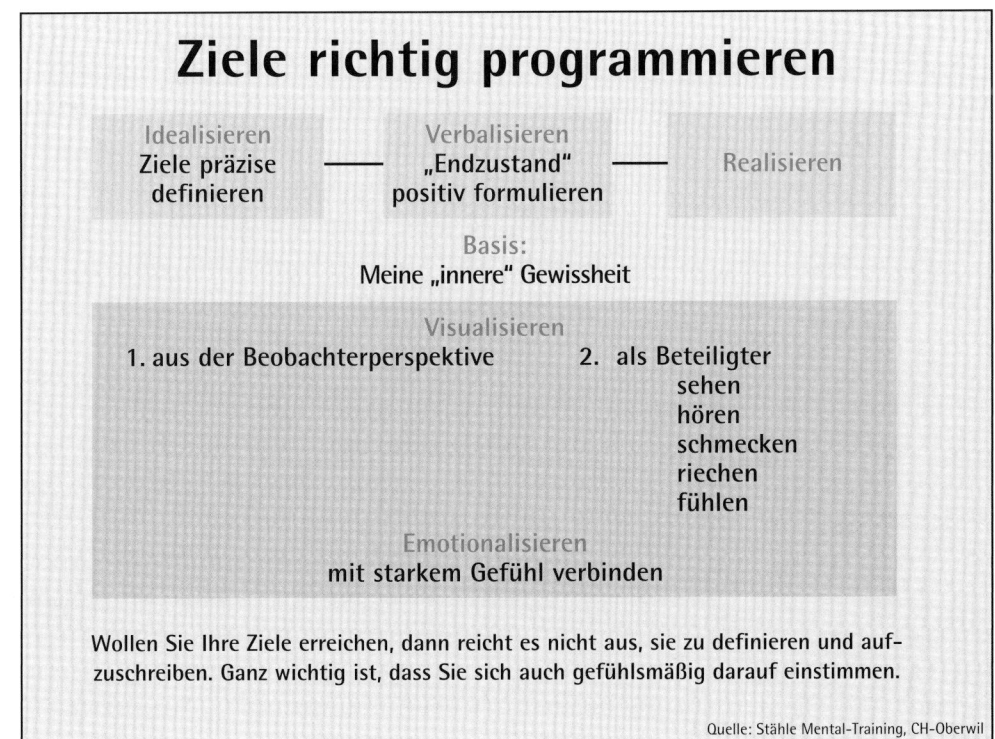

1. Die Spiegelübung

Die Spiegelübung hilft Ihnen zu erkennen, welche negativen Gefühle Sie am meisten daran hindern, Ihre Ziele zu erreichen.

1. Erstellen Sie sich eine Liste der drei Verhaltensweisen, die Sie an anderen Menschen zutiefst ablehnen. Welches Verhalten macht Sie bei anderen wütend und aggressiv?

💟 _____

💟 _____

💟 _____

Das, was uns an anderen am meisten stört, sind unsere eigenen Schwächen.

2. Schauen Sie sich diese Verhaltensweisen genau an, und versuchen Sie zu erkennen, warum es Ihnen so nahe geht.

Beispiel: Ärgern Sie sich vielleicht über die Kollegin, die stundenlang fröhlich privat telefoniert, aber ihre Arbeit nie schafft? Sie dagegen gönnen sich nicht mal eine kleine Kaffeepause. Doch niemand scheint das anzuerkennen.

3. Sobald sich diese Situation wiederholt, achten Sie genau auf Ihre Gefühle dabei. In dem Moment, in dem Sie die Situation analysieren, werden Sie Ihre Gefühle besser in den Griff bekommen.

Fazit: Andere Menschen halten Ihnen einen Spiegel vor. Mit dem, was Sie bei anderen am meisten stört, sollten Sie sich bezüglich Ihres eigenen Verhaltens auseinandersetzen. So lernen Sie sich selbst kennen und können Ihre Emotionen besser steuern.

Die Übung zum Image-Streaming stammt dem sehr empfehlenswerten Buch: „Weck den Sieger in Dir – In sieben Schritten zu dauerhafter Selbstmotivation" (Gabler-Verlag, Wiesbaden) von Alexander Christiani.

1. Werden Sie zum Regisseur Ihres ganz persönlichen Films

Mit dieser Übung (von Win Wenger, weltweit anerkannter Lernpsychologe) schaffen Sie die mentale Basis, Ihre Ziele

---

💟 Entdecken Sie Pygmalion

Pygmalion war ein griechischer König. Der Sage nach schuf er eine weibliche Statue, die seinen Idealvorstellungen einer Frau optimal entsprach. Er verliebte sich so sehr in sie, dass er fortan nichts mehr wünschte, als dass sie lebendig würde. Aphrodite, die Göttin der Liebe, erhörte sein Bitten und erweckte die Statue zum Leben.

Durch seine Gedanken hat Pygmalion erreicht, was unmöglich schien.

Allein unsere Gedanken steuern unsere Erwartungen und unser Handeln. Unsere Erwartungen erzeugen den so genannten Pygmalion-Effekt, auch sich selbst erfüllende Prophezeihungen genannt: Das, was Sie glauben, das werden Sie auch erreichen.

zu erreichen. Diese Form des mentalen Programmierens nennen die Experten Image-Streaming. Dabei geht es darum, sich einen inneren Film der eigenen Erfolge vorzustellen. Und der entscheidende Schritt dabei ist: Die Beobachtung des eigenen inneren Films wird laut an eine äußere Quelle weitergegeben (einen Zuhörer oder ein Diktiergerät). Ihr Vorgehen:

1. Konzentrieren Sie sich auf eines Ihrer Ziele. Stellen Sie sich vor, Sie hätten es bereits erreicht. Welche Gefühle sind mit diesem Erfolg verbunden? Wie ändert sich Ihr Leben? Wie werden Sie von Ihrer Umgebung gesehen?

2. Schauen Sie nun vom Ziel aus zurück. Wie haben Sie den Weg dorthin gemeistert? Stellen Sie sich vor, Steven Spielberg hätte diesen erfolgreichen Weg in einem Film festgehalten. Entwickeln Sie

(weiter Seite 12)

Porträt Detlef Koenig: Der Organisator

Detlef Koenig – der Organisator. Der Herausgeber von ORG® Der persönliche Organisations-Berater, VNR Verlag für die Deutsche Wirtschaft, Bonn, hat geschafft, wovon die meisten Menschen träumen. Detlef Koenig hat sein Hobby zum Beruf gemacht. Wer ihn kennt, ist begeistert davon, wie man persönliche Organisation mit Spaß, Sammlerleidenschaft und beruflichem Erfolg verknüpfen kann.

Schaut man dem 42-jährigen Planungsfreak über die Schulter, dann bekommt man sofort Lust, sich mit intelligenter Selbstorganisation zu beschäftigen. Die liebevolle, begeisterte Art, wie er mit seiner Terminplanung umgeht, wie er Zeitplanbuch, Farben, bestimmte Stifte und Notizzettel zu einem genial

einfachen System verschmolzen hat, dass ihn nie im Stich lässt, und die Professionalität, mit der er die elektronische Planung via Palm Pilot integriert, weckt auch beim notorischen Planungs-Chaoten lebendiges Interesse.

Selbstorganisation darf niemals Selbstzweck sein

Doch ist Detlef Koenig kein Zeitplan-Zombie. Getreu seiner Devise:

> „Das Leben ist viel zu kurz, um es mit Suchen zu verbringen",

ist Selbst-Organisation für ihn keine Spielerei, er nutzt ausschließlich die Planungsmethoden und Selbstorganisationsmittel, die ihm tatsächlich helfen, die Dinge effizient und effektiv anzugehen und zu erledigen. Er beschäftigt sich seit über 15 Jahren mit Fragen der Selbstorganisation. Konsequent wertet er alle Fachzeitschriften, Kataloge von Büroartikelversendern aus, besucht Messen und liest alle Bücher und Newsletter zu diesem Thema.

Die wahre Passion kommt durch, wenn er selbst im Urlaub mit seiner Frau, einer Journalistin, und seiner Tochter, an keinem Büroartikelfachgeschäft vorbeigehen kann. Auch sein Hobby verrät den Kenner. Detlef Koenig sammelt Schreibgeräte, seine Lieblingsmarke Lamy und sein Lieblingsstift zur Zeit: der Gelstift Pilot G-Tec-C4.

Ein Mann, der ständig auf der Suche nach cleveren Organisationsmitteln ist, für sich und für seine Leser.

Detlef Koenig, Organisationsprofi

Setzen Sie in den nächsten vier Wochen mindestens drei von Detlef Koenigs Tipps in die Tat um. Ihre Selbstorganisation wird sich schon dadurch erheblich verbessern.

⏰ Detlef Koenigs Tipps für Sie

- ⏰ Nutzen Sie die Wochenplanung,
- ⏰ Strukturieren Sie Ihre Ablage ganz einfach nach A bis Z,
- ⏰ Arbeiten Sie bei Ihrer Planung mit Farben,
- ⏰ Arbeiten Sie nach dem Sofort-Prinzip: Nehmen Sie jeden Vorgang nur einmal zur Hand,
- ⏰ Nutzen Sie alle Wartezeiten sinnvoll (Lesen, Hörbücher),
- ⏰ Vereinbaren Sie bei jedem Termin sofort einen neuen,
- ⏰ Jede Arbeit (z. B. ein Meeting) besteht aus Vorbereitung, Durchführung und Nachbearbeitung.

Der nebenstehende Test wurde von Rüttinger Consultants, einer Unternehmensberatung aus Pullach, entwickelt. Grundlage des Tests bildet die Transaktions-Analyse, eine psychologische Methode, mit der man das eigene Verhalten sowie die Beziehungen zu anderen bewusst hinterfragen und verändern kann.

Wollen Sie mehr dazu wissen? Wenden Sie sich direkt an Rolf Rüttinger Telefon: (089) 7938141 Ebenfalls empfehlenswert: Rolf Rüttinger „Transaktions-Analyse" Sauer-Verlag, Heidelberg

Übung: Erkennen Sie Ihre Antreiber

Wir alle haben von unseren Eltern Botschaften mitbekommen, nach denen wir unbewusst unser Handeln orientieren. Diese so genannten Antreiber sind nichts Negatives. Doch können sie uns, wenn wir sie falsch nutzen, das Leben und die berufliche Weiterentwicklung schwer machen. Nur wenn Sie wissen, nach welchem Muster Sie agieren, können Sie diese Antreiber zu Ihrem Vorteil nutzen. Mit folgendem Test finden Sie heraus, warum Sie sich manchmal selbst im Weg stehen.

Kreuzen Sie bei den Aussagen, die auf Sie zutreffen, die nebenstehenden Buchstaben an.

Mein Gesichtsausdruck ist ernst.	P	Ich strenge mich an, um meine Ziele zu erreichen.	S	Ich versuche oft herauszufinden, was andere von mir erwarten, um mich danach zu richten.	G
Bei Diskussionen nicke ich mit dem Kopf.	G	Ich bin ständig auf Trab.	B	Es ist mir wichtig, von anderen zu erfahren, ob ich meine Sache gut gemacht habe.	G
Ich trommle ungeduldig mit den Fingern auf den Tisch.	B	So schnell kann mich nichts erschüttern.	A		
Meine Probleme gehen die anderen nichts an.	A	Ich bin sehr nervös.	B	Leute, die unbekümmert in den Tag hineinleben, kann ich nur schwer verstehen.	S
Trotz großer Anstrengung gelingt mir vieles nicht.	S	Es fällt mir schwer, Gefühle zu zeigen.	A	Ich habe Mühe, Leute zu akzeptieren, die nicht genau sind.	P
Meine Devise lautet: „Nur nicht locker lassen."	S	Ich versuche, die an mich gestellten Erwartungen zu übertreffen.	P		
Ich fühle mich verantwortlich für das Wohlbefinden meiner Kollegen und Mitarbeiter.	G	Ich liefere meinen Bericht erst ab, wenn ich ihn mehrmals überarbeitet habe.	P	Bei Diskussionen unterbreche ich die anderen oft.	B
Ich sage oft: „genau", „exakt", „klar", „logisch".	P	Ich glaube, dass die meisten Dinge nicht so einfach sind, wie viele meinen.	S	Ich löse meine Probleme selbst.	A
Ich habe eine harte Schale, aber einen weichen Kern.	A	Anderen gegenüber bin ich oft hart, um selbst nicht verletzt zu werden.	A	Für dumme Fehler habe ich wenig Verständnis.	A
Wenn ich eine Aufgabe anfange, führe ich sie zu Ende.	S	Leute, die herumtrödeln, regen mich auf.	B	Wenn ich einen Wunsch habe, erfülle ich ihn mir schnell.	B
Wenn ich eine Arbeit erledige, dann mache ich sie gründlich.	P	Ich bin diplomatisch.	G	Beim Erklären von Sachverhalten verwende ich gerne die klare Aufzählung „erstens, zweitens, drittens".	P
Aufgaben erledige ich möglichst rasch.	B	Erfolge fallen nicht vom Himmel. Ich muss sie hart erarbeiten.	S	Ich sage oft: „Das verstehe ich nicht."	S
Ich kümmere mich persönlich auch um Nebensächliches.	P	Es ist für mich wichtig, von den anderen akzeptiert zu werden.	G	Es ist mir unangenehm, andere Leute zu kritisieren.	G
Beim Telefonieren bearbeite ich oft nebenbei Akten.	B	Anderen gegenüber zeige ich meine Schwächen nicht gerne.	A	Ich stelle meine Wünsche und Bedürfnisse zu Gunsten anderer Personen zurück.	G
Ich sage oft mehr, als eigentlich nötig wäre.	G	Ich sage oft: „Geh mal vorwärts!"	B	Wenn ich eine Meinung äußere, begründe ich sie auch.	P
Meine Devise heißt: „Auf die Zähne beißen."	A	Ich sollte viele Aufgaben noch besser erledigen.	P	Ich schätze es, wenn andere auf meine Fragen rasch und bündig antworten.	B
Ich sage eher: „Können Sie es nicht einmal versuchen?" als „Versuchen Sie es einmal."	G	Ich sage oft: „Es ist schwierig, das so genau zu sagen."	S	Im Umgang mit anderen bin ich auf Distanz bedacht.	A
				Wenn ich raste, roste ich.	S

Auswertung:

Zählen Sie die einzelnen Buchstaben zusammen, und tragen Sie die jeweilige Punktzahl in die entsprechenden Felder ein. Bei jedem Antreiber können Sie maximal 10 Punkte erreichen. Die Kategorien, die bei Ihnen am häufigsten vorkommen, zählen zu Ihren persönlichen Antreibern. Lesen Sie, wie Sie Ihre Antreiber zu Ihrem Vorteil nutzen können.

Ihre Punktzahl bei P: Ihr Antreiber: Sei Perfekt

Schon früh in Ihrer Kindheit mussten Sie Verantwortung übernehmen. Sie lernten auch, dass ein Indianer keinen Schmerz kennt und dass man sich alles im Leben gründlich erarbeiten muss. Sie haben Angst davor, Fehler zu machen, sind gewissenhaft und geben sich erst mit dem besten Ergebnis zufrieden. Lieber überarbeiten Sie ein fertiges Ergebnis drei Mal, um auch wirklich 100 Prozent zu erreichen als sich mit 99 Prozent in der Hälfte der Zeit zufriedenzugeben. Das bringt Ihnen den Ruf eines Erbsenzählers – nicht unbedingt förderlich für Ihre berufliche Karriere und private Beziehungen. Das was Sie leisten, erwarten Sie genauso von anderen. Bei Fehlern neigen Sie zu überzogener Kritik.

So funktionieren Sie diesen Antreiber zum eigenen Vorteil um: Gehen Sie die nächste Aufgabe spontan und ohne Angst vor einem schlechten Ergebnis an. Kalkulieren Sie ein, dass es Fehler und Pannen geben kann und sehen Sie diese als Chance, daraus zu lernen.

Ihre Punktzahl bei B: Ihr Antreiber: Beeil Dich

Sie wurden in Ihrer Kindheit ständig zur Eile getrieben. Heute gehören Sie zu den Hektikern. Sie sprechen schnell und antworten schnell, fallen anderen häufig ins Wort. Sie können nicht das Wichtige vom Dringlichen trennen, können schwer Prioritäten setzen und eine Arbeit schwer zu Ende bringen.

So funktionieren Sie diesen Antreiber zum eigenen Vorteil um: Nehmen Sie sich bewusst Zeit für sich, und setzen Sie in allen Lebensbereichen Prioritäten. Streichen Sie die Termine, die Sie Ihren Zielen nicht wirklich näher bringen. Lassen Sie sich bewusst auf intensive Beziehungen mit anderen Menschen ein, denn das ständige Hetzen ist zum guten Teil auch die Angst vor zu viel Nähe.

Ihre Punktzahl bei S: Ihr Antreiber: Streng Dich an

Ihnen hat man in die Wiege gelegt, dass Erfolg nur von Schweiß kommt. Sie suchen daher immer den umständlichsten Weg zum Ziel – nur was weh tut, kann gut sein. Bei allem, was Sie tun, begleitet Sie Ihre Angst, dass andere besser sind. Sie wittern ständig Konkurrenten und Rivalen.

So funktionieren Sie diesen Antreiber zum eigenen Vorteil um: Ihre Maxime sollte lauten: „Am Ende zählt nur das Ergebnis." Arbeiten Sie nicht länger an Ihren Schwächen, sondern nutzen Sie Ihre Stärken, um einfacher zum Ziel zu kommen. Lassen Sie bewusst eine Aufgabe liegen, und warten Sie ab, ob dadurch eine Katastrophe eintritt. Lassen Sie sich nicht länger von anderen oder Sachzwängen Ihr Leben schwer machen.

Ihre Punktzahl bei G: Ihr Antreiber: Sei gefällig

Sie hatten in Ihrer Kindheit vermutlich das Gefühl, nicht genug geliebt zu werden. Ihre Strategie war, es allen besonders recht machen zu wollen. Heute zählt für Sie nur, was andere von Ihnen erwarten. Ihre eigenen Bedürfnisse spielen keine Rolle. Sie fühlen sich ständig verantwortlich dafür, wie andere sich fühlen. Sie können nicht „nein" sagen.

So funktionieren Sie diesen Antreiber zum eigenen Vorteil um: Nehmen Sie sich das Recht, einmal schlechte Laune zu zeigen, wenn Sie nicht gut drauf sind. Stehen Sie dazu, wenn Sie bestimmte Menschen nicht besonders mögen. Vertreten Sie klar Ihre Meinung. Arbeiten Sie an Ihrem persönlichen Profil. Wenn Sie jedem gefallen wollen, werden Sie es auf die Dauer niemandem recht machen.

Ihre Punktzahl bei A: Ihr Antreiber: Sei stark

In Ihrer Kindheit entwickelten Sie das Motto: „Ich schaffe es auch allein." Heute lautet Ihre Devise „zusammenreißen", den Helden spielen, bloß keine Gefühle oder Schwächen zeigen. Läuft es nicht so, wie Sie sich das vorstellen, stoßen Sie andere mit Ihrer Direktheit vor den Kopf, ohne es zu wollen. Sie wirken nach außen arrogant, dabei haben Sie unter Ihrer harten Schale einen weichen Kern.

So funktionieren Sie diesen Antreiber zum eigenen Vorteil um: Veranstalten Sie doch einfach einmal ein Fest, bei dem Sie Ihren Mitarbeitern und Kollegen Ihre menschliche Seite zeigen. Öffnen Sie sich Menschen, zu denen Sie Vertrauen haben. Entdecken Sie Ihr tiefes Bedürfnis nach Nähe und Unterstützung von anderen. Nutzen Sie Ihre Stärke, um sich für andere einzusetzen.

Kennen Sie Ihre Antreiber, dann können Sie sie zu Ihrem Vorteil nutzen. Im April-Brief stelle ich Ihnen weitere „Elternbotschaften" vor, die so genannten „Erlauber". Mit ihrer Hilfe lernen Sie, Ihr Potenzial noch besser auszuschöpfen.

Werden Sie Ihr eigener Regisseur. Schreiben Sie sich das Drehbuch für Ihren privaten Erfolgsfilm. Sehen, fühlen und hören Sie, wie es ist, am Ziel anzukommen.

ein detailliertes Drehbuch dazu. Stellen Sie sich also nicht nur einzelne Bildern oder Ausschnitte vor, sondern schreiben Sie ein ganz lebendiges Drehbuch zu Ihrem Film – mit Bildern, Sprache, Geräuschen, Düften.

3. Spulen Sie diesen Film täglich vor Ihrem inneren Auge ab. Nutzen Sie dafür Zeiten, die ansonsten Leerlauf wären (in der Schlange im Supermarkt, an der Ampel, im Stau, in der Badewanne, vor dem Einschlafen).

4. Sprechen Sie sechs Wochen lang täglich zehn Minuten laut über Ihren Film. Ergänzen Sie Details, malen Sie einzelne Szenen aus. Im Idealfall führen Sie diese Übung mit einem Zuhörer durch, aber auch ein Diktiergerät leistet Ihnen dabei gute Dienste.

Täglich zehn Minuten eigener Film statt Fremdregisseure auf allen Kanälen – und Sie starten durch in Richtung Erfolg.

Wichtig: Erst die Betrachtung Ihres inneren Films und die gleichzeitige, laute Beschreibung bringt den gewünschten Trainingseffekt.

Wissenschaftler der South West University in Minnesota, die dieses Trainingsprogramm mit Studenten getestet haben, verzeichneten nach nur 25 Stunden Übungen bei ihren Teilnehmern eine bleibende IQ-Steigerung von 20 Punkten (Quelle: Alexander Christiani, „Weck den Sieger in Dir!").

Mit diesen kleinen Übungen möchte ich Ihnen eine erste Idee davon geben, wie Sie durch Verknüpfung von Techniken professionellen Arbeitens mit zielgerichtetem Mentaltraining Ihre Situation dauerhaft in Richtung der Erreichung Ihrer Ziele verändern können.

Ich freue mich, wenn Sie dieses Angebot annehmen und es einfach ausprobieren. In diesem Sinne einen erfrischenden Start in den Frühling,

Ihr

Lothar J. Seiwert

@www.coaching-briefe.de

Besuchen Sie uns im Internet. In unserem Forum www.coaching-briefe.de können Sie kommentieren, diskutieren, Ihre Erfahrungen mit anderen Brieflesern austauschen. Selbstverständlich können Sie dort auch Fragen mit Herrn Professor Seiwert individuell erörtern.
Ihr CoachingBrief-Team

660 233 005

B 51393

LOTHAR J. SEIWERT
COACHINGBRIEF

Professioneller & souveräner arbeiten und leben

- Professionalität und Effektivität in allen Lebensbereichen gewinnen
- Souveränität und Gelassenheit ausstrahlen
- Balance und Persönlichkeit entwickeln

Monatlicher Coaching-Service 🕐 April 2000

Liebe Leserin,
lieber Leser,

unser heutiges Thema ist die Tagesplanung. Und ganz sicher erwarten Sie von mir als „Zeitmanagement-Papst" jetzt einen **COACHINGBRIEF** voller To-do-Listen zu Techniken des Zeitsparens, zur Delegation und Prioritätensetzung. Doch hier enttäusche ich Sie.

Stattdessen biete ich Ihnen hauptsächlich einen Gedanken an: Überlegen Sie, wie Sie am besten mit der „Unver-

nunft" beginnen. Wir Deutschen meinen noch immer, das Leben müßte hart sein, damit es erfolgreich ist. Deshalb tun wir Dinge, die uns keinen Spaß machen, umgeben uns mit Menschen, die uns nerven.

Doch der Weg zum Ziel sieht anders aus. Viele Menschen haben erkannt, dass wirklicher Erfolg nur entsteht, wenn wir glücklich sind. Der Amerikaner Richard Koch gehört dazu, einige seiner Ideen stelle ich Ihnen heute vor. Jemand, der für mich authentisch lebt, was es bedeutet, seine Zeit und seinen Alltag erfolgreich zu managen, ist Dr. Ulrich Strunz. Er hat verstanden, dass Körper und Geist nur als Einheit perfekt funktionieren – und seinen Weg zum glücklichen Leben gefunden – unser Porträt auf Seite 7.

Der Einstieg in Ihren glücklichen Alltag bedeutet, endlich die Dinge zu tun, die Sie sich wünschen. Fangen Sie damit an. Ihr

Lothar J. Seiwert

Lothar J. Seiwert

PROFESSOR DR. LOTHAR J. SEIWERT gilt als Europas führender Experte für Zeitsouveränität, Effektivität und sinnvolles Lebensmanagement. Er ist erfolgreicher Bestsellerautor und erhielt 1999 als erster deutscher Trainer den internationalen Trainingspreis "Excellence in Practice" der ASTD (American Society for Training und Development).

Themen

Ihre Tagesplanung: Weniger geplant ist mehr

„Auch die längste Reise beginnt mit dem ersten Schritt."
Chinesisches Sprichwort

Zwei Dinge sind für einen optimalen Tag entscheidend.
Wie Sie die Sachen angehen:
schriftlich geplant, wohl dosiert;
und
Was Sie tun:
am besten sehr, sehr viel von den Dingen, die Ihnen wirklich Erfüllung bringen.

Ich möchte Ihnen heute den letzten und wichtigsten Schritt in Ihrer Zeitplanung etwas näherbringen: Die konkrete Tagesplanung. Und hier sollten Sie die fernöstliche Weisheit, dass auch die längste Reise mit dem ersten Schritt beginnt, beim Wort nehmen: Nur wenn Sie genau festlegen, was Sie an einem Tag erreichen möchten, und diese Dinge dann auch erledigen, können Sie aus den Luftschlössern Ihrer Ziele realistische Ergebnisse machen.

Die Vorarbeit für diese konkrete Durchführung Ihrer geplanten Aktivitäten haben Sie geleistet, indem Sie sich mit Ihrer mittelfristigen Planung (5 Jahre), Ihrer Jahresplanung und der Planung Ihrer Woche beschäftigt haben. Damit haben Sie die Voraussetzung ge-

schaffen, Ihre Ziele zu erreichen. Denn Sie sind jetzt in der Lage, das große Ziel in kleine Portionen von Teilzielen zu zerlegen, die Sie überschauen können.

Was Sie planen: Auf den Inhalt kommt es an

Zeitmanagement heißt in erster Linie, dass Sie sich darüber im klaren sind, was für Sie ein guter Gebrauch von Zeit ist und was nicht. Die Inhalte Ihrer Planung sind also entscheidend.

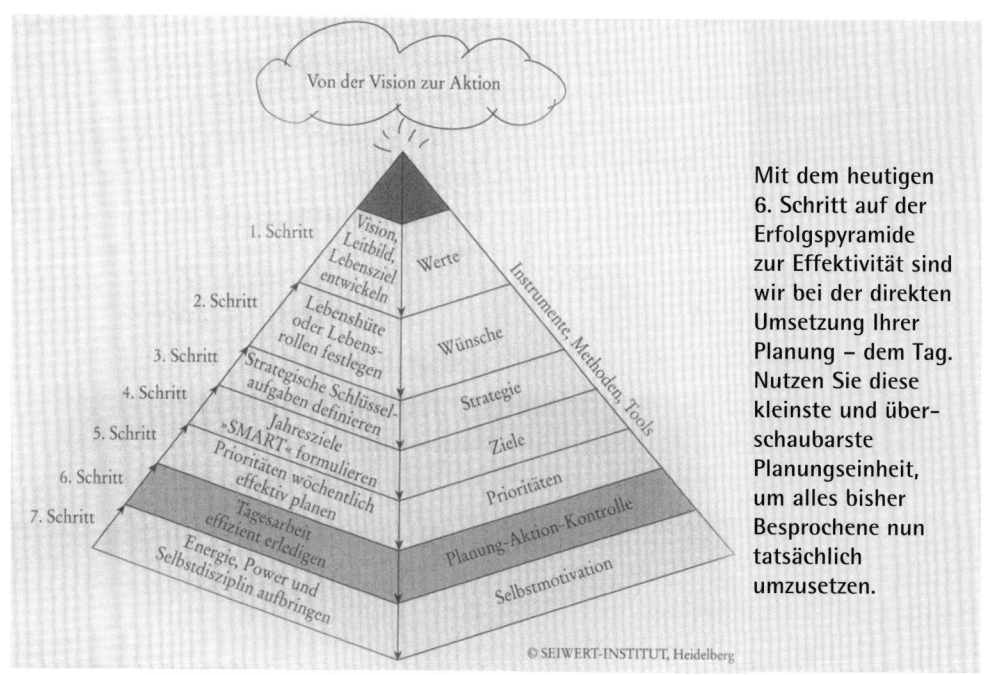

Mit dem heutigen 6. Schritt auf der Erfolgspyramide zur Effektivität sind wir bei der direkten Umsetzung Ihrer Planung – dem Tag. Nutzen Sie diese kleinste und überschaubarste Planungseinheit, um alles bisher Besprochene nun tatsächlich umzusetzen.

Die Erfolgspyramide zur Effektivität

Teilziele für jeden Lebensbereich

In Ihrer Wochenplanung haben Sie bereits die großen Kiesel, die Teilziele für jeden Lebensbereich, blockiert (siehe März-Brief).

Für die endgültige Planung Ihres Tages sollten Sie sich täglich vor Beginn der Arbeit zehn Minuten Zeit nehmen, um die restlichen Aufgaben Ihres Tages schriftlich zu fixieren:

Geplante und periodisch wiederkehrende Termine

Vom terminierten Kundengespräch bis zum routinemäßigen Abteilungs-Meeting sollten Sie alle festen Termine unbedingt in Ihren Tagesplan eintragen und die Zeiten dafür blockieren.

Unerledigtes vom Vortag

Wichtige Dinge, die Sie am Vortag nicht erledigen konnten, sollten Sie nicht wegschieben, sondern neu einplanen.

Telefonate, Gespräche und Korrespondenzen

Reservieren Sie auch genügend Zeit für Telefonate, andere anstehende Gespräche mit Kollegen, Kunden und Vorgesetzten sowie Korrespondenz (Stichwort: eMail-Flut). Gerade in diesem Bereich wird häufig zu wenig Zeit angesetzt.

Zeit für Neues und Unerwartetes

Ganz entscheidend für einen harmonischen, ausgeglichenen Arbeitstag ist, dass Sie genügend Zeit für Störungen, aktuell auftretende Probleme und Aufgaben, aber auch für Zeitdiebe (siehe Basiswissen Seite 16 f.) und soziale Aktivitäten einplanen. Ansonsten programmieren Sie Zeitdruck und Unzufriedenheit vor.

Verplanen Sie niemals mehr als 60 Prozent Ihrer Zeit fest. Als Faustregel gilt: 60-20-20. 60 Prozent für geplante Aufgaben, 20 Prozent für Störungen und Zeitdiebe, 20 Prozent für soziale Kontakte.

Wie Sie planen: ALPEN

Was haben die Alpen mit Ihrem Alltag gemeinsam? Die ALPEN-Methode (siehe auch Basiswissen S. 19) bietet Ihnen eine ideale Hilfestellung für die täglichen zehn Minuten Planung, die Ihnen in jedem Fall mehr innere Ruhe und Gelassenheit bringen werden.

A = Aufgaben notieren

Denken Sie daran: Nur was Sie aufschreiben, hat auch die Chance, getan zu werden.

L = Länge Ihrer Aktivitäten

Die meisten Menschen nehmen sich mehr vor, als sie erreichen können. Das frustriert. Kalkulieren Sie Ihren Zeitaufwand großzügig. Weniger ist mehr.

P = Pufferzeiten einplanen

Planen Sie Zeit für Unvorhergesehenes ein. Freuen Sie sich lieber über den Zeitgewinn, wenn Sie Störungen, Zeitdiebe und Co. eliminieren konnten.

E = Entscheidungen treffen – über Prioritäten, Kürzungen, Delegation

In diesem Punkt Zeit zu investieren, bringt Ihnen den größten Nutzen (siehe unsere heutigen Überlegungen zum Pareto-Gesetz, S. 4).

N = Nachkontrollieren

Gewöhnen Sie sich an, Ihr Tagesergebnis zu überprüfen und Unerledigtes auf den nächsten Tag zu übertragen. Manches, das mehrmals übertragen wird, erledigt sich auch von selbst.

Wenn Sie den Vorschlag annehmen, Ihren Tag täglich nur zehn Minuten zu planen, dann gewinnen Sie eine neue Gelassenheit. Ihr neuer Arbeitstag steht nicht mehr wie eine große graue, undefinierbare Wand vor Ihnen – sondern Sie haben einen genauen Plan und damit auch schon so manche Lösung vorprogrammiert.

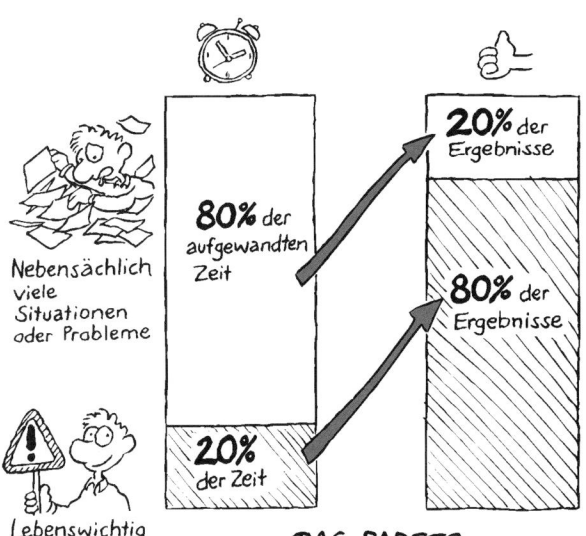

Nebensächlich viele Situationen oder Probleme

Lebenswichtig wenige Situationen oder Probleme

DAS PARETO-ZEITPRINZIP

80/20: Ja zur Unvernunft

Definieren Sie Ihre Begriffe von Vernunft und Unvernunft neu. Vernünftig sind die Menschen, die alles tun, um in erster Linie mit sich im Reinen zu sein. Denn nur, wer sich in seiner Haut wohlfühlt, ist in der Lage, Höchstleistung zu vollbringen. Vernunft heißt, auf die eigene innere Stimme zu hören – nur dann können Sie entscheiden, welche Prioritäten Sie in Ihrem Leben wirklich setzen sollten.

„Der vernünftige Mensch passt sich an die Welt an. Der Unvernünftige sucht beharrlich, die Welt an sich anzupassen. Daher hängt jeglicher Fortschritt von den Unvernünftigen ab."
Georg Bernhard Shaw

In der Wirtschaft gilt das Pareto-Gesetz (siehe auch Basiswissen Seite 30) als feststehende Größe. Doch die 80/20-Regel kann Ihnen auch persönlich helfen, mit viel weniger Anstrengung mehr zu erreichen. Richard Koch gibt in seinem Buch (siehe nebenstehenden Kasten) wertvolle Anregungen, was das Pareto-Gesetz in Ihrem Alltag bewirken kann. Wenn Sie sich verdeutlichen, dass Sie mit der überwiegenden Mehrheit Ihrer Anstrengungen (80 Prozent) nur eine geringe Wirkung (20 Prozent) erzielen, dann lohnt es sich, über Ihren persönlichen Verbesserungsspielraum nachzudenken und Ihr Leben in neue Bahnen zu lenken.

Ich möchte Ihnen aus den vielen Gedanken Richard Kochs einen Gedanken näherbringen, der Ihnen ein idealer Einstieg in das Thema „Prioritäten setzen"

sein kann und der sehr gut zu unserem Thema Tagesplanung passt:

Glück ist kein Zufall: Schaffen Sie sich Ihren glücklichen Tag

Beginnen Sie wie immer mit der Praxis: Verändern Sie mit Hilfe der nachfolgenden Gedanken und der Übung auf der Seite 6 Ihren Alltag.

Es liegt ganz allein an Ihnen, wie Sie Ihr Leben gestalten. Doch lassen wir alle viel zu viele Dinge in unserem Leben geschehen, die uns Unwohlsein oder Stress verursachen.

Richard Koch empfiehlt, diesen Dingen bewußt aus dem Weg zu gehen.

Sein Motto: „Ich sehe nicht ein, warum man mir beibringen sollte, keine Angst vor Schlangen zu haben. Es ist viel vernünftiger, den Schlangen aus dem Weg zu gehen."

Finden Sie die Ursachen für Ihre Unzufriedenheit und vermeiden Sie unangenehme Situationen zukünftig. Konzen-

♥ Das Pareto-Prinzip

„Das 80/20-Prinzip besagt, das eine Minderheit der Ursachen, des Aufwands oder der Anstrengung zu einer Mehrheit der Wirkungen, des Ertrags oder der Ergebnisse führen. Wörtlich genommen bedeutet dies also, dass 80 Prozent dessen, was Sie in Ihrer Arbeit erreichen, auf 20 Prozent der aufgewandten Zeit zurückgeht. In der Praxis sind daher vier Fünftel der Anstrengung weitgehend unbedeutend."

Aus: Richard Koch, Das 80/20 Prinzip. Mehr Erfolg mit weniger Aufwand. Campus Verlag, Frankfurt/New York)

Mein Tipp: Ein Buch, das Ihnen die Augen öffnet und Nutzen pur bringt.

trieren Sie sich mit all Ihrer Kraft auf die Situationen, die Ihnen Glücksgefühle verursachen.

Glück gibt es nicht in der Zukunft. Glück gibt es nur jetzt. Sie können sich an vergangenes Glück erinnern, können auch zukünftiges Glück planen, aber glücklich sein können Sie nur im Hier und im Jetzt. Deshalb sollten Sie für sich tägliche Glücksgewohnheiten etablieren. Im folgenden einige Vorschläge:

☼ Körperliche Betätigung

Jeder Mensch wird sich nach körperlicher Betätigung wohl fühlen. Wer die Disziplin aufbringt, sich täglich körperlich zu betätigen, wird nach kurzer Zeit auch schon während der körperlichen Betätigung ein gutes Gefühl haben. Der Grund dafür sind die durch die Anstrengung freigesetzten Endorphine, also körpereigene Stoffe, die anregend wirken und positiv stimulieren. Egal, wieviel Sie an einem Tag vorhaben, planen Sie die Zeit für körperliche Bewegung ein, 20 bis 30 Minuten sind völlig ausreichend. Wir Menschen sind zur Bewegung geboren, wir sollten diese wichtige Glücksquelle niemals versiegen lassen.

☼ Intellektuelle Anregung

Ein weiteres Basiselement eines glücklichen Tages ist die intellektuelle Anregung. Sorgen Sie täglich dafür, dass Ihr Verstand in Bewegung bleibt. Dies kann

♡ To-do-Liste für Ihren Alltag

- ♥ Körperliche Betätigung
- ♥ Intellktuelle Anregung
- ♥ Spirituelle und künstlerische Anregung
- ♥ Etwas für andere tun
- ♥ Vergnügliche Unterbrechung
- ♥ Sich selbst etwas gönnen
- ♥ Sich selbst gratulieren

selbstverständlich im beruflichen Alltag geschehen, doch sollten Sie eine Gewohnheit etablieren, die Sie geistig auf Schwung hält. Sie können beispielsweise täglich zu einer festen Zeit zehn Seiten lesen, können Kreuzworträtsel lösen, sich mit einem Freund über ein bestimmtes Thema austauschen oder verfassen ein Tagebuch, in das Sie auch Ihre Gedanken und Ideen zu bestimmten Themen schreiben.

☼ Spirituelle und künstlerische Anregung

„Überlesen" Sie diesen Punkt bitte nicht. Gemeint ist hier, sich täglich mindestens eine halbe Stunde auch mit Nahrung für Ihre Phantasie und Ihren Geist zu versorgen. Dies kann ein Theaterbesuch sein, ein kreatives Hobby, Musik hören, die Lektüre eines Gedichts, das Betrachten der Natur oder auch Meditation.

☼ Etwas für andere tun

Wer zuerst etwas für andere tut, der erhält das Vielfache zurück. Hier ist nicht gemeint, das Sie täglich große Taten für

Tun Sie täglich etwas, das Ihnen wirklich Freude macht.

Entscheiden Sie sich, glücklich zu sein

Psychologen sagen, dass Glück eine Frage der eigenen Einstellung sei. Wollen Sie also Ihren Alltag glücklich gestalten, so muß zu den Glücksgewohnheiten auch eine Glückseinstellung kommen. Entscheiden Sie sich bewußt dafür, glücklich zu sein. Geben Sie Schuldgefühle auf. Konzentrieren Sie sich auf Ihre Stärken und auf die Erfolge, die Sie in Ihrem Leben bereits errungen haben. Sie müssen nicht jedem sagen, wie toll Sie sind, aber Sie sollten es jeden Tag für sich allein denken. Nur so bekommen Sie Gewissheit über die eigene Stärke und steigern Ihr Selbstwertgefühl – die Basis zum Glücklichsein.

(weiter auf S. 8)

Große Leistungen setzen immer auch Freude voraus. Nur wenn Sie es schaffen, sich ein persönliches Umfeld zu kreieren, in dem Sie sich wohl fühlen, in dem Sie entspannen können, in dem Sie auch einmal Fehler begehen können, ohne gleich einen Vertrauensverlust zu erleiden, – nur dann können Sie auch Außerordentliches leisten.

Übung: Ihr glücklicher Tag

Der amerikanische Unternehmensberater und Bestsellerautor Richard Koch empfiehlt, sich tägliche Glücksgewohnheiten zu schaffen. Nur wenn Sie sich den größten Teil des Tages mit Menschen umgeben, mit denen Sie gern zusammen sind, wenn Sie die Dinge tun, die Sie erfüllen, können Sie Ihr Ziel eines glücklichen Lebens auch erreichen.

1. Schritt: Erkennen Sie Ihre Schlangengruben

Die Unannehmlichkeiten, die uns den Alltag verderben, sind von Mensch zu Mensch sehr unterschiedlich. Für den einen ist bereits der Tag „gelaufen", wenn er morgens in der überfüllten S-Bahn sitzt, den anderen macht es seit der Umstrukturierung vor fünf Jahren wahnsinnig, mit sieben Kollegen im Großraumbüro zu arbeiten, doch er hält wacker durch. Ein Dritter leidet geistige Qualen, wenn er mit seiner Schwiegermutter zusammen sein muß, doch jeden Sonntag um die gleiche Zeit setzt er sich mit seiner Frau ins Auto, um die alte Dame zu besuchen. Ein weiterer tapferer Alltagskämpfer verabscheut Gartenarbeit, zwingt sich aber dazu, um vor den lieben Nachbarn nicht aus der Rolle zu fallen. Gehen Sie dagegen an:

Listen Sie auf, welche Situationen, Menschen oder Bedingungen Ihnen in Ihrem Alltag den meisten Stress verursachen.

....
....
....
....
....
....
....

2. Schritt: Erkennen Sie, was Sie glücklich macht

Überlegen Sie, in welchen Situationen Sie am glücklichsten sind. Welche Dinge tun Sie dann, mit welchen Menschen sind Sie zusammen? Listen Sie sieben dieser positiven Situationen auf.

....
....
....
....
....
....
....

Es liegt einzig und allein bei Ihnen, welche Situationen Sie in Ihrem Alltag zulassen. Niemand zwingt Sie, in der überfüllten S-Bahn zu sitzen. Suchen Sie sich eine Fahrgemeinschaft. Wenn Ihr Unternehmen Ihre Arbeit schätzt, dann ist vielleicht die Arbeit im Home-Office die Alternative zum Großraumbüro. Und garantiert finden Sie jemanden, der für Sie die Gartenarbeit übernimmt. Entscheiden Sie sich dafür, Ihr Leben so zu gestalten, dass Sie sich darin wohlfühlen. Beginnen Sie heute damit!

Porträt: Ulrich Strunz, der Fitnesspapst

Es gibt Menschen, deren Tag scheinbar 30 Stunden hat. Man fragt sich, wie sie ihre ungeheure Arbeitsflut bewältigen. Ihr Geheimnis: Sie haben ein bewußteres Verhältnis zur Zeit als andere.

Ein solcher Mensch ist Dr. Ulrich Strunz. Täglich leitet er seine große internistische Fachpraxis, abends hält er Vorträge, an den Wochenenden führt er seine Seminare zu Kreativität und Höchstleistung durch. Er ist Bestseller-Autor – mit fast 450000 verkauften Exemplaren seiner Bücher in nur 1 1/2 Jahren. Außerdem trainiert er regelmäßig, um weiterhin einer der weltbesten Triathleten seiner Altersklasse zu bleiben. Zudem musiziert er täglich mit seinen Kindern und verbringt mindestens eine Stunde mit seiner Ehefrau beim Plaudern. Nebenbei erhält er pro Tag mehr als 120 Faxe ratsuchender Menschen, die er selbstverständlich beantwortet.

Durch tägliches Laufen bekommt die Zeit eine neue Dimension

Dr. Strunz ist nicht Superman. Doch er hat für sich das Geheimnis eines erfüllten Lebens entdeckt:

Tägliches Laufen im Sauerstoffüberschuß, kombiniert mit optimaler Ernährung und mentalem Training.

Durch diese geniale Kombination werden alle Zellen, vor allem auch das Gehirn, mit mehr Sauerstoff versorgt und man erhält einen völlig neuen Zugang zu Zeit, Arbeit und Leben. Für Dr. Strunz ist der Zustand des sogenannten „Flow" Alltag geworden. Er kann sich jederzeit auf das Hier und Jetzt konzentrieren und erledigt so sein Tagwerk mit Leichtigkeit. Das Beste: Sein Geheimnis ist nicht das Privileg der Schönen und Reichen, es bedarf keines Gurus und keiner Gehirnwäsche.

Jeder kann auf ganz einfache Weise in den Genuß kommen, das Leben mit Leichtigkeit und Spaß zu meistern. Wir müssen dazu nur zurück zu unseren Wurzeln finden – und das schaffen wir durch tägliches Laufen.

Dr. med. Ulrich Strunz begann mit 45 Jahren als sportlicher Anfänger zu laufen, gehört heute in seiner Altersklasse zur Weltspitze der Ultra-Triathleten. Er entwickelte das Forever-young-Programm für geistige und körperliche Höchstleistung – und beweist dessen Erfolg täglich an sich selbst.

Aus eigener Erfahrung weiß ich, was das Laufen á la Strunz bewirkt. Mein Buchtipp für Sie: Dr. med. Ulrich Strunz „Forever young – Das Erfolgsprogramm". Gräfe und Unzer Verlag, München.

Dr. Ulrich Strunz rät Ihnen

💟 Laufen Sie täglich im Sauerstoffüberschuß, das heißt bei richtigem Puls. Beginnen Sie mit drei Minuten in der Wohnung. Steigern Sie sich langsam auf vier, fünf ... bis Sie dreißig Minuten schaffen.

💟 Essen Sie lebendige Kost. Sie besitzen 70 Billionen Körperzellen. Sind diese glücklich, dann werden Sie es auch. Doch Ihre Körperzellen leiden an Kalorien-Überschuß und Vitalstoff-Mangel. Sie können das durch Ihre Ernährung ändern.

💟 Träumen Sie täglich. Täglich nur zehn Minuten Tagträumen bringt Sie Ihren Wünschen näher, als ununterbrochen durchs Leben zu hasten. Träumen Sie sich in Ihr Leben hinein – in Ihre Aufgaben, Ihren Partner, Ihre Kinder, Ihre Vorhaben.

Das Ergebnis Ihrer intelligenten Tagesplanung ist ein Gefühl von Handlungsfreiheit: Sie konzentrieren sich auf das Hier und Jetzt und schaffen es so, konsequent einen Schritt nach dem anderen zu gehen.

Chaos oder das Gefühl, nichts erledigt zu bekommen, weil Sie nicht wissen, wo Sie starten sollen, verschwinden aus Ihrem Leben – Ruhe und Gelassenheit halten in Ihrer Seele Einzug.

andere Menschen vollbringen sollten. Schon eine Kleinigkeit genügt, um etwas mehr Freude und Glück ins Leben zu bringen – ein freundliches Wort, jemandem die Tür aufhalten, ein Kompliment machen, eine Münze in eine abgelaufene Parkuhr stecken.

❤ Vergnügliche Unterbrechung

Nehmen Sie sich täglich die Zeit, sich mit einem Freund oder einem Menschen, der Ihnen sehr nahe steht, zu beschäftigen. Das kann der Spaziergang mit dem Partner sein, das Telefonat mit dem Freund, die Tasse Kaffee mit der netten Kollegin oder das Spielen mit den Kindern.

❤ Gönnen Sie sich etwas

Nur wer sich selbst liebt, kann andere lieben und kann Freude spenden. Erstellen Sie sich sofort eine Liste mit Dingen, die Sie gern für sich ganz persönlich tun möchten (diese Liste sollte geheim bleiben!). Erfüllen Sie sich täglich einen dieser ganz persönlichen Wünsche:

1..
2..
3..
4..
5..

@www.coaching-briefe.de

Besuchen Sie uns im Internet. In unserem Forum www.coaching-briefe.de können Sie kommentieren, diskutieren, Ihre Erfahrungen mit anderen Brieflesern austauschen. Selbstverständlich können Sie dort auch Fragen mit Herrn Professor Seiwert individuell erörtern.
Ihr CoachingBrief-Team

❤ Gratulieren Sie sich selbst

Auch das Glück braucht Kontrolle, um nicht auf der Strecke zu bleiben. Reservieren Sie sich täglich eine Zeit, um sich selbst zur Einhaltung Ihrer Glücksgewohnheiten zu beglückwünschen. Wenn Sie nur vier dieser Punkte erfüllt haben, dann ist das schon ein Erfolg. Wichtig ist, dass Sie wirklich jeden Tag auch Dinge tun, die Ihnen Freude bereiten, egal, welches schwere Los Sie zu tragen haben.

Nur wenn Sie Verantwortung für sich selbst übernehmen, vermeiden Sie, mit der Zeit unzufrieden, unglücklich und depressiv zu werden.

Ihr

Lothar J. Seiwert

660 233 006

B 51393

LOTHAR J. SEIWERT
COACHINGBRIEF

Professioneller & souveräner arbeiten und leben

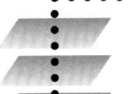

Professionalität und Effektivität in allen Lebensbereichen gewinnen
Souveränität und Gelassenheit ausstrahlen
Balance und Persönlichkeit entwickeln

Monatlicher Coaching-Service ❖ Mai 2000

Liebe Leserin,
lieber Leser,

Wer loslässt, hat zwei Hände frei! Dieses Motto gilt ganz besonders für das Thema Selbstverantwortung im heutigen **COACHINGBRIEF.** Denn die Verantwortung für das eigene Leben zu übernehmen, bedeutet in erster Linie, dass wir uns von all unseren liebgewordenen Lebenslügen verabschieden. Dass wir loslassen von all den: „Momentan finde ich dazu keine Zeit ..." oder „Ich würde ja, aber mein Chef ...".

Es ist nicht die fehlende Zeit und schon gar nicht der Chef, der so manchen sein Leben lang auf Halbdampf fahren lässt. Es ist die Scheu vor der eigenen Verantwortung, die Angst vor der eigenen Kraft.

Fühlen Sie sich nicht länger als Opfer von Sachzwängen – wie zum Beispiel einer Arbeitsstelle, in der Sie sich seit Jahren unwohl fühlen, die Ihnen aber in unruhigen Zeiten ein sicheres Einkommen bietet.

Lassen Sie los, dann haben Sie endlich zwei Hände frei – zwei Hände, mit denen Sie das Steuer Ihres Lebens ganz fest ergreifen können, um Ihren Kurs selbst zu bestimmen. Nutzen Sie diese Chance, denn wir alle bekommen sie nur einmal.

Ihr

Lothar J. Seiwert

PROFESSOR DR. LOTHAR J. SEIWERT gilt als Europas führender Experte für Zeit-souveränität, Effektivität und sinnvolles Lebensmanagement. Er ist erfolgreicher Bestsellerautor und erhielt 1999 als erster deutscher Trainer den internationalen Trainingspreis "Excellence in Practice" der ASTD (American Society for Training und Development).

Themen

1. Schritt zur Motivation: Selbstverantwortung

„Wahre Reife stellt sich erst ein, wenn Sie erkennen, daß niemand zu Ihrer Rettung kommt."
Brian Tracy

Erfolg ist keine Glückssache und kein Privileg. Persönlicher Erfolg wird möglich, wenn Sie sich darauf einstimmen lernen. Die wichtigste Voraussetzung für Ihren Erfolg ist Selbstmotivation.

Unsere wohl größte Barriere auf dem Weg zum Erfolg ist fehlende Selbstdisziplin. Von unserer Energie und unserem Willen, aus unseren heutigen Zielen auch wirklich Taten zu machen, hängt ab, was wir aus unserem Leben machen und wie glücklich wir uns fühlen. Der Bereich Motivation wird aus diesem Grund einen breiten Rahmen innerhalb unseres Coachings einnehmen.

Warum positiv denken allein nicht ausreicht, um durchzustarten

Vielleicht denken Sie beim Wort Motivation an bekannte Motivations-Gurus, die auf Großveranstaltungen und in Büchern mit spektakulären Aktionen und der Lehre vom positiv Denken vermitteln, dass alles möglich ist, wenn man es nur stark genug wünscht. Vor zu großer Euphorie möchte ich Sie warnen: Meiner Meinung nach funktioniert dauerhafte Motivation allein auf diesem Weg nicht. Vielleicht hat man nach einer solchen Veranstaltung oder nach dem Lesen eines solchen Buches ein gutes Gefühl, glaubt an die eigene Kraft und fühlt sich mit seinem Wunsch nach

Die Erfolgspyramide zur Effektivität

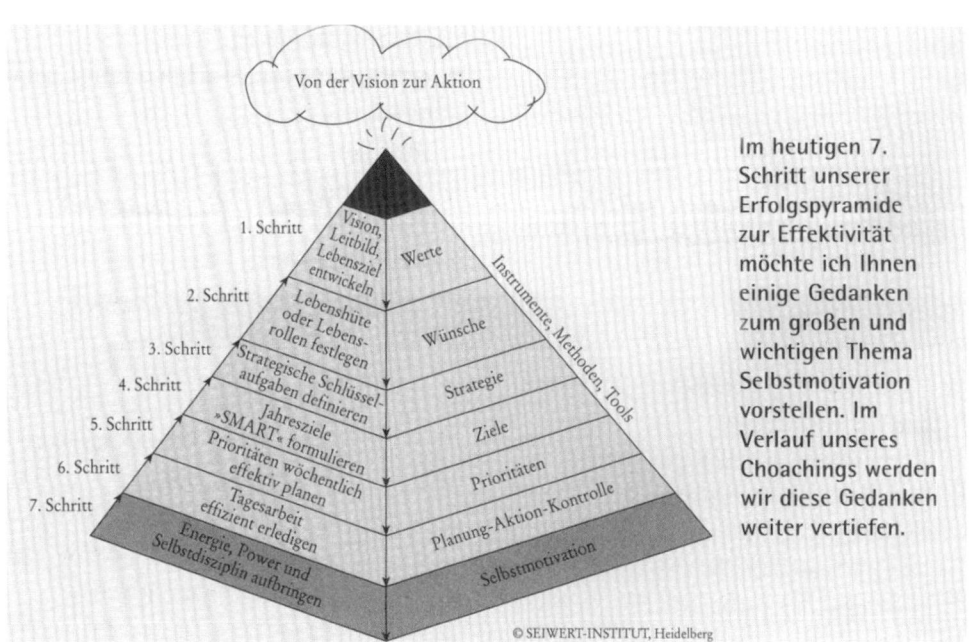

Im heutigen 7. Schritt unserer Erfolgspyramide zur Effektivität möchte ich Ihnen einige Gedanken zum großen und wichtigen Thema Selbstmotivation vorstellen. Im Verlauf unseres Choachings werden wir diese Gedanken weiter vertiefen.

Erfolg nicht mehr allein. Aber dass diese Art der Motivation von außen dauerhaft zu einer Verhaltensänderung führt, daran glaube ich nicht.

Der Weg zum persönlichen Erfolg führt nicht über äußere Anreize. Einzig und allein wir selbst sind für unseren Erfolg oder Mißerfolg verantwortlich.

Jeder von uns muß sich des Potenzials, das in ihm schlummert, bewusst werden. Und das funktioniert nur, wenn Sie es schaffen, Ihre Einstellung zu sich selbst und gegenüber Ihrer Außenwelt dauerhaft zu ändern. Will heißen, dauerhafte Selbstmotivation ist möglich, doch der Weg dahin ist ein Prozess des Umdenkens.

Wir müssen unsere Glaubenssätze ändern, um unser Handeln zu verändern.

Mit diesem Thema haben sich viele Motivationsforscher beschäftigt, und ich möchte Ihnen einige Ansätze vorstellen, die meiner Meinung nach wirklich etwas in uns bewegen können.

Verantwortung übernehmen

Die Anwendung des Verantwortungsprinzips ist eine der wichtigsten Grundregeln für persönlichen Erfolg und Zufriedenheit. Denn wer es schafft, die Schuld für unbefriedigende Arbeitssituationen, unglückliche Beziehungen und eigenes Versagen nicht bei anderen und in bestimmten Lebensumständen, sondern allein bei sich selbst zu suchen, der wird Kontrolle über sein Leben bekommen und damit auch die richtigen Wege und Strategien für persönlichen Erfolg und Zufriedenheit finden.

„Sein Leben nach dem eigenen Stil zu leben", das sagt sich leicht dahin, doch

(weiter auf S. 5)

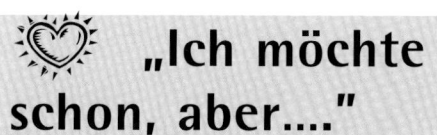

„Ich möchte schon, aber...."

Ein wichtiger Grund, warum wir das Thema Selbstverantwortung heute so ausführlich besprechen, sind Ihre Leserbriefe. Immer wieder melden sich Leser, die meinen, ihre unbefriedigende Lebenssituation nicht ändern zu können. Ein Beispiel: Unser Leser Rainer F. ist Beamter. Aufgrund der festgefahrenen Strukturen in seinem Arbeitsumfeld kann er sich beruflich nicht weiterentwickeln und spezialisieren. In diesem Bereich werden nur Generalisten gebraucht, um ein möglichst breites Einsatzgebiet zu gewährleisten. Da Herr F. für seine Familie sorgen muß, denkt er nicht an Wechsel, sondern bleibt in einer ungeliebten Tätigkeit.

Es gibt Menschen, die ihr gesamtes Berufsleben in einem Job verbringen, der sie nicht herausfordert und ihnen keinen Spaß bringt.

Ich kann Sie nur zum Umdenken ermuntern. Jeder von uns lebt nur einmal und sollte sich für sein Leben das Recht auf Wahlfreiheit nehmen:

Love it! Befinden Sie sich in einer Situation, die Ihnen entspricht, dann machen Sie Ihren Job täglich zu 100 Prozent.

Change it! Sind Sie in einer Situation, die Sie auf Dauer krank macht, dann ändern Sie sie mit allen Mitteln!!!!

Leave it! Können Sie die Umstände nicht ändern, dann entschließen Sie sich für einen Neubeginn. Eine Erfolgsgarantie gibt Ihnen niemand, aber Ihre Chancen, etwas zu bessern steigen immens.

Vielleicht läßt sich mit einem Versetzungsantrag in ein anderes Bundesland oder eine Zusatzausbildung doch etwas ändern, Herr F.?

Nur wir selbst sind in der Lage, unser Leben so zu gestalten, dass wir uns darin wohlfühlen. Akzeptieren Sie Barrieren von außen nicht widerspruchslos. Sie können die meisten Dinge ändern, wenn Sie nur konsequent genug nach einer neuen Lösung suchen. Sie müssen dafür bereit sein, ihre eigene Komfortzone zu verlassen und ein kalkulierbares Risiko einzugehen. Erkennen Sie, dass handeln zwar viel schwieriger als leiden ist, aber dafür auch viel gesünder – sowohl für Ihre seelische als auch für Ihre körperliche Gesundheit.

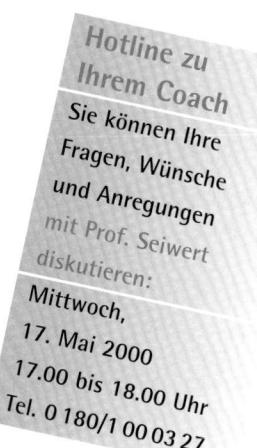

Hotline zu Ihrem Coach

Sie können Ihre Fragen, Wünsche und Anregungen mit Prof. Seiwert diskutieren:

Mittwoch, 17. Mai 2000 17.00 bis 18.00 Uhr Tel. 0 180/1 00 03 27

In der April-Ausgabe haben Sie Ihre Alltags-Routinen unter die Lupe genommen. Ist es Ihnen bereits gelungen, etwas zu ändern?

Unsere heutige Übung bringt Sie wieder einen Schritt weiter zu Ihrem Ziel, so zu leben, wie Sie es sich erträumen. Sie können in Ihrem Leben nur etwas zum Positiven ändern, wenn Sie schonungslos ehrlich zu sich selbst sind und lernen, Ihr Leben authentisch zu leben.

Übung: Finden Sie Ihre weißen Kaninchen

Das Geheimnis des Glücks

Lew Tolstoj, der berühmte russische Romancier, schreibt in einer seiner Kurzgeschichten über eine Gruppe Kinder, denen gesagt wird, dass das Geheimnis des Glücks im Garten hinter ihrem Haus versteckt sei. Sie würden es aber nur finden und für immer behalten, wenn sie nicht an ein

Finde deine weißen Kaninchen!

weißes Kaninchen dächten, während sie nach dem Geheimnis suchten. Je intensiver die Kinder versuchten, den Gedanken an das weiße Kaninchen zu vermeiden, um so mehr dachten sie daran. Deshalb fanden sie das Geheimnis des Glücks nie.

Jeder von uns hat solche weiße Kaninchen. Es sind unsere Entschuldigungen, unsere Ausflüchte dafür, warum wir unsere Ziele im Leben nicht erreichen können. Die gängigsten dieser weißen Kaninchen lauten: „Ich bin zu alt oder zu jung.", „Ich finde momentan einfach nicht die Zeit dafür." „Ich habe dazu nicht genügend Erfahrung.", „Ich besitze zuwenig Geld.", „Meine Ausbildung ist nicht ausreichend.", „Die wirtschaftliche Lage lässt das nicht zu.", „Ich kann es nicht tun wegen meiner Frau/meines Mannes, meiner Kinder, meines Chefs, meiner Eltern...".

Gehen Sie in ihrem eigenen Leben auf Kaninchenjagd. Schreiben Sie Ihre Lieblingsentschuldigungen dafür auf, warum Sie Ihre Ziele und Träume nicht realisieren. Denn die Krankheit der Ausflüchte ist für Ihren Erfolg tödlich.

....
....
....
....
....
....
....
....
....
....

ist es unheimlich schwer. Es bedeutet, die volle Verantwortung für alles zu übernehmen, was passiert.

Doch wir alle sind von Kindheit an darauf programmiert zu glauben, dass jemand oder etwas anders für einen großen Teil unseres Lebens verantwortlich sind.

Als wir Kinder waren, hatten die Eltern die Verantwortung für unser Leben. Sie sorgten für unser leibliches Wohl, gaben uns Unterkunft, kümmerten sich um unsere Ausbildung, um unsere Gesundheit. Über alle Belange unseres Lebens entschieden sie. Für Kinder ist diese passive Rolle richtig. Wenn sie Glück haben, sind sie Eltern anvertraut, die ihnen liebevoll und Schritt für Schritt beibringen, was es heißt, im Leben Verantwortung zu übernehmen. Denn spätestens ab unserem 18. Lebensjahr sollten wir uns selbst auf den Fahrersitz unseres Lebens begeben und unser eigenes Schicksals selbst bestimmen.

Doch die wenigsten Menschen übernehmen diese Führungsrolle vollständig. Sie geben bewusst oder unbewusst das Steuerrad aus ihren Händen und überlassen dem Chef, dem Partner oder

> Forschen Sie in Ihrem Inneren nach Ihren sehnlichsten Wünschen. Denn Ihre Lebensvision können Sie nur in sich selbst finden und aus Ihren innersten Wünschen heraus entwickeln.

Ziel oder Vision?

Immer wieder erhalten wir Leserfragen, in denen es um die Definition der Vision geht. Hiermit wollen wir Ihnen noch einige Ansätze geben, damit Sie für sich Ihre Ziele von Ihrer Vision unterscheiden können:

Eine Vision ist das Bild Ihrer Zukunft, das in Ihnen Leidenschaft erregt. Eine Vision hat vier Aspekte: Sinn, Werte, Vorstellung und Ziele.

Der Sinn sagt Ihnen, warum Sie Ihr Leben so leben.

Ihre Werte bestimmen, wie Sie sich verhalten sollen, um Ihren Lebenssinn zu verwirklichen. Zufriedene Menschen sind sich der Werte sehr bewusst, an die sie glauben. Sie wissen, was diese Werte bedeuten und wofür sie stehen (in unserer Juni-Ausgabe stelle ich Ihnen einige Übungen zum Thema Werte vor).

Die Vorstellung ist ein Bild dessen, wie die Dinge aussehen werden, wenn alles so läuft, wie es geplant ist.

Und Ihre Ziele bündeln Ihre Energie, um in der Gegenwart die Schritte zu gehen, die Sie Ihrer Vision näher bringen.

Eine Vision ist also Ihre Fähigkeit, das Gesamtbild Ihres Lebens zu sehen, eine klare Vorstellung davon zu entwickeln, wie es um Sie herum aussieht, wenn sie Ihre Ziele erreicht haben.

Allein die Tatsache, eine große Vision für sich selbst zu sehen, wird Ihr Selbstbewusstsein heben.

auch sehr gern den Umständen die Verantwortung für ihren persönlichen Erfolg oder Mißerfolg.

Nehmen Sie die Übung auf der Seite 4 als Anlass, in Ihrem Leben das Steuerrad wieder bewusst selbst in die Hand zu nehmen. Niemand ist für Ihr Leben verantwortlich, außer Sie selbst.

Das Prinzip der Kontrolle

Eine Frage der Kontrolle

Wer sich sein Leben lang fremdbestimmen lässt, von einem Termin zum anderen hetzt und auf der Karriereleiter jede Sprosse nimmt, ohne darüber nachzudenken, was ihm wirklich wichtig ist, der fährt eines Tages in die Grube, ohne wirklich gelebt zu haben.

Haben Sie die Gründe für Ihre Lieblingsausflüchte kennengelernt, dann können Sie beginnen, bewusst die Kontrolle für Ihr Handeln zu übernehmen. Kontrolle über das eigen Tun zu haben ist eine der wichtigsten Voraussetzungen für eine ausgeglichene Persönlichkeit. Haben Sie die vollständige Kontrolle über Ihr Leben, dann fühlen Sie sich kraftvoll.

Das Prinzip der Kontrolle besagt: Wenn Sie sich selbst positiv wahrnehmen, kontrollieren Sie Ihr eigenes Leben. Wenn Sie sich negativ wahrnehmen, haben Sie keine eigene Kontrolle, sondern werden von außen fremdbestimmt.

♡ Alpha-Buch lesen!

„Die Frage, wie gut Ihr Selbstwertgefühl ist, beantwortet sich besonders gut, wenn Sie vor einer Heraus-Forderung stehen. Denn jede Heraus-Forderung fordert Sie auf, aus alten Denk- und Verhaltensrillen heraus zu kommen, sonst hieße es ja 'Hinein-Forderung'. Wenn wir im Selbstwertgefühl nicht ok sind, dann erleben wir Denkblockaden, Sturheit, Abschließen gegen alles Neue usw. Deshalb kommen wir dann eben nicht 'heraus'."

Soweit Vera F. Birkenbihl in ihrem neuesten Buch: „Das Birkenbihl Alpha-Buch", mvg Verlag.

Ich empfehle Ihnen, dieses Buch zu lesen. In ihrer unverwechselbaren Art, fordernd, witzig und fundiert, geht Vera F. Birkenbihl, meine hervorragende Trainerkollegin, auf Fragen aus ihrer erfolgreichen Fernsehserie ALPHA ein.

Mehr Infos zu Vera F. Birkenbihl finden Sie auf unserer Homepage unter: www.coaching-briefe.de

Jeder Mensch akzeptiert für sich entweder einen inneren oder einen äußeren Ort der Kontrolle. Mit einem inneren Sitz der Kontrolle haben Sie einen geringeren Stresspegel, sie sind in der Lage, Höchstleistungen zu zeigen und fühlen sich voll und ganz für sich selbst verantwortlich.

Mit einem äußeren Ort der Kontrolle werden Sie eine hohe Stressbelastung zeigen und nur in einem geringen Maß leistungsfähig sein. Sie leben immer mit dem Gefühl, dass andere für Ihr Glück oder Unglück verantwortlich sind.

Kontrolle ist also der Schlüssel. Kontrolle bedeutet, dass Sie sich hinter dem Steuer Ihres eigenen Lebens befinden und der Herr Ihrer eigenen Bestimmung sind.

Ihr Sinn für Kontrolle ist stark dadurch bestimmt, wie sie sich die Dinge in Ihrem Leben erklären: Sehen Sie in der Regel auch in Problemen die Chance und nehmen Sie Rückschläge als Lernerfahrung für die Zukunft, dann agieren Sie kontrolliert, Sie konzentrieren sich auf die Chancen.

Reagieren Sie jedoch auf Probleme fast immer ärgerlich, bedrückt, nervös oder ängstlich, dann ist Ihr Gefühl für Kontrolle nur schwach ausgebildet.

Das Prinzip des Zufalls

Ihr erster Ansatz sollte es also sein, Ihren Ort der Kontrolle ganz klar zu definieren. Nicht die anderen und die Umstände, sondern allein Ihre Einstellung dazu, sind verantwortlich.

Eine weitere Hilfe für Ihren Weg zu mehr Selbstwertgefühl ist die Beschäftigung mit dem Prinzip des Zufalls.

Das Prinzip des Zufalls besagt, dass alles nur zufällig passiert, dass alles durch Glück bestimmt ist. Unglücklicherweise leben die meisten Menschen danach, und es ist ihnen noch nicht einmal bewusst, dass sie durch diese Einstellung den Ort der Kontrolle nach außen verlegen.

Wenn Sie das Prinzip des Zufalls akzeptieren, wird es dazu führen, dass Sie sich hilflos fühlen und sich nicht in der Lage sehen, Dinge in Ihrem Leben zu verbes-

💝 Selbst- oder fremdbestimmt?

Noch eine kleine Übung. Nehmen Sie sich ein A4-Blatt zur Hand. Teilen Sie es in zwei Hälften.

1. Schreiben Sie links spontan die zehn Dinge in Ihrem Leben auf, die Ihnen am wichtigsten sind.
2. Notieren Sie auf die rechte Hälfte zehn Dinge, mit denen Sie in den letzten zwei Wochen tatsächlich Ihre Zeit verbracht haben.
3. Markieren Sie nun auf Ihrer rechten Realitätsliste, welche der Dinge Sie nicht aus eigener Wahl getan haben. Wo hat der „Druck von außen" Ihr Handeln bestimmt?

Könnte es sein, dass auf beiden Seiten völlig unterschiedliche Dinge stehen?

Sie entscheiden, wie Sie leben und womit Sie sich in Ihrem Leben beschäftigen. Entscheiden Sie sich dafür, Ihre eigenen Vorstellungen über die Erwartungen der anderen zu stellen.

Kontrolle heißt, dass Sie sich selbst hinter das Steuer Ihres Lebens setzen. Fahren Sie los, auch wenn es manchmal steil und kurvenreich wird. Sie haben Ihr Schicksal selbst in der Hand.

„Verantwortung übernehmen klingt in vielen Ohren wie eine beschwerliche Bürde. 'Das jetzt auch noch!', mag mancher denken. Jetzt trage ich neben meinen alltäglichen Sorgen auch noch die Verantwortung dafür. Jetzt soll ich plötzlich auch noch schuld sein. In Wirklichkeit befreit es. Es ist die Freiheit, die Sie sich selber geben."
aus: Reinhard K. Sprenger: „Die Entscheidung liegt bei Dir!" Campus Verlag, Frankfurt/M.

sern. Psychologen nennen dies eine erlernte Hilflosigkeit, und die führt wiederum zu erlerntem Pessimismus. Wollen Sie die Gefühle der Machtlosigkeit also ablegen, dann müssen Sie sich vom Prinzip des Zufalls befreien.

Räuber-Emotionen mindern die Lebensqualität

Menschen, die wenig Kontrolle über ihr Leben haben, denken, sie könnten aus ihrem Leben nichts machen. Dieses Gefühl löst negative Emotionen, wie beispielsweise Unzufriedenheit, Ärger, Frustration, Schuld, Groll, Neid, Eifersucht oder Angst aus. Negative Emotionen sind die Räuber-Emotionen unseres Lebens. Sie sind damit der Hauptgrund für Unzufriedenheit und Versagen. Sie machen krank, zerstören Beziehungen und Karrieren, und sie berauben uns der Freude.

Dabei wird niemand mit negativen Emotionen geboren. Es gibt keine negativen Babys. Jede Negativ-Emotion, die wir als Erwachsene erfahren, lernen wir in unserer Kindheit durch einen ständigen Prozess der Imitation, Praxis, Wie-

Niemand muss als Opfer durchs Leben schleichen!

derholung und Bestärkung. Aber weil die negativen Gefühle angelernt sind, können Sie sich auch davon befreien. Nehmen wir zum Beispiel Schuld: Menschen mit Schuldkomplexen neigen zu destruktiver Selbstkritik. Sie finden immer Möglichkeiten, sich zu kritisieren:
💟 „Ich habe keinen Sinn für Zahlen.",
💟 „Ich bin darin nicht besonders gut."
Sie suchen immer nach Gründen für die eigene Unzulänglichkeit. Menschen, die sich schuldig bekennen, werden auch gern von anderen benutzt. Chefs verlassen sich auf die Schuldgefühle ihrer Mitarbeiter und halten diese damit unter Kontrolle. Ein offensichtlicher Ausdruck von Schuld ist das Benutzen der sogenannten Opfersprache:
💟 „Ich muß.",
💟 „Ich kann nicht.",
💟 „Könnte ich bloß?",
💟 „Ich kann nichts dafür." oder
💟 „Ich werde es versuchen."
Mit solchen Äußerungen entschuldigt man sich schon im voraus für sein späteres Versagen.

Falls Sie ebenfalls diese Opfersprache sprechen, dann lernen Sie ab heute um. Sagen Sie: „Ich werde..." oder „Ich werde nicht." „Ich will." statt „Ich muß.". Allein durch Ihre Sprache werden Sie selbstbewusster in der Bewältigung ihrer Aufgaben.

Wie Sie schlechte Gefühle loswerden

Je länger Ärger, Frustration und Schuldgefühle andauern, um so mehr breiten sich diese Gefühle aus – wie eine heimtückische Krankheit. Sie können Sie Ihren Schlaf, Ihre Freude, Ihre Gesundheit, Ihre Freunde oder Ihre Arbeitsstelle kosten. Mit folgenden Strategien besiegen Sie diese ewigen Runterzieher:

(weiter auf S. 12)

Porträt: Edgar K. Geffroy – kein Glücksritter

Ganz nach der eines Glückskinds klingt seine Karriere. Edgar K. Geffroy: Vom Sachbearbeiter im Stahlhandel zu einem der gefragtesten deutschen Unternehmensberater, Bestseller-Autoren und erfolgreichen Unternehmer. Die vier Firmen, an denen er beteiligt ist, erreichen einen Jahresumsatz von über 200 Millionen DM. Seine Bücher sind inzwischen in einer Auflage von 500 000 Exemplaren erschienen und wurden in 25 Sprachen übersetzt.

Doch spricht man ihn auf diese tolle Bilanz an, dann stellt er zuerst eines klar: „Mit Glück oder Zufall hat mein Er-folg absolut nichts zu tun. Ich habe lediglich mein Leben in die eigenen Hände genommen, bevor es andere taten."

Und er kann sich genau an den Tag erinnern, der die Wende in seinem Leben markierte: „Es ist ein schöner Tag im Juni 1976. Ich bin 22 Jahre alt und seit einem halben Jahr bei Klöckner in Duisburg als Sachbearbeiter beschäf-tigt. Ich verdiene 1742 DM brutto im Monat und bin mit mir zufrieden. Ich bin besonders zufrieden, weil ich eine Freundin habe, von der die meisten bei Klöckner träumen. Sie heißt Evelyn Rauhut, ist meine Kollegin und die deut-sche Meisterin im 400-Meter-Lauf. Eines Tages fragte sie mich: 'Was willst du eigentlich werden im Leben?' Ich antwortete wie aus der Pistole geschos-sen: 'Millionär'. Meine Freundin lachte über diese Antwort, sie lachte schallend. Dies war der erste Tag vom Rest meines Lebens."

In seinem neuen Buch: „Ich will nach oben", beschreibt Edgar K. Geffroy, wie dieser Rest seines Lebens bis zum Jahre 1999 aussah. Er beschreibt, welche Ge-setzmäßigkeiten und Regeln er für ein erfolgreiches Leben erkannt hat und heute erfolgreich lebt.

Sein Buch widmet er übrigens allen Menschen, die ihr Leben selbst gestalten wollen. Er sagt: „Das vor uns liegende Jahrzehnt ist ein Jahrzehnt der Selbst-verantwortung. Werfen Sie Ihre Ängste vor der neuen Zeit über Bord. Wir leben in der besten Zeit, in der wir leben kön-nen. Jetzt." Wann beginnt für Sie der erste Tag vom Rest Ihres Lebens?

Edgar K. Geffroy gehört zu den 25 führenden Rednern der deutschen Wirt-schaft. Durch seine provokanten Thesen rüttelte er in den vergangenen 20 Jahren viele Unter-nehmen aus ihrem Dornröschenschlaf und erzielte als Unternehmens-berater mit seinen Clienten ungewöhn-liche Erfolge.

In seinem neuesten Buch „Ich will nach oben", mi Verlag, Landsberg, zeigt er auf, dass sein Erfolg kein Glück oder Zufall ist, sondern das Ergebnis (s)einer konsequenten Strategie.

💟 E. K. Geffroys Tipps für Sie

💟 **Suchen Sie sich Verbündete**, nie-mand schafft es allein. Bauen Sie sich ein gut funktionierendes Be-ziehungs-Netzwerk Gleichgesinnter auf. Und suchen Sie sich einen Mentor, jemanden, der bereits er-reicht hat, was Sie noch erreichen wollen.

💟 **Handeln Sie konsequent.** Eine Frau kann nicht ein bißchen schwanger sein. Entweder ganz oder gar nicht, so sollten Sie es mit all Ihren Zielen und Vorhaben halten. Fehlende Konsequenz ist die Hauptursache von Misserfolg.

💟 **Geben und Nehmen.** Helfen Sie, und Ihnen wird geholfen. Sie errei-chen Ihre Ziele am besten, wenn Sie zuerst anderen helfen, ihre Ziele zu erreichen.

Die vorgestellten Prinzipien zum Thema „Verantwortung übernehmen " stammen von Brian Tracy, einem der renommiertesten amerikanischen Erfolgstrainer. Ausführlich beschreibt er diese Strategien in seinem Buch „Das Gewinner- prinzip", Gabler Verlag, Wiesbaden,

Übung: Vergeben lernen

Um sich frei von negativen Emotionen zu machen, müssen wir alle lernen, auch für die unschönen Dinge, die uns in unserem Leben widerfahren, die Verantwortung zu übernehmen. Wie müssen lernen, vergeben zu können.

Das ist eine äußerst schwierige Aufgabe. Trägt doch jeder Mensch mindestens eine negative Erfahrung mit sich herum, für die er keinesfalls die Verantwortung über- nehmen möchte. In Worten ausgedrückt, klingt das dann wie folgt: „Wüßten Sie, was mir diese Person angetan hat, dann würden Sie nicht von mir verlangen, die Verant- wortung zu übernehmen und diesem Menschen zu vergeben." Aber schon die Existenz von nur einem negativen Gefühl genügt, um Ihre seelische Balance entscheidend zu beeinträchtigen. Die Unfähigkeit zu vergeben verursacht Krankheiten – von einfa- chen Kopfschmerzen bis zu Schlaganfällen oder Krebs.

Das Prinzip der Vergebung sagt aus, dass Sie genau zu dem Grad geistig gesund sind, zu dem Sie frei vergeben und Beleidigungen, Grausamkeiten oder Ungerechtigkeiten gegen Sie vergessen können. Dabei müssen Sie drei Parteien in Ihrem Leben vergeben, um sich von Gefühlen der Schuld, der Unterlegenheit und Un- zulänglichkeit, des Grolls, der Frustration und des Ärgers zu befreien:

Ihren Eltern – Ob sie noch am Leben sind oder nicht, entscheiden Sie sich dafür, ihnen alles zu vergeben, womit sie Ihnen jemals wehgetan haben;

Allen übrigen Menschen, die in Ihnen negative Gefühle geweckt haben – Vergeben Sie ihnen alle sinnlosen, gemeinen, hirnlosen Dinge, die sie Ihnen gesagt oder ange- tan haben;

Und vor allem sich selbst – erst Ihre eigenen Fehler führen Sie zu Reife und Weisheit. Akzeptieren Sie sie.

Übung: Schreiben Sie einen Brief

Es gibt eine sehr wirkungsvolle Art, anderen Menschen zu vergeben: Schreiben Sie der Person, mit der Sie ein Problem haben und der Sie vergeben möchten, einen Brief. Er besteht aus drei Teilen:

Im ersten Teil sagen Sie, dass Sie die volle Verantwortung für diese Beziehung übernehmen.

Im zweiten Teil vergeben Sie der Person für alles, was Sie Ihnen angetan hat. Schrei- ben sie dabei genau auf, wofür konkret Sie der Person vergeben. Führen Sie alles auf, was Sie beschäftigt.

Im letzten Teil des Briefes wünschen Sie der Person alles Gute.

Wichtig ist, den Brief korrekt zu adressieren und abzusenden. Erst in dem Moment, wenn er unwiederbringlich im Briefkasten gelandet ist, werden Sie ein Gefühl von Freiheit empfinden. Schaffen Sie es nicht, bleiben Sie weiterhin in Ihre ungelösten Ärgergefühle verstrickt.

Ein Beispiel:

Hier ein Beispiel für einen solchen Brief. Er wurde vor fünf Jahren anläßlich der Trennung eines Paares geschrieben, die gleichzeitig Eltern zweier Kinder sind. Mit Hilfe der Methode des „Vergebens", die im Brief zum Ausdruck kommt, konnte die Verbundenheit beider Menschen als Eltern bis heute erhalten bleiben.

> *Lieber Michael,*
>
> *wir haben uns in den vergangenen zehn Jahren gegeben, was wir konnten, und voneinander genommen, so gut wir konnten. Ich verzeihe Dir und mir persönliche Schuld für Vor- und Nachteile unserer Beziehung und übernehme die volle Verantwortung für meinen Anteil daran.*
>
> *Vieles war schlimm, und ich vertraue es in ein größeres Schicksal. Ich gebe Dir die Freiheit, und ich nehme von Dir die Freiheit und entbinde Dich und mich von jeder Pflicht als Mann und Frau.*
> *Ich freue mich, mit Dir unseren Kindern, Lisa und Christian, das Leben geschenkt zu haben.*
>
> *Ich vesichere Dir meine Verbundenheit und Freundschaft auf ewig und wünsche Dir von Herzen alles Gute für Deinen weiteren Lebensweg.*
>
> *Deine Hilde*

Der als Beispiel vorgestellte Brief wurde uns freundlicherweise von Michael Reißner zur Verfügung gestellt. Der Coach für Personal- und Persönlichkeitsentwicklung wendet das Prinzip des Vergebens sowohl in der Paar- und Familientherapie als auch im Management-Training an. Informationen: Steigerwald-Institut Tel: (0 95 27) 74 04

Vergebung ist ein vollkommen selbstsüchtiger Akt. Er hat nichts mit anderen Menschen zu tun, nur allein mit Ihrem Seelenfrieden und Ihrer Zukunft. Jemandem böse zu sein und sich zu ärgern, schadet in erster Linie Ihnen selbst. Was auch immer die Situation ist – ob es berufliche Zwänge sind, ob es Probleme in einer Beziehung sind oder Beides. Sie allein haben irgendwann die Wahl und die Entscheidung dazu getroffen. Sie waren für das Entstehen der Situation verantwortlich, und Sie sind auch dafür verantwortlich, sich nun davon zu befreien. Die beste Entscheidung ist zu vergeben.

Auch wenn Ihnen die Brief-Übung jetzt befremdlich klingt, ihre Wirkung wurde von Tausenden Menschen erfolgreich getestet. Das regelmäßige Praktizieren der freien Vergebung wird Ihnen mehr innere Ruhe bringen und Sie freundlicher, mitfühlender und optimistischer machen. Vergeben heißt auch, menschliche Größe zu zeigen.

Die Verantwortung für das eigene Leben zu übernehmen ist ein Abschied von allen liebgewordenen Lebenslügen, ein Abschied vom easy going in alten Gewohnheiten.

Erlauben Sie niemandem, Sie ungerechtfertigt zu kritisieren. Reagieren Sie darauf zum Beispiel mit: „Ich wünsche nicht, dass Sie so mit mir reden."

Lassen Sie sich nicht länger durch Schuldzuweisungen manipulieren.

Egal, ob es Ihr Partner, Ihre Mutter oder Ihr Chef ist: Verstummen Sie einfach, wenn das nächste Mal jemand versucht, das Schuldprinzip auf Sie anzuwenden.

Es ist viel einfacher, dem Chef und der Partnerin die Schuld zu geben, als sich an der eigenen Nase zu zupfen und sich endlich in die Riemen zu legen.

Rechtfertigen Sie sich nicht, lassen Sie sich nicht provozieren. Schauen Sie die Person nur an. Denn es gehören immer Zwei zu diesem Spiel.

Diskutieren Sie nicht über die Schuld anderer:

Lehnen Sie es zukünftig ab, über das Verhalten anderer zu reden.

Hören Sie auf damit, sich über das Verhalten anderer zu ärgern.

Reizt sie jemand zum Ärgern, dann entschuldigen Sie ihn mit: „Er hat vielleicht einen schlechten Tag."

Nehmen Sie die Dinge nicht zu persönlich.

Sie können sich nur in dem Maße über etwas ärgern, in dem Sie sich persönlich damit identifizieren. In dem Moment, wo Sie aufhören, die Dinge auf sich zu beziehen, erringen Sie die Kontrolle über Ihre Gefühle.

Schieben Sie die Schuld nicht auf andere.

Etwa 99 Prozent Ihrer negativen Emotionen kommen daher, dass sie anderen die Schuld für Ihr Unglück geben. Folgender Satz gibt Ihnen die Kontrolle über Ihre Gefühle immer wieder zurück: „Ich bin dafür verantwortlich!"

Ihr

Lothar J. Seiwert

660 233 007

B 51393

LOTHAR J. SEIWERT
COACHINGBRIEF

Professioneller & souveräner arbeiten und leben

- Professionalität und Effektivität in allen Lebensbereichen gewinnen
- Souveränität und Gelassenheit ausstrahlen
- Balance und Persönlichkeit entwickeln

Monatlicher Coaching-Service ❖ Juni 2000

Liebe Leserin, lieber Leser,

In den letzten fünf Monaten habe ich Ihnen einige grundlegende Werkzeuge und Übungen an die Hand gegeben, um Sie zu unterstützen, Ihr Leben noch bewusster in die eigene Hand zu nehmen und Ihre Performance in den einzelnen Lebensbereichen zu verbessern. Die Erfahrung und Ihre Rückmeldungen zeigen, dass der Geist in vielen Fällen willig ist, doch das Fleisch dagegen eben schwach. Zu einem effektiven Coaching gehört es daher, zu optimieren und zu wiederholen. Nur so kann es Ihnen gelingen, eine neue Gewohnheit zur Routine zu machen.

Mit unserem heutigen Thema Werte steigen wir daher in die Phase der Wiederholung und Festigung der bereits im **COACHINGBRIEF** besprochenen Themen ein. Denn solange Sie neue Gewohnheiten mit alten Glaubensüberzeugungen kombinieren, werden Sie sich im Kreis drehen und es nicht schaffen, neues Verhalten zu etablieren.

Ich hoffe, Ihnen mit dieser zweiten Phase unseres Coachings die Umsetzung Ihrer Vorhaben und Ziele zu erleichtern und Ihnen den schwierigsten Teil der Arbeit an sich selbst – das Prägen neuer Gewohnheiten – zur Alltagsroutine zu ermöglichen.

Ihr

Lothar J. Seiwert

PROFESSOR DR. LOTHAR J. SEIWERT gilt als Europas führender Experte für Zeitsouveränität, Effektivität und sinnvolles Lebensmanagement. Er ist erfolgreicher Bestsellerautor und erhielt 1999 als erster deutscher Trainer den internationalen Trainingspreis "Excellence in Practice" der ASTD (American Society for Training und Development).

Gewohnheiten entwickeln

Themen

Unsere Werte bestimmen entscheidend unser Handeln

„Was unser Kopf weiß, tun wir noch lange nicht, wenn unser Herz nicht dahinter steht."

Alexander Christiani

Solange unsere alten Überzeugungen und Wertvorstellungen unseren neuen Gewohnheiten entgegenstehen, werden wir unsere Fähigkeiten nicht dazu nutzen, unser Verhalten zu verändern.

Welche Fähigkeiten wir entwickeln und wieviel Prozent unseres Potenzials wir nutzen, darüber entscheiden in hohem Maße unsere Glaubensüberzeugungen und Werte. Unsere Wertvorstellungen sind so fest mit unseren Emotionen verbunden, dass sie jede rationale Einsicht zur Verhaltensänderung überdauern.

Daher ist es wichtig, das eigene Weltbild und die eigenen Werte ganz bewusst zu bestimmen und zu kennen, wenn Sie Ihre Gewohnheiten und Ihr Verhalten langfristig ändern wollen.

Paradigmenwechsel: Das Gewohnte in neuem Licht betrachten

Bevor ich Ihnen einige Möglichkeiten vorstelle, wie Sie Ihre eigenen Wertvor-

stellungen noch bewusster wahrnehmen und kennenlernen können, möchte ich Ihnen an einfachen Beispielen zeigen, wie entscheidend unsere Glaubensüberzeugungen sind.

In unserer Übung zum Thema Elternbotschaften im März-Heft habe ich Ihnen die sogenannten Antreiber, die kritischen Elternbotschaften vorgestellt (siehe März-Brief Seite 10/11). Haben Sie nun einen solchen negativen Glaubenssatz verinnerlicht, zum Beispiel „Sei perfekt", dann werden Sie Ihr Leben

Schauen Sie sich dieses Bild „Grönlandeis" an. Können Sie Ihnen bekannte Muster oder Strukturen erkennen?

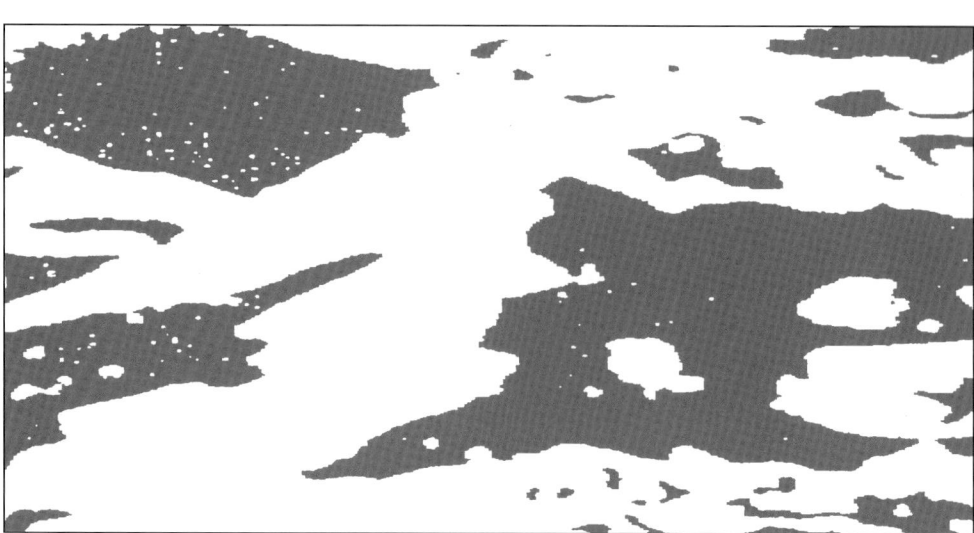

lang versuchen, sich für Fehler zu rechtfertigen, beziehungsweise werden Sie soweit gehen, bestimmte Dinge erst gar nicht anzugehen, weil Sie Angst haben, dabei Fehler zu machen.

Beispiel: Eine Aussage, wie: „Ich habe absolut kein Talent, Sprachen zu lernen.", kann ihren Hintergrund im Glaubenssatz: „Ich muß perfekt sein." haben. Dieser Mensch hat sich dazu entschlossen, niemals anzufangen, eine Sprache zu lernen. Seine Rechtfertigung dafür ist sein negativer Glaubenssatz. Stellen Sie sich vor, dieser Mensch ändert seine Weltsicht und merkt, dass es nicht der liebe Gott ist, der den einen mit Sprachtalent segnet und den anderen mit der Bürde des Unverständnisses belegt? Zum Beispiel könnte der Mann eine einmalige berufliche Chance angeboten bekommen, einen Geschäftsführerposten in der spanischen Niederlassung des Unternehmens. Einzige Voraussetzung wäre, dass er innerhalb von drei Monaten die spanische Sprache erlernt. Beseelt von seinem Ziel, legt er seinen negativen Glaubenssatz ab und beherrscht nach kurzer Zeit die Sprache.

Einen solchen Wechsel des Vorverständnisses oder Glaubenssatzes nennen die Psychologen Paradigmenwechsel.

Ist ein solcher Paradigmenwechsel tatsächlich vollzogen, dann ist es nur sehr schwer möglich, wieder ins alte Paradigma zu verfallen. Sehen Sie sich jetzt das Bild auf der Seite 2 an. Können Sie an dieser Aufnahme von Grönlandeis bestimmte Muster und Strukturen erkennen, die Ihnen besonders ins Auge springen?

Übung: Schauen Sie sich nun das Bild auf der Seite 4 an. Es zeigt dasselbe Bild wie auf Seite 2, allerdings nun nach einem anderen Paradigma. Versuchen Sie nun das Bild auf der Seite 2 nach

Wertesystem nach Spranger

Basierend auf den Erkenntnissen des Kulturphilosophen Eduard Spranger gibt es eine Werteanalyse. Hier die Kategorien des Tests im Überblick:

1. Das theoretische Wertesystem
Verstandesmäßig, kritisch und sehr rational verfolgt der theoretische Typ seine Ziele im Leben. Er ist in der Lage, Zusammenhänge herzustellen und hat ein großes Interesse daran, Probleme einer Lösung zuzuführen und Dinge zu hinterfragen.

2. Das ökonomische Wertesystem
Ökonomisch geprägte Menschen haben einen ausgeprägten Sinn für das Nützliche. Sicherheit bedeutet für sie, materiellen Besitz anzusammeln.

3. Das ästhetische Wertesystem
Diese Menschen haben ein besonderes Interesse an den Dingen selbst. Sie sind sehr empfänglich für Gefühle und handeln um der Sache willen oft unlogisch.

4. Das soziale Wertesystem
Menschen dieser Wertvorstellung agieren in der Hauptsache selbstlos und setzen sich für andere ein. Die Beziehungsebene steht für sie im Vordergrund.

5. Das individualistische Wertesystem
Der individualistische Typ strebt nach Macht, Einfluß und Ansehen. Wettstreit spielt in seinem Leben die entscheidenden Rolle. Sein Bestreben nach Kontrolle für das eigene und das Geschick der anderen ist stark ausgeprägt.

6. Das traditionelle Wertesystem
Traditionell geprägte Menschen sind sehr stark von sich überzeugt. Sie ändern selten ihre einmal gefasste Meinung. Sie können durch übermäßige Starrheit, Beharren auf dem eigenen Standpunkt und Rechthaberei auffallen.

Reine Formen dieser vorgestellten Wertvorstellungen treten nicht auf. In jedem von uns ist der eine oder andere Stil stärker ausgeprägt, wir besitzen aber von den anderen Werten ebenfalls Anteile. Doch zum Verstehen des eigenen Handelns ist es wichtig, die vorherrschende Tendenz zu erkennen.

Im Test „Persönliche Interessen, Einstellungen und Werte" nach Eduard Spranger bewertet der Teilnehmer die Motive seines Handelns selbst und erhält so eine objektive Einschätzung seiner Wertehierarchie.

Infos zum Test:
Scheelen Institut für Managementberatung, Waldshut-Tiengen, Telefon: (0 77 41) 6 54 59

Wir sehen die Welt durch unsere Augen, daher sieht jeder etwas anderes.

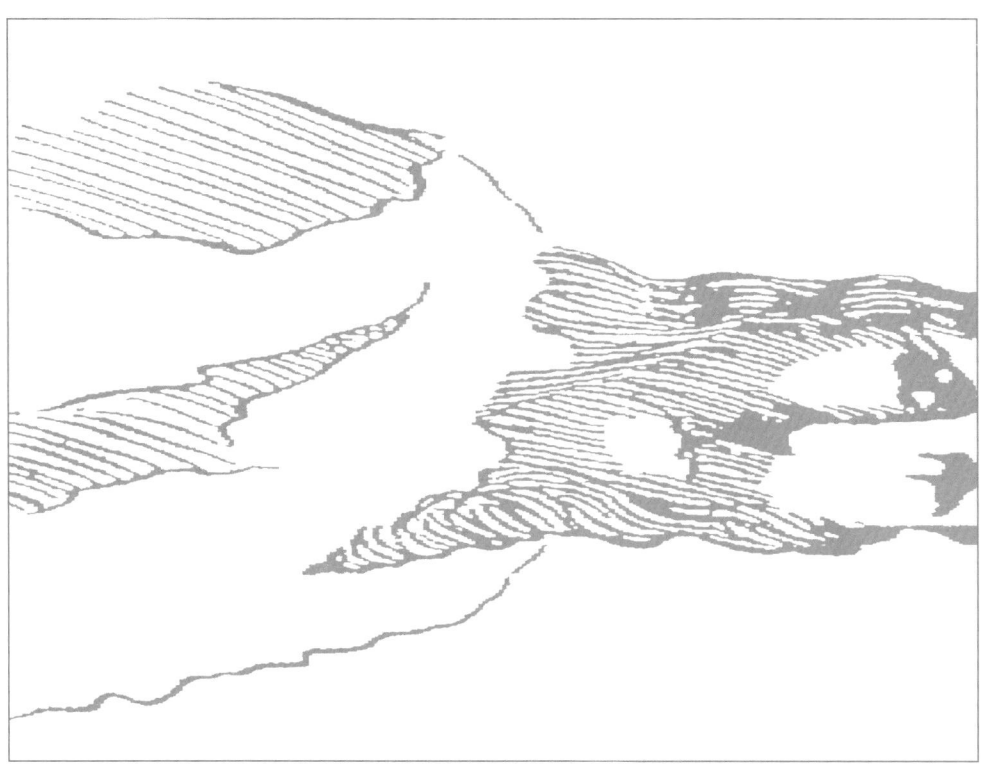

Unsere Einstellungen, Werte und Interessen sind die Motive, die unser gesamtes Handeln bestimmen. Wenn Sie wissen, warum sie die Dinge so tun, wie Sie sie tun, dann können Sie Ihr Handeln bewusster steuern.

dem alten Paradigma anzuschauen. Gelingt es Ihnen, oder suchen Sie jetzt auch hier einzig und allein nach dem Mann mit dem Bart, der Ihnen vorher gar nicht bewußt geworden ist?

Bei einem Paradigmenwechsel sehen wir Altes in ganz neuem Licht. Durch diese „kleine" Erleuchtung gelingt es uns, unser Verhalten zu ändern und neue Gewohnheiten zu etablieren.

Sie sind dazu in der Lage, Ihre Paradigmen zu wechseln, sozusagen ein persönliches Paradigmentraining durchzuführen. Doch dazu müssen Sie Ihre Paradigmen (Ihre Wertvorstellungen und Glaubensüberzeugungen) kennen.

Werte abklären

Unser Verhalten bildet die Oberfläche unseres Handelns. Deshalb reicht es nicht aus, dass Sie versuchen, Ihr Verhalten zu ändern. Wollen Sie sich selbst

wirklich kennenlernen und Ihre Wirkung auf andere verändern, dann müssen Sie auch die Motive verstehen, die hinter Ihrem Verhalten stehen. Sie müssen Ihr Wertesystem bewusst kennenlernen. Unser Wertekodex beeinflusst unser gesamtes Handeln. Unsere Werte bilden deshalb den Leitfaden unseres Lebens und unserer Arbeit.

Viele Menschen kennen ihr Wertesystem nicht. Doch es ist sehr schwierig zu dauerhaftem persönlichen und beruflichen Erfolg zu kommen ohne sich seines Wertesystems bewusst zu sein.

Ohne Wertebewusstsein neigen Menschen dazu, wandernde Allgemeinplätze statt zielvoll handelnde Individuen zu werden. Auf den folgenden Seiten stelle ich Ihnen ein Grundgerüst vor, Ihr eigenes Wertesystem aufzustellen. Es kann Ihnen als Einstieg dienen, denn die Abklärung von Werten braucht Zeit und kann zuweilen Fragen aufwerfen, die zu tiefen inneren Konflikten führen können. Doch es lohnt, über die eigenen Werte nachzudenken und diese niederzuschreiben. Es ist ein Prozeß persönlicher Entwicklung.

Werte als Baustein zur Lebensvision

„Achtzig Prozent unserer Motivation entspringen dem Warum, nur zwanzig Prozent dem Was und Wie."

Charles Garfield

Diese Erkenntnis eines der weltweit führenden Motivationspsychologen bedeutet, dass unser Wertesystem, unsere Gründe, so zu handeln, wie wir es tun, weit mehr in uns bewirken als unsere Ziele selbst. Hier liegt auch die Erklärung, warum sich sehr viele Menschen zwar immer wieder Ziele setzen, sie aber dann aus den Augen verlieren. Ohne die Klarheit über die Werte, die hinter den Zielen stehen, ist im wahrsten Sinne des Wortes ganz einfach nichts dahinter.

Wer seine Werte kennt, wird seiner Lebensvision einen großen Schritt näher kommen. Im Januar-Brief (Seiten 4 und 5) habe ich Ihnen eine erste Übung zum Finden Ihrer Lebensvision angeboten. Schauen Sie sich Ihre dama-

💗☀ Ein Ziel erreichen

Ken Shelton, Herausgeber der Zeitschriften „Executive Excellence" und „Personal Excellence", nennt sein Geheimnis der Zielerreichung:

„Als persönlicher Coach meiner Leser hatte ich das starke Bedürfnis, auch meine eigenen Ziele zu erreichen. Ich setzte mir Ziele für jeden Lebensbereich, aber ich hörte nach kurzer Zeit auf, konsequent daran zu arbeiten. Doch vor etwa einem halben Jahr wachte ich eines Morgens auf und hatte den festen Wunsch, den Schwerpunkt auf meine physischen Ziele zu legen. Ich begann mit Walking, dann Jogging. Inzwischen laufe ich schon größere Strecken. Ich habe meine Ernährung problemlos umgestellt und verlor seitdem 20 Pfund. Jetzt besitze ich erst die notwendige Energie, auch meine anderen Ziele zu verfolgen."

ligen Antworten noch einmal an, und überprüfen Sie, welche der auf den Seiten 8 und 9 dieses Briefes angebotenen Werte in ihren Antworten immer wieder sichtbar wurden.

Auf der Seite 6 finden Sie eine **Übung,** die diese Suche nach dem, was uns wirklich wichtig ist, noch vertieft. Es ist die sogenannte Grabrede-Übung. Lassen Sie sich darauf ein, auch wenn es Ihnen makaber erscheint, aus der Perspektive des eigenen Todes auf Ihr Leben zu schauen. Gerade weil diese Situation uns emotional aufwühlt, können wir durch sie sehr viel über die Dinge erfahren, die uns wirklich wichtig sind.

Vielleicht ist Ken Sheltons Erfahrung auch für Sie der richtige Weg, in Richtung der Erreichung Ihrer Ziele durchzustarten. Welches Ihrer Ziele spricht sie emotional am meisten an? Konzentrieren Sie Ihre gesamte Energie darauf – vielleicht liegt darin Ihr Schlüssel zum persönlichen Erfolg.

Lassen Sie sich auf diese Übung ein! Sie werden feststellen, wo Sie in Übereinstimmung mit Ihren höchsten Werten leben, aber auch, wo Sie persönlichen Korrekturbedarf haben.

Die Beispiele für diese Übung sind dem Erfolgsplaner: „Masterplan Erfolg", Gabler Verlag, Wiesbaden, 1996, entnommen. Der Autor, Alexander Christiani, einer der führenden deutschen Experten im Bereich Coaching von Erfolgspersönlichkeiten, arbeitet seit Jahren mit dieser Übung. Seine Erfahrung: „Wenn Sie diese Übung wirklich an sich heranlassen, dann gehört sie zum Wichtigsten und Eindringlichsten, was ich Ihnen anbieten kann. Mancher tut sich anfangs nicht leicht, das Leben vom verdrängten Ende aus zu betrachten, doch es lohnt, sich den eigenen Spiegel vorzuhalten."

Übung: Meine Grabrede

Eine Lebensvision lässt sich nicht allein auf Werte wie finanzielle Unabhängigkeit und beruflichen Erfolg stützen. Folgende Übung, entwickelt von amerikanischen Motivationsexperten, kann Ihnen helfen, Ihre wahren Paradigmen zu erkennen.

Stellen Sie sich vor, Sie sind heute in fünf Jahren auf einer Beerdigung. Sie haben die Kirche als einer der letzten Gäste betreten und schauen sich jetzt erst einmal um. Vor sich sehen Sie Ihre Familie, Ihre Freunde, Ihre Arbeitskollegen... Plötzlich wird Ihnen bewußt, dass Sie sich auf Ihrer eigenen Beerdigung befinden. Innerlich sehr aufgewühlt, schwankend zwischen Interesse und Befremden nehmen Sie das vor Ihnen liegende Programm zur Hand und stellen fest: Es wird drei Grabreden geben:

1. ein Familienangehöriger
2. ein Arbeitskollege/Geistlicher
3. ein Freund

Fragen Sie sich: Was möchte ich, dass diese Menschen in fünf Jahren berechtigterweise über mich sagen? Formulieren Sie die Reden schriftlich.

Indem Sie die drei Grabreden formulieren, haben Sie die Chance, Einsichten zu erlangen, von denen Sie zukünftig sehr stark profitieren können. Auch wenn darin nur positive Aspekte Ihres Lebens erwähnt werden, wissen Sie allein, ob die Worte der momentanen Wahrheit entsprechen oder nicht.

Beispiele für Grabreden
1. Redner: Familie, vertreten durch einen Sohn
Mein Vater hatte Zeit für uns, wann immer wir ihn brauchten. Mama und er hatten eine tolle Partnerschaft, und wir alle waren eine Familie. Papa war der beste Vater, den ich mir wünschen konnte. Er hat mir vom Fußballspielen bis zum Bruchrechnen viel beigebracht. Er war streng, aber wir wussten immer, dass es zu unserem Besten war. Ich bin traurig, dass er schon gehen musste, aber was ich von ihm gelernt habe, wird mir ein Leben lang bleiben.
2. Redner: Pfarrer
Er wußte, dass wahrer Erfolg von innen kommt und äußerer, materieller Erfolg eine Folgeerscheinung ist. Obwohl er der Institution Kirche kritisch gegenüberstand, gibt es wenige, die von ihrem Charakter her wahres Christentum so verkörpert haben, wie er es tat.
3. Redner: Freunde, vertreten durch Sepp
Max war ein Freund, wie man ihn ganz selten findet: Geradeheraus, ehrlich, loyal, ein guter Zuhörer.

Zeit-Balance-Modell zeigt Ihre Werte auf

Unten finden Sie noch einmal das Zeit-Balance-Modell, das ich Ihnen bereits im Basiswissen (Seite 24 ff.) sowie im Januar-Brief (Seite 6 f.) vorgestellt habe.

Holen Sie sich Ihre Aufzeichnungen vom Januar, und schauen Sie sich an, welche Personen, Ereignisse oder Werte Sie sich damals für jeden Lebensbereich notiert haben. Überprüfen Sie, inwieweit Sie seitdem nach diesen Prioritäten gelebt und gehandelt haben. Überprüfen Sie , ob die damals notierten Dinge die wirklich wichtigen für Sie ganz persönlich waren oder ob Sie nur einer bestimmten Norm entsprechen wollten und Hemmungen hatten, Ihre wirklichen Prioritäten zu notieren. Tragen Sie zu jedem Lebensbereich eine Priorität ein („Was") und schreiben Sie diesmal den dahinterstehenden Wert („Warum") dazu mit auf:

Beispiel: Lebensbereich Körper

> Wichtig für mich:
> Was: Fitness
> Warum: nach außen Gesundheit und Energie ausstrahlen

Holen Sie sich das Zeit-Balance-Modell aus dem Januar-Brief ins Gedächtnis: Wie steht es mit den damals notierten Zielen und Prioritäten? Geben Sie sich Rechenschaft über den Stand der Zielerreichung. Vergleichen Sie die damals gesetzten Ziele mit Ihren heutigen Prioritäten. Prüfen Sie, ob diese Ziele Ihren Glaubensüberzeugungen (Werten) entsprechen. Oftmals stehen unsere inneren Werte der Erreichung unserer Ziele im Weg, wenn diese Ziele nicht mit unserem Glaubenssystem übereinstimmen.

Wichtig für mich:
Was:
Warum:

Gesundheit
Ernährung
Erholung, Entspannung
Fitneß, Lebenserwartung

Wichtig für mich:
Was:
Warum:

Körper

Religion
Liebe

Schöner Beruf
Geld, Erfolg

Sinn   **Zeit-Balance**   **Leistung, Arbeit**

Selbstverwirk-
lichung, Erfüllung
Philosophie
Zukunftsfragen

Karriere
Wohlstand
Vermögen

Wichtig für mich:
Was:
Warum:

Kontakt

Freunde
Familie
Zuwendung, Anerkennung

Wichtig für mich:
Was:
Warum:

© SEIWERT-INSTITUT, Heidelberg

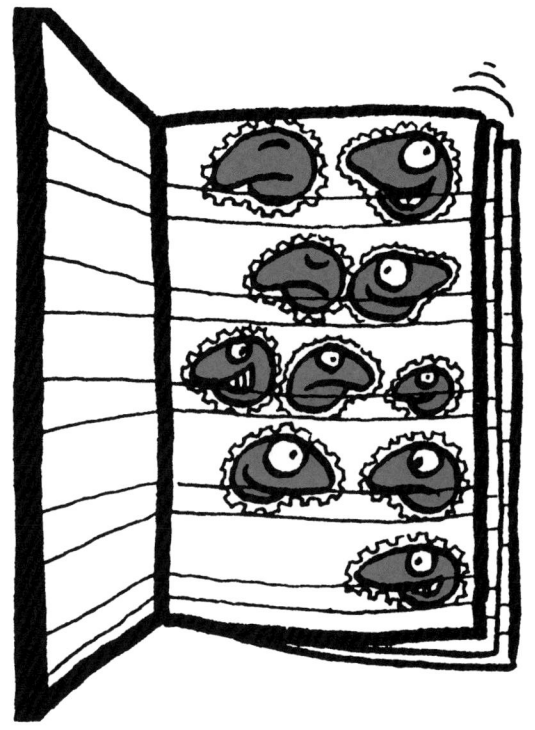

Übung: Erkennen Sie Ihre Werte

Folgende willkürliche Auflistung unterschiedlicher Werte kann Ihnen helfen, Ihr eigenes Wertesystem besser kennenzulernen. Wählen Sie aus, welche Werte Ihnen wichtig sind. Ordnen Sie die gefundenen Werte dann nach der Priorität für Ihr Leben. Räumen Sie sich für diese Übung einen geistigen und zeitlichen Freiraum ein. Als ersten Schritt sollten Sie etwa 20 Werte markieren, die am besten Ihre Grundsätze wiedergeben. Fügen Sie der Liste gern auch eigene Werte hinzu:

Ich persönlich schätze besonders:

Diese Übung zum Wertesystem stammt von Frank M. Scheelen. Mit seinem Trainings- und Beratungsinstitut hat er sich unter anderem auf Persönlichkeitsanalysen spezialisiert. Er ist auch Lizenzgeber für den auf der Seite 3 vorgestellten Test „Persönliche Interessen, Einstellungen und Werte" nach Eduard Spranger .

	trifft zu	Platz auf meiner Werteskala
Aufrichtigkeit	☐	☐
Integrität	☐	☐
beruflichen Erfolg	☐	☐
meine religiösen Überzeugungen	☐	☐
Offenheit	☐	☐
persönliche Freiheit	☐	☐
Erfolg und Leistung (Errungenschaften)	☐	☐
Gewinner zu sein	☐	☐
das Glück und den Erfolg meiner Familie	☐	☐
meine Kinder auf das Erwachsenenleben vorzubereiten	☐	☐
eine ordentliches Zuhause	☐	☐
mein Denken auf soziale Ziel auszurichten	☐	☐
entscheidungsfreudig zu sein	☐	☐
fest zu meinen Grundsätzen zu stehen	☐	☐
ein ausgeglichenes Leben zu führen	☐	☐
einen großen Freundeskreis zu haben	☐	☐
finanzielle Unabhängigkeit	☐	☐
Selbstzufriedenheit	☐	☐

	trifft zu	Platz auf meiner Werteskala
politisch interessiert zu sein	☐	☐
Seelenfrieden	☐	☐
Glaubwürdigkeit in meinem Beruf	☐	☐
partnerschaftliche Harmonie	☐	☐
etwas Sinnvolles zu tun	☐	☐
kreativ zu sein	☐	☐
den Bedürftigen zu dienen	☐	☐
Gesundheit und Lebensenergie ausstrahlen	☐	☐
liebevolle menschliche Beziehungen	☐	☐
andere Menschen zu verstehen	☐	☐
ein Führer zu sein	☐	☐
ein guter Zuhörer zu sein	☐	☐
intellektuelles Wachstum	☐	☐
Gottvertrauen	☐	☐
persönlich herausragende Leistungen zu erbringen	☐	☐
Toleranz anderen gegenüber	☐	☐
amüsant zu sein	☐	☐
künstlerische Talente zu entwickeln	☐	☐
ein guter Teamplayer zu sein	☐	☐
ein gepflegtes Äußeres zu haben	☐	☐
die Fähigkeit zu haben, meine Ideen zu realisieren	☐	☐
Einfluss zu haben	☐	☐
Probleme zu lösen	☐	☐
Disziplin	☐	☐
entschlossen zu handeln	☐	☐
risikofreudig zu sein	☐	☐
mein Gefühl für Fairneß	☐	☐
....		☐
....		☐
....		☐
....		☐
....		☐

Aus der Summe unserer Wert-vorstellungen ergibt sich unser Verhältnis zur Welt, unser Lebensplan und unser Selbstbild.

Kreuzen Sie zuerst die Werte an, die Ihrer Meinung nach auf Sie zutreffen. Ergänzen Sie die Liste dann mit Glau-benssätzen, die Ihnen wichtig sind, und erstellen Sie da-nach ein Ranking. Auf diese Weise ergibt sie Ihre persönliche Wertehierarchie.

✔ Wieviel Zeit verbringen Sie normalerweise damit,
    über Ihre wichtigsten Werte nachzudenken?
✔ Reden Sie mit Ihrem Partner oder Freunden über Ihr Wertesystem?
✔ Erziehen Sie Ihre Kinder im Sinne bestimmter Werte?
✔ Tun Sie bewusst Dinge, die mit Ihren Werten in engem Zusammenhang stehen?
Schreiben Sie drei solcher Aktionen auf

....
....
....

Überprüfen Sie regelmäßig, ob Ihre Ziele konform mit Ihren Werten sind?

Achtung: Fertigen Sie sich genügend Kopien von diesem Formular an, bevor Sie es ausfüllen!

Sie wissen es selbst und sehen es an Ihrem momentanen Stand der Zielerreichung: Nichts geschieht von selbst, und manchmal ist es erforderlich, die eigenen Ziele kritisch zu hinterfragen. Möglicherweise haben Sie sich im Januar die falschen Ziele gestellt. Ziele, die mit Ihren Werten nicht konform gehen? Vielleicht haben Sie sich auch zu viel vorgenommen? Nutzen Sie die Chance, und korrigieren Sie Ihren Zielekatalog. Beachten Sie dabei, dass weniger mehr ist und hinterfragen Sie, ob Sie das, was Sie sich nun bis zum Jahresende vornehmen, wirklich aus tiefstem Herzen wollen.

Meine Jahresziele 2000, Stand: Juni 2000

Lebensbereich: ....

Mein Vorsatz: ....
....

Etappenziel 1: ....
....
....
....

Etappenziel 2: ....
....
....
....

Etappenziel 3: ....
....
....
....

Mein Ziel: ....
....
....

Lebensbereich: ....

Mein Vorsatz: ....
....

Etappenziel 1: ....
....
....
....

Etappenziel 2: ....
....
....
....

Etappenziel 3: ....
....
....
....

Mein Ziel: ....

Porträt: Anthony Robbins – „Mr. Personal Power"

In den USA kennt ihn heute jedes Kind als „Mr. Personal Power". Anthony Robbins gilt als „Americas Results Coach". Er gehört lt. Forbes Liste zu den 20 einflussreichsten Persönlichkeiten der USA.

Wie viele Menschen, die auf ihrem Gebiet Großes erreicht haben, ist auch Anthony Robbins durch ein Tal von Misserfolgen und Rückschlägen gegangen, bevor er durch harte Arbeit an sich selbst dorthin gekommen ist, wo er heute steht: Er ist einer der weltweit anerkanntesten Persönlichkeits-Coaches. Sein Ziel: Menschen dabei zu helfen, ihre persönlichen und beruflichen Herausforderungen zu meistern. Dabei behauptet er nicht, persönliche Exzellenz sei auf einer eintägigen Motivationsveranstaltung zu erreichen. Doch ist er schon davon überzeugt, anderen Menschen eine Initialzündung geben zu können.

Den Anstoß für seine Karriere erhielt er selbst, als er sein erstes Persönlichkeitsseminar besuchte. Auf Anregung seines damaligen Trainers, Jim Rohn, nahm er sich danach die besten Coaches der Welt zum Vorbild, modellierte und verbesserete deren Erfolgsstrategien, um sie zunächst bei sich selbst und dann bei anderen anzuwenden.

Eine Umfrage von American Express, bei der Geschäftskunden gefragt wurden, wen sie für die Leitung Ihres Unternehmens aussuchen würden, wenn sie weltweit die freie Wahl hätten und Geld keine Rolle spielen würde, brachte folgendes Ergebnis: Bill Gates, Donald Trump, Warren Buffet, Lee Iacocca, Ross Perot, Anthony Robbins.

Tony Robbins ist heute Erfolgsberater vieler Top-Unternehmer, Politiker und Sportler. Als André Agassi 1996 auf Platz 30 der Weltrangliste stand, engagierte er Anthony Robbins, gewann innerhalb von sechs Monaten die U.S. Open und wurde die Nr. 1 der Welt.

Tony Robbins ist 40 Jahre alt und lebt in La Jolla, San Diego Kalifornien.

♥ Tony Robbins Tipp für Sie

Wer hätte gedacht, dass die Überzeugung eines stillen, bescheidenen Mannes - von Beruf Anwalt und aus Überzeugung Pazifist - die Kraft haben würde, ein großes Reich zu stürzen? Doch Mahatma Gandhis Entscheidung, den Menschen Indiens Kontrolle über ihr eigenes Land zu verschaffen, setzte eine unerwartete Kette von Ereignissen in Gang. Gandhis beständiges Festhalten an seiner Entscheidung verwandelte sie in nicht zu leugnende Realität.

Erkennen Sie die Macht einer einzigen Entscheidung, wenn sofort und mit tiefer Überzeugung gehandelt wird. Das Geheimnis ist, sich öffentlich festzulegen, und zwar so kraftvoll, dass Sie davon nicht mehr zurücktreten können.

Was können Sie in Ihrem Leben erreichen, wenn es Ihnen gelingt, für Ihre Ziele ein solches Maß an Leidenschaft, Überzeugung und Tatendrang aufzubringen, dass Sie eine Kraft entwickeln, die nicht mehr zu stoppen ist?

Es lohnt, sich mit Anthony Robbins' Ideen zum Erfolg auseinanderzusetzen. Seine beiden Bücher „Unlimited Power" (Dt. „Grenzenlose Energie„) und „Awaken the Giant within" („Das Robbins Power-Prinzip") sind Welt-Bestseller und wurden in 14 Sprachen übersetzt.

Sein nächstes Seminar in Europa findet am 16. und 17. Juni in Frankfurt statt. Infos: Internet: www. tonyrobbins.de e-mail: info@ tonyrobbins.de" Fax: (0 89) 92 18 55 20

Von Kindheit an beeinflussen uns die verschiedensten Bezugspersonen. Durch sie entsteht auch unser sogenanntes Skript, ein unbewußter Lebensplan, der unsere Werte und unser Handeln bestimmt.

Erlauber: Anker für positive Werte

Von frühester Kindheit an sind wir von Menschen umgeben, die uns sagen, wie wir leben sollen. In der März-Ausgabe habe ich Ihnen solche Eltern-Botschaften vorgestellt. Dort ging es um die kritischen Botschaften. Diese Antreiber können sich, extrem ausgelebt, negativ auswirken, sie können aber auch, sinnvoll eingesetzt, hilfreich sein. Heute stelle ich Ihnen unterstützende Eltern-Botschaften vor (Erlauber) Sie erlauben uns, die Dinge nach unserem Maß zu tun:

Laß Dir Zeit

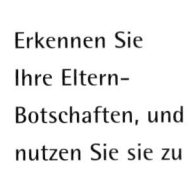

Menschen, die diese Botschaft angemessen anwerden, sind ausgeglichen und wirken auf andere stabilisierend.

Erkennen Sie Ihre Eltern-Botschaften, und nutzen Sie sie zu Ihrem Vorteil aus.

Sei Du selbst

Menschen, die diese Botschaft erhalten haben, leben authentisch und können ihre Talente entfalten. Sie verspüren nicht den Zwang, sich ständig den Anforderungen der Umwelt anzupassen.

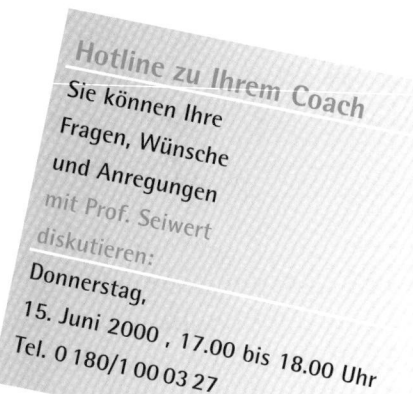

Hotline zu Ihrem Coach

Sie können Ihre Fragen, Wünsche und Anregungen mit Prof. Seiwert diskutieren:

Donnerstag, 15. Juni 2000, 17.00 bis 18.00 Uhr Tel. 0 180/1 00 03 27

Mach etwas wirklich, anstatt es nur zu probieren

Wer über diesen Erlauber verfügt, ist in der Lage, Probleme zu Ende zu denken und Aufgaben zu einem erfolgreichen Abschluß zu bringen.

Kenne und respektiere dich

Die ist einer der wichtigsten Eltern-Botschaften überhaupt. Nur, wer sich selbst annimmt und respektiert, kann auf Dauer auch andere respektieren.

Kümmere Dich um Deine Bedürfnisse

Nur die Klarheit über die eigenen Bedürfnisse und Werte führt auch zu den richtigen Zielen und zu einem autonomen Verhalten ohne Fremdsteuerung.

Ihr

Lothar J. Seiwert

Lothar J. Seiwert

660 233 008

B 51393

LOTHAR J. SEIWERT
COACHINGBRIEF

Professioneller & souveräner arbeiten und leben

Professionalität und Effektivität in allen Lebensbereichen gewinnen
Souveränität und Gelassenheit ausstrahlen
Balance und Persönlichkeit entwickeln

Monatlicher Coaching-Service ❖ Juli 2000

Liebe Leserin, lieber Leser,

wie gut kommunizieren Sie eigentlich mit Ihren Mitmenschen? Wie empfinden Sie die Kommunikation in Ihrem Unternehmen? Sprechen Sie mit Ihrem Partner und mit Ihren Kindern regelmäßig über anstehende Themen?

Ich möchte Sie heute einladen, sich ein wenig mit dem Thema Besprechungskultur zu beschäftigen – beruflich wie privat.

Meetings werden in vielen Unternehmen als notwendiges Übel angesehen, jeder ist genervt, sieht seine schöne Zeit dahingehen, aber niemand wird aktiv und verändert etwas. Dabei sind es auch hier die kleinen Dinge, die den großen Unterschied machen können – von der Agenda über die Zeitdisziplin bis zum Protokoll. Vielleicht gibt Ihnen diese Ausgabe unseres **COACHINGBRIEFS** die Initialzündung, nach der Sommerpause in ein neues Besprechungszeitalter zu starten. Es ist ganz einfach – Sie müssen nur damit beginnen. Im Namen des CoachingBrief-Teams wünsche ich Ihnen einen erholsamen Sommer mit vielen guten Gesprächen in angenehmer Atmosphäre. Ihr

Lothar J. Seiwert

PROFESSOR DR. LOTHAR J. SEIWERT gilt als Europas führender Experte für Zeitsouveränität, Effektivität und sinnvolles Lebensmanagement. Er ist erfolgreicher Bestsellerautor und erhielt 1999 als erster deutscher Trainer den internationalen Trainingspreis "Excellence in Practice" der ASTD (American Society for Training und Development).

Themen

Effektive Besprechungen

Effektive Besprechungen sind
doch möglich...

Zeitmanagement-
Regelkreis:
Die Bewältigung
unserer täglichen
To do's können Sie
sich als eine
Aneinanderreihung
verschiedener
Aktivitäten
vorstellen, die in
einer bestimmten
Reihenfolge
ablaufen.
Der Mittelpunkt all
dieser Aktivitäten ist
die Kommunikation.
Die Art und Weise,
wie Sie mit anderen
Informationen
austauschen,
beeinflusst auch
nachhaltig Ihr
Zeitmanagement.

„Ihr Erfolg hängt von der Fähigkeit ab, andere durch das gesprochene oder geschriebene Wort zu erreichen."
Peter Drucker

Täglich strömt auf uns alle eine wahre Flut von Informationen ein. Alles möchte aufgenommen, verarbeitet und weiter kommuniziert werden. Viele Men-

schen sehen ihre Art der Kommunikation nicht im Zusammenhang mit ihrem Zeitmanagement. Doch wie wir kommunizieren, so managen wir auch unsere Zeit (siehe Abbildung unten).

Ein Paradebeispiel dafür sind Besprechungen aller Art. Manager verbringen im Durchschnitt die Hälfte ihrer Zeit in Besprechungen, weitere 30 bis 40 Prozent vergehen mit anderen Formen der aktiven Informationsaufnahme (Telefonieren, Lesen) .
Wie groß ist Ihr persönlicher Zeitanteil für Besprechungen?
Zählen Sie bitte die familieninternen Meetings mit.

Die Gründe, warum in Meetings so viel Zeit unnütz vertan wird und warum danach oftmals die Beziehungen zwischen den Beteiligten leiden, liegen einfach darin, dass ein großer Teil der Besprechungen mangelhaft organisiert, stümperhaft geleitet und unzulänglich ausgewertet wird. Dies gilt im übrigen nicht

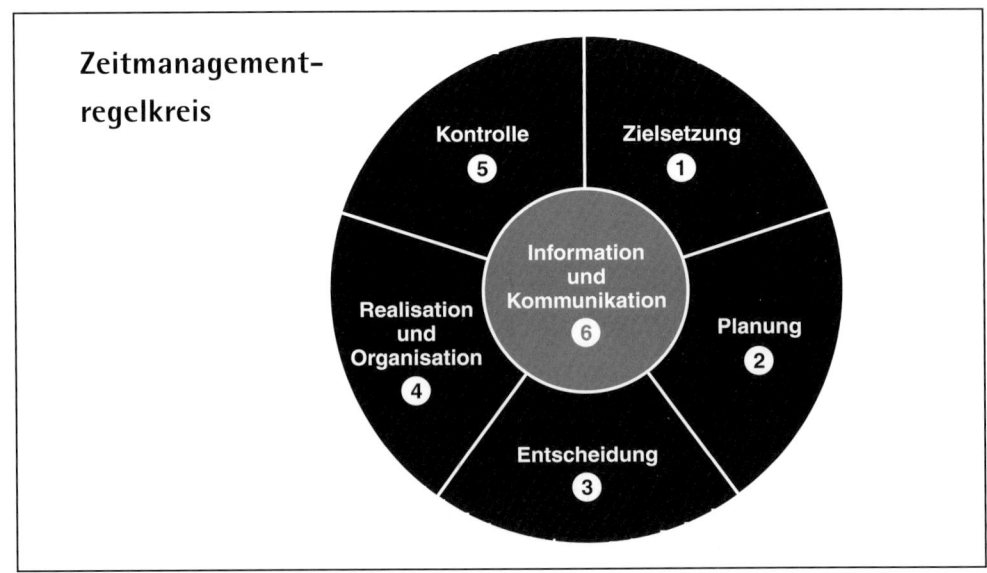

Zeitmanagement-regelkreis

nur für die Berufssphäre, sondern auch für den privaten Bereich.

Gute Vorbereitung wichtig

Die besten Besprechungen sind die, die Sie sich sparen können. Prüfen Sie deshalb zunächst, ob ein Meeting überhaupt notwendig ist.

Viele der regelmäßig angesetzten Besprechungen in Unternehmen sind nicht erforderlich. Machen Sie in Ihrem Arbeitsbereich Vorschläge, wie man solche Routinen straffen kann.

Der Zweck: Legen Sie die genauen Ziele jeder Besprechung fest. Im Beruf sollte jeder Teilnehmer die Punkte der Sitzung rechtzeitig schriftlich vorliegen haben (am besten auf dem Formular Seite 6). Wehren Sie sich als Teilnehmer, in Sitzungen zu gehen, deren Tagesordnung Sie nicht erhalten haben. Eine gute Tagesordnung listet die Besprechungspunkte in der Reihenfolge ihrer Wichtigkeit auf und reserviert für jeden Punkt eine bestimmte Zeit, an die sich dann gehalten werden sollte. Auch im privaten Bereich sollten Sie vorab genau klären, worüber Sie sprechen wollen, welche Ergebnisse Sie erwarten und welchen Zeitrahmen Sie vorgesehen haben.

Die Teilnehmer: Laden Sie immer nur Teilnehmer ein, die etwas beitragen können oder dringend auf die Informationen angewiesen sind. Aus Statusgründen sollte niemand an Besprechungen teilnehmen.

Der Sitzungsort: Auch der Besprechungsraum entscheidet mit über die Effizienz Ihrer Sitzung. Wählen Sie einen Raum, der gut klimatisiert ist und bequemen Aufenthalt für alle Beteiligten bietet. Sorgen Sie dafür, dass störende Ablenkungen und Unterbrechungen vermieden werden (Telefone, Musik, TV).

🌀 Urlaub... die schönste Zeit

Damit Ihr Urlaub wirklich zur Erholung wird, hier einige Tipps für Sie:

1. Schummeln Sie beim Termin: Verreisen Sie offiziell einen Tag früher. Sonst stapelt sich am tatsächlich letzten Tag die Arbeit unüberschaubar.

2. Entlasten Sie Ihr Gewissen: Erledigen Sie vorher alle wichtigen Aufgaben, die Sie nicht delegieren können, ansonsten plagt Sie das schlechte Gewissen.

3. Lassen die Arbeit zu Hause: Lassen Sie alles, was mit Ihrer beruflichen Tätigkeit zusammenhängt, zu Hause – selbst Fachliteratur gehört nicht in den Urlaubskoffer.

4. Vergessen Sie Ihr Handy: Schalten Sie im Urlaub Ihr Handy aus. Ihre Mailbox vertritt Sie gern.

5. Genießen Sie den Start: Feiern Sie Ihren Urlaubsbeginn mit einem Gläschen Champus im Flieger.

6. Ignorieren Sie alle Regeln: Vergessen Sie im Urlaub alles, was Sie je über Zeitmanagement (eventuell auch von mir) gelernt haben.

7. Lassen Sie sich treiben: Lassen Sie das Leistungsdenken zu Hause. Sie müssen nicht jeden Berg erklimmen und jede Kirche besichtigen.

8. Täuschen Sie Verlängerung vor: Sagen Sie allen Personen, mit denen Sie nicht direkt zusammenarbeiten, dass Sie erst zwei Tage später zurückkommen.

Urlaub heißt vor allem: Urlaub vom Alltag. Vergessen Sie Ihre Termine, Ihre Routinen, Ihre Verpflichtungen, und genießen Sie einen vollkommen entspannten Sommerurlaub 2000,

Ihre Redaktion CoachingBriefe

**Mini-Meetings:
Stehungen statt
Sitzungen**

In vielen Unternehmen haben sich morgendliche kurze Planungsrunden längst bezahlt gemacht. Nachdem jeder Mitarbeiter seinen Tagesplan konkretisiert hat, wird im Team kurz der Tag gemeinsam geplant. Auf diese Weise gehören Koordinationsprobleme und Aneinander-Vorbeireden der Vergangenheit an.

Zeittreue und Protokoll schaffen Effizienz

Die Leitung: Bestimmen Sie für jede Sitzung einen Moderator, der nicht dominant seine Meinung durchsetzt, sondern alle Beteiligten ermuntert, sich auch zu kontroversen und sensiblen Themen zu äußern.

Während der Besprechung: Beginnen Sie immer pünktlich. Wer einmal anfängt, auf verspätete Teilnehmer zu warten, der wartet immer. Vereinbaren Sie Spielregeln für die Sitzung, zum Beispiel können einzelne Sprechbeiträge auf eine bestimmte Sprechzeit begrenzt werden. Jeder sollte dabei peinlichst darauf achten, dass die vorgegebenen Zeiten eingehalten werden. Sie sollten sich darauf einigen, dass Blockierer und Ideenkiller keine Chance haben (Sätze wie: „Das war schon immer so." oder „Dafür gibt es keine Chance.", sollten verboten sein).

Das Protokoll: Es ist unbedingt notwendig, dass von jeder Besprechung ein Protokoll erstellt wird, in dem die wichtigsten Ergebnisse und die ToDo's festgehalten werden (siehe Vorschlag Seite 6). Auch in der Familie sollten die Ergebnisse einer Familienkonferenz festgehalten und die Umsetzungsschritte für jedes Familienmitglied terminiert und

aufgeschrieben werden. Führen Sie für Sitzungen, an denen Sie teilnehmen, ein, dass es regelmäßig kurze Zusammenfassungen der Zwischenergebnisse gibt und dass Entscheidungen wiederholt werden, um sofort ins Protokoll aufgenommen zu werden:

🌀 Was,
🌀 von wem,
🌀 bis wann
soll erledigt werden.

Beenden Sie jede Sitzung zum vorgesehenen Zeitpunkt, egal, welches Ergebnis Sie bis dann erreicht haben. Nur so können Sie eine Zeitdisziplin aufbauen.

Beschließen Sie jede Besprechung, egal, wie sie verlaufen ist, mit positiven, freundlichen Worten, um die Sachebene von der persönlichen Ebene klar abzugrenzen.

(weiter auf S. 7)

🌀 Meeting-Checkliste

✔ Klares messbares Ziel festlegen
✔ Technik, Raum, Hilfsmittel vorab sicherstellen
✔ Tagesordnung und Zeitplan erstellen (optimale Dauer 60 Minuten, höchstens 90 Minuten)
✔ Störfaktoren ausschließen
✔ Pünktlich beginnen und pünktlich enden
✔ Selbst- und Zeitdisziplin aller Beteiligten sicherstellen (ernennen Sie neben dem Moderatoren einen Zeitführer)
✔ Visualisierungshilfen (Flipchart, Tafel, Overhead) nutzen
✔ Handschriftlicher Aktivitätenplan und Ergebnisprotokoll sofort kopieren und allen Beteiligten mitgeben

Übung: Welcher Teilnehmertyp sind Sie?

Sie haben es in jeder Besprechung mit bestimmten Teilnehmertypen zu tun. Die Stärken und Schwächen jedes einzelnen zu kennen ermöglicht Ihnen eine konfliktfreiere Kommunikation und optimale Ergebnisse:

Der Streiter: Egal, was angesprochen wird, der Streiter bezweifelt es offen und aggressiv. Bleiben Sie in jedem Fall ruhig und vor allem sachlich. Veranlassen Sie die Gruppe, seine Behauptungen zu widerlegen.

Der Positive: Er ist für jede Meinung offen und unheimlich tolerant. Lassen Sie ihn die Ergebnisse zusammenfassen, das Protokoll führen, und beziehen Sie ihn bewußt in die Diskussion ein.

Der Alleswisser: Er hat auf alles eine Antwort, manchmal nicht genug durchdacht. Fordern Sie die Gruppe auf, zu seinen Behauptungen Stellung zu nehmen.

Der Redselige: Sein Metier ist die Kommunikation an sich. Unterbrechen Sie ihn taktvoll, und legen Sie seine Redezeit vorher fest.

Der Schüchterne: Er hält mit seinen guten Ideen und seiner dezidierten Meinung gern hinterm Berg. Stellen Sie ihm leicht zu beantwortende Fragen, die sein Selbstbewußtsein stärken, damit er sich warmlaufen kann.

Der Ablehnende: Er blockiert, weil er nicht anders kann. Erkennen Sie seine Kenntnisse und Erfahrungen offen an.

Der Uninteressierte: Ist er überhaupt da? Fragen Sie ihn nach seiner Arbeit. Geben Sie Beispiele aus seinem Interessengebiet.

Das große Tier: Er ist ganz klar der Chef. Üben Sie keine direkte Kritik, sondern agieren Sie mit der Ja-Aber-Technik.

Der Ausfrager: Er möchte alles ganz genau wissen. Geben Sie seine Fragen in die Gruppe zurück.

Auch wenn Sie für Ihre Besprechung die Regeln festgelegt haben – Kommunikationsprobleme wird es immer geben. Erinnern Sie sich dann daran, dass jeder von uns seine ganz persönliche Art und Weise hat, die Dinge zu sehen und zu besprechen. Unsere kleine Typologie ist nicht wissenschaftlich fundiert. Doch vielleicht erinnern Sie sich bei der nächsten Besprechung an den einen oder anderen Typ und beginnen zu schmunzeln, statt sich in die Startlöcher zur ärgerlichen Gegenargumentation zu begeben.

Übrigens ...
... Finden Sie sich wieder??

Nie wieder...

...Protokolle schreiben

Kopieren Sie sich nebenstehendes Formular für Ihre zukünftigen Besprechungen. Die Spalten 1 bis 3 können Sie vorab ausfüllen und als Agenda verschicken. Die restlichen Spalten mit den wichtigsten Ergebnissen werden noch während des Meetings aufgeschrieben und kurz vor Ende des Treffens für alle kopiert.

Diese tolle Idee zur Zeitersparnis stammt von Werner Tiki Küstenmacher, Chefredakteur von „Simplify your Life" (VNR Verlag, Bonn)

SOFORT–PROTOKOLL

Leiter: _____

Teilnehmer: _____

Erstellt von _____

Sofort an alle Teilnehmer verteilen!

Ort _____ Datum _____

Seite Nr. _____

Nr.	Priorität	Was?	Zeitaufwand	Wer? (mit wem?)	bis wann?	Bemerkung	erledigt?

Besprechungen in der Familie

💟 **Gordon-Familienkonferenz:** Wenn wir über ein verbessertes Zeit- und Lebensmanagement durch partnerorientierte Kommunikation nachdenken, sollten wir bei unseren wichtigsten Beziehungen beginnen: in Partnerschaft und Familie. Ich möchte Ihnen in diesem Zusammenhang empfehlen, sich mit der Gordon-Familienkonferenz (zu diesem Thema mehr in unserer nächsten Ausgabe) zu beschäftigen. Thomas Gordon gehört zu den Pionieren der Humanistischen Psychologie und entwickelte sein Familientraining bereits in den 60er Jahren. Seine Hinweise und Übungen zu einem stressfreien Miteinander in Partnerschaft und Familie sind in unserer schnellebigen, hektischen Zeit gültig wie nie. Das Kommunikationsmodell hilft Partnern und Eltern, ihre Wünsche zu erkennen und zu befriedigen, und Kindern, sich wohlzufühlen, Vertrauen in die eigenen Fähigkeiten zu gewinnen, selbständig und hilfsbereit zu sein. Infos: Dr. Karlpeter Breuer-Akademie GmbH, Tel. (02 28) 22 58 67

💟 **Familienrat** – Tipp von der Firma Tempus Zeitplansysteme Giengen: Halten Sie wöchentlich einen Familienrat ab. Als Vorbereitung darauf sollte jedes Familienmitglied (das schreiben und malen kann) seine Anliegen, von der Taschengelderhöhung über Termine bis zum Bedarf an Kleidungsstücken notieren. Auf diese Weise geht kein Anliegen verloren und die Familie bleibt im Gespräch.

Ein wöchentlicher Familienrat wirkt Wunder

Kennen Sie Ihre Lebens-Metaphern?

Im Juni-Brief habe ich Ihnen einige Anregungen zum Thema persönliches Wertesystem gegeben. Ich hoffe, Sie haben die Zeit, die Offenheit und den Mut aufgebracht, sich ehrlich und schonungslos auf die Spur nach Ihren Glaubenssätze zu begeben. Im folgenden stelle ich Ihnen eine geniale Brücke vor, die Sie Ihren individuellen Glaubenssätzen wieder ein Stück näher bringt und mit deren Hilfe Sie es schaffen können, ungewollt verankerte Wertvorstellungen zu ändern. Es geht um Metaphern – also sprachliche Bilder (Symbole), die schnell und umfassend intensive Gefühle in uns hervorrufen können.

Jeder Mensch besitzt sogenannte globale Metaphern, die sein Leben und sein Handeln entscheidend beeinflussen. So muss der eine „ständig kämpfen, um sich über Wasser zu halten", während ein anderer „das Leben als ein aufregendes Spiel" sieht.

Metaphern sind eine sehr intensive Ausdrucksform unserer Glaubenssätze. Wir vergleichen damit unser Leben. Metaphern haben aber genauso auch die Kraft, unsere Glaubenssätze in kürzester Zeit zu ändern.

Metaphern bestimmen Ihr Leben

Welche Metaphern verwenden Sie für Ihr Leben? Der eine sieht sein ganzes Leben als eine Prüfung, die man entweder besteht oder in den Sand setzt? Der Alltag eines solchen Menschen besteht zum größten Teil aus Druck und Stress, egal, welchen Beruf er ausübt oder wie seine familiäre Situation sein mag. Denn wäre unser Leben eine Prüfung, dann stünden uns harte Zeiten bevor. Der eine würde sich ständig perfekt

Anthony Robbins (siehe auch Juni-Porträt) beschreibt den Zusammenhang von Wertesystem und Metaphern in seinem Buch **Das Robbins Power Prinzip** Heyne Verlag, München (unbedingt lesen!).

Die Kapitel 8 bis 10 aus diesem Buch enthalten für Vera F. Birkenbihl die wichtigsten Robbins-Ideen

Schon immer dienen Symbole dazu, emotionale Reaktionen auszulösen und unser Verhalten zu beeinflussen. Denken Sie nur an die zwei gekreuzten Balken, die die Macht haben, Milliarden von Menschen Normen zu vermitteln.

vorbereiten, der andere sich durchs Leben mogeln (was genauso viel Streß auslöst).

Manch einer sieht sein Leben auch als Wettbewerb.

Mit dieser Metapher können Sie Spaß haben, solange sie die Freude an der Leistung meint, aber sobald es um den Aspekt des sich mit anderen messen, andere schlagen geht, dann beginnt schon wieder der Kampf, weil ja dann nur einer gewinnen kann.

Im Berufsleben gibt es ebenfalls viele Metaphern, die alles andere als leistungsfördernd sind. Wer kennt nicht die Sprüche von der „ewigen Tretmühle", dem Gefühl, ständig „katzbuckeln zu müssen, um sich weiter hocharbeiten zu können" und dem „Ertrinken in der Arbeit".

Sollten Ihre Glaubenssätze ähnlich anstrengend sein, dann switchen Sie um. Vielleicht können Sie Ihre Familie, Ihre Beziehungen oder Ihr berufliches Wirken als einen

„Garten sehen, der täglicher Pflege bedarf, so dass er blüht und reiche Ernte bringt".

In dem Moment, in dem Sie Ihrem Gehirn einen Sachverhalt anders präsen-

Finden Sie für sich Lebensmetaphern, die Ihren Wunsch nach Zufriedenheit und Glück optimal zum Ausdruck bringen.

Besuchen Sie uns im Internet. In unserem Forum www.coaching-briefe.de können Sie kommentieren, diskutieren, Ihre Erfahrungen mit anderen Brieflesern austauschen.
Ihr CoachingBrief-Team

tieren, ändern Sie Ihre Gefühle dazu. Prüfen Sie deshalb Ihre Lebensmetaphern genau. Meiden Sie problematische, und nehmen Sie dafür kraftspendende in Ihren Wortschatz auf:

Haben Sie das Gefühl, Sie müssen die „Last der Welt auf Ihren Schultern tragen?"

Dann setzen Sie sie ab, und marschieren Sie fröhlich weiter.

Rennen Sie immer wieder „mit dem Kopf gegen eine Wand"?

Dann finden Sie die nächste Tür, um auf die andere Seite zu gelangen. Die Anthropologin Mary C. Bateson sagte: „Nur wenige Dinge schwächen mehr als eine gifthaltige Metapher". Nehmen Sie diese großartige Erkenntnis zum Anlass, Ihre Lebensmetaphern zu überprüfen. Das wünscht Ihnen Ihr

Lothar J. Seiwert

660 233 008

B 51393

LOTHAR J. SEIWERT
COACHINGBRIEF

Professioneller & souveräner arbeiten und leben

Professionalität und Effektivität in allen Lebensbereichen gewinnen
Souveränität und Gelassenheit ausstrahlen
Balance und Persönlichkeit entwickeln

Monatlicher Coaching-Service ❖ August 2000

Liebe Leserin,
lieber Leser,

untenstehender Cartoon meines Freundes Tiki Küstenmacher hat mich dazu angeregt, Ihnen in unserem heutigen **COACHINGBRIEF** die Ideen von Thomas

Gordon etwas näher zu bringen. Denn die wichtigsten Beziehungen, die wir in unserem Leben haben können, sind die zu unseren Kindern und den Menschen, die uns sehr nahe stehen. Thomas Gordons Familienkonferenz vermittelt Ihnen Ideen, wie Sie die Kommunikation in Ihrer Familie entscheidend verbessern können.

Beherrschen wir die Technik des aktiven Zuhörens einmal, dann werden Szenen, wie sie der Cartoon zeigt, in Ihrer Familie ein für alle Mal der Vergangenheit angehören.

Nutzen Sie die Urlaubszeit, um sich intensiv mit Ihren privaten Beziehungen zu beschäftigen. Ich hoffe, dass folgende Seiten Ihr Interesse wecken, mehr über die Gordon-Methode erfahren zu wollen. Sie können damit Ihr gesamtes Beziehungsnetz auf eine qualitativ höhere Stufe entwickeln,

Ihr

Lothar J. Seiwert

PROFESSOR DR. LOTHAR J. SEIWERT gilt als Europas führender Experte für Zeitsouveränität, Effektivität und sinnvolles Lebensmanagement. Er ist erfolgreicher Bestsellerautor und erhielt 1999 als erster deutscher Trainer den internationalen Trainingspreis "Excellence in Practice" der ASTD (American Society for Training und Development).

Themen

Familienkonferenz – Zuhören und akzeptieren lernen

FAMILIEN-RAT

Die Anregungen, Beispiele und Übungen unseres heutigen Coaching-Briefs stammen aus dem Erziehungs-bestseller von Thomas Gordon: „Die Familienkonferenz", Heyne Verlag München. Möchten Sie weitere Informationen zu Gordon-Trainings in Deutschland, dann wenden Sie sich an: Dr. Karlpeter-Breuer-Akademie GmbH, Tel: (02 28) 22 58 67

„Eltern sind Menschen, keine Gottheiten."
Thomas Gordon

In unserer Juli-Ausgabe zum Thema „Effektive Besprechungen" habe ich Sie bereits auf Thomas Gordon und die „Familienkonferenz" hingewiesen. Sein Thema, konfliktfreier Umgang zwischen Eltern und Kindern, ist heute noch genauso aktuell wie in den 60er Jahren, als seine Methode des aktiven Zuhörens ihre Praxistaufe erlebte. Heute gibt es weltweit Gordon-Trainings, und unzählige Eltern und Kinder leben und kommunizieren durch diese Methode entspannter miteinander.

Doch die Gordon-Methode ist nicht nur für die Kommunikation mit unseren Kindern empfehlenswert. Sie sensibilisiert Sie für jede Form der Kommunikation, vor allem mit den Menschen, zu denen Sie ein besonders intensives Verhältnis haben – neben unseren Kindern

sind das unsere Eltern, Partner oder enge Freunde.

Denn gerade hier, frei nach Johann Wolfgang von Goethe, begehen wir die größten Fauxpas, weil wir mit den Menschen, die wir am meisten lieben, oft auch am unsensibelsten umgehen – auch und gerade bei Problemen, den kleinen Alltagsdingen wie auch den globalen Themen. Im folgenden zum Einstieg in die Ideen Thomas Gordons einige Anregungen, wie Sie durch Ihre persönliche Einstellung Konflikte schon im Vorfeld des Gesprächs vermeiden können.

Prüfe Sie zuerst Ihre Beziehung zu sich selbst

Die wichtigste Voraussetzung für eine entspannte und fruchtbare Kommunikation ist das eigene Gleichgewicht. Folgende Aspekte Ihrer Persönlichkeit lohnt es zu überdenken, wenn Sie danach streben, mit anderen besser zu auszukommen:

💛 **Selbstliebe ist die Basis dafür, andere anzunehmen:** Es gibt eine direkte Beziehung zwischen dem Grad, wie Sie sich als Person akzeptieren – oder einfach gesagt, wie Sie sich selbst lieben, und Ihrer Fähigkeit, andere anzunehmen – wie Sie die Meinungen, Vorstellungen und Handlungen eines anderen tolerieren. Menschen, die sich selbst nicht gut finden, haben auch Probleme, andere zu tolerieren.

In Beziehung zu den eigenen Kindern bedeutet das oft, dass solche Eltern, die sich selbst nicht annehmen können, versuchen, die Bedürfnisse und das Verhalten ihrer Kinder so zu steuern und zu beeinflussen, dass die Kinder nur noch wenig Möglichkeiten haben, sich selbst zu entfalten. Solche Eltern versuchen also, ihre Selbstachtung darüber zu beziehen, wie andere Menschen ihre Kinder einschätzen. Kinder haben in diesem Fall kaum Chancen, ihre eigene Persönlichkeit zu entwickeln. Sie fühlen sich unter Druck gesetzt – Konflikte sind vorprogrammiert.

♡ **Andere Menschen besitzen wollen:** Manche Eltern meinen, ihre Kinder zu besitzen – dieses Besitzrecht bezieht manch einer auch auf den Ehepartner. In dem Wunsch, den anderen nach dem eigenen Maß formen zu wollen, lassen solche Menschen der Einmaligkeit und der Individualität des anderen keinen Freiraum. Doch nur, wenn wir dem anderen gestatten, er oder sie selbst zu sein, von uns gesondert zu sein, dann können sich intakte Beziehungen entwickeln. Das Gedicht unten beschreibt, wie wichtig es ist, vor dem anderen Leben, das wir im Fall unserer Kinder selbst geschaffen haben, Respekt zu

entwickeln. Denn je mehr wir erkennen, dass der Einzelne für sich selbst entscheiden und existieren muss, umso so weniger neigen wir zu Intoleranz und Nichtannahme.

♡ **Gefangen im eigenen Wertesystem:** „Erfahrung ist der beste Lehrmeister", sagt der Volksmund. Doch in unseren Bemühungen, mit anderen besser zu kommunizieren, machen uns gerade unsere Erfahrungen und unsere Wertvorstellungen oft einen Strich durch die Rechnung. Ausgerechnet die Menschen, die stark an sich arbeiten und positiverweise ein sehr gefestigtes Wertesystem besitzen (siehe auch unseren Juni-Brief), neigen dazu, ihre Glaubenssätze anderen Menschen, natürlich in erster Linie ihren Kindern, aufzudrängen.

Diese besondere Art der Selbstsicherheit führt genauso wie mangelndes Selbstwertgefühl dazu, andere bestimmen zu wollen – natürlich in den meisten Fällen aus der festen Überzeugung, doch nur das Beste für das Kind, den Partner oder den Freund zu wollen. Sollten Sie sehr ausgeprägte Vorstellun-

„Wünschen Sie sich nicht, dass sich Ihr Kind zu etwas Bestimmten entwickelt, sondern wünschen Sie sich nur, dass es sich entwickelt."
Thomas Gordon

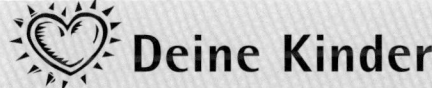

Deine Kinder

Deine Kinder sind nicht Deine Kinder.
Sie sind Söhne und Töchter
der Sehnsucht des Lebens nach sich selbst.
Sie kommen durch dich, aber nicht von dir.
Und obgleich sie bei dir sind,
gehören sie doch nicht zu dir.
Du darfst ihnen deine Liebe,
aber nicht deine Gedanken geben,
denn sie haben ihre eigenen Gedanken ...
Du darfst danach streben, wie sie zu sein,
aber trachte nicht danach, sie dir anzugleichen.
Denn das Leben geht nicht rückwärts, noch hält es sich mit dem Gestern auf.
(Gibran, the Prophet)

Die 2 Regeln der Selbstachtung

1. Sie können niemanden mehr mögen oder lieben als sich selbst. Denn Sie können nicht weggeben, was Sie nicht selbst besitzen.

2: Sie dürfen nie von einem anderen Menschen erwarten, Sie mehr zu mögen oder zu lieben, als Sie sich selbst gefallen, lieben oder respektieren.

Versuchen Sie nicht, andere nach Ihrem Muster zu formen. Auch die beste Predigt erreicht nur den, der sie auch hören möchte.

gen von dem, was gut und richtig ist, besitzen, dann bemühen Sie sich, für die Verhaltensweisen anderer offener zu werden. Auch wenn Ihr Sohn es vorzieht, sich die Haare zu blondieren, an jedem Arm drei Perlenarmbänder zu tragen und sich absolut nicht für Fußball interessiert, obwohl sie Wert auf sportlich-elegante Kleidung legen und ein regelrechter Fußballfanatiker sind, akzeptieren Sie ihn, wie er ist. Geben sie ihm die Chance, sich zu der Persönlichkeit zu entwickeln, die er sein möchte. Es wird ihm in jedem Fall besser tun, als mit Druck in Ihr persönliches Maß gezwungen zu werden. Gerade das ist für Eltern manchmal schwer nachzuvollziehen. Sie wollen ihren Kindern ja nur die besten Möglichkeiten eröffnen, sich ein eigenes Leben aufzubauen. Aber es ist nun einmal Fakt:

Der eigene, richtig beschrittene Weg ist für einen anderen Menschen eben manchmal nicht der Beste. Nur wenn wir in dieser Beziehung souverän und tolerant werden, können wir mit unseren Kindern und mit den Menschen, die uns wichtig sind, besser auskommen.

Sie wissen, es gibt keine Zauberformeln für gute Kommunikation, körperliche Fitness, finanzielle Freiheit oder persönlichen Erfolg. Alles beginnt immer bei der Arbeit an uns selbst. Wichtig aber ist, dass Sie an sich arbeiten wollen und die Richtung kennen. Sehen Sie die folgenden Kommunikations-Tipps unter dieser Voraussetzung. Die Sprache der Annahme und des aktiven Zuhörens, wie sie Thomas Gordon lehrt, können Sie nur sprechen lernen, wenn Sie es wirklich wollen – alle „aufgesetzten" Techniken durchschauen Ihre Kommunikationspartner – wenn es Kinder sind erst recht.

♡ Lernen Sie, sich selbst zu achten

Wie Sie sich empfinden – Ihre Selbstachtung – ist die Grundlage Ihrer Energie, Ihrer Begeisterung, Ihrer Lebendigkeit und Ihres Optimismus. Ihre Selbstachtung wird von zwei Quellen gespeist.

♡ Ihre Einschätzung von sich selbst: Wie weit akzeptieren Sie sich als einen wertvollen Menschen? Ein Mensch mit einem hohen Grad an Selbstachtung kann viele Rückschläge erleiden, ohne dass er seine positive Meinung über sich verliert. Dieses Gefühl des inneren Wertes unabhängig von äußeren Umständen besitzen nur sehr wenige Menschen.

♡ Ihr Gefühl für Ihre persönliche Wirkungskraft. Wie leistungsfähig fühlen Sie sich in all Ihrem Tun? Die beiden Teile Ihrer Selbstachtung bedingen sich gegenseitig. Fühlen Sie sich gut, dann sind Sie leistungsfähiger. Und umgekehrt. Der beste Maßstab für Ihre Selbstachtung ist, wie sehr Sie sich mögen. Je besser Sie sich selbst gefallen, um so bessere Leistungen erbringen Sie in allem, was Sie sich vornehmen.

💗 **Übung: Ich mag mich**

Ihre Selbstachtung wird zu einem großen Teil dadurch bestimmt, wie Sie zu sich selbst sprechen – egal ob laut oder leise. Sie können Ihre Selbstachtung erhöhen, indem Sie sich immer wieder bewusst und begeistert die Worte sagen: „Ich mag mich.", „Ich liebe mich." oder „Ich gefalle mir selbst." Dies wird anfangs für Sie sehr ungewöhnlich sein, weil es abgedroschen klingt und wir es nicht gewohnt sind, zu uns selbst zu sprechen beziehungsweise uns selbst zu lobpreisen.

Aber es funktioniert und ist eine äußerst effektive Kraft auf Ihrem Weg zu einem optimalen Selbstkonzept. Haben Sie Kinder, dann sagen Sie ihnen täglich, dass sie sich besser fühlen, wenn sie zu sich selbst diese magischen Worte sagen, in jeder Situation, immer und immer wieder.

Lernen Sie die Strategien der Annahme

Die Fähigkeit, andere Menschen anzunehmen, wird Ihnen die Kommunikation auf ungeahnte Weise erleichtern. Thomas Gordon nennt es eines der einfachsten und wunderschönen Paradoxe im Leben:

> „Wenn ein Mensch fühlt, dass ihn ein anderer wirklich annimmt, wie er ist, dann ist er frei.... Annahme ist wie ein Boden, der es uns ermöglicht, unser Potenzial zu verwirklichen."

Doch verlassen sich die meisten Eltern bei der Erziehung ihrer Kinder in erster Linie auf Mittel der Nicht-Annahme, wie zum Beispiel Bewertung, Urteil, Kritik, Predigen, Moralisieren, Ermahnen und Kommandieren. Sie glauben, dass dies die besten Wege seien, ihre Kinder zu erziehen. Diese Fehlschlüsse sind die fatalsten, die wir im Umgang mit unseren Kindern, aber auch anderen Menschen, begehen können. Denn es sind alles Wege, unseren Kindern ein schlechtes Gefühl zu vermitteln. Es sind Mittel, die sich selbst erfüllende Prophezeihung wahr zu machen:

> „Sag einem Menschen oft genug, dass er schlecht ist, dann wird er mit Sicherheit schlecht werden."

Abgesehen von dieser Wirkung verschlechtert die Sprache der Nicht-Annahme die Beziehungen: die Kinder vermeiden es, mit ihren Eltern über ihre Gefühle und Probleme zu sprechen.

Demonstrieren Sie Annahme

Die meisten Eltern nehmen ihre Kinder an, aber sie verstehen es nicht, ihnen dies auch zu zeigen. Folgende Möglichkeiten gibt es dafür:

🌸 Übermitteln Sie Ihre Annahme ohne Worte: Zeigen Sie durch Gesten, Körperhaltung, Gesichtsausdruck, wie

Die Übung: „Ich mag mich." (nach Brian Tracy) besitzt eine große Wirkung auf Ihren Selbstwert, wenn Sie sie ernst nehmen. Beobachten Sie sich, und notieren Sie sich die Dinge, die Sie an sich mögen, aber auch die, die Sie an sich regelrecht verabscheuen.

Egal, wodurch Sie gelernt haben, sich zu kritisieren und nicht anzunehmen, Sie allein haben die Chance, diese Situation zu ändern.

sehr Sie Ihr Kind mögen. Beispiel: Betritt Ihr Kind das Zimmer und Sie sind gerade in eine Arbeit vertieft. Dann können Sie es kurz anschauen und lächeln, um sich dann sofort wieder in ihre Arbeit zu vertiefen. Sie können aber auch demonstrativ weiterhin auf ihre Arbeit konzentriert bleiben.

Diese Geste von wenigen Sekunden macht den Unterschied.

Mischen Sie sich nicht ein, und zeigen Sie so Annahme: Egal ob es große Dinge, wie Schulwechsel o.ä. sind, oder ob es sich um Kleinigkeiten handelt, Eltern neigen permanent dazu, sich in das Leben ihrer Kinder einzumischen.

Beispiel: Ihr Kind malt ein Schiff. Anstatt es malen zu lassen, setzt sich die Mutter dazu und zeigt, wie ein Schiff in Wirklichkeit aussehen muss. Oder der Vater nimmt sich den Pinsel und malt noch ein besonders schönes Segel daran.

So gut es ist, wenn sich Eltern mit ihren Kindern beschäftigen, so wichtig ist es auch, dem Kind die Freiräume zu lassen, die Dinge so zu tun, wie sie sie selbst erledigen wollen. Denn dann fühlt das Kind: „Das, was ich tue, ist gut."

> Annahme können Sie auch ohne Worte zeigen. Es ist nur wichtig, dass Sie die kleinen Gesten und Blicke, die eine Beziehung ausmachen, in Ihrem Alltag nicht vergessen.

Passives Zuhören als Zeichen der Annahme: Durch Ihr Schweigen und Zuhören können Sie ebenfalls Annahme zeigen. Konzentrieren Sie sich auf Ihre Gegenüber, schauen Sie es an und hören Sie kommentarlos zu.

Übermitteln Sie Ihre Annahme verbal: Gespräche sind der wesentlichste Bestandteil unserer Beziehungen zu anderen Menschen. Doch wichtig ist, dass Sie sich immer überlegen, wie Sie mit anderen reden. Es gibt in der Regel zwölf Arten der Erwiderung, die auf andere Menschen destruktiv wirken und sie klein machen:

Die typischen Zwölf

Lesen Sie folgende Situation. Nehmen Sie sich ein leeres Blatt, und schreiben Sie ehrlich alle Erwiderungen darauf, die Sie Ihrem Kind gegenüber in dieser Situation machen würden. Sie können die Übung auch modifizieren, falls Sie eine Erwiderung für Ihren Partner oder besten Freund durchführen möchten.

„Die Schule ist Quatsch. Was man dort lernt, ist unwichtig. Ich werde nicht studieren. Man braucht das nicht, um etwas zu werden. Es gibt noch andere Wege, um im Leben weiter zu kommen."
(Bezogen auf den Partner oder Freund könnte es eine interessante und herausfordernde Arbeitsstelle sein, die er aus Bequemlichkeit aufgeben möchte.)

1. Befehlen, anordnen, kommandieren

Dem anderen sagen, was er zu tun und zu lassen hat: „Was andere tun, ist mir egal. Du machst es jetzt so, wie ich es gesagt habe." Die Folge: Sie signalisieren, dass die Bedürfnisse des anderen unwichtig sind.

2. Warnen, ermahnen, drohen

Dem anderen sagen, was passiert, wenn er dies oder jenes tut: „Wenn du das tust, dann wird es dir irgendwann leid tun." Die Folge: Angst, Unterwürfigkeit oder Feindseligkeit.

3. Moralisieren, drohen, zureden

Dem anderen sagen, was er tun sollte: „Du solltest dich nicht immer so aufführen." Die Folge: Schuldgefühle, das Kind reagiert meistens mit Widerstand.

4. Beraten, Lösungsvorschläge machen

Dem anderen sagen, wie er sich in dieser Situation verhalten könnte. „Warte doch noch, bevor du eine so wichtige Entscheidung triffst." Die Folge: Abhängigkeit vom anderen, Unfähigkeit, selbst entscheiden zu lernen.

5. Vorhaltungen machen, belehren, Argumente anbringen

Einfluss zu nehmen, indem Sie Argumente, Logik oder Informationen geben: „Diese Stellung ist die beste, die du jemals gehabt hast." Die Folge: Minderwertigkeit, Gefühl der Unterordnung.

6. Urteilen, kritisieren, widersprechen, beschuldigen

Den anderen in irgend einer Form negativ bewerten: „Du denkst nur bis zur nächsten Straßenecke." Die Folge: Gefühl der Unzulänglichkeit oder Reaktion mit Gegenkritik.

7. Loben, zustimmen

Dem anderen eine positive Bewertung übermitteln: „Du hast großes Potenzial." Die Folge: Lob tut nicht immer gut, in der falschen Situation ange-

---

♡ Ihre Alternative: Aktives Zuhören lernen

Aktives Zuhören heißt, die Welt mit den Augen Ihres Gegenübers zu sehen. Wir können diese Technik hier nur kurz anreißen. Folgendes Beispiel gibt Ihnen aber eine Idee, wie wirkungsvoll es sein kann, aktiv zuzuhören, statt mit den „typischen Zwölf" das Gespräch und den Lösungsprozess zu beenden.

Tochter: „Papa, was gefiel dir an Mädchen, als du jünger warst?"

Vater: „Das klingt, als überlegst du, wie du sein mußt, um Jungen zu gefallen."

Tochter: „Ja, ich habe Angst, vor Jungen etwas zu sagen."

Vater: „Du willst nicht, dass sie dich für dumm halten."

Tochter: „Ja. Sage ich nichts, dann riskiere ich das gar nicht erst."

Vater: „Es scheint sicherer, nichts zu sagen."

Tochter: „Ja, aber ich komm damit nicht weiter. Sie denken, ich sei blöd"

Vater: „Mit Schweigen erreichst du nicht, was du willst."

Tochter: „Nein, ich glaube, ich muss es einfach darauf ankommen lassen."

Dank des aktiven Zuhörens kommt die Tochter in diesem Beispiel selbst einen Schritt in ihrem Problem vorwärts. Keine der zwölf Erwiderungen hätte sie zu dieser Überzeugung bringen können. Um aktiv zuzuhören, müssen Sie:

- ♡ hören wollen, was der andere zu sagen hat;
- ♡ die Empfindungen des anderen annehmen wollen und können;
- ♡ ein Gefühl des Zutrauens in die Fähigkeiten des anderen haben;
- ♡ im Falle Ihres Kindes lernen, dass Sie einen Menschen vor sich haben, der eigene Empfindungen und Meinungen besitzt.

Durch aktives Zuhören verbessern Sie nicht nur die Beziehungen zu Ihren Kindern und zu anderen Menschen. Sie lernen dadurch auch, Ihre eigenen Gewohnheiten und Ansichten zu hinterfragen. Und nur auf diese Weise können Sie selbst wachsen.

wandt vermittelt es das Gefühl, dass sich der andere gar nicht in die eigene Situation hineindenken kann, oder es wird als Manipulation empfunden.

8. Beschimpfen, lächerlich machen, beschämen

Die Qualität Ihrer Kommunikation entscheidet

Dem anderen das Gefühl geben, dumm zu sein, sich lächerlich zu verhalten: „Ach, der Herr Neunmalklug wieder.", Die Folge: negative Wirkung auf das Selbstimage und die Selbstliebe.

9. Interpretieren, analysieren, diagnostizieren

Den anderen durchschauen wollen, ihm zu sagen, welche Motive er für sein Tun hat: „Du tust das, weil du zu faul bist." Die Folge: Gefühl der Bedrohung und Frustration, weil man sich durchschaut fühlt.

10. Beruhigen, bemitleiden, trösten, unterstützen

über die Qualität Ihrer Beziehungen zu anderen Menschen.

Den anderen dazu zu bringen, sich besser zu fühlen, die Heftigkeit seiner Empfindungen zu leugnen: „Mach dir keine Sorgen, das wird alles wieder." Die Folge: Gefühl des Unverstandenseins.

11. Forschen, fragen, verhören

Auf Motiv- und Ursachensuche gehen, um dem anderen zu helfen, das Problem

zu lösen: „Wer hat dir diesen Gedanken denn in den Kopf gesetzt?" Die Folge: Gefühl fehlenden Vertrauens.

12. Zurückziehen, ablenken, aufheitern

Den anderen von seinem Problem abzubringen versuchen: „Lass uns jetzt über Angenehmeres reden." Die Folge: Gefühl der Zurückweisung, Desinteresse des anderen.

Erkennen Sie, wann Sie eine dieser zwölf Strategien benutzen, und lernen Sie um. Erst durch aktives Zuhören können Sie lernen, wirklich konstruktiv zu interagieren und die Beziehungen zu Ihren Kindern und Ihnen nahestehenden Personen auf eine völlig neue Stufe der Qualität zu bringen. Ihr

Lothar J. Seiwert

Lothar J. Seiwert

660 233 010

B 51393

LOTHAR J. SEIWERT
COACHINGBRIEF

Professioneller & souveräner arbeiten und leben

Professionalität und Effektivität in allen Lebensbereichen gewinnen
Souveränität und Gelassenheit ausstrahlen
Balance und Persönlichkeit entwickeln

Monatlicher Coaching-Service ❖ September 2000

Liebe Leserin, lieber Leser,

in den letzten Monaten haben wir uns mit unserem **COACHINGBRIEF** vor allem auf die Persönlichkeitsseite des Selbstmanagements konzentriert. Wir haben Ihnen in erster Linie Anregungen gege-

ben, sich mit Ihrer Effektivität als Person auseinanderzusetzen – also darüber zu entscheiden, die für Sie richtigen Dinge zu tun.

In der zweiten Jahreshälfte werden wir den Fokus auf die Effizienz legen. Wir möchten Ihnen also Tools und Techniken an die Hand geben, die Dinge richtig zu tun.

Im heutigen Brief beginnen wir mit einigen Grundregeln der Arbeitsorganisation: dazu gehören der Mut zur Ablage P(apierkorb) genauso wie die Organisation Ihres Schreibtischs und Ihrer Ablage.

Jeder Handwerker weiß, wie wichtig gute Werkzeuge sind und wie erfolgsentscheidend es ist, sie richtig zu benutzen. Schauen Sie sich Ihre Werkzeugkiste in neuem Licht an, und Sie werden viel mehr Spaß an Ihrer täglichen Arbeit haben. Ihr

Lothar J. Seiwert

PROFESSOR DR. LOTHAR J. SEIWERT gilt als Europas führender Experte für Zeitsouveränität, Effektivität und sinnvolles Lebensmanagement. Er ist erfolgreicher Bestsellerautor und erhielt 1999 als erster deutscher Trainer den internationalen Trainingspreis „Excellence in Practice" der ASTD (American Society for Training und Development).

Themen

Von der Nützlichkeit der Ablage P

„Nicht alles, was Sie schwarz auf weiß besitzen, bringt Sie wirklich weiter."

Das Informations-Handling, also Suchen, Sortieren, Ordnen und Ablegen macht laut „Der persönliche Organisations-berater", dem Standardwerk für Büroorganisation, VNR Verlag, Bonn, an einem normalen Büroarbeitsplatz durchschnittlich 25 Prozent der verfügbaren Arbeits-zeit aus. Je chaotischer Ihr Ablageverfahren, um so mehr kostbare Zeit verschwenden Sie mit unproduk-tiven Suchereien, die Ihnen darüberhinaus noch die Energie und Motivatation rauben.

Eines der größten Hindernisse auf dem Weg zu mehr Effizienz in unserem Tun ist unsere Sammlerleidenschaft. Ganz nach archaischem Muster horten wir alles, was wir bekommen können.

Auch in Zeiten des papierlosen Büros sind die meisten Menschen der Auffassung, dass nur das zählt, was sie schwarz auf weiß besitzen. Nach dem Motto: „Wer weiß, wann ich das mal wieder gebrauchen kann, wird alles aufbewahrt." Dementsprechend sehen unsere Schränke, Ordner, Regale, Registraturen und vor allem Schreibtische aus.

Das Gleiche gilt natürlich für unsere Schuhregale, Kleiderschränke und Sideboards zu Hause (siehe Kasten nächste Seite).

Hier hilft nur der rigorose Schnitt. Werfen Sie Ihre schlechten Sammlergewohnheiten und Ihr Sicherheitsdenken über Bord, und lassen Sie die Gefühlsdu-

Sind Sie reif für einen Neuanfang?

Testen Sie sich:
- 🔹 Meist ist mein Arbeitsplatz mit Papieren, Akten und Sonstigem überhäuft.   Ja   Nein
- 🔹 Häufig muss ich nach Unterlagen lange suchen.   Ja   Nein
- 🔹 Beim Telefonieren muss ich oft nach Papier und Stift suchen.   Ja   Nein
- 🔹 Oft muss ich erst Platz schaffen, bevor ich mit meiner eigentlichen Arbeit beginne.   Ja   Nein
- 🔹 Ich habe abends oft Rücken- oder Kopfschmerzen. Ja   Nein
- 🔹 Ich muss sehr oft aufstehen, um mir Unterlagen zu holen.   Ja   Nein

Haben Sie mehr als 2x Ja angekreuzt, dann sind die heutigen Tipps für Sie Gold wert.

Achtung!
Unterbrechen Sie die Lektüre Ihres CoachingBriefs jetzt, und werfen Sie sofort etwas weg – lichten Sie Ihren Stapel ungelesener Zeitschriften und Prospekte oder entrümpeln Sie die oberste Schreibtischschublade!

selei à la: „Aber diese Schuhe habe ich mir doch anlässlich meiner Kilimandscharo-Tour gekauft, und die haben schon sooo viel mitgemacht."

Wegwerfen befreit und macht den Kopf frei

Die Papierberge und Kleiderschrankdschungel bremsen Ihre Kreativität, Ihre Energie und Ihre Motivation. Es gibt Menschen, die nichts mehr wegwerfen können, dann wird das Sammeln zur Krankheit.

Lassen Sie es nicht soweit kommen. Wegwerfen beginnt im Kopf. Jeder Stapel, den Sie anlegen, ist eine Barriere. 90 Prozent der abgelegten Papiere benötigen Sie nie wieder – die restlichen zehn Prozent finden Sie nicht, wenn Sie sie tatsächlich einmal brauchen.

Tipps für Ihre Wegwerf-Aktion

Nehmen Sie sich systematisch Ihre Ablage vor. Beginnen Sie am besten mit den Bergen und Postkörben auf Ihrem Schreibtisch. Jeder Stapel ist eine Motivationsbremse. Genießen Sie es, diese Barrieren abzubauen. Verlieren Sie Ihren Respekt vor wichtigen Schreiben und interessanten Zeitschriftenartikeln. Stellen Sie sich einen großen Korb für Altpapier bereit, und beginnen Sie sofort mit der Aktion (Denken Sie dabei an die 72-Stunden-Regel: Wenn Sie tatsächlich etwas realisieren wollen, dann sollten Sie die ersten Schritt dazu innerhalb von 72 Stunden tun.)

Alles, was Sie tatsächlich noch benötigen, legen Sie ordnungsgemäß in die dafür vorgesehenen Ordner oder Registraturen ab. Nehmen Sie sich dabei gleich die Zeit, diese Ablagen nach ver-

(weiter auf S. 5)

⊚ Die Jahreszeit der Wahrheit

DerSeptember läutet so langsam den Herbst ein, die Zeit, in der die Natur aufräumt – alles, was nicht unbedingt zum Überleben gebraucht wird, wird abgeworfen, um Platz für Neues zu schaffen. Nutzen Sie die Zeit bis Weihnachten für Ihren persönlichen Herbst: Nehmen Sie sich jeden Monat ein Zimmer vor, in dem Sie aufräumen – schaffen Sie vom Boden bis zum Keller – vom Kleiderschrank bis zum Schuhregal Ihre persönliche Wohlfühlordnung:

Beginnen Sie mit dem Schlafzimmer: Kleiderschränke, Kommoden, vollgestapelte Nachtschränke:

⊚ Alles, was ich mindestens ein Jahr lang nicht getragen habe, kommt in die Altkleidersammlung.

⊚ Alles, was unvollständig ist, raus (beliebte Sammelobjekte sind Einzelstrümpfe, deren Partner in der Waschmaschine oder auf dem Weg dorthin auf Nimmerwiedersehen verschwanden).

Nehmen Sie sich die Zeit für Ihre Küche! Ob Geschirrschränke, Gewürzregale oder Vorratsschränke – Ihre Küche wird den Herbst in vollen Zügen genießen:

⊚ Best befor: Sortieren Sie nach Ablaufdaten. Sie werden sich wundern, was sich da so alles überlagert in Ihren Schränken tummelt.

⊚ Sammelsurium: Durchforsten Sie Ihre Tassen-, Gläser,-, Teller,- und Schüsselsammlungen. Trennen Sie sich endlich von den ewig nicht benutzten „Einzelstücken".

Lernen Sie von der Natur
Machen Sie eine persönliche Inventur, und lüften Sie die dunklen Geheimnisse Ihrer stillen Sammlerleidenschaft. Nach einer solchen Aufräumaktion werden Sie sich befreit und vor allem offen für Neues fühlen.

Die Tipps für diese Übung stammen aus dem Nachschlagewerk „Der persönliche Organisationsberater", VNR Verlag, Bonn. Dieses umfangreiche Nachschlagewerk bietet monatlich sofort umsetzbare Tipps für Ihre Büro-Organisation und Ihr Selbstmanagement. Infos: Tel: (02 28) 9 55 01 00 Fax: (02 28) 35 97 10

Übung: Finden Sie Ihr persönliches Ordnungssystem

Nachdem Sie sich für die Ablageart entschieden haben, kommt als A und O Ihrer Büroorganisation: der Aktenplan. Folgende Alternativen sind empfehlenswert:

⊚ Stichwortaktenplan mit Standortangabe

Ordnen Sie Ihre Akten nach Stichwörtern, wobei Sie keinerlei Hierarchien vornehmen – nicht Personal, Untergruppe: Löhne und Gehälter; sondern listen Sie alles stur alphabetisch auf.

Beispiel:

Stichwort	Standort
Angebote	Raum 1 Schrank 1
Einkauf	Raum 1 Schrank 3
Personal	Raum 4 Schrank 1

Vorteile: schneller, gezielter Zugriff, der Aktenplan ist per Computer schnell erstellt und kann beliebig erweitert werden.

Nachteile: Je größer die Ablage, desto umfangreicher die Stichwortsammlung – dadurch funktioniert das automatische Zusammenstellen gleicher Themenkreise nicht, da beim Stichwort Personal die Unterbegriffe Löhne und Gehälter sowie Ausbildung nicht zusammenstehen.

Geeignet für Sie, wenn die Ablage nicht umfangreich ist und Sie sie allein benutzen.

⊚ Aktenplan mit flexibler Struktur

Sammeln Sie alle Suchbegriffe, die Sie bereits auf Ihren Akten haben und die Sie für sinnvoll erachten und ordnen Sie diese folgenden Begriffsarten zu: Bezugspersonen, Gegenstände, Sachgebiete und Unterlagenarten. Sie erhalten so einen Begriffsbaukasten. Beispiel:

Suchbegriff	Bezugsperson (alphabetisch)	Gegenstand (alphabetisch)	Sachgebiet (numerisch)	Unterlagenart (alphab./klein)	Standort (numerisch)
Prospekte				p	01/02
– Büromaschinen		B1		p	01/02
– Büromöbel		B2		p	01/02
Schriftverkehr				s	01/03
– Büromaschinen		B1		s	01/03
– Büromöbel		B2		s	01/03

Vorteile: Die Unterlagenart steht an erster Stelle und wird untergliedert durch die Gegenstände. Auch dieser Aktenpaln kann alphabetisch sortiert werden. Da die alphabetische Suchbegriffsliste mit den Aktenzeichen gekoppelt ist, wird das schnelle Finden erleichtert.

Nachteile: Die Entwicklung ist zeitaufwendig, doch Sie erschlagen alle Punkte des Anforderungsprofils.

Geeignet für alle, die Ihre Ablage nicht allein benutzen und über eine größere Ablage verfügen.

Liebe Leser, wir sind bemüht, den CoachingBrief noch mehr auf Ihre Wünsche abzustimmen – bitte helfen Sie uns dabei, indem Sie den beiliegenden Fragebogen zurückschicken. Vielen Dank!

Das kann weg!

Vieles können Sie getrost dem Altpapier überlassen. Hier ein Checkliste für Ihre Wegwerf-Aktionen:

- ⚛ **Überflüssiges:** Werbebriefe, Prospekte, aber auch Zeitungen und Zeitschriften sollten Sie sofort nach Durchsicht entsorgen. Trennen Sie aus ausgelesenen Zeitschriften nur die Artikel heraus, die Sie wirklich später einmal brauchen – persönliche Zeitungs- und Zeitschriftenarchive sind out. Notieren Sie sich bei Prospekten bestenfalls Telefonnummer, falls Sie wirklich darauf zurückgreifen wollen.

- ⚛ **Terminsachen:** Alle Dinge, die in einer bestimmten Zeit erledigt werden müssen, wie Einladungen, Mahnungen, Angebote, sollten Sie sich auf Wiedervorlage legen, nach Erledigung aber in die Ablage P befördern.

- ⚛ **Korrespondenz:** Es ist Usus, dass jegliche Geschäftspost abgelegt wird (oftmals sogar zweimal, in den Tageskopien und beim entsprechenden Topic). Auch wenn es schwerfällt, trennen Sie sich von Korrespondenz, die älter als 3 Monate ist, bzw. legen Sie sie überhaupt nicht ab. Ausnahmen bilden natürlich Geschäftsvorgänge mit Dokumentationspflicht, z. B. für die Steuer (6 Jahre) oder Bilanzen (zehn Jahre).

- ⚛ **Fachbücher und Ausbildungs-Unterlagen:** Alles, was Sie länger als zwei Jahre nicht in der Hand hatten, kann weg.

alteten Materialien durchzusehen und diese auch gleich mit zu entsorgen.

Überlegen Sie, bevor Sie zuviel „wegordnen" – Wegwerfen ist im Zweifel besser, denn an die meisten Sachen kommen Sie problemlos wieder heran, wenn Sie sie wirklich benötigen sollten – übers Internet, via e-Mail oder Fax.

Damit Ihre Aufräumaktion Früchte trägt, sollten Sie Ihre persönliche Wegwerf-Routine etablieren:

- ⚛ Zwischenablagen sind verboten – auch nicht das kleinste Hügelchen mit Dingen, die Sie ja noch tun wollen, sollten Sie zulassen, denn daraus wird ganz schnell wieder ein stolzer 6000er, der zur unüberwindlichen Hürde wird.

- ⚛ 1x monatlich die Ordner und Hängeregistraturen durchforsten und rigoros entsorgen.

- ⚛ 1x wöchentlich den Schreibtisch aufräumen, wobei allerdings die hohe Schule des Schreibtischmanagements 1x täglich aufräumen beinhaltet. Denn wollen Sie sich wirklich schreibtischmäßig für den nächsten Arbeitstag motivieren, dann räumen Sie abends auf: Alles

... Es muss das Herz bei jedem Lebensrufe bereit zum Abschied sein und Neubeginne ... Und jedem Anfang wohnt ein Zauber inne, der uns beschützt und der uns hilft zu leben.

Frei nach Hermann Hesse laden wir Sie ein, den Zauber des Neubeginns in Ihrer persönlichen Organisation zu erfahren. Sie werden staunen, welch ungeahntes Glückspotenzial eine solch scheinbar kleine Zäsur hervorrufen kann.

All in one

Nutzen Sie die Hilfsmittel zur Büroorganisation auch zu Hause. Wir empfehlen als ideale Ablage eine (1 !!!) Hängeregistratur, in die Sie alle Vorgänge alphabetisch ordnen, egal ob es die Steuererklärung, das Banking, die Urlaubsplanung, Versicherungen oder die Zeugnisse der Kinder sind.

Alles in einer Hängeregistratur ist die geniale Lösung für Ihre persönliche Ablage! Probieren Sie es aus!

Erledigte werfen Sie weg oder legen es endgültig ab. Das Projekt, mit dem Sie Ihren neuen Arbeitstag beginnen wollen, plazieren Sie auf den jungfräulich reinen Schreibtisch. Prüfen Sie Ihre Gefühle, den Arbeitstag so beginnen zu können.

Ganz sicher fällt es Ihnen beim ersten Mal schwer, sich endgültig von „wichtigen" Unterlagen zu trennen. Doch das Glücksgefühl angesichts eines übersichtlich geordneten Büros wiegt das wieder auf. Nutzen Sie nebenstehende Liste, um einen Wegwerf-Anfang zu finden, und stellen Sie sich bei jedem Schriftstück folgende Fragen:

🌀 Wie hoch ist die Wahrscheinlichkeit, dass ich das wieder brauche?

🌀 Wann finde ich Zeit, das zu lesen?

🌀 Was passiert, wenn ich dieses Schriftstück nicht mehr habe?

Ihre ideale Ablage

Nachdem Sie im ersten Schritt hoffentlich 70 Prozent Ihrer Papiere im Rundordner (Papierkorb) abgelegt haben, sollten Sie nun Ihr Ablagesystem verein-

❤️ Voll- oder Leertischler?

Dr. Jörg Knoblauch (siehe unser Porträt nächste Seite) teilt die Menschen in Voll- und Leertischler ein. So sagt der Volltischler: „Aus den Augen, aus dem Sinn.", und meint, er könne nur in seinem genialen Chaos zurechtkommen. Oft nimmt sich der Volltischler sehr wichtig und möchte mit den wichtigen Aktenstapeln seine Bedeutung verdeutlichen.

Der Leertischler dagegen ist der Überzeugung, ohne penible Ordnung keine Ideen entwickeln zu können. Sein Schreibtisch ist leer.

Fakt ist: Leertischler machen das Rennen, sie sind erfolgreicher, da sie nicht durch Aktenberge, die nach Erledigung schreien, abgelenkt werden.

Entscheiden Sie sich – Wollen Sie als Volltischler durchs Leben hetzen, immer einem Vorgang auf der Spur, oder sich immer nur auf eine Sache konzentrieren und ein erfolgreicher Leertischler sein?

fachen, um zukünftig zu den Glücklichen zu gehören, die Zeit und Energie sparen, weil sie in jeder Situation alles schnell finden. Das gelingt Ihnen nur mit einem einfachen Ablagesystem.

Alle Dokumente dürfen Sie nur einmal ablegen und müssen sie unter einem Schlagwort schnell wiederfinden.

Ein solches sinnvolles Ablagesystem besteht aus beliebig vielen Registraturen (mehr ist hier besser, da übersichtlicher) sowie einem Ablageplan, um alle Dokumente auch schnell zu finden.

Die gängigen Registratursysteme sind Hebelordner, Hängemappen oder Stehablage, wobei wir auch für den ge-

Porträt: Jörg Knoblauch – Der Umtriebige

Jörg Knoblauch ist einer der glücklichen Menschen, die ihr Hobby zum Beruf gemacht haben. Seit mehr als 20 Jahren leitet er die „Knoblauch Unternehmensgruppe" in Giengen, zu der auch der Zeitplanbuch-Verlag Tempus zählt, dessen Produktpalette alles rund ums effiziente Arbeiten beinhaltet. Und alle Tools und Feinheiten, die der große Markt der Zeit- und Organisationspla-

nung kennt, sind das Steckenpferd des umtriebigen Unternehmers. Jörg Knoblauch beherrscht sie alle und setzt sie mit Spaß und schier unstillbarer Entdeckerfreude ein.

Schaut man sich seine Aktivitätenliste an, dann wird allerdings auch erkennbar, dass er auf Zeitsparen und Effizienz angewiesen ist. Dr. Jörg Knoblauch führt nicht nur seine eigenen Unternehmen erfolgreich, neben Tempus sind das noch die Firmen drilbox Werkzeugverpackungen und DISG Persönlichkeitstraining.

Er engagiert sich auch sehr stark für gelebtes Christentum (so ist er internationales Vorstandsmitglied des „Christian Business Men's Committee", Gründungsmitglied im Arbeitskreis „Christ und Manager" sowie Mitarbeiter in „OASE", einer evangelischen Gemeinde, in der die aktive Teilnahme aller Mitglieder beispielhaft gelebt wird).

Ebenso wichtig wie die menschliche Harmonie ist ihm die Erhaltung unserer Umwelt.. Für die erfolgreiche Verbindung von Wirtschaftlichkeit und Umweltbewußtsein erhielt seine Firmengruppe den „Best Factory Award" des Bundeswirtschaftsministeriums.

Dr. Jörg Knoblauch ist ein Beispiel dafür, dass effizientes Arbeiten kein guter Vorsatz bleiben muss. Auch wenn seine Freunde liebevoll von ihm fordern, doch nicht auch noch im 25. Verband aktiv zu werden, so lebt er doch vor, wie es möglich ist, täglich die vielfältigsten Aktivitäten unter einen Hut zu bringen und trotzdem offen, kreativ und frei von jeglicher Hetzkrankheit zu bleiben.

Dr. Jörg Knoblauch
Sein Credo: Effizienz
auch im Detail

Wie empfehlen
Ihnen Dr. Jörg
Knoblauchs Strategien für sinnvolles
Selbstmanagement:
„Berufsstreß ade!"
und „Lernstreß
ade!", „22 Zeitspartips", R. Brockhaus
Verlag, Wuppertal
und tempus.verlag,
Giengen. Infos: Tel.
(0 73 22) 95 01 10
Fax: (0 73 22)
95 01 57
www.tempus.de

💗 Jörg Knoblauchs Tipps für Sie

- 🌀 Nehmen Sie sich täglich 6 bis 10 Minuten für Ihre Tagesplanung.
- 🌀 Führen Sie in allen Lebensbereichen To-do-Listen, und kennzeichnen Sie die verschiedenen Aufgabenbereiche durch unterschiedliche Farbgebung.
- 💗 Unbeliebte To dos ins Blickfeld rücken: Aufgaben, die Ihnen unangenehm sind, z. B. Rasen mähen oder Keller aufräumen, sollten Sie sich mit Haftnotiz ins Blickfeld rücken (an den Spiegel, auf das heute-Lineal Ihres Zeitplaners).
- 🌀 Räumen Sie einmal monatlich Ihren Schriebtisch auf. Reservieren Sie sich zwei bis drei Stunden, stellen Sie einen großen Papierkorb auf, nehmen Sie jedes Schriftstück in die Hand. Die To dos auf eine Liste, die Dinge zum Ablegen in Ihre Hängeregistratur oder Ordner, alles andere in die Ablage P – nur so erhalten Sie den Überblick und Gelassenheit, neue Dinge anzugehen.

Ihr neues Ablagesystem wird Ihnen Flügel verleihen –

denn eine chaotische Ablage kostet Geld, Zeit, Nerven und Kunden. Mit wenigen Prinzipien, die Sie aber konsequent umsetzen müssen, werden Sie ein völlig neues Arbeitsgefühl bekommen.

schäftlichen Bereich eine einheitliche Ablage in der Hängeregistratur empfehlen, denn Ungeheftetes ist erheblich schneller und flexibler abzulegen und wiederzufinden. Ausnahmen bilden Frist- und Archivsachen, mit denen nicht gearbeitet werden muß, die aber aufbewahrt werden müssen.

Die Hängeregistratur: Flexibel und schnell

Hängeregistraturen sind die beste Lösung für eine erfolgreiche Büroorganisation. Sie müssen dafür keine neuen Möbel kaufen, bei IKEA beispielsweise sind preiswerte und qualitativ gute Hängeregistraturen erhältlich, die Sie in jedem Regal oder Büroschrank montieren können.

Ihr Ablageplan: Das A und O

Ist die Frage nach der Art der Ablage geklärt, kommt der wichtigste Part, der Ablageplan. Erstellen Sie dazu eine Ist-Aufnahme Ihrer vorhandenen Ablage nach Ordnungsbegriffen. Bilden Sie daraus Hauptgruppen und ggf. weitere Untergruppen (Beispiele Seite 5). Diese Arbeit können Sie gut via Mind-Map (mehr darüber im Oktober) erledigen.

@www.coaching-briefe.de

Besuchen Sie uns im Internet. In unserem Forum www.coaching-briefe.de können Sie kommentieren, diskutieren, Ihre Erfahrungen mit anderen Brieflesern austauschen.
Ihr CoachingBrief-Team

Wichtige Ablageprinzipien

🔹 **Das Ein-Ort-Prinzip:** Es darf in Ihrem Büro immer nur einen Ort geben, an dem sich ein Schriftstück befindet. Sagen Sie Wiedervorlagen oder Ablagekästchen zum Einsortieren ade! Sie haben nur eine Ablage, in die alle Vorgänge sofort einsortiert werden.

🔹 **Der eindeutige Aktenplan:** Ihre Aktenübersicht muß nicht nur für Sie, sondern für jeden, der Zugriff hat, eindeutig sein. Als Beschriftungsschema gilt: Aktenzeichen, Suchbegriffe, Standort.

🔹 **Aktualisierung ist Muss:** Jede Ablage ist so gut wie sie aktuell ist. Machen Sie es zum Muss, Ihren Aktenplan mit jeder neuen Mappe zu aktualisieren.

Ich freue mich mit Ihnen auf ein neues unbeschwertes Bürogefühl, Ihr

Lothar J. Seiwert

660 233 011

B 51393

LOTHAR J. SEIWERT
COACHINGBRIEF

Professioneller & souveräner arbeiten und leben

Professionalität und Effektivität in allen Lebensbereichen gewinnen
Souveränität und Gelassenheit ausstrahlen
Balance und Persönlichkeit entwickeln

Monatlicher Coaching-Service ❖ Oktober 2000

Liebe Leserin, lieber Leser,

allen, die sich an der Leserbefragung beteiligt haben, herzlichen Dank für das schnelle und ausführliche Feedback. Sehr viele von Ihnen müssen den **COACHINGBRIEF** sofort nach Erhalt gelesen und die Fragebögen ausgefüllt haben. Nur so ist es erklärlich, dass bereits zwei Tage nach Versand so viele Rückfaxe bei uns eingetroffen sind. Sie bestätigen uns, dass wir mit unserem Konzept richtig liegen. Die Inhalte erfüllen Ihre Erwartungen überwiegend voll, zusammen mit den Lesern, die nur teilweise zufrieden sind („trifft nicht alles auf mich zu", „Ich habe andere Probleme") erreicht Ihre Zufriedenheit über 90 Prozent. Sehr beliebt sind die Übungen, die die meisten von Ihnen intensiv und gern absolvieren. Auch Umfang und Zeitaufwand entsprechen in hohem Maß Ihren Wünschen. Sobald alle Fragebögen ausgewertet sind, gehe ich noch einmal im Detail auf die Resultate ein. Ihre Anregungen werde ich gerne prüfen und wenn möglich natürlich auch umsetzen. Ihnen vielen Dank, auch ein Coach benötigt Feedback und Motivation. Ich freue mich weiterhin auf unseren regen Austausch, Ihr

Lothar J. Seiwert

PROFESSOR DR. LOTHAR J. SEIWERT gilt als Europas führender Experte für Zeitsouveränität, Effektivität und sinnvolles Lebensmanagement. Er ist erfolgreicher Bestsellerautor und erhielt 1999 als erster deutscher Trainer den internationalen Trainingspreis "Excellence in Practice" der ASTD (American Society for Training und Development).

> Ihre ersten Stimmen zur Leserbefragung
>
> „Man kann immer etwas lernen und unmittelbar anwenden."
> „Der Brief hat bis jetzt sogar meine Erwartungen übertroffen!"
> „Motivierende, verständliche und realitätsnahe Darstellung."
> „Weil Sie mich unterstützen und helfen, meinen Alltag positiv zu strukturieren und mich wachsamer machen..."
> „Coaching im eigentlichen Sinn!"

Themen

Kleine Zwischenbilanz:
Was haben Sie verändert?

Veränderung funktioniert nach einem ganz einfachen Prinzip: Entweder Sie sind bereit, sich zu ändern und tun täglich etwas dafür; oder Sie lassen sich weiterhin hängen, geben den anderen die Schuld und bleiben in Ihrer bequemen Komfortzone bis Sie den Veränderungsdruck schmerzhaft spüren.

Nicht warten, Starten ist die wahre Kunst!

„Ich kenne keine ermutigendere Tatsache als die fraglose Fähigkeit des Menschen, sein Leben durch bewußte Anstrengung weiterzuentwickeln."

Henry David Thoreau

Soweit Henry David Thoreau zur Theorie. Ich hoffe, Sie haben in nebenstehendem Test nicht zu viele Aussagen ankreuzen müssen.

Nehmen Sie sich die Zeit und füllen Sie die kleine Zwischenbilanz (Seite 4) aus. So können Sie sehen, welche Anregungen aus unserem Coaching Sie bisher aktiv genutzt haben, welche Routinen und Gewohnheiten Sie tatsächlich verändert haben und in welchen Lebensbereichen Sie dadurch Ihren Zielen nähergekommen sind.

Es reicht nicht aus, Veränderung und Fortschritt nur zu wollen. Ehrlich wird es dann, wenn man auch tatsächlich mit der Arbeit beginnt.

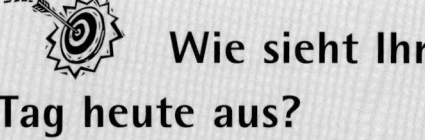 **Wie sieht Ihr Tag heute aus?**

Testen Sie sich. Haben Sie durch unser Coaching Ihren Tag verändert?

- Noch immer versuche ich, alles auf einmal zu tun.

- Ich setze mir nicht regelmäßig Tagesziele und stelle keine Tagespläne auf.

- Ich unterscheide noch nicht zwischen dringlichen und wichtigen Dingen, setze leider nicht konsequent Prioritäten.

- Ich lasse mich noch immer zu schnell ablenken - durch Telefonate, Kollegen, unangemeldete Besucher, etc.

- Ich setze mich nicht gegen langwierige, überflüssige Besprechungen zur Wehr.

- Leider quillt mein Schreibtisch noch immer über.

- Unangenehme Aufgaben schiebe ich lieber auf.

- Nein zu sagen fällt mir unheimlich schwer.

- Ich kenne zwar das Pareto-Prinzip, aber mache eine Sache doch lieber ganz perfekt, auch wenn es mehr Zeit kostet.

- Ich hatte angefangen, mir täglich etwas Gutes zu tun, aber irgendwie fehlt mir doch die Zeit.

- Ich wollte täglich etwas für meinen Körper tun, aber ......

Das Gesetz der Pro-Aktivität

Vielleicht werden Sie sich ein wenig ärgern, wenn Sie am Ende Ihrer kleinen Zwischenbilanz angekommen sind. Aber sehr schnell werden Ihnen dann auch die Gründe einfallen, warum Sie die eine oder andere Sache noch nicht angegangen sind: „Wie soll ich bei diesem verregneten Sommer ernsthaft mit Joggen beginnen?" „Ich würde mich ja gesund ernähren, aber die vielen Dienstreisen und Geschäftsessen und die gute Hausmannskost aus der Kantine..." „Natürlich würde ich gern einmal im Monat mit meinem Partner ins Theater gehen, aber unsere Kinder..."

Viele Menschen haben anscheinend die Macht der Konditionierung in ihrem Leben anerkannt, meinen, in ihren Entscheidungen von bestimmten Bedingungen abhängig zu sein (siehe auch nebenstehenden Kasten). Und leider funktioniert es auch so, denn wir sind nun einmal, was wir denken. Meinen wir, wir hätten Übergewicht, weil in unserer Familie von jeher alle Übergewicht hatten, dann werden wir alles tun, um diese sich selbst erfüllende Prophezeihung Wirklichkeit werden zu lassen. Wir werden nicht ernsthaft an einer Ernährungsumstellung arbeiten, sondern nach 14 Tagen aufgeben, weil es „ja doch keinen Zweck hat, sich so anzustrengen."

Die gute Nachricht aber ist: Wir Menschen haben als einzige unter den Lebewesen die Möglichkeit, selbst zu entscheiden, wie wir auf bestimmte Reize (also soziale Bedingungen) reagieren. Zwischen dem Reiz und der Reaktion haben wir die Freiheit und auch die Kraft zu bestimmen, wie wir reagieren wollen.

(weiter auf S. 5)

Drei soziale Landkarten

Es gibt drei grundsätzliche soziale Muster, die im allgemeinen zur Erklärung unserer menschlichen Natur herangezogen werden – drei Theorien über unsere soziale Abhängigkeit:

☀ Der genetische Determinismus

Hier finden wir die Entschuldigung für unsere Charakterschwächen in der DNS. Alles ist von den Großeltern vererbt und wird einfach von Generation zu Generation weitergereicht. Ich bin halt so, weil mein Großvater ebenso war. Punkt.

☀ Der psychische Determinismus

Er besagt, dass unsere persönlichen Neigungen und unsere Charakterstruktur direkt durch unsere Kindheitserfahrung geprägt sind – die Eltern sind also schuld.

☀ Der umweltbedingte Determinismus

Bei dieser Erklärung finden wir die Rechtfertigungen für unsere Fehler oder unser Versagen beim Chef, beim Ehepartner, bei unseren Kindern. Umweltdeterminismus gibt auch die Schuld an die gesamtwirtschaftliche oder politische Situation.

Dieses Denken in sozialen Landkarten beruht auf einem reaktiven Modell: Es gibt einen Reiz, und wir reagieren. Sie kennen das vom Pawlowschen Reflex: Entsprechend dem Reiz, dem die Hunde ausgesetzt waren, haben sie reagiert. So einfach sollten wir es uns in unserem Leben nicht machen, denn wir haben ja nur dieses eine!

Das Thema Pro-aktives Handeln können Sie bei Stephen R. Covey: „Die sieben Wege zur Effektivität", Campus, Frankfurt, vertiefen. Dieses Buch lege ich Ihnen als Grundlagenwerk zur persönlichen Exzellenz ans Herz.

Lassen Sie sich nicht länger fernsteuern ...

... übernehmen Sie die Verantwortung für alle Ihre Entscheidungen und Ihr gesamtes Handeln von heute an selbst.

Als Leserin oder Leser unseres CoachingBriefs sind Sie natürlich grundsätzlich veränderungs-bereit. Aber trotzdem sind wir alle immer wieder in der Gewohnheitsfalle gefangen. Sie können ihr nur entkommen, wenn Sie ehrlich zu sich selbst sind (Bilanz) und vor allem bereit, den Preis zu zahlen, den jede Veränderung nun einmal kostet – harte Arbeit an sich selbst und Abschied von der Bequem-lichkeit.

Zwischenbilanz: Was habe ich in den letzten 9 Monaten verändert?

Nehmen Sie sich zehn Minuten Zeit, und ziehen Sie eine ehrliche Zwischenbilanz der letzten 9 Monate. Schreiben Sie auf, was Sie schon verändert haben und was Sie sich fest vorgenommen, aber noch nicht geschafft haben. Korrigieren Sie Ihre Jahresziel-planung entsprechend.

Haben: Das habe ich bereits geschafft

Lebensbereich: Körper/Gesundheit
✔..
✔..
✔..
✔..
✔..
✔..

Lebensbereich: Leistung/Finanzen
✔..
✔..
✔..
✔..
✔..
✔..

Lebensbereich: Beziehung/Partnerschaft
✔..
✔..
✔..
✔..
✔..
✔..

Lebensbereich: Sinn/Werte
✔..
✔..
✔..
✔..
✔..
✔..

Soll: Das habe ich mir vorgenommen

Lebensbereich: Körper/Gesundheit
☞..
☞..
☞..
☞..
☞..
☞..

Lebensbereich: Leistung/Finanzen
☞..
☞..
☞..
☞..
☞..
☞..

Lebensbereich: Beziehung/Partnerschaft
☞..
☞..
☞..
☞..
☞..
☞..

Lebensbereich: Sinn/Werte
☞..
☞..
☞..
☞..
☞..
☞..

Viktor Frankl, für mich einer der bedeutendsten Psychologen und der Begründer der Logotherapie, formulierte dieses Gesetz der Pro-Aktivität.

Sie allein bestimmen, wie Sie auf alles, was Ihnen im Leben widerfährt, reagieren. Damit können Sie also getrost all Ihre Rechtfertigungen dafür, Ihre Ziele nicht wie geplant realisiert zu haben, in die Schublade oder am besten gleich in die Ablage P (siehe September-Ausgabe) befördern.

Sie allein entscheiden, wie Sie auf die Forderung Ihres Chefs nach noch mehr Überstunden contra dem eigenen Wunsch, mehr Zeit mit der Familie zu verbringen oder auf den verlockenden Duft des panierten Schnitzels mit Kartoffelsalat contra der gesundheitsstrotzenden geruchsarmen Salattheke in der Kantine reagieren. Sie allein entscheiden, ob Sie sich nach Feierabend wetterfest kleiden und trotz Regens joggen gehen oder doch lieber den kürzeren Weg zu Sofa und Chips wählen. Wie entscheiden Sie sich heute?

Ihre Sprache verrät Sie

Um zu erkennen, ob Sie eine pro-aktive Einstellung besitzen, ob sich sich Ihrer

selbst bewusst sind und tatsächlich selbst bestimmen, wie Sie reagieren, können Sie sich Ihre Sprache näher anschauen.

Reaktive Menschen lehnen schon mit ihren Worten jegliche Verantwortung für ihr Leben ab. Sie sagen: „Mein Mann macht mich so wütend, ich kann nichts dagegen tun." oder „Ich bin halt so wie ich bin." Und Sie wissen, reaktive Sprache wird zur sich selbst erfüllenden Prophezeihung. Das, was Sie sagen und denken, werden Sie auch erreichen.

Denken und sprechen Sie ab heute pro-aktiv (die pro-aktive Sprache ist Ihnen aus unseren Übungen zur Zielformulierung bekannt). Wachen Sie aus Ihrem bequemen Dornröschenschlaf der Verantwortungslosigkeit auf. Sie brauchen dafür keinen Guru, der Sie wachküsst, übernehmen Sie die Verantwortung dafür selbst.

Lassen Sie sich nicht länger von außen bestimmen. Wählen Sie Ihren Entscheidungsspielraum selbst aus.

Reiz	ENTSCHEIDUNGS-FREIRAUM	Reiz
Selbstbewußtheit		Unabhängiger Wille
Vorstellungskraft		Gewissen

Das Modell des Pro-aktiven Handelns nach Stephen R. Covey: Wir sind selbst für unser Handeln verantwortlich. Unser Verhalten ist immer eine Folge unserer Entscheidungen, nicht vorgegebener Bedingungen.

Unsere innere Uhr
Wir Menschen werden im Vierstundentakt müde und wieder wach, brauchen nach 1¹/₂ Stunden eine kleine Pause, um unsere Leistungsfähigkeit optimal zu erhalten. Wir haben im Herbst und Winter deutlich schlechtere Laune und sind müder als im Frühjahr und Sommer. Unser natürliches Schlafbedürfnis variiert zwischen 5 und 10 Stunden. Leider ignorieren die meisten Menschen ihre natürlichen Rhythmen – sie wollen zu jeder Zeit und überall funktionieren. Doch Life-Leadership bedeutet auch, sich selbst zu erkennen und den eigenen natürlichen Rhythmus zu nutzen.

Tipps für Ihren guten Schlaf

„Der Schlaf ist für den ganzen Menschen, was das Aufziehen für die Uhr."
Arthur Schopenhauer

Wie Sie Ihren Tag managen und Ihre Ziele erreichen ist nicht nur eine Frage des optimalen Selbstmanagements und der gesunden Balance zwischen Arbeit und Freizeit. Der Tag läuft auch immer nur so gut, wie die Nacht war. Denn Morpheus, der Gott des Schlafs, hat mehr Macht über uns als wir glauben. Schlaf ist lebenswichtig. Wir brauchen ihn, um unseren Körper und unser Gehirn zu regenerieren.

Wie unsere innere Uhr tickt

Jeder Mensch verfügt über ein biologisches Uhrwerk, das alle unsere Lebensprozesse steuert. Diese Uhr richtet sich in ihrem Wach- und Schlaf-Rhythmus in etwa nach der Länge des Tages. Der Kör-

(weiter auf S.10)

🔍 Die größten Schlafdiebe

Schlafstörungen kommen nie von ungefähr. Begeben Sie sich daher im ersten Schritt auf die Ursachenforschung, erst dann können Sie das Problem erfolgreich lösen:

☀️ **Alkohol:** Fälschlicherweise glaubt mancher, mit Alkohol besser zu schlafen. Doch regelmäßiger übertriebener Alkoholgenuss lähmt und stört die körpereigenen Schlaf-Prozesse.

☀️ **Angst/Depression:** Oftmals sind die Ursachen für Schlafstörungen psychosomatischen Ursprungs. Angst und Sorgen gehen mit Muskelverspannungen einher, die das Nicht-Schlafen-Können verursachen.

☀️ **Grübeln über das Schlafproblem:** Wer ständig über seinen fehlenden Schlaf nachdenkt, steigert sich in das Problem hinein. Hier hilft z.B. die „Paradoxe Intention" – konzentrieren Sie sich darauf, wach zu bleiben, dann kommt der Schlaf irgendwann von allein.

☀️ **Schlafmittel:** Wer schon bei geringen Schlafproblemen Tabletten nimmt, wird abhängig.

☀️ **Koffein:** Zuviel Kaffee (ca. 10 Tassen pro Tag) provoziert Schlafstörungen. Tipp: Nicht auf entkoffeinierten Kaffee umsteigen, da er ebenfalls abhängig macht, sondern zu grünem Tee oder Kräutertee wechseln.

☀️ **Aufregung vor dem Schlafen:** Vor dem Zubettgehen keinen Sport treiben oder sich mit aufwühlenden Themen beschäftigen.

☀️ **Fehlnutzung des Schlafzimmers:** Fernsehen und Arbeiten im Schlafraum vermeiden.

Porträt: Jürgen Zulley – Der Schlafforscher

D r. Jürgen Zulley gilt als einer der führenden europäischen Schlafforscher und Chronobiologen. Der Leiter des Schlafmedizinischen Zentrums, Leitender Psychologe an der Psychiatrischen Universitätsklinik, Regensburg, und Privatdozent an der Universität Regensburg hat sich der wissenschaftlichen Erforschung des Themas Schlaf verschrieben.

🐓 Jürgen Zulleys Tipps für Sie

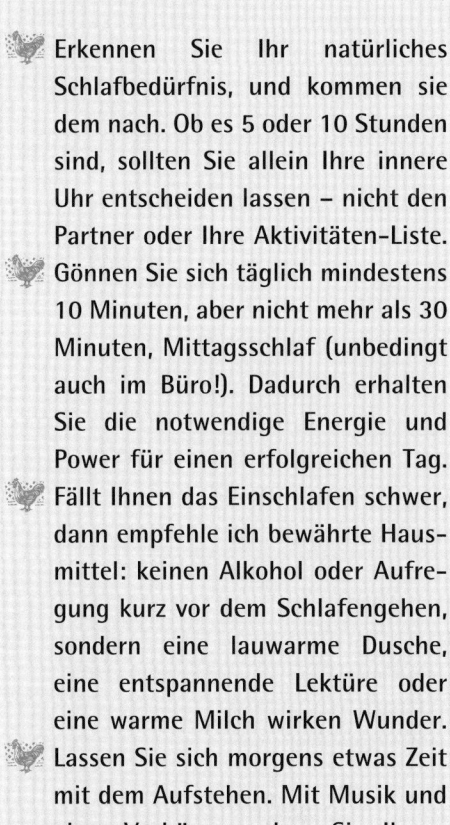

🐓 Erkennen Sie Ihr natürliches Schlafbedürfnis, und kommen sie dem nach. Ob es 5 oder 10 Stunden sind, sollten Sie allein Ihre innere Uhr entscheiden lassen – nicht den Partner oder Ihre Aktivitäten-Liste.

🐓 Gönnen Sie sich täglich mindestens 10 Minuten, aber nicht mehr als 30 Minuten, Mittagsschlaf (unbedingt auch im Büro!). Dadurch erhalten Sie die notwendige Energie und Power für einen erfolgreichen Tag.

🐓 Fällt Ihnen das Einschlafen schwer, dann empfehle ich bewährte Hausmittel: keinen Alkohol oder Aufregung kurz vor dem Schlafengehen, sondern eine lauwarme Dusche, eine entspannende Lektüre oder eine warme Milch wirken Wunder.

🐓 Lassen Sie sich morgens etwas Zeit mit dem Aufstehen. Mit Musik und ohne Vorhänge geben Sie Ihrem Körper Gelegenheit zum Umschalten und kommen relax in den Tag.

Wer glaubt, Schlaf sei eine tote, unproduktive Phase, dem beweist Dr. Zulley das Gegenteil. „Im Schlaf vollbringt unser Gehirn Höchstleistungen: es speichert Erlerntes, löscht überflüssige Informationen und schafft den Platz für neue Eindrücke. Ohne ausreichend und regelmäßigen Schlaf können wir also unser gesamtes Selbstmanagement vergessen, dann übernimmt unser Körper das Ruder – er reagiert mit Unkonzentriertheit oder sogar Krankheit.", so die Meinung des Chronobiologen zu diesem menschlichen Kern-Thema, das die meisten von uns völlig unterbewerten.

Privat zieht es den passionierten Schlafforscher ebenfalls in Sphären unseres schönen Planeten, in denen Ruhe und Abschalten noch möglich sind – seine Hobbies sind Bergsteigen und Wüstentouren, sein Lieblingsbuch: „Gehen in der Wüste" von Otl Aicher.

Der vielbeschäftigte Wissenschaftler, Fachbuchautor, Ehemann und Vater zweier Kinder selbst kennt kaum Schlafprobleme. „Wer seine innere Uhr kennt", so Jürgen Zulley, „weiß sich auch in arbeitsintensiven Phasen danach zu richten." Wird er trotzdem einmal des nächtens wach, dann genießt er das entspannte Liegen, statt verzweifelt wieder einschlafen zu wollen.

Als Morgentyp hat Dr. Zulley seine feste Schlafroutine: er geht um 23.00 Uhr zu Bett und steht um 6.00 Uhr auf. Und natürlich gönnt er sich den obligatorischen Mittags-Büroschlaf, der unsere Leistungsfähigkeit für den Rest des Tags um ein Vielfaches steigert.

Dr. Jürgen Zulley: „Nach der eigenen inneren Uhr zu leben bedeutet wahre Lebensqualität."
www.schlaf-medizin.de

Ich empfehle Ihnen das Buch:
Jürgen Zulley
Barbara Knab
„Unsere innere Uhr",
Herder, Freiburg,
36,- DM
Entspannende und hochinteressante Lektüre, um unseren natürlichen Rhythmus zu verstehen und zu nutzen.

Coaching-Video zum Thema Büroschlaf:
Jürgen Zulley
„Erfolgreich durch Büroschlaf"
AddBrain, Bergisch Gladbach.

Test: Welcher Schlaftyp sind Sie?

(aus Manzel, Dr. Peter-Paul, Gesunder Schlaf, Mosaik, München) Folgender Test, entwickelt von den Schlafforschern Jim Horne Olov Oestberg, zeigt Ihnen, welcher Schlaftyp Sie sind. Mit dieser Kenntnis können Sie Ihre Tages- und Nachtplanung optimal nach Ihrer inneren Uhr einstellen. Beantworten Sie die Fragen spontan in der vorgegebenen Reihenfolge. Kreuzen Sie immer nur eine Lösung an. Seien Sie ehrlich zu sich selbst.

Frage 1:
Wann würden Sie am liebsten aufstehen, wenn Sie völlig frei in Ihrer Tagesplanung wären und sich ausschließlich nach Ihrem persönlichen Gefühl richten könnten?

Uhrzeit	Pkt.
5:00 – 6:30	5
6:30 – 7:45	4
7:45 – 9:45	3
9:45 – 11:00	2
11:00 – 12:00	1

Frage 2:
Wann würden Sie am liebsten zu Bett gehen, wenn Sie völlig frei in der Planung Ihres Abends wären und sich ausschließlich nach Ihrem persönlichen Gefühl richten könnten?

Uhrzeit	Pkt.
20:00 – 21:00	5
21:00 – 22:15	4
22:15 – 0:30	3
0:30 – 1:45	2
1:45 – 3:00	1

Frage 3:
Wie weit sind Sie davon abhängig, vom Wecker geweckt zu werden, wenn Sie am Morgen zu einer bestimmten Zeit aufstehen müssen?

Überhaupt nicht abhängig	4
Gelegentlich abhängig	3
Ziemlich abhängig	2
Ganz und gar abhängig	1

Frage 4:
Wie leicht fällt ihnen das Aufstehen am Morgen unter normalen Bedingungen?

Sehr schwer	1
Ziemlich schwer	2
Ziemlich leicht	3
Sehr leicht	4

Frage 5:
Wie wach fühlen Sie sich in der ersten halben Stunde nach dem morgendlichen Aufstehen?

Noch sehr schläfrig	1
Ein bisschen schläfrig	2
Ziemlich wach	3
Hellwach	4

Frage 6:
Wie ist Ihr Appetit in der ersten halben Stunde nach dem morgendlichen Aufwachen?

Überhaupt kein Appetit	1
Wenig Appetit	2
Ziemlich guter Appetit	3
Sehr guter Appetit	4

Frage 7:
Wie müde fühlen Sie sich in der ersten halben Stunde nach dem morgendlichen Aufstehen?

Sehr müde	1
Etwas müde	2
Einigermaßen frisch	3
Sehr frisch	4

Frage 8:
Wenn Sie am nächsten Tag keinerlei Verpflichtungen haben, wann gehen Sie schlafen im Vergleich zu Ihrer üblichen Schlafenszeit?

Selten oder nie später	4
Weniger als 1 Stunde später	3
1–2 Stunden später	2
Mehr als 2 Stunden später	1

Frage 9:
Sie haben sich entschlossen, Sport zu treiben. Ihr Freund schlägt vor, dies zweimal wöchentlich eine Stunde lang durchzuführen. Die beste Zeit für ihn sei morgens zwischen 7 und 8 Uhr. Wäre dies eine günstige Zeit für Sie?

Ich würde in guter Form sein	4
Ich wäre in leidlich guter Form	3
Es würde mir schwerfallen	2
Es würde mir sehr schwerfallen	1

Frage 10:
Wann sind Sie abends so müde, dass Sie schlafen gehen müssen?

Uhrzeit	Pkt.
20:00 – 21:00	5
21:00 – 22:15	4
22:15 – 0:45	3
0:45 – 2:00	2
2:00 – 3:00	1

Frage 11:
Für eine Prüfung möchten Sie auf dem Höhepunkt Ihrer Leistungsfähigkeit sein. Welchen der vier angegebenen Prüfungstermine würden Sie wählen, wenn Sie frei entscheiden könnten und sich nur nach Ihrem eigenen Gefühl richten müßten?

Uhrzeit	Pkt.
8:00 – 10:00	4
11:00 – 13:00	3
15:00 – 17:00	2
19:00 – 21:00	1

Frage 12:
Wie groß ist Ihre Müdigkeit, wenn Sie um 23:00 Uhr zu Bett gehen?

Ich bin sehr müde	5
Ich bin einigermaßen müde	3
Ich bin kaum müde	2
Ich bin überhaupt nicht müde	0

Frage 13:
Sie sind etliche Stunden später als gewöhnlich zu Bett gegangen. Es besteht keine Notwendigkeit, am nächsten Morgen zu einer bestimmten Zeit aufzustehen. Welche der angegebenen Möglichkeiten würde für Sie zutreffen?

Ich werde zur gewohnten Zeit wach und schlafe nicht wieder ein	4
Ich erwache zur gewohnten Zeit und döse dann weiter	3
Ich erwache zur gewohnten Zeit, schlafe aber wieder ein	2
Ich wache später als gewöhnlich auf	1

Frage 14:
Sie müssen nachts zwischen 4 und 6 Uhr Nachtwache halten. Am nächsten Morgen haben Sie keinerlei Verpflichtungen. Welche der folgenden Möglichkeiten ist Ihnen am angenehmsten?

Ich gehe erst nach der Nachtwache schlafen	1
Ich mache vorher ein Nickerchen und schlafe nachher	2
Ich schlafe vorher gut und mache nachher ein Nickerchen	3
Ich schlafe vorher ganz aus	4

Frage 15:
Sie müssen zwei Stunden lang schwere körperliche Arbeit verrichten. Welche der folgenden Zeitspannen würden Sie dafür wählen, wenn Sie völlig frei in Ihrer Tagesplanung wären und sich nur nach ihrem persönlichen Gefühl richten könnten?

Uhrzeit	Pkt.
8:00 – 10:00	6
11:00 – 13:00	4
15:00 – 17:00	2
19:00 – 21:00	0

Frage 16:
Sie haben sich entschlossen, ein hartes körperliches Training durchzuführen. Ein Freund schlägt vor, dafür zweimal eine Stunde aufzuwenden. Seine beste Zeit wäre zwischen 22 und 23 Uhr. Wie günstig wäre nach Ihrem Gefühl diese Zeit für Sie?

Ja, ich wäre gut in Form	1
Einigermaßen, ich wäre in annehmbarer Form	2
Ein bisschen spät, ich wäre schlecht in Form	3
Nein, ich wäre dazu nicht fähig	4

Frage 17: Stellen Sie sich vor, Sie könnten Ihre Arbeitszeit frei wählen. Sie hätten einen Fünf-Stunden-Tag. Wählen Sie fünf zusammenhängende Arbeitsstunden aus. (Für die Wertung ist der höchste Wert maßgebend.)

24	1	2	3	4	5	6	7	8	9	10	11	12	13	14	15	16	17	18	19	20	21	22	23	24
1	1	1	1	5	5	5	5	4	3	3	3	3	3	2	2	2	1	1	1	1	1	1	1	1

Frage 18:
Zu welcher Tageszeit sind Sie ganz „auf der Höhe"?
(Kreuzen Sie bitte nur eine Stunde an!)

24	1	2	3	4	5	6	7	8	9	10	11	12	13	14	15	16	17	18	19	20	21	22	23	24
1	1	1	1	1	5	5	5	4	4	3	3	3	3	3	3	2	2	2	2	2	1	1	1

Frage 19:
Man hört manchmal von „Morgenmenschen" und „Abendmenschen". Für welchen Typ halten Sie sich?

Eindeutig ein Morgentyp	6
Eher ein Morgen- als ein Abendtyp	4
Eher ein Abend- als ein Morgentyp	2
Eindeutig ein Abendtyp	0

Auswertung: Lerche oder Eule?

Zählen Sie nun Ihre Punkte zusammen. Entnehmen Sie das Ergebnis der folgenden Tabelle:

Punkte	Ergebnis
69	Stark ausgeprägter Morgentyp
59–68	Schwach ausgeprägter Morgentyp
42–58	Indifferenztyp
32–41	Schwach ausgeprägter Abendtyp
31	Stark ausgeprägter Abendtyp

Weitere Tipps zum Thema gesunder Schlaf finden Sie in:

Dr. Peter-Paul Manzel
Gesunder Schlaf, Mosaik Verlag, München, 19,90 DM

Auf den Punkt gebrachte, schnell umsetzbare Tipps rund ums Thema Schlaf

Dr. Chris Idzikowski „Nie wieder schlaflose Nächte", Mosaik, München, mit Entspannungskassette 24,90 DM

Ausführliche Anleitung zum führen eines Schlaftagebuchs, Entspannungskassette (mit Mantra, Phantasiereisen und Tiefenatmungs-Übungen) empfehlenswert.

Dr. Ulrich Strunz „Forever young – Das Ernährungsprogramm", Gräfe und Unzer, München, 19, 90 DM

Kein reines „Schlafbuch", aber trotzdem unabkömmlicher Ratgeber auf dem Weg zum gesunden Leben und damit gesundem Schlaf. Sehr empfehlenswert.

per stellt also vor allem durch das Sonnenlicht auf wach. Eine innere Stunde beträgt etwa 90 Minuten – so lange können wir uns am Stück konzentrieren, danach ist eine kleine Pause fällig.

Unser sogenanntes chronobiologisches Leistungstief haben wir fast alle in der Zeit von 12 bis 16 Uhr. Hier wirkt ein kurzes Mittagsschläfchen – nicht länger als 30 Minuten – wahre Wunder. Die cleveren Japaner und auch die Nordamerikaner wissen das bereits und haben es in vielen Unternehmen für alle Mitarbeiter eingeführt. Auch Schlafforscher Jürgen Zulley schwört auf den Mittagsschlaf als Leistungsgarant. Hier sollten Sie sich ein Beispiel nehmen.

Kleine Schlaftypen-Lehre

Jeder Mensch hat etwas unterschiedliche Zeiten, in denen er sich besonders wach und leistungsfähig beziehungsweise abgespannt und müde fühlt (siehe dazu unseren Schlaftypen-Test auf den Seiten 8 und 9). Auch das Schlafbedürfnis variiert. Doch sagen die Schlafforscher einhellig, dass ein Erwachsener zwischen fünf und zehn Stunden Schlaf benötigt. Dabei gibt es aber große Unterschiede im Schlafverhalten: Es gibt Kurz- und Langschläfer, und natürlich gibt es Morgen- und Abendmenschen – und das in allen nur möglichen Kombinationen und Abstufungen. Schwierig wird es für den Abendmenschen, der zudem auch noch ein Langschläfer ist. Er wird wohl tagsüber seine Probleme haben, sein volles Leistungspotenzial auszuschöpfen.

Ein typischer Langschläfer benötigt mindestens acht Stunden Schlaf, meistens mehr. Er sollte nicht versuchen, sich an einen kürzeren Schlafrhythmus zu gewöhnen, denn das Ergebnis kann einfach nur eine extreme Tagesmüdig-

Die beste Schlaf-Medizin

Jeder Fünfte meint, dass er zu wenig Schlaf bekommt, noch mehr Menschen klagen über Einschlafprobleme. Hier die Einschlaf-Tipps unserer Experten:

Sex: Einen der wirksamsten Schlafcocktails liefern die Hormone nach dem Liebesspiel.

Sport: Einmal täglich 20 bis 30 Minuten Joggen, Schwimmen, Radfahren o.ä. stärkt Ihr Schlafbedürfnis und verlängert die Tiefschlafphase.

Ernährung: Viele Vitalstoffe fördern den Schlaf, hier eine kleine Auswahl:

Täglich vor dem Schlafengehen 5 Datteln essen. Ihr Eiweissbaustein Tryptophan (auch in der Apotheke erhältlich) wird in der Zirbeldrüse zum Schlafhormon Melatonin umgebaut.

Warme Milch mit Honig. Milch- und Honig fördern die Produktion von Serotonin, das maßgeblich den Wach-Schlaf-Rhythmus mitbestimmt.

Täglich einen Mineralien-Cocktail: Magnesium, Zink, Eisen und Kalzium als tägliche Nahrungsergänzung.

Täglich Vitamine. Vitamin B6, B12 und Folsäure sowie Vitamin B3 helfen gegen Schlaflosigkeit.

Entspannung: Gymnastik, Yoga, autogenes Training, Massagen und andere Entspannungstechniken fördern die Geschmeidigkeit der Muskeln und damit den Schlaf. Oder: Bäder mit Lavendel, Neroli-, Melisse-, Baldrian- oder Kiefernadelöl versetzt bzw. 3-minütiges Waten in kaltem Wasser, wobei die Füße bei jedem Schritt aus dem Wasser gehoben werden (warm-kalt), regt die Blutzirkulation an.

keit sein. Langschläfer sollten ganz einfach ihrem Schlafbedürfnis nachgeben.

🐦 Kurzschläfer kommen oftmals mit weit weniger als acht Stunden Schlaf aus. Sie sollten dieses Privileg genießen und nicht zum Beispiel dem Partner zuliebe versuchen, sich zum Langschläfer umzufunktionieren. Das macht auf Dauer unzufrieden.

🐦 Der Abendmensch, auch Eule genannt (ca. 10 Prozent der Schläfer), hat nach seinem inneren Rhythmus abends sein Leistungshoch. Er kommt meistens sehr spät ins Bett und hat es schwer, morgens aus den Federn zu kommen.

🐦 Der Morgenmensch, die Lerche (7 Prozent), geht früh zu Bett und steht früh problemlos auf. Er hat es in der „normalen" Arbeitswelt gut, sein Leistungshoch liegt in den Morgenstunden.

🐦 Der Mischtyp, zu dem fast 80 Prozent aller Schläfer zu zählen sind, pendelt in seinem Rhythmus zwischen Eule und Lerche.

Hören Sie auf Ihre innere Uhr, erkennen Sie, welcher Schlaftyp Sie sind, und planen Sie danach Ihren Tag, falls irgendwie möglich.

Probleme mit dem Schlaf

Sehr viele Menschen haben Probleme mit dem Schlaf, manchmal ohne dass sie es wissen oder wahrhaben wollen. Die Experten unterscheiden hier zwischen

🐦 Hypersomnie: Das sind Menschen, die ein übermäßiges Schlafbedürfnis haben, vor allem tagsüber. Hier spielen oft körperliche Ursachen, wie Schilddrüsenüberfunktion oder Diabetes, eine Rolle, aber auch seelische Probleme können der Grund sein. Wer acht oder mehr Stunden schläft und sich trotzdem müde und abgeschlagen fühlt, sollte sich einer genauen Untersuchung in einem Schlaflabor unterziehen.

Wie man sich bettet, so liegt man

Basis Ihres guten Schlafs ist Ihr Schlafplatz. Darauf sollten Sie achten:

☀ Lärm vermeiden: Auch wenn Sie sich vermeintlich an den Straßenlärm gewöhnt haben, er stört Ihre Ruhe, auch ohne dass Sie es registrieren. Ist das Zimmer zur Straße unvermeidbar, dann ist ein Gehörschutz sinnvoll.

☀ Standort des Betts: Stellen Sie das Bett an eine warme Innenwand, nicht in den Luftzug und möglichst mit dem Kopf nach Norden. Das ist, laut Max-Planck-Institut für Biochemie die optimale Position für einen gesunden Schlaf.

☀ Das richtige Bett: Funktion geht vor Form! Sie brauchen genügend Platz in Ihrem Bett, denn zum normalen Schlafverhalten gehören Änderungen der Lage bis zu 50 Mal pro Nacht. Vermeiden Sie Bettkästen oder Matratzen direkt auf dem Boden – die Luft unter dem Bett muss zirkulieren.

☀ Gute Matratzen müssen nicht teuer sein, denn die meisten Matratzen besitzen heute gute Liegeeigenschaften. Ob Latex, Schaumstoff oder Federkern – rückenfreundliche Liegeeigenschaften sind nicht vom Preis, sondern von Ihren Vorlieben abhängig. Für den Lattenrost gilt – einfach, aber stabil genügt.

☀ Wasserbetten sind ungesund, denn der Feuchtigkeitstransport nach unten ist nicht gegeben; die Körperunterstützung ist schlecht (in Rückenlage hängt das Gesäß nach unten, in der Bauchlage bilden Sie ein Hohlkreuz – ungünstig für die Wirbelsäule.

Deutsche Gesellschaft für Schlafmedizin (DGSM)
Tel: (06691) 2733
Hier erhalten Sie Auskünfte über die über 160 Schlaflabors in Deutschland

www.uni-marburg.de/sleep oder www.medizin-forum.de/schlaf
(aktuelle Liste aller Schlaflabors)

www.schlaf-medizin.de
Tipps rund ums Thema Schlaf aus dem schlafmedizinischem Zentrum, Regensburg

Auch Aufwachen will gelernt sein Haben Sie schon einmal eine Katze beim Aufwachen beobachtet? Sie streckt sich in ihrer ganzen Länge, rekelt sich und kommt ganz langsam in den Wachzustand, auch Säuglinge können das noch.

Nehmen Sie sich ab morgen ebenfalls die Zeit zum Aufwachen. Bewegen Sie Ihre Füße, Ihre Finger, strecken Sie sich und rekeln Sie sich, so beginnt Ihr Tag einfach besser.

🐔 Insomnie – das Nicht-Schlafen-Können. Diese Schlafstörung in ihren unterschiedlichsten Varianten und Abstufungen kommt bei etwa 6 Millionen Deutschen vor. Leider greifen die meisten zu Schlafmitteln, statt die Ursachen der Störung zu bekämpfen. Von Mobbing am Arbeitsplatz bis hin zu ungünstigen Schlafgewohnheiten kann sehr vieles zum Nicht-Einschlafen-Können führen. Das beste Gegenmittel ist tägliche körperliche Betätigung, der Verzicht auf den Schlaf tagsüber und die Klärung unbefriedigender Situationen. Wenn Sie etwas einnehmen wollen, dann greifen Sie nur ruhig in die Naturapotheke (siehe Kasten Seite 10).

🐔 Parasomnie – Schlafstörungen, wie Schlafwandeln, Alpträume oder kurzzeitiger Atemstillstand durch Schnarchen. Das Schnarchen ist dabei besonders heimtückisch, weil es als „normal" betrachtet wird, aber gemeine Folgen haben kann – längere und häufige Atemstillstände (Schlafapnoe-Syndrom), die zu Bluthochdruck, Neigung zum Herzinfarkt und Schlaganfall führen können. Bereits eine Änderung der Schlafposition

(von der Rücken- auf die Seitenlage), Hochstellen des Kopfteils oder Schlafen auf mehreren Kopfkissen kann das Schnarchen reduzieren. Oft sind Übergewicht und regelmäßiger Alkoholkonsum Ursachen für Schnarchen, die man ebenfalls aktiv bekämpfen kann. Schnarcher sind tagsüber oft matt, leiden unter Kopfschmerzen und Leistungstiefs.

Lernen Sie, auf Ihre innere Uhr zu hören. Wer seinen Wach-Schlaf-Rhythmus einhält und darauf achtet, tatsächlich einen ungestörten Schlaf zu genießen, wird weder mit Konzentrations-, noch mit Leistungsproblemen zu tun haben. Ein guter Schlaf ist die Grundvoraussetzung für einen optimalen Tag und ein ausgeglichenes Leben,
Ihr

Lothar J. Seiwert

660 233 012

B 51393

Lothar J. Seiwert
CoachingBrief

Professioneller & souveräner arbeiten und leben

Professionalität und Effektivität in allen Lebensbereichen gewinnen
Souveränität und Gelassenheit ausstrahlen
Balance und Persönlichkeit entwickeln

Monatlicher Coaching-Service ❖ November 2000

Liebe Leserin, lieber Leser,

seit vielen Jahren bin ich ein begeister-ter Anwender der Mind-Mapping-Tech-nik des Engländers Tony Buzan. Er hat damit einen Weg gefunden, seine Er-kenntnisse aus der Hirnforschung in den Alltag zu transferieren. Und als Technik-Freak begeistert mich seit einiger Zeit

die Umsetzung des Mind-Mapping am PC. Mit der MIND-MAPPING-METHODE möchte ich Ihnen heute ein Instrument vorstellen, dass Ihnen Zeit fürs Wesent-liche freischaufelt und dabei Kreativität, Spaß und vor allem die notwendige Leichtigkeit schenkt, mit der wir die Dinge in unserem Leben nehmen sollten.

Probieren Sie es einfach einmal aus. Schreiben Sie Ihr nächstes Fax in Form einer Mind Map. Lösen Sie den Konflikt mit dem unangenehmen Kollegen aus der Marketingabteilung, indem sie die Sache mit Hilfe einer Mind Map von allen Seiten beleuchten. Finden Sie dabei ein lustiges Bild oder Symbol für diesen Menschen, der Ihnen seit Mona-ten den Tag trübt, dann merken sie viel-leicht, dass es besser ist, über ihn zu la-chen als sich über ihn aufzuregen. Mind-Mapping ist auch ein Schritt zum Vergeben, Ihr

PROFESSOR DR. LOTHAR J. SEIWERT gilt als Europas führender Experte für Zeit-souveränität, Effekti-vität und sinnvolles Lebensmanagement. Er ist erfolgreicher Bestsellerautor und erhielt 1999 als er-ster deutscher Trainer den internationalen Trainingspreis "Excel-lence in Practice" der ASTD (American Society for Training und Development).

Lothar J. Seiwert

Themen

Mehr Zeit und sprühende Ideen durch Mind Mapping

Mind Mapping ist ein Brainstorming mit sich selbst oder mit anderen, dass alle Ergebnisse sofort und übersichtlich präsentiert. Die Methode wurde vor 25 Jahren vom britischen Lern-forscher Tony Buzan entwickelt. Mind Mapping macht kreativ, weil der Aufbau eines Mind Maps der Struktur unseres Gehirns entspricht – komplex und stark vernetzt

„Phantasie ist wichtiger als Wissen, denn Wissen ist begrenzt."
Albert Einstein

Trendforscher und Wirtschaftsexperten reden davon, dass wir uns momentan im Übergang von der linearen in die multi-dimensionale Welt befinden. Waren im vergangenen Industriezeitalter die Ma-schinen die bestimmenden Produktions-instrumente, so ist es im heutigen Infor-mationszeitalter der Mensch mit seiner intellektuellen Leistung, der es schaffen muss, die immer komplexere Welt zu be-herrschen.

Mind-Mapping: Der Weg zum multidimensionalen Denken

Und reichte es im Industriezeitalter noch, eine Sache nach der anderen zu

Was ist eine Mind Map?

Eine Mind Map ist das Instrument zur Erschließung unseres Gehirnpoten-zials. Durch diese wirksame grafische Technik können Sie Ihr Lernen verbes-sern, Ihre Kreativität erschließen und Ihre Leistung erhöhen. Mind Maps haben vier Eigenschaften:

🌀 Die Hauptinformation kristallisiert sich in einem Zentralbild.

🌀 Die wichtigsten Themen zu dieser Info strahlen vom Zentralbild wie Äste aus.

🌀 Die Äste erhalten Schlüsselbilder und Schlüsselworte, die auf eine mit der Zentralinfo verbundenen Linie geschrieben werden. Themen von untergeordneter Bedeutung gehen als Zweige von diesen Hauptästen ab.

🌀 Alle Äste zusammen bilden ein Netzwerk miteinander verbunde-ner Knotenpunkte.

Als Ergebnis erhalten Sie ein zielorien-tiertes Gedankennetzwerk, dass Ihr Gehirn optimal fordert und damit erst-klassige Ergebnisse produziert.

erledigen, so sind wir heute gefordert, stets mehrere Dinge gleichzeitig zu tun. Der britische Lernforscher Tony Buzan entwickelte schon vor 25 Jahren eine Methode, die es schafft, unser Gehirn optimal zu nutzen. Denn Mind-Mapping entspricht in seiner Struktur dem Aufbau unseres menschlichen Gehirns, das komplex und netzwerkartig aufgebaut ist. Die einzelnen Bereiche sind zwar für unterschiedliche Aufgaben vorgesehen, ergänzen und unterstützen sich aber gegenseitig. Und Mind-Mapping ist heute aktueller denn je. Denn das Instrument spiegelt ideal unsere komplexe Realität ideal wider.

Mind-Mapping: Durchblick garantiert

Täglich erreichen uns unzählige Informationen – die Basis für brillante Ideen und erfolgreiches Arbeiten. Mind-Mapping hilft Ihnen, dieser Gedankenflut Herr zu werden.

Denn durch dieses Instrument bleiben halten wir die Informationen beweglich. Wir können sie beliebig mit unseren eigenen Gedanken und Ideen verknüpfen - ein Gedanke führt zum nächsten, eine Veränderung in der Struktur erzeugt eine neue Gedankenverbindung.

Deshalb wird auch bei der Arbeit in Gruppen heute schon so gut wie immer mit verschiedenen flexiblen Visualisierungstechniken gearbeitet.

Doch sitzen wir allein am Schreibtisch, um Ideen zu produzieren, unsere Arbeit zu planen oder unsere Ziele zu konkretisieren, dann schreiben wir uns allenfalls ein paar Stichworte auf.

Dabei ist das Prinzip des Mind-Mapping ganz einfach: Es geht darum, Ideen und Projekte nicht Zeile für Zeile aufzuschreiben (also linear dazustellen), sondern so abzubilden, wie sie entstehen. Das Ergebnis ist keine starre Gliederung, sondern eine Schemazeichnung, die sogenannte Mind Map. Sie ist eine kreative Denk- und Schreibtechnik und erlaubt es, komplizierte Zusammenhänge mit wenigen Symbolen strukturiert und

(weiter auf S. 6)

🔍 Nachteile klassischer Notizen

eine klassische Notiz oder Checkliste (wie diese hier) wird gewöhnlich in Zeilen untereinander geschrieben. Als Mittel der Hervorhebung werden Zahlen, Striche , Farben oder Zeichen verwendet. Doch diese herkömmliche Methode bringt erhebliche Nachteile mit sich:

☀ Schlüsselwörter werden verschleiert: Wichtige Ideen werden durch Schlüsselwörter verdeutlicht. Doch gehen diese in der Masse des Texts unter. Das Gehirn kann außerdem keine Assoziationen zwischen den Schlüsselbegriffen herstellen.

☀ Das Erinnern wird erschwert: Monotone Notizen sind visuell langweilig. Wir lehnen sie unbewusst ab und vergessen sie leicht. Standardnotizen sehen oft wie langweilige Listen aus, die unser Gehirn in einen halbhypnotischen Zustand versetzen.

☀ Listen sind die reine Zeitverschwendung: Klassische Notizsysteme vergeuden in allen Lernphasen Zeit. Sie ermuntern dazu, Unnötiges zu notieren. Dieses Unnötige muss dann gelesen werden, um die wirklichen Schlüsselwörter zu finden. Das Einprägen der Schlüsselwörter kostet sehr viel Zeit, weil keine Anker (siehe unten) vorhanden sind.

☀ Das Gehirn wird nicht angeregt: Lineare Checklisten regen das Gehirn nicht an, Assoziationen zu knüpfen (Gedächtnisanker zu finden). Sie wirken der Kreativität und Steigerung der Gedächtnisleistung zuwider.

Literatur zum Thema Mind Mapping:

Tony Buzan
Barry Buzan
Das „MInd-Map-Buch", mvg Verlag,
49,80 DM

Steve Morris
Jane Smith
Kreative Mind Maps
in 7 Tagen
mvg Verlag,
14,90 DM

Brandneu:
Lothar J. Seiwert
Horst Müller
Anette Labaek-Noeller
30 Minuten
Zeitmanagement für
Chaoten,
Gabal Verlag,
9,80 DM

Kleiner Ausflug in die Lernpsychologie

Warum Sie mit Mind-Mapping besser lernen können

Von den Informationen, die wir täglich aufnehmen, behalten wir:

10 % Gelesenes

20 % Gehörtes

30 % Gesehenes

50 % Gehörtes
+ Gesehenes

70 % Selbst
Gesagtes

90 % Selbst
Getanes

Alle durch unsere Sinneswahrnehmungen ankommenden Eindrücke werden von unserem Gehirn als elektrische Impulse wahrgenommen. Sind sie zu schwach oder lassen sie sich nicht an bereits existierende Gedankenverbindungen anhängen, klingen sie nach 10 bis 20 Sekunden wieder ab.

Ist der Wahrnehmungsimpuls stark genug, dann kommt ein Lernvorgang zustande. Dabei faltet sich eine DNS-Spirale (Kerne unserer Nervenzellen) auseinander. Die ausgefalteten Stellen dienen als Matrize, an der sich Abdrucke bilden (RNS), die die Information damit im Kurzzeitgedächtnis speichern.

Diese im Kurzzeitgedächtnis gespeicherten RNS-Abdrucke werden dann zu langen Proteinmolekülen verknüpft. Auf diese Weise werden alle Informationen gespeichert und können theoretisch abgerufen werden. Das Problem: Manche dieser Informationen werden verschüttet und ein Zugriff unserer Erinnerung gelingt nicht mehr.

Am besten funktioniert dieser Prozess des Speicherns, Erinnerns und Abrufens, wenn die Verankerung im Langzeitgedächtnis der ganzheitlichen und vernetzten Struktur unseres Gehirns entspricht. So werden zum Beispiel Bilder ganzheitlich aufgenommen. Lernpsychologen haben herausgefunden, dass Lernmethoden, die sogenannte polare Eigenschaften berücksichtigen, am effektivsten sind.

Informationen sollten also zum Beispiel:

🔞 logisch/ganzheitlich (also Text und Bilder, Zahlen und Muster) aufgenommen werden. Mind Maps eignen sich ideal für die Aufnahme von Wissen, weil sie diese polaren Kriterien erfüllen. Sie gewährleisten die vielfältigen Verknüpfungen von Sprache, Bildern und Hierarchien.

Darüber hinaus ist unsere individuelle Art des Lernens abhängig davon, über welche Sinnesorgane wir bevorzugt Informationen aufnehmen. Jeder Mensch unterscheidet dabei zwischen der Aufnahme über Auge, Ohr oder Anfassen (praktisches Ausüben). Wissenschaftler unterscheiden dementsprechend in:

🔞 visuelle (Auge)

🔞 auditive (Ohr) und

🔞 kinästhetische (Hand) Lerntypen.

Finden Sie in nachfolgendem Test heraus, welcher Lerntyp Sie sind.

Test: Welcher Lerntyp sind Sie?

Kreuzen Sie jeweils den Buchstaben an, dessen Antwort am ehesten auf Sie zutrifft.

1. Welchen der folgenden Ausdrücke würden Sie am ehesten benutzen?

„Ich bin im Bilde."	A
„Wenn ich Sie recht verstehe..."	B
„Ich muss das Problem in den Griff bekommen."	C

2. Sie haben ein Schrankbett gekauft. Wie bauen Sie es zusammen?

Anhand der Aufbauskizze	A
Sie lassen sich die Anleitung vorlesen	B
Sie probieren solange, bis die Teile zusammenpassen.	C

3. Sie sollen einem Kunden erklären, wie das neue Gerät funktioniert.

Sie faxen ihm eine Bedienungsanleitung.	A
Sie sprechen mit ihm über die Funktionsweise.	B
Sie bitten den Kunden, das Gerät zu erproben und bieten ihm an, danach seine Fragen zu beantworten.	C

4. Welcher Faktor spielt für Sie am Arbeitsplatz die Hauptrolle?

Ihr Arbeitsplatz muss aufgeräumt sein.	A
Sie wollen nicht durch störende Geräusche abgelenkt werden.	B
Sie brauchen Platz, um sich zu bewegen.	C

5. Wie schnell sprechen Sie?

Manchmal zu schnell, so dass mancher nicht folgen kann.	A
In einem normalen Tempo.	B
Sie überlegen gründlich und reden dann bedächtig.	C

6. Welche Art der Erklärung bevorzugen Sie für eine Wegbeschreibung?

Eine übersichtliche Skizze.	A
Eine mündliche Beschreibung.	B
Eine Streckenführung durch die Straßen, die Sie kennen.	C

7. Welche kulturelle Aktivität würden Sie spontan bevorzugen?

Ein Besuch in einer Gemäldegalerie.	A
Ein Besuch in einem klassischen Konzenrt.	B
Ein Tanzkurs.	C

8. Wie erklären Sie Zuhörern eine komplizierte Ereignisfolge?

Durch eine grafische Darstellung.	A
Durch eine sehr lebhafte Schilderung der Abläufe.	B
Sie benutzen alles, was gerade greifbar ist, Kugelschreiber etc.	C

9. Was vergessen Sie am ehesten?

Die Weitergabe einer telefonischen Nachricht.	A
Den Inhalt Ihres Einkaufszettels.	B
Die Anordnung der Waren in einem von Ihnen besuchten Markt.	C

10. Was zeichnet für Sie einen guten Chef aus?

Dass er in jeder Situation das übergeordnete Ziel sieht.	A
Kommunikationsbereitschaft im Team.	B
Das er dort, wo es brennt, selbst mit Hand anlegt.	C

(Nach: Kommer/Reinke, Mindmapping am PC, Hanser Verlag)

Auswertung:
Zählen Sie zusammen, wie oft Sie jeweils A, B oder C angekreuzt haben.

A
Bei Ihnen dominiert der visuelle Lernmodus. Sie können Lerninhalte am besten behalten, wenn sie Ihnen als Bild oder Grafik präsentiert werden.

B
Sie sind eher ein auditiver Lerntyp. Neue Inhalte fassen Sie am schnellsten über das Gehör auf.

C
Bei Ihnen dominiert die kinästhetische Lernweise. Sie lernen am leichtesten, wenn Sie etwas selbst ausführen.

Noch mehr Literatur
zum Thema:
Isolde Kommer
Helmut Reinke
Mind Mapping am PC
Hanser Verlag,
39,80 DM

Brandneu:
CD-ROM
MindManager 4.0
MindJet GmbH
169,– € zzgl. MwSt.
Business Edition
119,– € zzgl. MwSt.
Standard Edition

ballastfrei darzustellen. Zudem unterstützt sie den freien Lauf der Gedanken und die Ideenfindung. Jeder Aspekt kann unproblematisch an passender Stelle in der Mind Map ergänzt werden.

Gedächtnisleistung und Arbeitsproduktivität werden erheblich gesteigert, da beim Mind Mapping gezielt beide Gehirnhälften angesprochen und genutzt werden. Die Linke, die für logisches und strukturiertes Arbeiten verantwortlich ist, und die Rechte, die für Kreativität und Gestaltung steht.

Und die beste Nachricht: Nicht nur die großen Kreativen und Denker, sondern alle Menschen können beide Gehirnhälften gezielt ansprechen und nutzen – Mind Maps sind das ideale Instrument dafür.

(weiter auf S.10)

🔍 1plus – Ihr Weg zum guten Stil

Jede Ihrer Mind-Maps sollte die einmalige Netzwerkstruktur Ihres Gehirns widerspiegeln. Entwickeln Sie deshalb Ihren ganz persönlichen Stil:

☀ Befolgen Sie dazu die 1plus-Regel: Jede Ihrer Mind Maps sollte etwas farbiger, etwas einfallsreicher, etwas schöner, etwas strukturierter, etwas klarer, etwas logischer und etwas assoziativer sein als die vorhergehende. Auf diese Weise verfeinern Sie beständig Ihre Mind-Map-Fähigkeiten und steigern gleichzeitig Ihre geistigen Fähigkeiten und Ihre Kreativität.

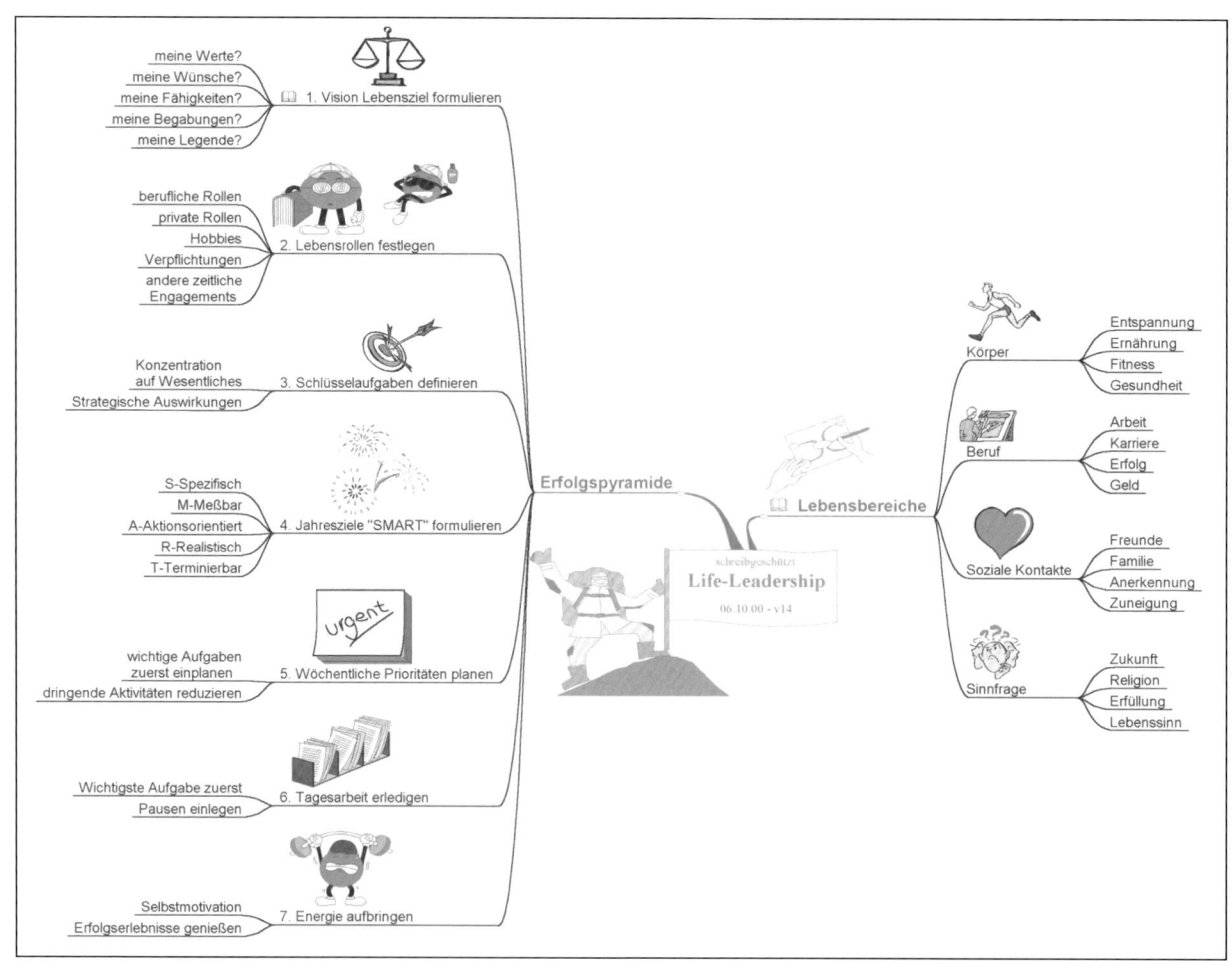

Porträt: Bettina und Michael Jetter – Die Mind-Manager

Bettina und Michael Jetter: Erfolg im Silicon Valley

"Wir machen mehr Gewinn als Amazon.", so Bettina Jetter, Start-up-Unternehmerin im Silicon Valley, Californien, beim Vergleich der kleinen, feinen Bilanz ihrer jungen Firma Mindjet LLC mit dem Vorzeige-Unternehmen der New Economy, das immer noch in den roten Zahlen steht.

Es war ein mutiger Schritt, als das bayerische Ehepaar Bettina und Michael Jetter vor knapp drei Jahren die Koffer packte und von Starnberg nach Sausalito bei San Francisco umzog. Das Ziel des ehrgeizigen Software-Ingenieurs und der Marketingexpertin: Mit ihrer Software „Mindmanager" wollten sie den amerikanischen Markt für Brainstorming-Software revolutionieren.

Und Schritt um Schritt kommen die deutschen Existenzgründer ihrem amerikanischen Traum näher. Mit ihren inzwischen 15 Mitarbeitern und ihrem deutschen Vertriebspartner Marketsoft an der Seite konnten sie 1999 bereits einen Umsatz von 1,3 Millionen Dollar realisieren, Tendenz steigend.

Dabei verbinden die agilen Deutschen die Vorzüge beider Kulturen in ihrer Unternehmensführung. Sie nutzen das Unkonventionelle der Amerikaner. „Denn", so Bettina Jetter, „während es in Deutschland wochenlang dauert, bevor man über die Chefsekretärin einen Termin beim Entscheider bekommt, kommt man in Amerika mit einem gekonnten Griff zum Telefon schon zum Ziel." Hier gilt: Missing call, missing business. (wer sich nicht ins Gespräch bringt, geht baden). Und sie leben partnerschaftliche Mitarbeiterführung, die den Angestellten neben Arbeitsplatzsicherheit auch optimale Arbeitsbedingungen, wie geräumige Büros, flexible Arbeitszeiten etc. bieten – Dinge, die in den USA nicht üblich sind und daher von den Mitarbeitern mit besonderem Engagement und Leistungsbereitschaft belohnt werden.

Das Ehepaar gründete vor knapp drei Jahren die Firma Mindjet LLC.
Zum 1.10. 2000 Fusion mit Market-Soft GmbH, Deutschland.
Ziel der neuen Firma MIndjet: Weltweit führender Anbieter von Visual Thinking Software.

Ihre Geschäftsidee:
Mit ihrem Produkt „Mindmanager" entwickelten Jetters eine Software für Brainstorming, visuelles Denken und Ideen-Organisation.
www.mindjet.com

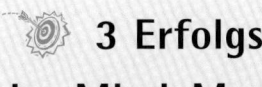 3 Erfolgs-Tipps der Mind-Manager

Auch als Nicht-Unternehmer können Sie Bettina und Michael Jetters Philosophie für Ihre Karriere nutzen.

● Persönliches Kontaktmanagement ausbauen: Die Jetters und ihr Team beantworten jede Kunden- und Interessentenanfrage persönlich und individuell.
Bauen auch Sie Ihre persönlichen Schienen und Netzwerke zu Kunden, Partnern und Mitarbeitern aus.

● Ziele konsequent verfolgen: Obwohl es für Ausländer in den USA doppelt schwer ist, sich zu etablieren, nahmen die Jetters diese Herausforderung an.
Überwinden Sie Ihre Angst vor Schwierigkeiten und starten Sie durch.

● Überzeugt sein von der eigenen Leistung: Trotz Konkurrenz im Übermaß waren und sind die Jetters von ihrem Produkt und ihrem Können felsenfest überzeugt.
Arbeiten Sie an Ihrem Selbstwert.

Wichtig für Ihre Arbeit mit Mind Maps

Mind Mapping ist eine sehr persönliche, individuelle Arbeitstechnik Es gibt zwar bestimmte „technische" Regeln dabei zu beachten, doch es ist sehr wichtig für Ihre Kreativität, dass Sie Ihren eigenen Stil entwickeln. Mind-Mapping-Bücher und -Software können Ihnen dabei Hilfe und Anregung bieten. Entscheidend aber ist: Sie müssen sich darin wiederfinden.

Übung: Erstellen Sie eine Mind Map

Das beste Gefühl für die Wirksamkeit der Mind-Mapping-Technik erhalten Sie, wenn Sie es einfach ausprobieren. Hier die wichtigsten Regeln, dann kann es losgehen:

✦ Starten Sie immer in der Blattmitte mit dem Thema.

✦ Ziehen Sie für jeden Hauptgedanken einen Hauptast in eine Richtung von diesem Punkt aus.

✦ Schreiben Sie alle Ihre Gedanken auf und ziehen Sie jeweils eine Verbindungslinie (Zweig) zum entsprechenden Hauptast, mit dem Sie diese Idee assoziiert haben.

✦ Die nachfolgenden Gedanken werden dementsprechend an ihren Zweig als neue Gedankenzweige angehängt. Auf diese Weise erhalten Sie eine baumartige Struktur.

✦ Die Länge der jeweiligen Linie sollte genauso lang wie das entsprechende Wort sein. Jedes Wort und jede Abbildung müssen auf einer eigenen Linie stehen.

✦ Verwenden Sie kurze, treffende Schlüsselwörter, die für Sie schlüssig sind und mit denen Sie das gesamte Unterthema assoziieren können.

✦ Schreiben Sie alle Ihre Gedanken auf.

✦ Gestalten Sie die Mind Map so anschaulich wie möglich: Verwenden Sie möglichst unterschiedliche Farben. Arbeiten Sie mit Bildern und Symbolen (die Software MindManager bietet hier eine reiche Auswahl an Anregungen).

✦ Verwenden Sie Abkürzungen nur, wenn Sie eindeutig sind.

✦ Lassen Sie Ihrem Gedankenfluss seinen Lauf. Spinnen Sie Ihre Ideen ohne großes Nachdenken über die endgültige Form der Map oder die Brauchbarkeit. Mind-Mapping ist zunächst ein Brainstorming ohne Wertung und Eingrenzung. Das geschieht erst bei der weiteren Arbeit am Thema.

Sie finden auf der nächsten Seite eine vorbereitete Übungs-Mind-Map zum Thema Selbstanalyse. Nehmen Sie dieses Übungs-Angebot an, könnten Sie gleichzeitig prüfen, wie weit Sie unser Coaching schon bei der Konkretisierung Ihrer Lebensvision gebracht hat. Natürlich können Sie auch jedes andere Thema bearbeiten, vielleicht ein Problem beleuchten, das Sie gerade beschäftigt, oder Sie machen Ihre Urlaubsplanung einmal auf diese Weise.

Übungsmap Selbstanalyse

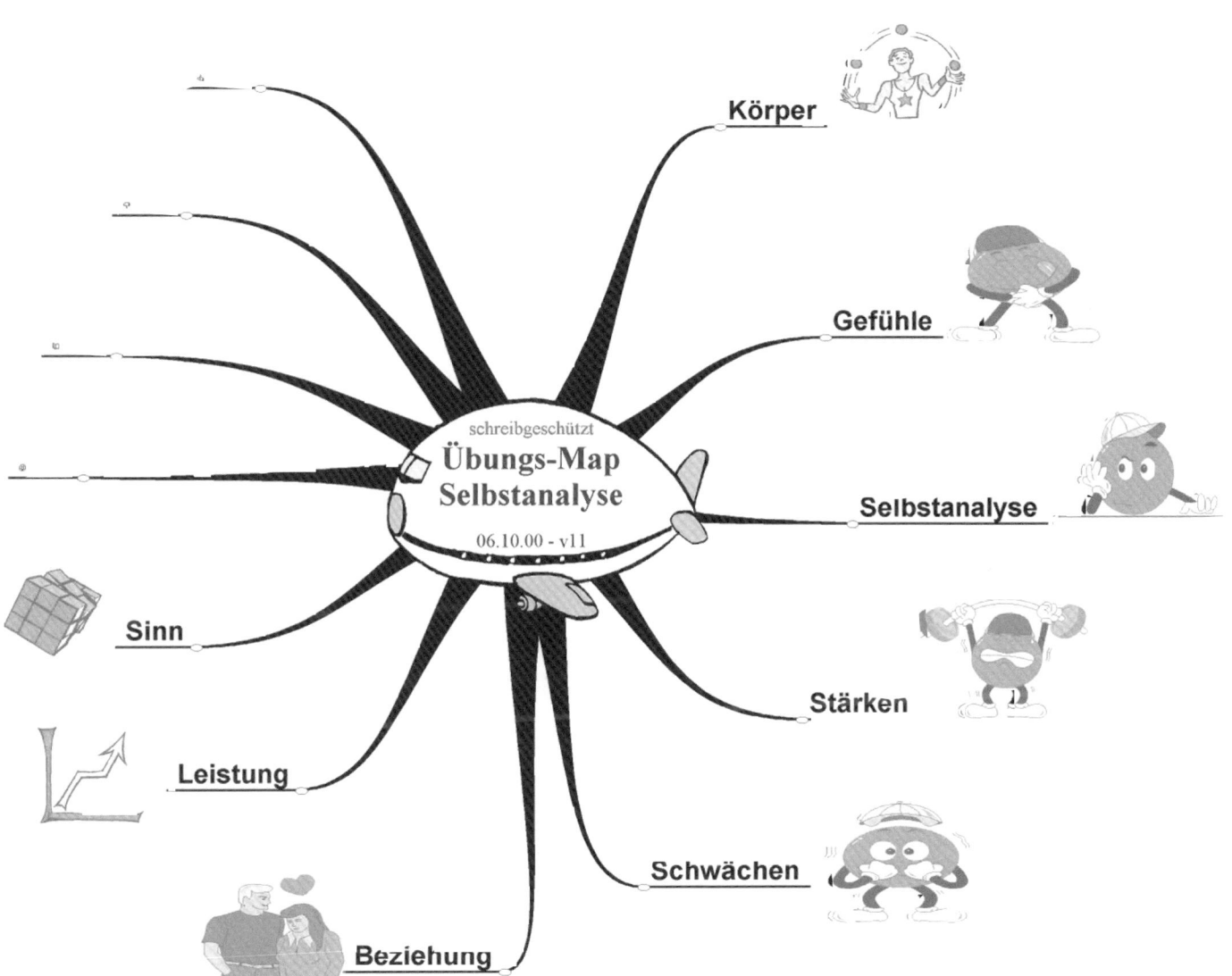

Mind-Mapping am PC: Probieren Sie es einfach aus

Die MindManager-Software ist laut Hersteller ohne Vorkenntnisse nutzbar! Eine kostenlose 21-Tage-Demoversion der Firma Mindjet liegt dieser Ausgabe auf CD-Rom bei.

Für weitere Auskünfte: Mindjet GmbH Tel: 06023 96450 Fax: 06023 964519 info@mindjet.de www.mindjet.de

Mind Maps können Sie überall einsetzen

Mind Maps können Ihnen überall nützlich sein, wo rasch schriftliche Aufzeichnungen erforderlich sind. Statt eine langweilige Telefonnotiz zu verfassen, erstellen Sie während des Gesprächs eine Mind Map. So erfassen Sie jeden neuen Gedanken sofort und können problemlos Wichtiges von Unwichtigem unterscheiden, Termine und eigene Gedanken ergänzen. Von der konzeptionellen Ideensammlung über die Planung von Projekten und Veranstaltungen bis hin zu Vorträgen oder Präsentationen - die Einsatzmöglichkeiten sind fast unendlich. Und auch im privaten Bereich sind Sie mit einer Mind Map immer richtig – ob Sie den nächsten Urlaub planen, an einer Problemlösung arbeiten oder Ihre Zielplanung konkretisieren wollen. Versuchen Sie es einfach – nutzen Sie dazu die Übung auf der Seite 8 f.

MindManager: Mind-Mapping am PC

Symbole und Bilder sind ein Muss für Ihre Mind-Maps

Und Mind-Mapping gibt es auch am PC. Mit der Software „MindManager" (siehe auch unser Porträt, S. 7) können Sie

☀ Wochenplanung mit Mind-Mapping: So funktioniert's

Auch für Ihre Planung eignen sich Mind Maps hervorragend. Wer nicht in Kästchen und vorgegebenen Linien denken kann, für den ist die Mind-Map-Planung vielleicht die Alternative zu herkömmlichen Zeitplanbüchern. Die Firma tempus bietet Formulare für Mind Maps mit Kalendarium. Und wer lieber am PC plant, für den bietet die Software „MindManager" die Planung per Mausklick.

Hier die wichtigsten Schritte für Ihre Wochenplanung im MindManager, falls Sie es testen möchten:

- ☀ Wählen Sie im MindManager den Befehl Datei, Neu und klicken Sie auf die Vorlage Wochenplan

- ☀ Sie erhalten eine Mind Map, die bereits fünf Hauptäste für die fünf Werktage hat

- ☀ Klicken Sie auf das Mind-Map-Thema Wochenplan mit der rechten Maustaste, und wählen Sie das Menü Bearbeiten

- ☀ Stellen Sie die Einfügemarke hinter das Wort Wochenplan und drücken Sie die Tastenkombination STRG + Eingabe, um einen Zeilenumbruch einzufügen

- ☀ Geben sie den Namen der Kalenderwoche ein, drücken Sie zur Bestätigung die Eingabe-Taste

- ☀ Hängen Sie jetzt an die Hauptäste die Zweige mit Ihren Aufgaben an – gehen Sie dabei wie im März-Brief besprochen vor.

Viel Spass bei der neuen, gehirngerechten Art der Wochenplanung.

Mind Maps aktiv in Ihren Alltag integrieren. Die Software ermöglicht neben der individuellen Arbeit auch das gemeinsame Mind-Mapping über das Intra- bzw. Internet an einer oder mehreren Map(s) gleichzeitig. Jeder Teilnehmer behält den kompletten Überblick. Anschließend stehen alle Ergebnisse zur Verfügung und können intensiv genutzt oder weiterentwickelt werden.

Per Mausklick wird aus einer Map sogar eine professionelle Website.

Sie können Ihre Maps immer wieder modifizieren und verwandte Aspekte per Mausklick zusammenschieben oder aus anderen Anwendungen in Ihre Mind-Map integrieren. Mind Maps sind auch als PowerPoint Präsentationen oder als Word Gliederungen verwendbar.

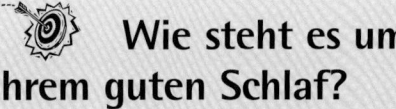

Wie steht es um Ihrem guten Schlaf?

Erinnern Sie sich an unsere Experten-Tipps vom September zum Thema Schlaf? Vier Dinge beachtet der gute Schläfer...

🌀 Er hört auf seine innere Uhr.

🌀 Er schafft sich ein bequemes und ruhiges Lager.

🌀 Er lässt eine Sorgen nicht ins Schlafzimmer.

🌀 Er treibt 1x täglich 30 Minuten Sport.

... Wie steht es heute mit Ihrem Schlaf-Management?

Leserbefragung 2000: Ihre Wünsche an uns

An dieser Stelle noch einmal recht herzlichen Dank für Ihre aktive Teilnahme an unserer Leserbefragung. Ihre Tipps und Anregungen waren sehr wichtig für mich und ich freue mich, sie in unserer zukünftiges Coaching einzubauen. Hier Ihre wichtigsten Anregungen, Kritikpunkte und Wünsche:

Bekanntes Know-how
Seiwert-Buchleser schreiben, dass ihnen einige Brief-Inhalte aus den Büchern bekannt sind. Diese Tatsache sehen viele auch positiv, denn sie sind dankbar, dass ich Bekanntes aufgreife und mit Leben und Übungen fülle, so dass sie ihnen in „Fleisch und Blut" übergehen. Ich möchte Ihnen diese Buch-Inhalte Meine Auffassung nach wie vor näherbringen. Denn nur wenn wir sie im Coaching fokussieren, können Sie sie in Handeln

umsetzen. Dazu kommen natürlich neue Inhalte, die meine Philosophie von Life Leadership unterstützen und weiterführen.

Ich glaube, nur so – durch eine gesunde Mischung aus Wiederholung und Übung sowie neuen Inhalten und Anregungen – werden wir gemeinsam unsere Coaching-Ziele erreichen.

Tipp des Tages, der Woche, des Monats
Viele von Ihnen wünschen sich zusätzlich zu den behandelten Themen einen speziellen Tipp zum Tag, für die Woche oder den Monat.

Wir greifen dies gern auf und überlegen, ob wir Ihnen im nächsten Jahr in einer Verlegerbeilage solche Tipps der Woche liefern.

Leserbefragung –
Fakten und Zahlen:
Wer sind Sie?
66 % Männer
34 % Frauen
80 % zwischen 30 und 50 Jahren
52 % selbständig

Diese Inhalte wünschen Sie sich:
52 % LifeLeadership
49 % Management-Techniken
25 % reines Zeitmanagement
(Mehrfachnennungen)

„Alles Gescheite ist schon gedacht worden. Man muss nur versuchen, es noch einmal zu denken."
Johann Wolfgang von Goethe

Brief per E-Mail

Mehr als 80 Prozent von Ihnen verfügen über einen Internetanschluss. Ein Viertel der Leser ist daran interessiert, denn Brief zusätzlich auch per E-Mail zu erhalten.

Wir werden Ihnen ab dem nächsten Jahr diese Möglichkeit anbieten.

Telefon-Hotline zum Coach

Die Hälfte aller Leser wünscht sich eine monatliche Telefon-Hotline.

Wir führen diese im neuen Jahr wieder ein.

Mehr Kontakt zu Gleichgesinnten

wünschen sich ebenfalls viele von Ihnen. Ich möchte Sie einladen, dafür unser Internet-Forum zu nutzen.

Unter www.coaching-briefe.de finden Sie unsere Website. Klicken Sie auf Forum, und stellen Sie Ihre Beiträge zur Diskussion.

@www.coaching-briefe.de

Besuchen Sie uns im Internet. In unserem Forum www.coaching-briefe.de können Sie kommentieren, diskutieren, Ihre Erfahrungen mit anderen Brieflesern austauschen.
Ihr CoachingBrief-Team

Die Übungen

Besonders freut es mich, dass die Hälfte von Ihnen die Übungen fast immer durchführt, nur 8 Prozent gestehen, dass sie zwar wollen, aber noch nicht zum Tun gekommen sind.

An diese 8 Prozent meiner Leser mit gutem Vorsatz: Denken Sie an die 72-Stunden-Regel und machen Sie diesmal einfach mit. Reservieren Sie sich heute noch 30 Minuten Zeit, und erstellen Sie Ihre Übungs-Mind Map zum Thema Ihrer Wahl.

Der Sinn unseres Briefs ist gemeinsames Tun. Ich freue mich, dass Sie mein Coaching-Angebot motiviert, an sich zu arbeiten und wünsche uns bei der gemeinsamen Umsetzung weiterhin in erster Linie Spaß, Ihr

Lothar J. Seiwert

660 233 013

B 51393

Lothar J. Seiwert
CoachingBrief

Professioneller & souveräner arbeiten und leben

Professionalität und Effektivität in allen Lebensbereichen gewinnen
Souveränität und Gelassenheit ausstrahlen
Balance und Persönlichkeit entwickeln

Monatlicher Coaching-Service ❖ Dezember 2000

Liebe Leserin, lieber Leser,

Robert Burns, der berühmte schottische Poet, wünschte sich: „Gäbe uns doch irgendeine Macht die Möglichkeit, uns so zu sehen, wie andere es tun, so könnte uns das vor vielen Fehlern bewahren." Heute kennen wir diese Macht – unsere eigene Neugier auf uns selbst – und wir kennen auch die Instrumente, die uns den Zugang zur Selbsterkenntnis erleichtern.

Hätte Robert Burns diesen **Coaching-Brief** in Händen gehalten, dann wäre vielleicht ein berühmtes Loblied auf Persönlichkeitsanalysen entstanden. Denn ich möchte Ihnen mit unserem großen **DISG-Partnerschafts-Test** ein Modell vorstellen, mit dessen Hilfe Sie sich in jedem Fall so sehen können, wie es Ihr Partner tut.

Finden Sie heraus, welcher Partnerschafts-Typ Sie sind und wie Sie die Beziehung zum wichtigsten Menschen in Ihrem Leben auf spielerische Weise entspannen können. Die DISG-Kenntnisse können Sie natürlich auch auf Ihr berufliches Umfeld und alle anderen Bereiche übertragen.

Ich wünsche Ihnen, auch im Namen unseres **CoachinBrief**-Teams, eine besinnliche und friedliche Weihnachtszeit, die ungetrübt vom Geschenkekaufwahn und Torschlusspanik bleiben möge.

Ihr

Lothar J. Seiwert

Professor Dr. Lothar J. Seiwert gilt als Europas führender Experte für Zeitsouveränität, Effektivität und sinnvolles Lebensmanagement. Er ist erfolgreicher Bestsellerautor und erhielt 1999 als erster deutscher Trainer den internationalen Trainingspreis "Excellence in Practice" der ASTD (American Society for Training und Development).

Themen

Ein Typ für alle Fälle:
Das DISG-Persönlichkeitsmodell

„Der Erfolgreiche überprüft seine Begabungen und Fähigkeiten, ehe er sein Ziel steckt."

Vera F. Birkenbihl

DISG ist ein Instrument zur Analyse menschlichen Verhaltens. Es wurde von den amerikanischen Psychologen William Moulton Marston und John Geier entwickelt und kategorisiert vier grundsätzliche Verhaltensstile und Verhaltensmuster (die DISG-Persönlichkeitstypen).

Ein Test lohnt, denn Selbsterkenntnis ist der erste Schritt zur Veränderung

Der Wunsch, sich selbst und andere zu typologisieren, ist fast so alt wie die Menschheit selbst. Schon 400 Jahre vor Christus ordnete Hippokrates den vier Elementen vier menschliche Temperamente zu. Heute gibt es zahlreiche sogenannte Persönlichkeits-Tests, die die Zuordnung zu verschiedenen Persönlichkeits-Typen erleichtern wollen. Im Verlauf unseres Coaching werde ich Ihnen aus der Masse dieser Instrumente diejenigen vorstellen, von denen ich glaube, dass Sie dabei helfen können, sich selbst und andere besser zu verstehen.

DISG: Vier Verhaltensstile erkennen und nutzen

Bereits im Basiswissen habe ich Ihnen das DISG-Persönlichkeitsmodell kurz

vorgestellt (bitte kurz nachlesen, Basiswissen, Seite 13 ff.). Dort konnten Sie auch einen kleinen Test durchführen, der Ihnen gezeigt hat, welcher Zeittyp Sie sind.

Lernen Sie sich auf den folgenden Seiten selbst noch besser kennen und finden Sie heraus, zu welchem bevorzugten Verhalten Sie in Ihren Partnerschaften und Beziehungen neigen. Sehen Sie die Berührungs- und auch die Konfliktpunkte zu anderen Menschen in einem ganz neuen Licht.

Harald und Sabine Mayer – eine Ehe auf dem Prüfstand

Sabine und Harald Mayer sind seit 5 Jahren glücklich verheiratet. Sie haben sehr viele Gemeinsamkeiten, lieben sich und alles könnte so schön sein, wenn da nicht immer wieder diese diversen Streitpunkte wären.

Harald ist ein sehr ordentlicher Mensch. Er liebt es, wenn alles an seinem Platz ist und schätzt es, gemeinsame Unternehmungen im voraus zu planen. Sabine dagegen liebt das Chaos. Sie ist meistens mit mehreren Dingen gleichzeitig beschäftigt, befindet sich ständig auf der Suche nach irgend etwas und liebt das Spontane.

Eigentlich findet sie es toll, dass Harald so gut organisiert ist. Das gibt ihr Sicherheit und Vertrauen für ihr eigenes Leben. Auch Harald liebt die lebenslustige Art seiner Sabine.

Und doch kommt es immer häufiger zum Streit. „Dieser Pedant mit seiner ewigen akribischen Ordnung", schimpft Sabine bei ihrer Freundin über Harald,

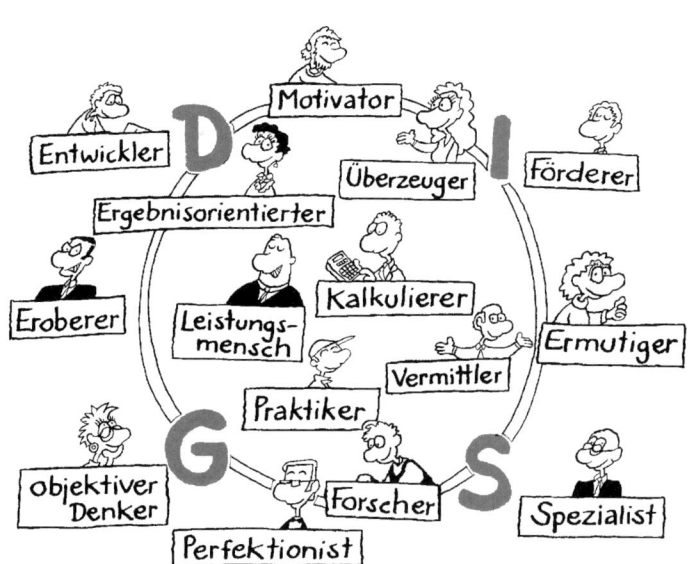

als er sie zum 30. Mal höflich aufgefordert hat, ihm die notwendigen Unterlagen für die gemeinsame Steuererklärung bereitzustellen. Und Harald kann seinen Unmut nicht verbergen, als Sabine eines Abends nach Hause kommt und ihm voller Freude mitteilt, dass sie soeben einen spontanen Wochenend-Kurztrip nach Paris für sie beide gebucht hat. Natürlich fährt er gern mit ihr weg, doch möchte er in die Entscheidung schon mit einbezogen werden.

Mit DISG den anderen besser verstehen

In „eigentlich harmonischen" Beziehungen wie der von Harald und Sabine können die ewigen Auseinandersetzungen über Kleinigkeiten die gute gemeinsame Basis mit der Zeit vergiften.

Denn die Erfahrungen im Zusammenarbeiten und Zusammenleben zeigen, dass große Probleme, wie Krankheit oder Not mit den Kindern, eine Partnerschaft nicht zerstören, sondern sie im Gegenteil zusammenschweißen.

Es sind die kleinen Dinge des täglichen Lebens, die Beziehungen auseinanderbringen und das Zusammenleben erschweren:

- ♡ „Wer hat wieder vergessen, die Zahnpastatube zu verschließen?"
- ♡ „Wer hat meine Zeitschrift weggeräumt?"
- ♡ „Warum wurde das Toilettenpapier nicht aufgefüllt?"
- ♡ „Warum räumst du niemals deine leeren Flaschen weg?"
- ♡ „Warum erlaubst du den Kindern Dinge, die ich ihnen verbiete?"

Wo hat nun der Volksmund Recht: „Gleich und gleich gesellt sich gern" oder „Gegensätze ziehen sich an"? Beides stimmt und kann auch so um uns herum beobachtet werden. Die Gemein-

(weiter auf S.10)

 **Testen Sie sich**

Welche der folgenden Aussagen treffen auf Sie zu?

1. Ich mag Menschen, die:
- ☐ gleich zur Sache kommen.
- ☐ direkt sind.
- ☐ schnell Entscheidungen treffen.

Ich mag Menschen nicht, die:
- ☐ mir Anweisungen geben.
- ☐ mich unterhalten wollen.
- ☐ zuviel reden.

2. Ich mag Menschen, die:
- ☐ freundlich sind.
- ☐ Kontakt suchen.
- ☐ Zeit zum Reden haben.

Ich mag Menschen nicht, die:
- ☐ distanziert sind.
- ☐ unhöflich sind.
- ☐ kühl und zurückhaltend sind.

3. Ich mag Menschen, die:
- ☐ über Persönliches sprechen, bevor sie zum Geschäftlichen kommen.
- ☐ eine lockere Atmosphäre schaffen.
- ☐ sich anhören, wie ich die Dinge sehe.

Ich mag Menschen nicht, die:
- ☐ mir Veränderungen aufzwingen wollen, bevor ich dazu bereit bin.
- ☐ Veränderungen um der Veränderung willen durchführen.
- ☐ immer nur Ergebnisse wollen, aber dabei nicht nach mir fragen.

4. Ich mag Menschen, die:
- ☐ ruhig und klar denken.
- ☐ sinnvolle Dinge tun.
- ☐ diplomatisch und höflich sind.

Ich mag Menschen nicht, die:
- ☐ wollen, dass ich ihnen meine Gefühle offen zeige.
- ☐ darauf drängen, dass ich mich gefühlsbetonten Situationen stelle.
- ☐ von mir halbfertige Arbeiten sofort geliefert haben wollen.

Jeder Mensch hat bestimmte Vorstellungen und Vorlieben, wie andere Menschen mit ihm umgehen sollten. Schauen Sie sich die Aussagen im nebenstehenden Test an und kreuzen Sie diejenigen an, die auf Sie zutreffen.

Der Bereich* bei dem Sie die meisten Kreuze haben, ist Ihr bevorzugter DISG-Bereich – siehe Grafik unten.
* 1 = dominant
2 = initiativ
3 = stetig
4 = gewissenaft

Dabei ist wichtig zu wissen: Jeder Mensch nimmt Anleihen aus allen vier Bereichen, doch ist ein Bereich meistens am stärksten ausgeprägt.

Der CoachingBrief-Partnerschafts-Tes

Reservieren Sie jetzt eine Stunde für das Partner-Profil, und finden Sie heraus, wo Ihre gemeinsamen Stärken liegen. Finden Sie heraus, wie Sie sich gemeinsam entwickeln können, und erkennen Sie die Möglichkeiten Ihrer Partnerschaft. Aus Gründen der besseren Lesbarkeit sprechen wir im Text von z. B. „dominanten Partnern". Allerdings handelt es sich nicht um Menschentypen, sondern um Verhaltensstile, die in konkreten Situationen gezeigt und auch auf diese bezogen werden. Es ist auch wichtig zu wissen, dass es keine schlechten und guten Typen gibt. Jeder Mensch neigt zu einem bestimmten Grundverhalten, kann aber auch Tendenzen der anderen Verhaltens-Typen hervorholen und nutzen.

Auf den folgenden vier Seiten finden Sie die vier DISG-Partnerschafts-Typen mit ihren Stärken und Schwächen charakterisiert. Kennzeichnen Sie alle Aussagen, die auf Sie zutreffen: ☒. Bitten Sie Ihren Partner, das Gleiche auch für sich zu tun (vielleicht mit einer anderen Farbe oder einem anderen Symbol): ☑. Der Typ, bei dem Sie sich am meisten wiederfinden, zeigt Ihre Grund-Verhaltenstendenz in Ihrer Partnerschaft. Lesen Sie in unserer Auswertung (ab Seite 8), wie Sie Ihre Beziehung mit einfachen Schritten optimieren können.

Der „dominante" Partner

Solange Dominante und ihre Partner dieselben Ziele und Wünsche haben, geht es bei ihnen friedlich zu, und sie können gemeinsam viel erreichen. Die häufigsten Ursachen für Reibereien und Streitigkeiten sind Machtkämpfe, wer letztlich das Sagen hat. Sie treten gegenüber ihrem Partner energisch, entschlossen und selbstbewusst auf und ergreifen oft als Erster die Initiative, Aufgaben anzupacken und schnell zu erledigen. Bei Konflikten werden sie von ihren Partnern als zu schroff, zu herzlos und zu ehrgeizig empfunden.

Stärken in der Partnerschaft		Engpässe in der Partnerschaft	
☐ ☐	Hält die Fäden fest in der Hand.	☐ ☐	Ist häufig zu bestimmend, beherrschend.
☐ ☐	Handelt sehr zielorientiert.		
☐ ☐	Motiviert die Familie zum Handeln.	☐ ☐	Keine Zeit für die Familie.
		☐ ☐	Ungeduldig bei schlechten Leistungen.
☐ ☐	Kennt „immer die richtige" Antwort.	☐ ☐	Lässt die Kinder kaum zur Ruhe kommen.
☐ ☐	Organisiert den Haushalt.		
☐ ☐	Setzt sich dafür ein, dass alle in der Familie mitarbeiten.	☐ ☐	Neigt dazu, andere Menschen zu „benutzen".
☐ ☐	Behält in Notfällen „das Heft in der Hand".	☐ ☐	Tut sich mit Entschuldigungen schwer.
☐ ☐	Sieht das große „Ganze".	☐ ☐	Hat möglicherweise Recht, ist aber unbeliebt.
☐ ☐	Sieht praktische Lösungen.		
☐ ☐	Schreitet schnell zur Tat.	☐ ☐	Zeigt wenig Toleranz bei Fehlern.
☐ ☐	Delegiert Aufgaben, organisiert gut.	☐ ☐	Untersucht nicht die Details.
☐ ☐	Verbreitet Tatendrang, will Ergebnisse.	☐ ☐	Langweilt sich bei Trivialem, Alltäglichem.
☐ ☐	Treibt andere zum Handeln.	☐ ☐	Trifft voreilige Entscheidungen.
☐ ☐	Widerstand spornt ihn an.	☐ ☐	Ist rücksichtslos und taktlos.
		☐ ☐	Manipuliert andere, ist fordernd.
		☐ ☐	Der Zweck heiligt die Mittel.
		☐ ☐	Neigt zu „Workaholismus".

Welcher Beziehungstyp sind Sie?

Der „initiative" Partner

Initiative begeistern ihre Partner, lassen sie an ihren Erfolgen teilhaben, betrachten das Leben positiv und geben dem Partner viele Freiheiten. Sie haben gerne Spaß und wollen ihren Partner und auch ihr sonstiges Umfeld beeindrucken. Das manchmal zu schnelle Tempo, sein Optimismus, seine mangelnde Disziplin und Impulsivität führen mit dem „I"-Partner zu Reibereien und Streitigkeiten. „I's" sind gegenüber ihrem Partner enthusiastisch, gesprächig, freundlich, offen und ergreifen oft als Erste die Initiative, wenn es darum geht, Beziehungen herzustellen und andere zum Mitmachen zu bewegen.

Stärken in der Partnerschaft	Engpässe in der Partnerschaft
☐ ☐ Ist beliebt bei den Freunden seiner Kinder.	☐ ☐ Sorgt zu Hause für ständige Aufregung.
☐ ☐ Verwandelt Chaos in Spaß.	☐ ☐ Ist wenig organisiert und vergisst Dinge.
☐ ☐ Ist der „Zirkusdirektor".	☐ ☐ Ist ungeduldig, hört nicht richtig zu.
☐ ☐ Lebt durch Komplimente richtig auf.	☐ ☐ Führt bei Unterhaltungen das Wort.
☐ ☐ Wird von anderen beneidet.	☐ ☐ Antwortet für andere.
☐ ☐ Entschuldigt sich schnell.	☐ ☐ Kann launisch sein.
☐ ☐ Liebt spontane Aktivitäten.	☐ ☐ Findet immer eine Entschuldigung.
☐ ☐ Übernimmt freiwillig neue Aufgaben.	☐ ☐ Möchte lieber reden, statt zu arbeiten.
☐ ☐ Denkt sich immer neue Aktivitäten aus.	☐ ☐ Vergisst Verpflichtungen (Hochzeitstag).
☐ ☐ Wirkt auf den ersten Blick anziehend.	☐ ☐ Bringt Dinge nicht zu Ende.
☐ ☐ Besitzt ein großes Maß an Energie und Begeisterungsfähigkeit.	☐ ☐ Ist eher unordentlich, undiszipliniert.
☐ ☐ Geht schnell und eindrucksvoll an Dinge heran.	☐ ☐ Hat oft keine klaren Prioritäten.
☐ ☐ Inspiriert den Partner zum Mitmachen.	☐ ☐ Trifft häufig gefühlsmäßige Entscheidungen.
☐ ☐ Überredet mit Charme andere zur Hausarbeit.	☐ ☐ Lässt sich leicht und gern ablenken.
	☐ ☐ Hält den anderen von der (Haus-) Arbeit ab.

Unser Coaching-Brief-Geschenk-Tipp: Kopieren Sie den Partnerschaftstest, bevor Sie ihn ausfüllen, und schenken Sie ihn wirklich guten Freunden zu Weihnachten.

Der CoachingBrief-Partnerschafts-Tes

Der „stetige" Partner

Stetige ermutigen ihre Partner und unterstützen sie dabei, ihre Ziele zu erreichen. Sie kommen gut miteinander aus, lieben es, eine schöne Zeit gemeinsam zu verbringen und eine entspannte, ruhige und friedliche Atmosphäre mit dem Partner zu haben. Sie sind für den Partner berechenbar, liebenswürdig, angenehm, zufrieden und loyal und reagieren vor allem auf Menschen. Reibereien entstehen wegen ihrer gefühlsorientierten Art, in der sie Probleme oft nicht beim Namen nennen und Herausforderungen gleich als Bedrohung empfinden.

Kennen Sie das zuverlässigste Beziehungs-barometer? Das Lachen. Kinder lachen und lächeln mehr als 150 mal am Tag, Erwachsene im Schnitt nur 15 Mal. Wenn das Lachen aus einer Beziehung verschwindet, dann verschwindet auch die Liebe. Wann haben Sie das letzte Mal miteinander gelacht?

Stärken in der Partnerschaft	Engpässe in der Partnerschaft
☐ ☐ Geht gut auf Kinder ein.	☐ ☐ Setzt sich nur schwerfällig in Bewegung, besonders bei überraschenden Veränderungen.
☐ ☐ Ist selten wirklich in Eile.	
☐ ☐ Akzeptiert gute und schlechte Zeiten.	☐ ☐ Hat bei Schwierigkeiten den Haushalt nicht im Griff.
☐ ☐ Lässt sich nicht leicht aus der Ruhe bringen.	☐ ☐ Entmutigt, dämpft die Begeisterung anderer.
☐ ☐ Ist angenehm und unterhaltsam.	☐ ☐ Bleibt unbeteiligt und gleichgül-tig, z. B. gegenüber neuen oder geänderten Plänen.
☐ ☐ Guter Zuhörer, zeigt Mitgefühl.	
☐ ☐ Hat einen trockenen Humor.	
☐ ☐ Hat wenige, aber enge Freunde.	
☐ ☐ Kompetent und ausdauernd.	☐ ☐ Verurteilt den anderen.
☐ ☐ Friedlich und freundlich.	☐ ☐ Ist sarkastisch und hänselt andere, wenn er sich nicht durchsetzen kann.
☐ ☐ Kann Dinge gut verwalten.	
☐ ☐ Schlichtet und vermittelt bei Problemen.	
☐ ☐ Vermeidet Streit und Konflikte.	☐ ☐ Handelt nicht zielorientiert.
☐ ☐ Verhält sich unter Druck noch freundlich.	☐ ☐ Wirkt manchmal unmotiviert.
	☐ ☐ Liebt nicht, vom anderen gedrängt zu werden.
☐ ☐ Findet den Weg des geringsten Widerstandes.	☐ ☐ Wirkt manchmal lethargisch, träge und gedankenlos.
	☐ ☐ Ist nur Beobachter und redet zu wenig.

Welcher Beziehungstyp sind Sie?

Der „gewissenhafte" Partner

Wenn Gewissenhafte und ihre Partner gemeinsame Ziele haben, können sie sehr effektiv zusammenleben und sich gegenseitig unterstützen. Wenn sich die Ziele unterscheiden, ist dies für „G" sehr schwer. Er möchte, dass die Dinge richtig gemacht werden. Was aber für den Gewissenhaften richtig ist, ist für seinen Partner umständlich und kompliziert. Er ist auch in der Partnerschaft mehr analytisch, ernst, vorsichtig, ordnungsliebend, genau und reagiert in erster Linie auf Aufgaben und anstehende Projekte. Bei zwischenmenschlichen Schwierigkeiten neigt der hoch Gewissenhafte dazu, sich indirekt zu bekriegen, und wird von seinem Partner auch als pedantisch und stur erlebt.

Wann haben Sie Ihrem Partner das letzte Mal...
... gesagt, dass Sie ihn lieben?
... Blumen geschenkt?
... zum Essen eingeladen?
... vor anderen gelobt?

Stärken in der Partnerschaft	Engpässe in der Partnerschaft
☐ ☐ Setzt hohe Maßstäbe und Standards.	☐ ☐ Erwartet zu viel, setzt zu hohe Maßstäbe.
☐ ☐ Möchte, dass alles richtig getan wird.	☐ ☐ Ist zu genau.
☐ ☐ Opfert seinen eigenen Willen.	☐ ☐ Fühlt sich im sozialen Umgang unsicher.
☐ ☐ Unterstützt die Lernbereitschaft und die Talente des Partners.	☐ ☐ Hält Zuneigung zurück.
☐ ☐ Ist damit zufrieden, auch im Hintergrund zu bleiben, und vermeidet es, die Aufmerksamkeit auf sich zu ziehen.	☐ ☐ Ist manchmal nachtragend.
	☐ ☐ Räumt Menschlichem nicht die erste Priorität ein.
	☐ ☐ Unvollkommenheit deprimiert ihn.
☐ ☐ Orientiert sich an seinem Zeitplan.	☐ ☐ Wählt gerne schwierige Aufgaben.
☐ ☐ Ist beharrlich und gründlich.	☐ ☐ Zögert, Dinge in Angriff zu nehmen.
☐ ☐ Geht methodisch an Dinge heran und ist gut organisiert.	☐ ☐ Verbringt zu viel Zeit mit Planung.
☐ ☐ Sieht Probleme und Schwierigkeiten.	☐ ☐ Wirkt mit sich selbst unzufrieden.
☐ ☐ Sucht lange nach guten Lösungen.	☐ ☐ Scheint schwer zufriedenzustellen zu sein.
☐ ☐ Will beenden, was er begonnen hat.	☐ ☐ Hat unrealistische Ziele.

Dominant zu sein
bedeutet...

...Herausforderungen
zu suchen und gern
anzunehmen,

...den Drang
zu haben,
Kontrolle ausüben
zu wollen

...von starker
Aufgaben- und
Ergebnisorientierung
geprägt zu sein,

...ein extrovertiertes
Verhalten,

...schnell und gern
Entscheidungen zu
treffen.

Auswertung: Unterschiede erkennen u

Der dominante Partner

Tipps zur Verbesserung Ihrer Beziehung

✔ Haben Sie eigentlich auch Schwächen?

✔ Investieren Sie mehr Energie in persönliche Beziehungen.

✔ Hasten Sie nicht durch Ihr Leben.

✔ Versuchen Sie, Ihrem Partner Ihre Gefühle zu zeigen und mitzuteilen.

✔ Üben Sie sich in Geduld, lernen Sie, Ihrem Partner zuzuhören.

✔ Versuchen Sie nicht, Situationen, Gespräche oder Ihren Partner zu kontrollieren.

Was D-Partnerinnen sich wünschen

✔ Sie wünscht sich Zuneigung auf Kommando.

✔ Sie erwartet Verständnis.

✔ Sie nennt die Dinge unverblümt beim Namen, um ehrliche Antwort zu bekommen.

✔ Sie gewinnt Sicherheit, wenn sie ihr Umfeld fest im Griff hat.

Was D-Partner sich wünschen

✔ Er erwartet Respekt gegenüber seiner Person.

✔ Er braucht Erfolge und Siege für sein Ego.

✔ Er möchte körperlich gefordert werden.

✔ Er erwartet, dass ihm seine Partnerin bedingungslos vertraut.

Sagen Sie Ihrem D-Partner: „Ich liebe deine Art, entschlossen an Dinge heran zu gehen, die dir wichtig sind, mich eingeschlossen."

Der initiative Partner

Initiativ zu sein
bedeutet...

...stark menschen-
und beziehungs-
orientiert zu sein,

...sehr extrovertiert
zu sein und das Bad
in der Menge zu
lieben,

...andere begeistern
und überzeugen zu
wollen,

...spontan und
sprunghaft zu sein.

Tipps zur Verbesserung Ihrer Beziehung

✔ Reden Sie weniger, hören Sie besser zu.

✔ Zügeln Sie Ihre natürliche Impulsivität etwas.

✔ Konzentrieren Sie sich darauf, Aufgaben zu Ende zu bringen und Verpflichtungen einzulösen.

✔ Arbeiten Sie daran, ziel- und ergebnisorientierter zu handeln.

Was D-Partnerinnen sich wünschen

✔ Sie wünscht sich Zuneigung durch Worte und fragt auch deutlich danach.

✔ Sie möchte die Beziehung durch ein offenes Gespräch klären und redet gerne.

✔ Sie wünscht sich, dass ihr Partner sich Zeit nimmt, ihr zuzuhören und ihr seine volle Aufmerksamkeit widmet.

✔ Sie möchte nach ihrem Gefühl entscheiden können.

Was D-Partner sich wünschen

✔ Er erwartet, dass er von seiner Partnerin verbales Lob bekommt.

✔ Er möchte durch Offenheit und Schmeicheleien Vertrauen aufbauen.

✔ Er möchte seine Gefühle offen zeigen können.

✔ Er möchte respektiert werden, indem er seine Partnerin verbal überzeugt.

Sagen Sie Ihrem I-Partner: „Ich liebe deine grenzenlose Energie, daraus kann ich auch für mich wunderbar Kraft schöpfen."

m Vorteil Ihrer Partnerschaft nutzen

Der stetige Partner

Tipps zur Verbesserung Ihrer Beziehung

✔ Zeigen etwas mehr Flexibilität.

✔ Versuchen Sie, Ihre Gefühle auszudrücken.

✔ Entwickeln Sie ein etwas schnelleres Tempo, vor allem auch bei Entscheidungen.

✔ Gehen Sie mit Widerständen konstruktiv um.

Was D-Partnerinnen sich wünschen

✔ Sie wünscht sich, dass der Partner ihre offen gezeigte Zuneigung erwidert.

✔ Sie verlangt absolute Ehrlichkeit.

✔ Sie möchte sich immer voll einbringen, um beim Partner emotional anzukommen.

✔ Sie wünscht sich, besser verstanden zu werden.

Was D-Partner sich wünschen

✔ Er wünscht sich Achtung und Respekt.

✔ Er wünscht sich volles Vertrauen und versucht, das durch volle Akzeptanz der Partnerin aufzubauen.

✔ Er wünscht sich von seiner Partnerin Bewunderung für sein Ausdauer und Beharrlichkeit in allen Angelegenheiten.

Sagen Sie Ihrem S-Partner: „Ich liebe dich, weil du selbst zu Menschen, die das nicht verdient haben, liebenswürdig und unterstützend bist."

Stetig zu sein bedeutet...

...aufgaben- und ergebnisorientiert zu sein,

...den Drang nach Stabilität und Harmonie zu verspüren,

...introvertiert zu sein,

...anderen helfen und sie unterstützen wollen.

Der gewissenhafte Partner

Tipps zur Verbesserung Ihrer Beziehung

✔ Seien Sie nicht so verbissen, gut ist besser als perfekt.

✔ Stehen Sie den Ideen und Methoden Ihres Partners nicht zu kritisch gegenüber.

✔ Es ist wichtig, dass Sie die richtigen Dinge unternehmen, nicht nur die Dinge richtig machen.

Was D-Partnerinnen sich wünschen

✔ Sie wünscht sich, dass ihr Partner genauso ehrlich ist wie sie selbst.

✔ Sie wünscht sich in allen Belangen Berechenbarkeit und Sicherheit.

✔ Sie wünscht sich, nicht von ihren Aufgaben abgelenkt zu werden.

✔ Sie ewartet von ihrem Partner Anerkennung als Gegenleistung für ihre Loyalität.

Was D-Partner sich wünschen

✔ Er wünscht sich von ihr Anerkennung für seine Loyalität und Treue.

✔ Er erwartet, dass seine Partnerin genau das lebt, was sie sagt.

✔ Er erwartet ihren Respekt für seine klar gezeigte Kompetenz in allen Dingen.

✔ Er wünscht sich, in der Familie seinen klar definierten Platz zu haben.

Sagen Sie Ihrem G-Partner: „Ich liebe dich, weil ich mich auf deine objektive Sicht der Dinge immer verlassen kann. Ich weiß nicht, was ich ohne dich täte."

Gewissenhaft zu sein bedeutet...

...den Drang zu verspüren, das Richtige perfekt tun zu wollen,

...Ärger vermeiden zu wollen,

...in allen Situationen genau und präzise reagieren zu wollen,

...introvertiert und aufgabenbezogen zu agieren.

Liebe geht bekanntlich durch den Magen. Das gilt nicht nur für die Gerichte selbst, sondern auch für ihre Zubereitung. Versuchen Sie es in diesem Jahr einmal mit Harmonie á la DISG beim Zubereiten des Weihnachtsmenüs.

♥ Die Weihnachtsgans mit DISG

Die Kenntnisse der DISG-Typologie können Sie in allen Lebensbereichen anwenden – vom Einkaufen (auch ein sehr beliebtes Paar-Thema) über den Job bis in die Küche. Wie wäre es, wenn Sie Ihr Weihnachtsmenü á la DISG in höchste Höhen, auch partnerschaftlicher Harmonie, rezeptieren?

♥ **Der Dominante:** Die Küche sieht bei ihm wie ein Schlachtfeld aus. Darüber sollte der Partner aber galant hinwegsehen, denn dafür sind Dominante meistens begnadete Köche, die gern neue, exotische Gerichte ausprobieren.

♥ **Der Initiative:** Der I-Koch kauft sich zunächst einmal alle Neuheiten auf dem Küchengerätemarkt (leider benutzt er sie nicht). Für ihn ist es am wichtigsten, wenn er sehr viele Menschen an der Festtafel sitzen hat. Also buchen Sie einen Partyservice zum Kochen und veranstalten Sie für Ihren I-Partner eine Weihnachts-Überraschungs-Party.

♥ **Der Stetige:** Für ihn ist es wichtig, dass das Menü nach einem Standardrezept bereitet wird (bloß keine Überraschung). Schlagen Sie ihm vor, die Gans traditionell nach dem Rezept seiner Mutter zu bereiten, und er wird Ihnen (nach dem Mahl) die Füße dafür küssen.

♥ **Der Gewissenhafte:** Für ihn ist wichtig, welchen Fett-, Protein- und Kohlehydratgehalt sein Menü hat. Informieren Sie ihn genau, wie und wo die Gans aufgewachsen ist, die Sie ihm bereiten. Geben Sie ihm auch vorab das Rezept zu lesen und beziehen Sie ihn in die Vorbereitungen ein.

samkeiten stabilisieren eine Partnerschaft, bringen aber weniger Abwechslung und Ergänzung. Der Erfolgsgarant für eine gute Partnerschaft ist – wie so oft – die gelungene Mischung aus Unterschiedlichkeit und Gemeinsamkeit. Man wird häufig von den positiven Charakterzügen eines anderen Menschen angezogen, die man selbst nicht hat. Erst nach längerem Zusammensein erkennt man die Schwächen, die diesen positiven Charakterzügen gegenüberstehen, die aber genauso zu diesem Menschen gehören. Ab diesem Zeitpunkt versuchen dann viele, den anderen so zu verändern, dass er wie sie selbst wird – was natürlich nicht funktionieren kann.

Leider vergessen wir im Alltag zu schnell, was uns an unserem Partner anfangs so gut gefallen hat, nämlich seine Unterschiede zu uns.

Und wir versuchen, bewusst oder unbewusst, unseren Partner nach unserem Maß zu verändern. Doch damit zerstören wir seine Persönlichkeit und viel öfter die Beziehungen zu ihm.

Intelligente Paare lernen, den anderen so zu akzeptieren, wie er ist. Grundlegend ändern können wir andere Menschen ohnehin nicht. Veränderung passiert nur bei uns selbst, oder gar nicht.

Und noch etwas: Intimität bringt sehr viel Nähe, birgt aber auch die Gefahr hoher Verletzbarkeit.

Partnerschaft ist Teamarbeit auf höchster Ebene, die bei realistischen gegenseitigen Erwartungen beide Partner stärkt.

Leben Sie mit der Veränderung

Partnerschaften verändern sich, solange sie Bestand haben. Dabei treten immerwieder Probleme auf, deren erfolgreiche Bewältigung die Voraussetzung für eine „gute Partnerschaft" ist.

(weiter auf S.12)

Porträt: Friedbert Gay – Der DISG-Mann

Was treibt einen eingefleischten Techniker, der sein Berufsleben auf klare Fakten und physikalische Gesetzmäßigkeiten aufgebaut hat, dazu, sich mit einer so wenig greifbaren Materie wie der menschlichen Persönlichkeit auseinanderzusetzen?

Friedbert Gay, der Techniker, der aus reiner Neugierde zum Thema Persönlichkeitsentwicklung kam, weiß darauf nur

eine Antwort: „Als Verkaufsleiter merkte ich, dass Kunden und Verkäufer keine Probleme hatten, sich über technische Details zu verständigen, aber sehr wohl viele Geschäfte nicht zustande kamen, weil die Beziehungsebene nicht stimmte."

So kam Friedbert Gay vor etwas mehr als 20 Jahren zur Managementweiterbildung und machte kurze Zeit später sein neues Hobby zum Beruf.

Er führte das DISG-Persönlichkeits-Profil auf dem deutschen Markt ein und beschäftigt sich als DISG-Mastertrainer und Geschäftsführender Gesellschafter von DISG-Training GmbH in Remchingen mit den Themen Persönlichkeit und Werte. Seine Selbstlerninstrumente, Bücher und Trainings nehmen Stellung zu den unterschiedlichsten Fragestellungen der Persönlichkeits- und Organisationsentwicklung und zur Verbesserung der zwischenmenschlichen Kommunikation.

Als Ehemann und Vater dreier Töchter auch privat ständig zum Dialog aufgefordert hat er seine Arbeit längst auch für den privaten Lebensbereich schätzen gelernt. Für ihn ist „Partnerschaft die Zusammenarbeit im Team auf höchster Ebene."

Seine Erfahrungen und sein Wissen bringt der engagierte Christ auch in die aktive Gemeindearbeit ein, die er als sein wichtigstes Hobby bezeichnet.

Friedbert Gay – der Mann hinter DISG. Welchen DISG-Typ er verkörpert, kann man im Gespräch mit ihm nicht herausfinden, doch ist es verblüffend, wie er die Reaktionen seines Gegenübers zu ahnen scheint.

Friedbert Gay
Der passionierte Persönlichkeitstrainer machte sein Hobby zum Beruf
www.disg.de

Empfehlung zum Weiterforschen:
Friedbert Gay
Lothar J. Seiwert
„Das 1x1 der Persönlichkeit"
Gabal Verlag, Offenbach,
29,80 DM

Die große DISG-Partnerschafts-Analyse
Informationen:
DISG Training
Tel: (0 72 32)
36 9 90

 Friedbert Gays Tipps für Sie

Um sich selbst und andere besser zu verstehen, empfiehlt Ihnen unser Persönlichkeits-Experte:

- Beginnen Sie mit der Arbeit an sich selbst: Nichts wird sich in irgendeiner Beziehung ändern, es sei denn, Sie ändern sich. Machen Sie sich auf eine spannende Entdeckungsreise zu Ihren eigenen Stärken und Schwächen. Nur so lernen Sie auch, andere Menschen besser zu akzeptieren.
- Versuchen Sie nicht, Ihren Partner zu ändern: Wenn Sie versuchen, Ihren Partner zu ändern, dann zerstören Sie seine Persönlichkeit und Ihre gemeinsame Beziehung.
- Unterschiede (wieder) schätzen lernen: Konzentrieren Sie sich darauf, Ihren Partner in seiner Andersartigkeit zu akzeptieren. Der Erfolgsgarant für eine gute Partnerschaft ist eine gelungene Mischung aus Gemeinsamkeiten und Andersartigkeit.

Wann sind Sie besonders effektiv? Jeder von uns ist am effektivsten, wenn er sich eine Situation schafft, in der er seine Stärken einsetzen kann. Dies gilt auch für Ihre Beziehungen. Schreiben Sie jetzt Ihre drei größten Stärken als Partner auf!

Es verändern sich aber auch die Lebensumstände oder das Umfeld – zum Beispiel durch Umzug in eine andere Stadt, die Geburt eines Kindes, das Kennenlernen von neuen Freunden oder das Wechseln einer Arbeitsstelle.

Glückliche Partnerschaften unterscheiden sich von unglücklichen nicht im Ausmaß solcher Veränderungen oder Einflüsse. Was sie unterscheidet, ist die Art und Weise, in der Sie mit solchen Herausforderungen umgehen.

Arbeiten Sie an Ihrer Partnerschaft

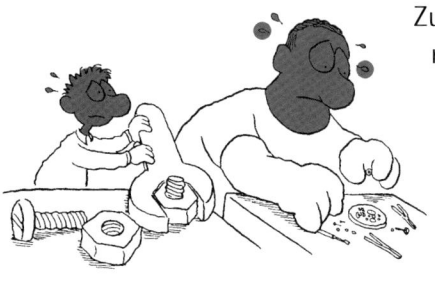

Ich bin ein guter Partner, weil:

....

....

....

Zufriedene Partner übernehmen aktiv die Verantwortung für die erfolgreiche Gestaltung ihres Zusammenlebens. Sie wollen ihre Beziehung nicht nach dem Zufallsprinzip leben im Sinne von: „Es wird schon gutgehen, denn wir lieben uns ja."

Nutzen Sie unseren Partnerschafts-Test als Start, Ihre Partnerschaft noch aktiver und lebendiger zu gestalten. Sie bekommen damit eine Idee, wie Sie sich gegenseitig noch besser verstehen können. Denn nur, wenn Sie Ihre gegenseitigen Stärken und auch Schwächen erkennen, können sie damit umgehen.

www.coaching-briefe.de

Besuchen Sie uns im Internet. In unserem Forum www.coaching-briefe.de können Sie kommentieren, diskutieren, Ihre Erfahrungen mit anderen Brieflesern austauschen.

Ihr CoachingBrief-Team

Wie im Fall von Sabine und Harald, die als I-Typ und G-Typ eben sehr unterschiedliche Herangehensweisen an das gemeinsame Leben haben. Hier ist es wichtig, dem Partner keine Böswilligkeit zu unterstellen, wenn er unerwartet reagiert.

Das Erfolgsrezept für eine gute Partnerschaft heißt „mehr Verständnis für den Stil des anderen zu entwickeln. Lassen Sie Ihrem Partner einfach mehr Raum für seine „Eigenarten".

Das gemeinsame Entdecken der Eigenarten des anderen ist spannend. Vielleicht finden Sie ein liebevolles Ritual, das den Partner an seine kleinen Schwäche erinnert. Kritik und Kampf ist nichts für eine Partnerschaft. Gemeinsame Harmonie macht glücklicher als jedes (Weihnachts)geschenk. Ihr

Lothar J. Seiwert

660 233 014

B 51393

LOTHAR J. SEIWERT
COACHINGBRIEF

Professioneller & souveräner arbeiten und leben

Professionalität und Effektivität in allen Lebensbereichen gewinnen
Souveränität und Gelassenheit ausstrahlen
Balance und Persönlichkeit entwickeln

Monatlicher Coaching-Service ❖ Januar 2001

Liebe Leserin, lieber Leser,

ich freue mich, Sie im Jahre 2 unseres gemeinsamen Coachings begrüßen zu dürfen. Wie immer am Jahresbeginn möchte ich Sie bitten, Ihre ZIELE FÜR DIE NÄCHSTEN 12 MONATE festzulegen. Reservieren Sie sich mindestens zwei stille Stunden. Das ist gut investierte Zeit – Sie werden damit den Rest des Jahres auf ganz neue Weise angehen. Nutzen Sie dazu die Anleitung zur Zielplanung aus dem Basiswissen. Als weitere Hilfsmittel haben wir Ihnen den Januar-Brief 2000 und die Bilanz-

übung aus dem Oktober-Brief 2000 ins Netz gestellt (www.CoachingBriefe.de/ Seiwert/Probeseiten/Zielplanung).

Nutzen Sie darüber hinaus DAS MODELL DER LEBENSZENTREN (nach Stephen R. Covey), mit dessen Hilfe Sie Ihre Ziele noch besser auf Ihre persönlichen Bedürfnisse zuschneiden können.

Auf Ihren Wunsch hin haben wir das Redaktionskonzept ein wenig verändert. So werde ich Ihnen ab dieser Ausgabe von meinen persönlichen Erfahrungen mit der Umsetzung von Life-Leadership berichten. Und Sie werden in einigen Briefen Zusammenfassungen zu Themen aus der Psychologie, Motivationslehre und Managementtechnik finden. Ich freue mich auf ein gemeinsames, spannendes Coaching-Jahr 2001,

Ihr

Lothar J. Seiwert

PROFESSOR DR. LOTHAR J. SEIWERT gilt als Europas führender Experte für Zeitsouveränität, Effektivität und sinnvolles Lebensmanagement. Er ist erfolgreicher Bestsellerautor und erhielt 1999 als erster deutscher Trainer den internationalen Trainingspreis "Excellence in Practice" der ASTD (American Society for Training und Development).

Themen

Ziele 2001: Was bewegt mich wirklich?

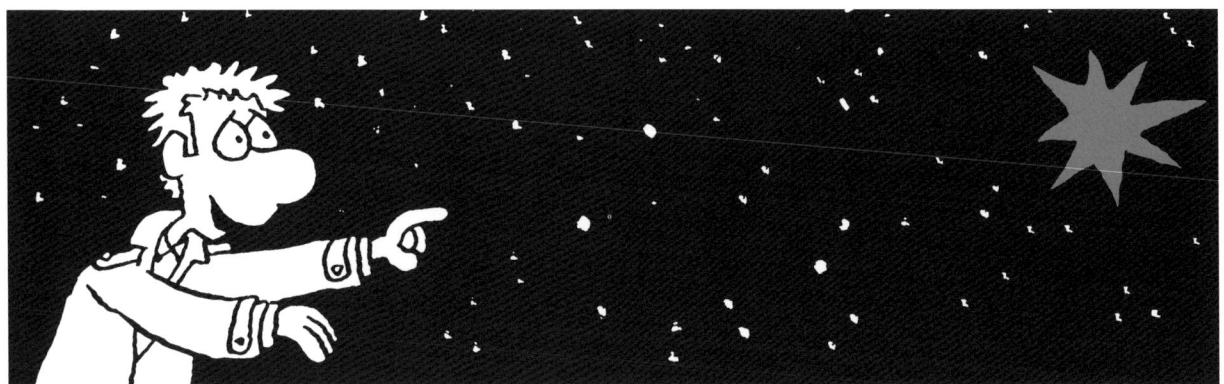

„Wichtige Dinge dürfen niemals den unwichtigen untergeordnet werden."
Johann Wolfgang von Goethe

Als wir vor genau einem Jahr mit unserem Coaching begannen, habe ich Ihnen im Januar-Brief eine Anleitung zur Zielsetzung gegeben. Im Idealfall haben Sie also bereits ein Jahr Erfahrung mit schriftlicher Zielsetzung – und können einschätzen, wie realistisch und individuell Ihre Ziele tatsächlich waren.

Viele von Ihnen haben mir ihre Jahresziele zugeschickt. Gemeinsam haben wir optimiert und ich habe Ihnen an der einen oder anderen Stelle Vorschläge gemacht, wie Sie aus weniger Wollen mehr Tun erzielen können. Ich habe mich sehr darüber gefreut, dass alle zugesandten Zielkataloge nach dem Prinzip der Lebensbalance erstellt worden waren. Dies ist für mich nach wie vor das wichtigste Streben – Nur wenn wir es schaffen, alle Lebensbereiche in Balance zu bekommen, werden wir unsere wirklichen Ziele auch erreichen.

Ziele 2001: Eine Frage der Menge

Einige von Ihnen haben sich bereits mit ihrer Zielsetzung 2001 beschäftigt und mich auch hier zu Rate gezogen. Nachdem Sie im letzten Jahr wahrscheinlich gemerkt haben, wie entscheidend die Grundregel „Weniger ist mehr" für Ihre Zielsetzung ist, beziehen sich Ihre Fragen zur aktuellen Zielsetzung in erster Linie auf die Frage nach der Quantität Ihrer Ziele.

Wie viel soll ich mir vornehmen, um diesmal mehr Erfolgserlebnisse bezüglich meiner Zielerreichung zu haben?

Ein Leser versuchte zum Beispiel, diese Frage genau nach mathematischer Formel zu lösen. Ein guter Ansatz, bei dem Sie die 60-20-20-Regel, die ich Ihnen für die Tagesplanung empfohlen habe, zu Grunde legen können.

Planen Sie ohnehin nur 60 Prozent der Ziele, die Sie sich für ein Jahr als realistisch und erreichbar vorstellen können.

20 Prozent ziehen Sie für ungeplante neue Aktivitäten und Ziele ab.

Und weitere 20 Prozent sollten Sie abziehen, weil es notwendig ist, auch ungeplant einmal die Seele baumeln zu lassen, wenn eigentlich hartes Arbeiten angesagt ist. Das Leben darf nicht nur aus Zielen bestehen, hinter denen Sie herhetzen, wie der Hund hinter dem Wurstzipfel.

Es ist sinnvoll und bringt Sie voran, wenn Sie sich schriftliche Ziele setzen, am besten gemeinsam mit Ihrem Partner oder Team. Ganz entscheidend ist es natürlich, dass Sie dafür bestimmte Techniken und Strukturen nutzen, um überhaupt die Möglichkeit zu haben, konsequent an der Erreichung Ihrer Ziele zu arbeiten.

Aber mein Anliegen ist es, Ihnen zu vermitteln, wie wichtig es ist, neben der Qualität und Menge der Ziele, die Sie sich setzen, das Eigentliche im Auge zu behalten: die eigene Balance zu erkennen und diese auch entspannt zu leben.

Ziele 2001: Eine Frage der Brille, durch die Sie sehen

Die Qualität Ihrer Ziele ist nach wie vor erfolgsentscheidend. Qualität meint hier, dass Sie tatsächlich die Ziele finden, die zu Ihnen passen.

Hierzu hat mein geschätzter amerikanischer Kollege Stephen R. Covey ein weiteres Hilfsmittel entwickelt, das ich Ihnen im folgenden vorstellen möchte: Das Modell der Lebenszentren.

Wir haben im vergangenen Jahr sehr oft über die Lebensvision gesprochen, über die übergeordnete Idee, die jeder Mensch für sein Leben besitzt – ob nun bewusst oder unbewusst.

Wer diese innere Basis kennt, der ist besser als andere in der Lage, mit dem rasanten Wandel, den uns die technologische und wirtschaftliche Entwicklung momentan beschert, umzugehen.

Unsere individuellen Lebensregeln (nach Covey: Zentren) bestimmen, wie wir unser Leben ausrichten, wie stark unser Selbstwertgefühl ausgeprägt ist, wie wir unser Leben beurteilen und mit welcher Energie wir unsere Aktivitäten

🔆 Jahresplanung auf einen Blick

Legen Sie schriftlich fest, welche größeren Aufgaben und Ziele Sie in den nächsten 12 Monaten realisieren wollen:

🔆 Weniger ist mehr

Verplanen Sie nur etwa 60 Prozent Ihrer frei verfügbaren Zeit.

🔆 Erfolgsbilanz des Vorjahres

Erstellen Sie zuerst eine Erfolgsbilanz des vergangenen Jahres. Idealerweise ziehen Sie dafür Ihre Jahresplanung 2000 zu Rate und nutzen die Bilanz, die Sie in der Oktober-Übung bereits gezogen haben.

🔆 Definieren Sie Ihr Hauptziel

Welches übergeordnete Ziel sehen Sie für 2001. Optimal wäre es, Sie könnten dabei auf Ihre Lebensvision zurückgreifen.

🔆 Erfolgsziele festlegen

Legen Sie für jeden Lebensbereich jeweils ein Ziel fest:

Innovationsziel

Was wollen Sie grundsätzlich verändern, neu angehen?

Verbesserungsziel

Was wollen Sie verbessern, welche Probleme oder schlechten Gewohnheiten reduzieren? (!!! trotzdem positiv formulieren, siehe Basiswissen und Januar 2000)

Erhaltungsziel

Welche guten Gewohnheiten wollen sie fortführen oder noch optimieren?

Beachten Sie dabei: Es gibt keine besseren oder schlechteren Ziele. Schaffen Sie es, eine gute Routine beizubehalten, so ist dies ebenso wertvoll, wie eine neue Aufgabe anzugehen.

Schriftlich formulierte Jahreszielpläne sollten geschäftlich wie auch privat zum absoluten Muss gehören.

Doch erscheinen Sie im privaten Bereich vielen Menschen immer noch überflüssig (á la: „Ich weiß ja wohl, was ich will.").

So führen sie geschäftlich oft nur ein Schattendasein, weil es angeblich wichtiger ist,

das Tagesgeschäft irgendwie über die Runden zu bringen. Doch das Tagesgeschäft hängt von Ihrer konsequenten Zielplanung ab.

angehen. Das persönliche Zentrum eines Menschen ist in den meisten Fällen eine Kombination der im folgenden vorgestellten Basis-Zentren (siehe auch Übersicht unten). Deshalb aktivieren wir auch das jeweils zuständige Zentrum, wenn es die äußeren oder inneren Umstände erfordern. Einerseits spricht es natürlich für unsere Flexibilität, wenn wir unterschiedliche Zentren aktivieren können. Andererseits machen wir uns dadurch sehr oft zum Spielball unserer Umwelt – wir reagieren auf Einflüsse. Ideal wäre ein klares Zentrum, aus der wir unsere Energie, unsere Sicherheit unsere Weisheit und natürlich auch unsere Orientierung ziehen könnten.

Erkennen Sie, welche inneren Motivatoren Ihr Handeln und Ihre Ziele bestimmen.

Lebenszentren: Ordnen Sie sich ein

Sind Sie familien-zentriert?
Familienmenschen interpretieren ihr gesamtes Leben in Bezug auf ihre Familie. Ihre Handlungen sind durch Familienmodelle und Traditionen beschränkt. Ihr wichtigstes Entscheidungskriterium ist das, was für die Familienmitglieder gut ist und was diese wollen.

Sind Sie geld-zentriert? Solche Menschen bestimmen ihren persönlichen Wert nach ihrem Marktwert. Sie richten ihre Ziele nach dem Kriterium der ökonomischen Sicherheit aus. Geld zu verdienen ist die Brille, durch die sie ihr Leben sehen – dies führt oft zu einseitigen Urteilen.

Sind Sie arbeits-zentriert? Arbeitszentrierte fühlen sich nur wohl, wenn sie arbeiten. Deshalb richten Sie auch ihre gesamte Zielplanung nach den Bedürfnissen und Erwartungen ihres Jobs. Ar-

Modell der Lebenszentren nach Stephen R. Covey aus: „Die sieben Wege zur Effektivität", Campus Verlag, Frankfurt

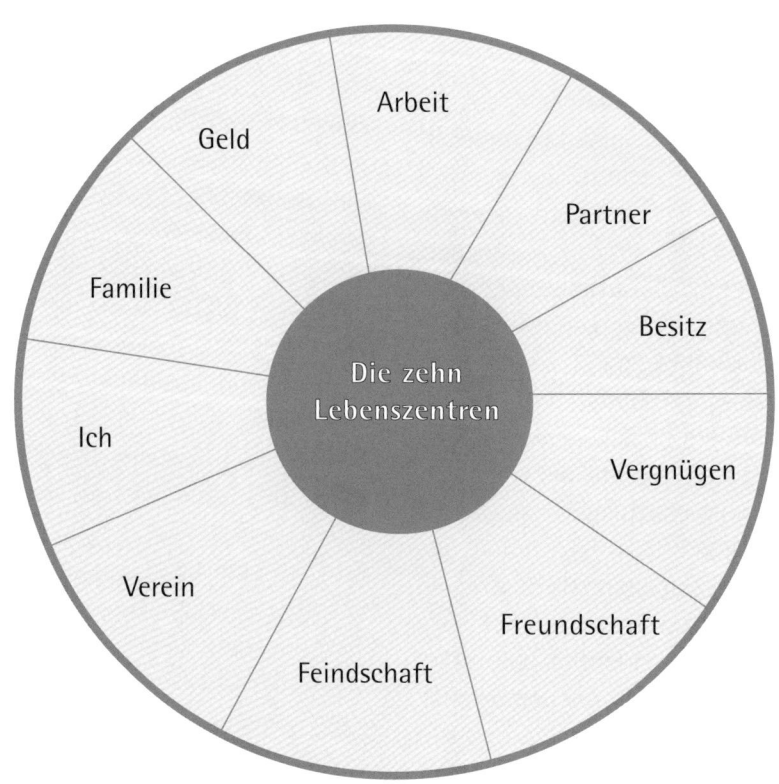

beit ist ihr Leben, und ihren Selbstwert bemessen sie nach der Stufe auf der Karriereleiter, die sie erklommen haben, oder nach den Wahrnehmungen ihres Chefs.

Sind Sie partner-zentriert?

Partnerzentrierte Menschen richten ihre Ziele in erster Linie nach den eigenen und den Bedürfnissen des Partners aus. Dabei sind ihre Kriterien und Entscheidungen darauf beschränkt, was sie für das Beste für ihre Partnerschaft halten. Ihre Handlungskraft ist durch die Schwächen des Partners begrenzt und hängt davon ab, wie der Partner sie behandelt.

Sind Sie besitz-zentriert?
Besitzstolze richten ihre Ziele danach aus, wie sie ihren Besitz schützen, vermehren und noch besser zur Geltung bringen können. Ihr Ruf, ihr sozialer Status und ihre greifbaren Besitztümer vermitteln ihnen das Gefühl der Sicherheit.

Sind Sie vergnügen-zentriert?

Diese Menschen richten ihr Leben und ihre Ziele rein nach dem Vergnügens-Faktor aus. Aus diesem Grund sind diese Ziele oft kurzlebig und hängen sehr stark von ihrer Umwelt ab.

Sind Sie freundschafts-zentriert?
Sozial zu sein ist Ihr Lebensinhalt. Ihre Ziele richten sie nach einem Kriterium aus: „Was werden die anderen denken?" Soziales Wohlbefinden beherrscht all ihre Entscheidungen, daher sind sie auch stark von der Meinung anderer abhängig.

Sind Sie feindschafts-zentriert?
Diese Menschen werden oft unbewusst von negativen Energien geleitet: Wut, Neid, Ablehnung und Rachegefühle. Sie richten ihre Ziele

(weiter auf S. 8)

🔍 Die Wieplan-Technik

Wollen Sie ein Ziel erreichen, dann muss es Sie emotional bewegen und Sie müssen es so konkret wie nur irgendwie möglich vor Augen haben:

☀ Stellen Sie sich zuerst konkret vor, Sie hätten es bereits geschafft. **Wie fühlen Sie sich? Wie reagiert Ihre Umwelt auf Sie? (Stichwort: innere Bilder und Filme)**

☀ Halten Sie eine geistige Rückschau. **Welche Faktoren haben die Zielerreichung maßgeblich bestimmt. Schreiben Sie die drei Hauptfaktoren auf.**

☀ Maßnahmen und Mittel. **Welche Hilfsmittel und Maßnahmen haben Sie benötigt, um zu Ihrem Ziel zu gelangen? Schreiben Sie sie auf.**

☀ Teilziele festlegen. **Legen Sie so konkret wie möglich die Teilziele fest, die notwendig sind, um Ihr Ziel zu erreichen.**

☀ Stellen Sie sich zuerst konkret vor, Sie hätten es bereits geschafft. **Terminieren Sie diese Teilziele, um zu sehen, ob der gewählte Zeitraum für Ihr Ziel realistisch ist. (Zeitplanbuch, Wochen- und Tagesplanung)**

☀ Mind-Map erstellen. **Erstellen Sie für jedes Ziel eine Mind-Map, mit deren Hilfe Sie sich ideal alle notwendigen Aspekte Ihres Ziels visualisieren können.**

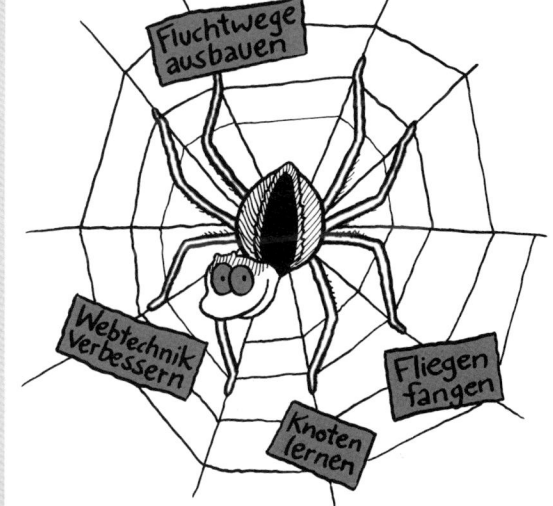

Fluchtwege ausbauen · Webtechnik verbessern · Knoten lernen · Fliegen fangen

Achtung: Fertigen Sie sich von diesem Formular ausreichend Kopien an, bevor Sie es ausfüllen.

Erstellen Sie sich Jahresziele für jeden Ihrer Lebensbereiche. Nutzen Sie zur Vorbereitung die Anregungen dieses CoachingBriefs, die Übung zur Jahresbilanz aus dem Oktoberheft, und schauen Sie sich im Basiswissen und im JanuarBrief 2000 noch einmal die Schritte der Zielplanung an. (Die Unterlagen finden Sie unter: www.coachingbriefe.de/seiwert/probeseiten/zielplanung)

Ihre Ergebnisse können Sie mir gern per E-Mail senden: am besten direkt an unsere Redaktion: B.U.Spangler@T-online.de Falls Sie mir Ihre Ziele handschriftlich formuliert zusenden, bitte achten Sie auf Lesbarkeit, ansonsten verzögert das die Bearbeitung sehr. Vielen Dank für Ihr Verständnis.

Meine Jahresziele 2001

Lebensbereich: _____

Mein Vorsatz: _____

Etappenziel 1: _____

Etappenziel 2: _____

Etappenziel 3: _____

Mein Ziel: _____

Lebensbereich: _____

Mein Vorsatz: _____

Etappenziel 1: _____

Etappenziel 2: _____

Etappenziel 3: _____

Mein Ziel: _____

Seiwert privat – Personal Coach

In unserer Leserbefragung haben sich viele von Ihnen gewünscht zu erfahren, wie es der Coach selbst schafft, seine Tipps zu leben. Gern gebe ich Ihnen meine ganz persönlichen Erfahrungen und Erlebnisse auf dem Weg zu meiner Lebens-Balance weiter.

Fitness-Coach: Wenn der Wille zu schwach ist

Seit einigen Jahren arbeite ich kontinuierlich an meiner persönlichen Fitness. Eine wirkliche Initialzündung zum Joggen habe ich von meinem geschätzten Trainerkollegen Dr. Ulrich Strunz erhalten. Und seit einem Jahr bin ich stolzer Besitzer eines Kick-Boards (Sie wissen schon, der kleine Roller für das Kind im Mann), mit dem ich regelmäßig von meiner Wohnung ins Büro fahre. Doch in meinem Job gibt es kaum Alltagsrou-

Mein Tipp: Suchen Sie sich Ihren Fitness-Coach

Haben Sie länger nichts für Ihre Fitness getan? Dann müssen Sie darauf achten, sich in Ihrer anfänglichen Motivation nicht zu übernehmen. Bücher liefern in der Regel Faustformeln, die oft an der eigenen Trainings-Realität vorbeigehen. Eine gute Möglichkeit, die eigenen Stärken auszubauen, ist professionelle Hilfe. In ganz Deutschland gibt es mittlerweile Personal Fitness Coaches. Über Coaching-Netzwerke bekommen Sie in jeder Stadt Ihren persönlichen Trainer.

tine. Häufig bin ich zu Seminaren und Vorträgen unterwegs, und mit dem Reisen bleibt auch mein Fitnesstraining zu oft auf der Strecke. Ich schaffe es einfach manchmal nicht, mir in einer fremden Stadt abends noch eine Jogging-Strecke zu suchen. Für mich ist die Routine der gewohnten Strecke anscheinend wichtig, um meinen inneren Schweinehund zu überwinden.

Ein Freund brachte mich auf die Idee, es mit einem Personal Fitness Coach zu versuchen.

Mittlerweile gibt es deutschlandweit Fitnesstrainer, die solche Leistungen anbieten. Sie kommen ins Büro, ins Hotel oder wo auch immer Sie Ihr Coaching absolvieren wollen. Nach einer individuellen Trainingsanalyse trainieren sie dann mit dem Coachee zusammen.

Der Vorteil für mich: Die Termine werden vorab fixiert und als höflicher Mensch lasse ich kein Meeting mit meinem Coach sausen. So bekomme ich auch unterwegs meine halbe oder ganze Stunde Training und erhalte jedes Mal sehr viele wertvolle Tipps, welche Belastungen ich meinem Körper zumuten kann und welche Übungen in der jeweiligen Situation für mich sinnvoll sind.

Durch die Motivation von „außen" schaffe ich es auch immer besser, ohne den Coach zu trainieren. Eine Dienstleistung, die sich für mich in jeder Hinsicht bezahlt macht.

Für weitere Information zum Thema Personal Fitness Coach:
The Health Performance Group
Tel: (0 89) 89 12 90 99
Fax: (0 89) 8 11 48 64

Hotline zu Ihrem Coach
Sie können Ihre Fragen, Wünsche und Anregungen mit mir diskutieren:
29. Januar 2001
18.00 bis 19.00 Uhr
Tel. 0 180/1 00 03 27

Entscheiden Sie sich für die richtige Brille
Es macht in jedem Fall einen Unterschied, wo sich Ihr Zentrum befindet. Sie erkennen das am besten, wenn Sie sich ein konkretes Problem vorstellen und versuchen, es durch die verschiedenen Brillen zu betrachten.

Welche der Brillen ist Ihnen die angenehmste?

danach aus, was den vermeintlichen Feind am meisten treffen wird. Sie reagieren zu oft auf Aktionen des Feindes und machen ihr Wohlbefinden vom Befinden des Feinds abhängig. Das kostet Energie, Zeit und Geld. (Der Feind kann im Geschäftsleben ein Wettbewerber sein, privat der Nachbar oder ein Familienmitglied).

Sind Sie vereins-zentriert?

Für Vereins-orientierte ist ihre Stellung im jeweiligen Forum (Firma, Partei, Verein) entscheidend. Sie richten ihre Ziele danach, wie Sie im Rahmen des Vereins danach beurteilt werden. Die Welt besteht für sie aus In- und Outsidern. Nur wer dazugehört zählt. Ihr Wohlbefinden resultiert aus ihrer Stellung im Verein.

Sind Sie ich-zentriert?

Ich-zentrierte Menschen fragen in erster Linie danach, was ein Ziel ihnen persönlich bringt. Sie machen oft den Fehler, sich nur auf sich selbst zu verlassen und den Beitrag anderer nicht in ihre Entscheidungen einzubeziehen.

Es gibt keine guten und schlechten Zentren. Wichtig ist zu erkennen, wo Sie sich wiederfinden und genauso die positive Energie zu nutzen, die jedem Zentrum innewohnt, wie auch die

Mein Balance–Tipp des Monats

Entspannen Sie sich

Konzentrieren Sie sich in den nächsten vier Wochen darauf, mit den Dramen Ihres Lebens relaxter umzugehen.

Damit meine ich nicht, dass Sie täglich eine Entspannungsübung einlegen sollten (das können Sie zusätzlich tun).

Verschieben Sie das „Entspannen" nicht länger auf den Abend, die Freizeit, die besagte Übung oder gar die Pensionierung, sondern gehen Sie Ihren Alltag mit weniger Druck an. Machen Sie aus den Elefanten Ihres Tages Mücken.

Denn es liegt ganz allein in Ihrer Hand, wie Sie auf Ihr Leben reagieren.

Grenzen des eigenen Blickwinkels zu erkennen.

Es geht nicht darum, sich selbst in eine weitere Schublade aus dem großen Schrank des Lebens zu stecken, sondern es geht einzig darum, sich Orientierung über die eigenen Entscheidungs- und Handlungsmöglichkeiten zu verschaffen. Ihr

Lothar J. Seiwert

660 233 015

B 51393

LOTHAR J. SEIWERT
COACHINGBRIEF

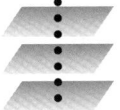

Professioneller & souveräner arbeiten und leben

- Professionalität und Effektivität in allen Lebensbereichen gewinnen
- Souveränität und Gelassenheit ausstrahlen
- Balance und Persönlichkeit entwickeln

Monatlicher Coaching-Service ❖ Februar 2001

Liebe Leserin, lieber Leser,

was hat Haribo mit Ihrer beruflichen Karriere zu tun? Stopp der Vorfreude, das ist keine Einladung zu „Wetten dass", obwohl Showmaster Thomas Gottschalk als exzellentes Beispiel für unser heutiges Thema MARKENIDENTITÄT stehen könnte.

Meine heutige Aufgabe an Sie lautet, sich zu überlegen, wie Sie sich in Ihrem

Beruf so positionieren können, dass Sie unverwechselbar wahrgenommen werden. Denn Markenphilosophie gilt heute für Produkte genauso wie für Personen. Nutzen Sie diese Tatsache intelligent aus.

Außerdem möchte ich Sie in die WELT IHRER EIGENEN TRÄUME führen, denn in unseren Träumen können wir sehr viel über unserer Realität erfahren. Wir müssen nur lernen, richtig zuzuhören.

Und vielleicht haben Sie nach dieser Reise noch Lust auf Mehr: Unser erstes Focusthema beschäftigt sich mit dem spannenden Thema FRAGEN. Unser Leben wird von den Fragen bestimmt, die wir uns täglich stellen.

Ich würde mich freuen, wenn eine dieser Anregungen bei Ihnen eine Kettenreaktion auslöst, die Ihnen den notwendigen Schwung für die nächsten zehn Monate bringt, Ihr

Lothar J. Seiwert

PROFESSOR DR. LOTHAR J. SEIWERT gilt als Europas führender Experte für Zeitsouveränität, Effektivität und sinnvolles Lebensmanagement. Er ist erfolgreicher Bestsellerautor und erhielt 1999 als erster deutscher Trainer den internationalen Trainingspreis "Excellence in Practice" der ASTD (American Society for Training und Development).

Themen

Die Marke „Ich" – Der Weg zu Ihrer eigenen Markenidentität

Der Markt bietet für durchschnittliche Leistungen auch immer nur durchschnittliche Belohnung. Dasselbe gilt für Ihre berufliche Performance: Werden Sie herausragend in den Bereichen, die nach Meinung Ihrer Kunden und Ihrer Vorgesetzten die wichtigsten sind. Der Schlüssel zu Ihrem beruflichen Erfolg liegt darin, sich den Ruf zu verschaffen, in dem, was Sie tun, hervorragend zu sein.

Arbeiten Sie an Ihrer persönlichen Markenidentität!

Buch-Tipp:
C. Seidel /
W. Beutelmeiyer:
„Die Marke ICH",
Ueberreuter,
Wien, 1999

„Unterscheide dich oder werde ausgelöscht!"

Tom Peters

Ich freue mich, wenn Ihre schriftlichen Zielplanung für das Jahr 2001 schon konkrete Formen angenommen hat. Heute möchte ich Ihnen einige Hinweise zum Eigenmarketing geben, mit denen Sie beruflich wie privat noch besser durchstarten können.

Branding: Gezielt am eigenen Image arbeiten

In den nächsten zehn Jahren werden sich mehr als 90 Prozent der Bürojobs entweder drastisch verändern oder ganz verschwinden. Was können Sie als Einzelner unternehmen, um aus dieser Revolution als Gewinner hervorzugehen? Die Antwort von Tom Peters können Sie oben lesen.

Egal, ob Sie abhängig angestellt sind oder ein eigenes Unternehmen führen, es ist in jedem Fall möglich, dass sie einen erkennbaren Beitrag zur Leistung Ihres Unternehmens erbringen und bei Ihrer Arbeit einen Unterschied machen, sich aus der Masse herausheben.

Im sogenannten Branding, der Markenpolitik, der Mutter aller Marketing-Konzepte, liegt auch für Sie persönlich der Unterschied.

Eine Marke ist ein Stempel der Einzigartigkeit, eine Identität, die etwas von allen anderen unterscheidet. Wir alle kennen Produkte mit einer starken Marke. Ihre Identität hat sich tief in das Bewusstsein der Kunden gegraben, manchmal so stark, dass die Marke be-

reits als Synonym für alle vergleichbaren Produkte benutzt wird: Pampers für Höschenwindeln oder Tesa für Klebeband.

Oder denken Sie an berühmte Menschen mit einer starken Marke(nidentität). Und genauso können Sie es schaffen, als ein Mitarbeiter geschätzt zu werden, der in seinem Unternehmen als einzigartig wahrgenommen wird, weil er einen unverwechselbaren Beitrag leistet.

In der Marketingsprache nennt man das Markenpolitik nach innen: Mitarbeiter, die über eine eigene Markenidentität verfügen, erbringen inspirierende Leistungen, während sie sich gleichzeitig der Markenidentität des Unternehmens unterordnen. Eine starke Markenpolitik des Unternehmens nach innen hat Auswirkungen auf die Markenpolitik bezüglich der Produkte und

Dienstleistungen des Unternehmens nach außen.

So bauen Sie sich Ihre Marke auf

Um ihre eigene Marke aufzubauen, empfehle ich Ihnen folgende fünf Schritte:

🌀 **Erkunden Sie Ihr Unternehmen:** Eines Ihrer Teilziele sollte es sein, die Markenidentität Ihres Unternehmens, seine Werte, seine Mission und sein Ansehen bei den Kunden, den Zulieferern, den Mitbewerbern und den eigenen Angestellten besser als bisher zu verstehen. Sammeln Sie diesbezügliche Zeitungsberichte. Sammeln und sichten Sie Marketing-Materialien. Unterhalten Sie sich mit Kunden und Zulieferern. Beobachten und untersuchen Sie die Mitbewerber. Reden Sie mit Mitarbeitern aus der

🔍 Resilienz

Wollen Sie Ihre Markenidentität erfolgreich aufbauen, dann ist es wichtig, wie Sie mit Niederlagen und Rückschlägen umgehen. Resilienz nennen die Psychologen die Stärke eines Menschen, Lebenskrisen und Niederlagen ohne langfristige Beeinträchtigungen zu bewältigen.

☼ Der intelligente Boxer

Der amerikanische Familientherapeut H. Norman Wright vergleicht resiliente Menschen mit einem Boxer, der im Ring zu Boden geht, ausgezählt wird, aufsteht und danach seine Taktik grundlegend ändert, aber wieder in den Ring steigt.

Nicht-widerstandsfähige Menschen dagegen ändern ihre Taktik nicht und lassen sich immer wieder niederschlagen.

Werden Sie zum intelligenten Boxer!

Marketingabteilung, um herauszufinden, wie diese Ihr Unternehmen einordnen. Werden Sie sich bewusst, was an der Markenidentität Ihres Unternehmens geschätzt und wertvoll ist und wie und wodurch es sich von anderen unterscheidet.

🌀 **Verstehen Sie die Wahrnehmung der anderen.** Befassen Sie sich eingehend mit Ihren eigenen Beiträgen und Ihrem eigenen Ansehen, so wie es von andern wahrgenommen wird. Fragen Sie andere danach, wie diese Sie gegenüber Dritten beschreiben würden. Machen Sie daraus eine 360-Grad-Beurteilung, indem Sie Antworten von Kollegen, Managern, (wenn möglich) Zulieferern und Kunden einholen. Zeichnet sich dabei ein Muster ab? Entspricht das Feedback Ihren Erwartungen? Studieren Sie auch Ihre letzten Leistungsbeurteilungen. Konzentrieren Sie sich dabei auf die positiven Kritiken.

Karriere ja...
... aber mit Verstand und Gefühl
Verstand und Gefühl sind die untrennbaren Säulen unseres Handelns. Beide müssen harmonisch zusammenwirken, ansonsten können Sie mit Ihrem Ziel nicht glücklich werden. Lassen Sie nur eines von beiden entscheiden, dann werden Sie die falsche Wahl treffen: Bei Ihrer persönlichen Markenidentität genauso wie bei Ihrem Wertesystem, Ihrem Lebenspartner, Ihren Freunden oder Ihrem Lebensort. (nach Baltasar Gracián)

Nur Sie selbst entscheiden, was in Ihrem Leben Priorität hat.

⚙ **Definieren Sie Ihre Markenidentität.** Stellen Sie Ihre Fremdbeurteilungen, Präferenzen, Leistungen, Projekte und die Lektionen, die Sie gelernt haben, zusammen. Erforschen Sie Ihren Lebensstil, die Zeiten, in denen Sie sich verändert haben, Ihre Kultur, die Gesellschaft, in der Sie sich bewegten und bewegen, Ihre Arbeit und Ihre Wahrnehmungen in verschiedenen Lebensaltern und -abschnitten. Wann waren Sie am besten? Nach einer schonungslosen Selbsterforschung sollten Sie eine Vorstellung davon haben, wer Sie sind, was Sie wollen, wodurch Sie sich auszeichnen und wozu sie sich hingezogen fühlen. Reduzieren Sie Ihre Einsichten zu einer konzentrierten Aussage über Ihre Identität.

⚙ **Erstellen Sie eine Projektliste.** Rekonstruieren Sie die Entwicklungsgeschichte Ihrer erfolgreichsten und lohnenswertesten Projekte. Konzentrieren Sie sich auf die Projekte, bei denen Sie einen Unterschied machen konnten. Wofür sind Sie bekannt? Wenn Sie der Meinung sind, dass Ihr Portfolio nicht aufregend genug bestückt ist, sollten Sie versuchen, Mitglied eines Teams zu werden, das ein heißes Projekt bearbeitet. Schrauben Sie Ihre Erwartungen nach oben. Überlassen Sie es nicht weiterhin dem Zufall, welche Projekte Sie bearbeiten. Stellen Sie sicher, dass Ihre zukünftigen Projekte es Ihnen erlauben, einen Unterschied zu machen.

⚙ **Geben Sie sich selbst das Versprechen, Ihrer Markenidentität gerecht zu werden.** Die Summe Ihrer Markenidentität ist Ihr Markenversprechen – Ihr persönliches Glaubensbekenntnis. Ihr Markenversprechen kann nicht größer sein als die Qualität der Arbeit, die Sie tatsächlich tun. Schreiben Sie Ihre Markenversprechen auf, und üben

Tipp zum Aufbau Ihrer Markenidentität: Suchen Sie sich Vorbilder – Menschen, die das, was Sie sich vorgenommen haben, bereits geschafft haben und praktizieren. Lernen Sie von ihnen, ohne sie plump zu kopieren.

🔍 Finden Sie Ihre Marke

> Finden Sie heraus, welche Markenpolitik Ihr Unternehmen verfolgt.

▼ ▼ ▼

> Lernen Sie, sich selbst aus der Sicht der anderen zu sehen.

▼ ▼ ▼

> Definieren Sie Ihre eigene Markenidentität.

▼ ▼ ▼

> Erstellen Sie eine Liste mit Projekten, die Ihrer Markenidentität entsprechen und die Sie gern realisieren würden.

▼ ▼ ▼

> Geben Sie sich das schriftliche Versprechen, zukünftig in all Ihrem Tun, Ihrer Markenidentität gerecht zu werden.

▼ ▼ ▼

> Nur Sie selbst haben Ihre Karriere in der Hand.

Sie es, Ihr Markenversprechen auszusprechen. Das, was Sie zukünftig tun, sollte Ihre Markenidentität stärken.

Kommunizieren Sie Ihr Markenversprechen. Wenn Sie erst einmal Ihr Markenversprechen herausgefunden haben, dann teilen Sie es der ganzen Welt mit. Kommunizieren Sie Ihre Markenidentität innerhalb und außerhalb Ihres Unternehmens. Dabei handelt es sich nicht um schamlose Eigenwerbung, sondern hat etwas damit zu tun, anderen klar zu vermitteln, was Sie können und mit welchen Fähigkeiten Sie sich einbringen können.

Nur wenn Sie falsch verstandene Bescheidenheit und die Beliebigkeit des Zufalls aus Ihrem Berufsleben ausschließen und sich ab morgen konsequent das Ziel setzen, sich eine eigene Marke aufzubauen, werden Sie die Chance haben, Ihre Karriereziele auch tatsächlich zu erreichen.

Mit Träumen zu einer besseren Realität

Laut der Zeitschrift „Psychologie heute", belegen neueste wissenschaftliche Forschungen, dass unsere Träume wichtige Lebensaufgaben erfüllen: Sie steuern unsere Stimmung, helfen uns, Probleme zu lösen, Stress zu verarbeiten und letztlich unsere Ziele zu erkennen.

Viele Menschen denken dabei, dass Träume ihren Inhalt über bestimmte Symbole preisgeben. Doch die Traumforscher verneinen das. So sagt der Psychotherapeut und Traumforscher Michael Schredl, dass es weniger aufschlussreich sei, die Inhalte unserer Träume nach bestimmten Symbollisten oder Traumlexika deuten zu wollen.

Wir leben unser Leben im Traum ein zweites Mal

Vielmehr spiegeln unsere Träume in ihrer Struktur unser Wachleben wider. Unser Fühlen, unser Denken und unser Wissen sind sich in unserem wachen Handeln und in unseren Träumen ähnlich. Wer seine Träume deuten lernt, kann somit besser herausfinden, was ihn tatsächlich bewegt.

Wir leben in unseren Träumen sozusagen unser Leben ein zweites Mal, wobei wir uns im Traum viel offener und spielerischer auf unser Dasein, unsere Beziehungen und unsere Wünsche einlassen können.

Träume helfen uns, Probleme zu lösen

Wer sich also mit seinen Träumen beschäftigt, weiß besser, was er in seinem Wachdasein erreichen möchte. Fast noch wichtiger für unser Wohlbefinden

(Checkliste S. 10, weiter auf S. 12)

Besuchen Sie uns im Internet www. coaching- briefe.de

Mit konstruktiven Fragen schnell zum Ziel

Erfolgstrainer Anthony Robbins verrät, wie es funktioniert

Die Erreichung unserer Ziele läuft dauernd Gefahr, durch eingefleischte Glaubenssätze erschüttert zu werden. Wer seine grauen Zellen negativ programmiert, wird unweigerlich negative Referenzen hervorrufen und ebensolche Ergebnisse erhalten. Dabei ist es gar nicht so schwer, die Ketten alter Verhaltensmuster zu sprengen um auf Erfolgskurs zu kommen. In seinem Buch „Das Robbins Power Prinzip" verrät der bekannte amerikanische Erfolgstrainer, wie es funktioniert:

„Wer dumm fragt, kriegt eine dumme Antwort", bringt es der Volksmund treffsicher auf den Punkt. Wer intelligent fragt, müßte demnach eine intelligente Antwort kriegen. Diesen Umkehrschluß kann Anthony Robbins bestätigen. Denn bei seiner Betrachtung

Lernen Sie, durch konstruktive Fragen, die Chancen in Ihrem Leben zu sehen, statt die Probleme, denn:

„Die Dummen gehen zugrunde, weil sie nicht genügend nachdenken. Sie sehen in den Dingen nie auch nur die Hälfte von dem, was da ist."

🔍 Fragen im Business

Besonders im Geschäftsleben eröffnen Fragen oft gänzlich neue Perspektiven und tragen so entscheidend zum Unternehmenserfolg bei.

Ein aktuelles Beispiel liefert ein Mitarbeiter der Ford Werke, dessen Frage seinem Unternehmen eine Jahres-Ersparnis von einer Million Mark und sich selbst einen Scheck in Höhe von 100 000 Mark einbrachte. „Wenn man viel Geld haben möchte, muss man sich Mühe geben", war im November 2000 im Kölner Stadtanzeiger zu lesen:

Ibrahim Orhan hatte sich schlicht und einfach die Frage gestellt, ob für das Motorkühlsystem des Modells Fiesta tatsächlich zwei Schläuche benötigt würden. Eine Denksportaufgabe, auf die kein anderer gekommen war. Die Antwort lieferte er ebenfalls: ein Schlauch würde ausreichen. Die Neuerung erspart dem Unternehmen pro Auto 6,40 Mark und pro Jahr nicht weniger als eine Million.

„Mir fällt immer was ein", sagt Fragensteller Orhan, der insgesamt schon 33 Vorschläge zur Verbesserung betrieblicher Arbeitsabläufe eingereicht hat. Seine intelligenten Fragen bescherten ihm bis heute die beachtliche Prämie von insgesamt 230 000 Mark. Mitarbeitern wie ihm verdanken die Ford-Werke jährliche Einsparungen von 20 bis 30 Millionen Mark; vor zwei Jahren waren es sogar fast 80 Millionen.

erfolgreicher Menschen machte er die Erfahrung, dass diese bessere Antworten bekommen, weil sie bessere Fragen stellen. Antworten, die es ihnen ermöglichen, in allen Situationen die richtigen Entscheidungen zu treffen und die gewünschten Ergebnisse zu erzielen.

Wer sein Berufsleben – und natürlich auch den Privatbereich! - noch mehr auf Erfolgskurs bringen will, sollte demnach als erstes andere Fragen stellen als gewohnt. Wer die Dinge immer in gleicher Art und Weise betrachtet, wird auch immer nur dieselben Antworten erhalten und in seinem gewohnten Schema verharren.

Bestimmt haben Sie sich schon einmal damit beschäftigt, wie unsere „unerschütterlichen" Ansichten unsere Entscheidungen und unser Vorgehen beeinflussen, wie sie richtungsweisend für unser ganzes Leben werden. So, als würden wir selbst gar keine Rolle darin spielen. Dabei beträgt der Abstand zum Erfolg oft nur Millimeter; im Beruf ebenso wie im Privatleben. Wir halten etwas, das wir uns sehnlichst wünschen, einfach nicht für umsetzbar oder erkennen die Möglichkeit nicht, wenn sie sich uns bietet. Und das alles nur, weil wir nicht darauf programmiert sind, weil wir zu bequem sind, umzudenken.

Statt uns zu fragen, ob es auch anders, vielleicht sogar sehr viel besser geht, haben wir unser Gehirn auf „Autopilot" geschaltet. Veränderungen oder gar Verbesserungen lassen sich damit nicht zuwege bringen.

Fragen stellen die wichtigste Technik dar, etwas zu lernen. Das wußte schon der Philosoph Sokrates, der seinen Schülern ausschließlich Fragen stellte. Indem er ihre Wissbegierigkeiten in eine bestimmte Richtung lenkte, lernten sie eigene Antworten zu finden.

🔍☀ Konstruktivismus

Was ist Konstruktivismus?
„Die Wirklichkeit wird von uns nicht entdeckt, sondern erfunden", lautet die These des Psychologen und Buchautors Paul Watzlawick, einem der wichtigsten Vertreter des Konstruktivismus. Diese Denkrichtung besagt, dass jeder Mensch sein Leben in die eigene Hand nehmen kann. Im Konstruktivismus ist die Biografie eines Individuums nicht eine Anhäufung belangloser Beliebigkeiten; sie ist nicht fremd-, sondern selbstbestimmt.

Gewußt wie, kann unser Gehirn Antworten schneller produzieren als der leistungsstärkste Computer. Aber auch hier muss man sehr genau wissen, wie man die gespeicherten Daten abruft, welche die richtigen Befehle sind, um schnell an die benötigten Informationen zu kommen. Und die Macht konstruktiver Fragen beeinflusst unser Gehirn entscheidend.

Manche Menschen befassen sich mit Problemen, die ihnen das Gefühl geben, überlastet und überfordert zu sein: „Warum muss die ganze Verantwortung immer nur an mir hängen?" Ihre Konzentrations- und Bewertungsmuster begrenzen ihre emotionalen Lebenserfahrungen und führen zu einschränkenden Antworten. Denn unser mentaler Computer ist stets bereit, und was immer wir an Negativem aus ihm herauskitzeln

Die schönsten Weihnachtsgrüsse 2000 erhielt ich von einem befreundeten Trainer, der stolzer Vater eines kleinen Jungen ist. Frank M. Scheelen schrieb:
Von den Kleinen lernen
... einmal mehr aufzustehen als hinzufallen,
... täglich Neues hinzu lernen,
... jeden Tag mit einem strahlenden Lächeln beginnen!

Stellen Sie sich eine konstruktive Frage und versuchen Sie nicht, sofort eine Antwort zu finden. Legen Sie sie in Ihrem Unterbewusstsein ab: Das ist eine sehr wirksame Methode, um zu den richtigen Antworten zu kommen. Sie verdrängen nicht, sondern überlassen die Fakten und möglichen Lösungswege Ihrem Unterbewusstsein. Die Ergebnisse werden Sie positiv überraschen.

wollen - wir werden es bekommen. Glücklicherweise ist auch das Gegenteil der Fall. Fragen Sie konstruktiv, verändern Sie Ihren Blickwinkel und Ihre Gefühle. Dann suchen Ihre Zellen nicht nach negativen Referenzerlebnissen, sondern konzentrieren sich auf echte Problemlösungen.

Die erste konstruktive Frage, die Sie sich sofort stellen sollten, muss demnach lauten: „Wie kann ich meinen Zustand so verändern, dass ich mich selbstbewusster und leistungsstärker fühle und ein besserer Teamplayer oder eine bessere Führungskraft bin?"

Wie schon gesagt, haben viele Menschen ihr System auf „Autopilot" ge-

🔍☀ Fragen Sie sich zur Lösung

Wie oft begegnen uns Probleme und Schwierigkeiten, die wir mit den richtigen Fragen lösen können:

1. Was ist an diesem Problem positiv?
2. Was ließe sich noch verbessern?
3. Was wäre ich bereit zu tun, um die Situation nach meinen Wünschen zu verändern?
4. Worauf würde ich bereitwillig verzichten, um die Situation nach meinen Wünschen zu verändern?
5. Wie kann ich diesen Veränderungsprozeß genießen, während ich das Notwendige tue, um die Situation nach meinen Wünschen zu verändern?

schaltet. Wäre das bei unserem Ford-Mitarbeiter der Fall, wäre er um seine Prämien und das Unternehmen um wesentlich höhere Produktionskosten ärmer. Sie sehen also, dass es sich lohnt, aus der Apathie herauszukommen.

Machen Sie den ersten Schritt, indem sie Sie sich Ihrer eigenen Wünsche bewusst werden und decken Sie die alten eingrenzenden Denk- Gefühls- und Verhaltensmuster auf. Erzeugen Sie einen inneren Druck mit der Frage: „Wie hoch wird der – nicht nur materielle! - Preis meines Lebens sein, wenn ich mich nicht ändere?" Und fragen Sie sich dann, welche Konsequenzen es für sämtliche Bereiche Ihres Lebens hätte, wenn Sie Ihr Vorhaben jetzt in die Tat umsetzten. Wenn Sie Fragen stellen, die Sie beflügeln, haben Sie den Schlüssel zur Erreichung Ihrer Ziele und Visionen in der Hand.

Natürlich läuft dann auch nicht alles ohne Probleme – die haben wir hin und wieder alle. Aber die Frage ist nicht, ob Sie Probleme haben, sondern wie Sie damit umgehen. Finden Sie Musterfragen, die Ihnen als Leitfaden dienen:

Stellen Sie sich nach dem Aufwachen keine K.O.-Fragen mehr, wie: „Warum muss ich ausgerechnet jetzt aufstehen? Ob das Verkehrsgewühl heute wohl wieder sehr groß ist?" Denn mit einer solch lähmenden Ohmachtsstimmung ist der Tag doch schon gelaufen! Da kann doch nichts Gutes mehr kommen.

Wenn Sie Ihr Leben verändern wollen, sollten Sie konstruktive Fragen zum festen Bestandteil Ihres täglichen Erfolgsrituals machen. Damit legen Sie in Ihrem Gehirn wahre Rennpisten zu Gefühlen wie Glück, Erregung, Stolz, Dankbarkeit, Freude, Engagement und Liebe an – Gefühle, die sie zur Erreichung Ihrer Ziele und Visionen antreiben.

☀ Übung: Aktivieren Sie sich mit den richtigen Fragen

Nehmen Sie sich 30 Minuten Zeit, und suchen Sie zu jeder dieser konstruktiven Fragen eine Antwort. Fallen Ihnen die Antworten zunächst schwer, dann fragen Sie im ersten Versuch in der Möglichkeitsform.

Beispiel: „Worüber könnte ich in diesem Augenblick meines Lebens glücklich sein?"

Vielleicht schaffen Sie es, diese aktivierenden Fragen zu Ihrem täglichen Morgenritual werden zu lassen. Suchen Sie sich dafür eine feste Zeit, nicht länger als 5 Minuten, (unter der Dusche, im Auto). Ihre täglichen Antworten werden Ihnen zeigen, wo Ihre wahren Prioritäten des Tags liegen.

> Unser Leben ist immer das Spiegelbild der Fragen, die wir uns stellen.

1. Worüber bin ich in diesem Augenblick meines Lebens glücklich?

....

2. Was finde ich momentan aufregend?

....

3. Worauf bin ich jetzt stolz?

....

4. Wofür bin ich in diesem Augenblick dankbar?

....

5. Was genieße ich zur Zeit am meisten?

....

6. Wofür engagiere ich mich momentan am meisten?

....

7. Wen liebe ich, wer liebt mich?

....

Setzen Sie das Fragen-Ritual Ihres Erfolgs am Abend möglichst mit einem Resümee fort:

8. Welchen Beitrag habe ich heute geleistet?

....

9. Was genau habe ich dazu gelernt?

....

10. Was habe ich am heutigen Tag an Lebensqualität oder als Investition in meine Zukunft gewonnen?

....

Buchtipps zum
Thema Träumen:

Michael Schredl
„Hör auf deine
Träume", Midena
Verlag, Küttingen,
1996

Michael Schredl
„Die nächtliche
Traumwelt",
Kohlhammer Verlag,
Stuttgart, 1999

Ann Faraday
„Deine Träume.
Schlüssel zur
Selbsterkenntnis"
Fischer Verlag,
Frankfurt, 2000

Ute Busch
„Die Botschaft
wiederkehrender
Träume"
Universitas Verlag,
München, 2000
oder

www.dreamgate.com

Checkliste: So träumen Sie sich gesund

Auf der Basis verschiedener Methoden der Traumbearbeitung hat der Traumforscher Michael Schredl ein Modell zur Traumarbeit entwickelt, das Sie für Ihre persönliche Trauminterpretation bestens einsetzen können. Sie erreichen einen Bezug zu Ihrem Wachleben, wenn Sie es schaffen, Ihre Traumbilder so zu deuten, dass Sie einen direkten Bezug zu Ihren Gefühlen, Ihrer Stimmung und Ihren Handlungen im Wachleben herstellen.

Wichtig ist dabei zu wissen, dass Gefühle im Traum sehr oft überzogen dargestellt werden, um den Kern einer Sache deutlich zu machen. Sie können Ihren Traum mit einem Theaterstück oder Film vergleichen, in dem die Botschaft ebenfalls oft durch überzogene Handlungen oder Emotionen verdeutlicht werden.

Die sechs Schritte Ihrer Traumarbeit

1. Schritt: Vergegenwärtigen Sie sich Ihren Traum

- Führen Sie ein Traum-Tagebuch, indem Sie sich täglich sofort nach dem Wachwerden Ihre Träume notieren (siehe auch Seite 12).
- Lesen Sie den Traum, ergänzen Sie Details, notieren Sie sich spontane Einfälle dazu.

2. Schritt: Schlüsseln Sie die Trauminhalte auf

- Sammeln Sie, ohne sofort zu deuten, Informationen zu Ihrem Traum-Ich, zu Traum-Personen, -Gegenständen und -Orten.

3. Schritt: Untersuchen Sie die Traumhandlung

- Was ist zentral?
- Welche Übertreibungen gibt es?
- Welche Gegensätze fallen Ihnen auf?
- Was wiederholt sich oft?
- Welche Konflikte treten auf?
- Welche Helfer gibt es?
- Verfolgen Sie im Traum ein Ziel?
- Wird im Traum eine Stärke oder Schwäche aufgegriffen, die Sie aus Ihrem Wachleben kennen?

4. Schritt: Vergleichen Sie Traum und Wachleben

- Was beschäftigt Sie momentan besonders hinsichtlich Beziehung, Beruf, Gesundheit etc.?
- Welche Parallelen finden Sie dazu in der Sprache Ihres Traums?

5. Schritt: Finden Sie Lösungsansätze im Traum

- Begeben Sie sich in die Stimmung des Traums, und setzen Sie den Traum schreibend fort.

6. Schritt: Setzen Sie die Lösungsansätze um

- Bringen Sie die Traumarbeit auf den Punkt.
- Probieren Sie die neugefundenen Verhaltens- und Handlungsmuster aus.
- Prüfen Sie an den Ergebnissen, ob sich die Veränderungen tatsächlich positiv auf Ihren Alltag auswirken.

nach: „Psychologie heute", Oktober 1998

Seiwert privat – Klatsch

Klatsch ist gesellschaftsfähig geworden. Nicht erst seit „Big Brother" interessieren wir uns für das Privatleben anderer, vor allem Prominenter. „Wer hat nun wen zur Trennung getrieben – Babs oder Boris?" Wer oft die Bahn benutzt oder fliegt, der sieht, dass genauso gern zur „Bunten" wie zur „FAZ" gegriffen wird.

Wann Klatsch zur Selbstschussanlage wird

Auch ich mag Klatsch, solange er nicht unter die Gürtellinie geht. Ein bisschen Klatsch und Tratsch bringen Freude in den Alltag und schaffen Vertrautheit. Und doch sollten wir uns genau überlegen, wie weit der harmlose Klatsch geht und wann der Rufmord beginnt: „Wissen Sie, der M. ist ein richtiges Ekel. In seiner Ehe soll es ja auch nicht funktio-

Mein Tipp: Die richtigen Akzente beim Klatsch

🐟 Versuchen Sie, die positiven Eigenschaften an Anderen zu sehen.
🐟 Finden Sie nichts Gutes zu sagen, dann schweigen Sie lieber.
🐟 Suchen Sie Klatschthemen, die unverfänglich sind – Promis eignen sich da schon. Auch hier können Sie eine konstruktive Meinung zum Besten geben.
Die Richtigkeit dieser Aussagen beweist doch eindrücklich der jüngste Klatsch über Kaiser Franz. Schaun mer moal.

nieren, tja und arbeiten würde ich für diesen autoritären Schnösel auch nicht." – Das ist ein typischer Fall von Grenzüberschreitung.

Wer über andere herzieht, der bezweckt nur eines: Er versucht, den Wert anderer Menschen zu mindern, um seinen eigenen heraufzusetzen. Die Botschaft soll heißen: „Ich bin moralisch einwandfrei und fehlerlos." Doch diese Schüsse gehen immer nach hinten los.

Es ist wissenschaftlich belegt, dass der Eindruck, den wir bei Anderen hinterlassen, immer davon abhängt, wie und was wir über Dritte sagen. Rufmord wird also immer zum Selbstmord.

Die Eigenschaften und Fehler, die wir Dritten andichten, werden exakt auf uns selbst bezogen – Psychologen nennen das „Spontane Eigenschaftsübertragung". Das passiert automatisch ohne unser Zutun.

Natürlich funktioniert das auch im positiven Sinne. Beschreiben Sie einen anderen Menschen als interessiert, talentiert und tolerant, dann speichert Ihr Gegenüber exakt diese Attribute bei Ihrer Person.

„Also Sie wissen ja, der M. Er befindet sich momentan in einer schwierigen Situation. Es ist ja auch eine Herausforderung, Familie und die fordernde Führungsaufgabe unter einen Hut zu bringen. Aber er meistert das souverän, Hut ab." Wie war das mit der Eigenschaftsübertragung?

Nichts schadet unserer Markenidentität mehr als öffentlich die schmutzige Wäsche der Anderen zu waschen.

Hotline zu Ihrem Coach
Sie können Ihre Fragen, Wünsche und Anregungen mit mir diskutieren:
XXXXXXXXXX
18.00 bis 19.00 Uhr
Tel. 0 180/1 00 03 27

Nicht nur wir Menschen, sondern auch Tiere träumen: die Kuh etwa 25 Minuten, der Schimpanse 90 Minuten, die Katze sogar 200 Minuten innerhalb eines 24-Stunden-Tags.

Nutzen Sie Ihre 100 Minuten Traumzeit! Erkennen Sie mit Hilfe Ihrer Träume,

welchen Kurs Sie einschlagen müssen, um Ihre Ziele zu erreichen.

aber ist die Erkenntnis der Traumforscher, dass Träume helfen, Krisen und Probleme besser zu verarbeiten. Die Traumforscher stellten fest, dass Menschen verstärkt träumen, wenn sie intellektuell oder physisch stark beansprucht werden. So zeigt eine bisher einzigartige englische Studie mit Herzkranken, dass viele von ihnen durch ihre Träume vor der drohenden Lebensgefahr gewarnt worden waren – natürlich vergeblich, weil die Patienten diesen Träumen zu wenig Bedeutung beigemessen hatten.

Die Traumforscher schätzen diese Bedeutung unserer Träume sogar so hoch ein, dass sie fordern, bereits Schulkinder mit dem Traum-ABC vertraut zu machen.

Denn wer seine Träume kennt, der kann sie als Frühwarnsystem für Leib und Seele einsetzen.

Erinnern Sie sich wieder an Ihre Träume

Jeder Mensch träumt nachts zwischen ein und zwei Stunden. Die Erfahrung der Traumtherapeuten zeigt, dass jeder, der an seinen Träumen Interesse hat, seine Traum-Erinnerung in kürzester Zeit schulen kann:

Mein Balance-Tipp des Monats

Täglich 10 Minuten lesen

Viele Menschen wünschen sich, endlich einmal wieder zum Lesen zu kommen: Sie stapeln ihre Zeitschriften und kaufen sich Bücher, die ungelesen im Regal bleiben. Dabei ist es ganz einfach, auch bei einem vollen Tag zu lesen, was Ihnen Spaß macht. Reservieren Sie sich täglich 10 Minuten dafür – zu einer festen Zeit (ob im Bett, auf dem Lieblingssessel oder sogar auf dem stillen Ort). Sie werden erstaunt sein, wie dieses kleine Ritual Ihr Leben bereichern wird.

🔹 Legen Sie sich an Ihrem Bett Schreibzeug oder Diktiergerät zurecht.

🔹 Nehmen Sie sich abends fest vor, Ihre Träume morgens aufzuschreiben.

🔹 Schreiben Sie den Traum sofort nach dem Aufwachen auf, zumindest in Stichworten.

🔹 Führen Sie Ihr Traum-Tagebuch die nächsten 21 Tage.

In diesem Sinne angenehme und erkenntnisreiche Träume,

Ihr

Lothar J. Seiwert

Lothar J. Seiwert

660 233 016

B 51393

LOTHAR J. SEIWERT
COACHINGBRIEF

Professioneller & souveräner arbeiten und leben

Professionalität und Effektivität in allen Lebensbereichen gewinnen
Souveränität und Gelassenheit ausstrahlen
Balance und Persönlichkeit entwickeln

Monatlicher Coaching-Service ❖ März 2001

Liebe Leserin, lieber Leser,

die Suche nach Glück steht im Zentrum des menschlichen Lebens. Viele Menschen denken dabei an Ziele, wie Wohlstand, Bekanntheit oder Macht, weil wohlhabende oder mächtige Menschen vermeintlich glücklicher sind. Um dieses Ziel zu erreichen, streben sie eine berufliche Karriere steil nach oben an. Dabei fragen sie zu wenig nach den eigenen Bedürfnissen, sondern degradieren sich

zur sturen Marionette des Spiels um Macht und Erfolg.

Mit dem PETER-PRINZIP und dem Begriff des FLOW stelle ich Ihnen die Gedanken zweier amerikanischer Wissenschaftler vor, die mit den Begriffen Erfolg und Glück sehr bewusst und kritisch umgehen. Ich hoffe, Sie mit den Gedanken von Laurence J. Peter und Mihaly Csikszentmihalyi (ausgesprochen: Tschik sent mihai) nachdenklich zu stimmen und Sie zu veranlassen, Ihre Karrierepläne kritisch zu prüfen.

Erfolg, wie ich ihn verstehe, heißt Zufriedenheit sowohl mit der eigenen Leistung als auch mit dem eigenen Leben insgesamt. Erfolg ist immer eine Folge überlegten Handelns – denn die fatalen Konsequenzen einer „gnadenlos durchgezogenen" Karriere sind mit keinem Gehalt der Welt aufzuwiegen, Ihr

Lothar J. Seiwert

Lothar J. Seiwert

PROFESSOR DR. LOTHAR J. SEIWERT gilt als Europas führender Experte für Zeitsouveränität, Effektivität und sinnvolles Lebensmanagement. Er ist erfolgreicher Bestsellerautor und erhielt 1999 als erster deutscher Trainer den internationalen Trainingspreis "Excellence in Practice" der ASTD (American Society for Training und Development).

Themen

Karriere-Check 2001: Realist schlägt Karrierist

Bitte lesen Sie zur Wiederholung und Einstimmung den Februar-Brief 2000, www.coaching-brie-fe.de/seiwert/probe-seiten/Februar 2000

„Die Höhe unseres Ehrgeizes erreichen zu wollen gleicht dem Versuch, den Regenbogen zu berühren. In dem Maße, in dem wir vordringen, weicht er zurück."
Edmund Burke

Ihre zahlreichen Zuschriften und Ihre Diskussion in unserem Internet-Forum zeigen, wie intensiv Sie sich inzwischen mit dem Thema Lebenszielplanung und Lebensvision auseinandersetzen. Und an Ihren Reaktionen merke ich, dass einige von Ihnen schon in die Tiefe steigen.

Unser großes Thema Lifeleadership kann man mit dem Sprachenlernen vergleichen. Anfangs scheint alles völlig klar – es gibt da ein Modell der Lebens-Balance, in dem ich dafür sorgen muss, dass sich alle vier Lebensbereiche in einem ausgewogenen Verhältnis zueinander befinden. Diese Balance kann ich

auf der organisatorischen Ebene am besten durch eine konsequente Zielplanung erreichen. Soweit, so gut. Ärmel aufgekrempelt und los geht es.

Doch lasse ich mich tatsächlich darauf ein, dann merke ich sehr schnell, dass es hier mit Schemata und Abarbeiten nicht funktioniert. Auch die besten Techniken können eben nur Vehikel sein, die uns unterstützen, unseren tatsächlichen Weg zu finden.

Ziehen Sie nicht den schwarzen Peter

Ihre beruflichen Ziele sind heute unser Hauptthema. Dazu ist es sinnvoll, dass Sie sich Ihre Aufzeichnungen zum Februar-Brief 2000 noch einmal genauer anschauen. Damals haben wir über Focussierung gesprochen, und ich habe Ihnen eine Übung angeboten, durch die Sie Ihren beruflichen Stärken hoffentlich nähergekommen sind (Falls Ihnen die Februar-Ausgabe 2000 nicht vorliegt, dann können Sie sie übers Internet abrufen: www. coaching-briefe.de/seiwert/probe-seiten/Februar 2000).

Im Idealfall hat Ihnen Ihre Stärkenanalyse gezeigt, dass Sie sich auf dem richtigen Weg befinden. Vielleicht haben Sie aufgrund Ihrer damaligen Überlegungen auch Ihre beruflichen Weichen neu gestellt beziehungsweise sich intensiver auf bestimmte Dinge konzentriert?

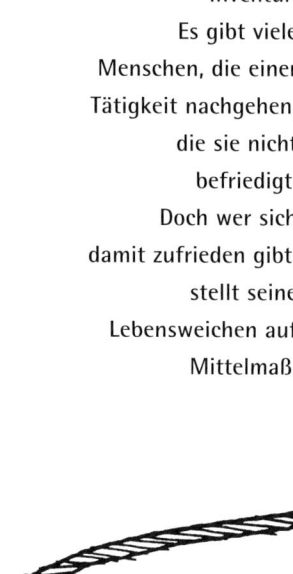

Berufliche Erfüllung zu finden ist keine Frage des Glücks, sondern das Ergebnis einer gründlichen persönlichen Inventur. Es gibt viele Menschen, die einer Tätigkeit nachgehen, die sie nicht befriedigt. Doch wer sich damit zufrieden gibt, stellt seine Lebensweichen auf Mittelmaß.

Ihre Stärkenanalyse von damals möchte ich heute um die Gedanken eines Mannes ergänzen, der bereits vor mehr als 30 Jahren erkannt hat, welche fatalen Auswirkungen der Wahn von der ewigen Jagd nach Erfolg sowohl für den Einzelnen als auch für die Gesellschaft haben kann. Der Amerikaner Laurence J. Peter gilt als Begründer der Hierarchologie. Vielleicht haben Sie in einem Führungskräftetraining bereits von dem nach ihm benannten Peter-Prinzip gehört?

Das Peter-Prinzip beantwortet die meiner Meinung nach alles entscheidende Frage zum Thema berufliche Karriere und Lebens-Balance: „Wie hoch ist hoch genug für mich?"

Ich möchte Ihnen einige der Ideen Peters vorstellen. Sie können Ihnen helfen, Ihre persönlichen beruflichen Ziele schärfer von den Erwartungen anderer und von den gesellschaftlichen Zwängen, denen wir unterliegen, abzugrenzen. Denn wenn es etwas gibt, was unsere Zufriedenheit maßgeblich beeinflusst, dann ist es Disbalance in einem Lebensbereich. Und die stellt sich zwangsläufig ein, wenn Sie mittelfristig

🔍☀ Das Peter-Prinzip

Laurence J. Peter stellte Anfang der 70er Jahre die These auf, dass die meisten Menschen so lange in der Hierarchie aufsteigen bis sie ihre jeweilige persönliche Stufe der Unfähigkeit erreicht haben.

Die Belastungen und Konflikte, die eine solche Position der eigenen Inkompetenz mit sich bringt, zeigen sich durch stressbedingte Neurosen, Alkoholismus, Herzinfarkte oder Magengeschwüre.

Warum aber folgen wir diesem fatalen Herdentrieb?

Die wenigsten Menschen agieren wirklich selbstverantwortlich, sie lassen sich ihre Ziele und Wünsche diktieren durch ihren eigenen Ehrgeiz und vor allem durch Konventionen, die es immer schwieriger machen, das eigene Schicksal selbst zu bestimmen.

Das Peter-Prinzip hat auch in unserer New-Economy seine Gültigkeit nicht eingebüßt.

einer beruflichen Aufgabe nachgehen, in der Sie unter- oder auch überfordert sind.

Die Erfolgsleiter definieren: Erkenne deine Hierarchie

„Die erste und schlimmste aller Betrügereien ist der Selbstbetrug. Daneben wiegen alle anderen Sünden leicht."
J. Bailley

Den von Peter beschriebenen Aufstieg in Hierarchien bezeichnen wir gemeinhin als das „Hinaufklettern auf der Erfolgsleiter". Unser Elternhaus, unsere Schule und unsere Gesellschaft haben uns systematisch darauf dressiert, aus

Wider die Natur
Die Tiere fühlen, wo
ihre Gaben liegen:
Ein Bär wird nicht
versuchen zu fliegen,
ein lahmend Pferd
bleibt stehen
und sinnt,
bevor es die fünf-
fache Hürde nimmt,
ein Hund weicht in-
stinktiv zur Seit',
ist ihm der Graben
zu tief und breit.
Der Mensch indes
scheint uns die
einzige Kreatur,
die, von Narrheit
gelenkt, bekämpft
die Natur. Der, wenn
sie mahnend ruft:
Laß ab!
Sich starren Sinnes
gräbt sein Grab,
und wider seinen
Genius ringt,
ihm töricht seinen
Plan aufzwingt.

Jonathan Swift

Besuchen Sie uns im Internet
www.coaching-briefe.de

uns selber Marionetten zu machen. Die meisten von uns sehen es daher als Lebensprinzip, immer weiter aufwärts zu streben, oft solange bis Krankheit, Tod oder Zwangspensionierung diesem K(r)ampf ein Ende setzen. Manchmal lässt dabei auch eine Ehefrau ihren Mann oder eine ehrgeizige Mutter ihren Sohn einen unfairen Stellvertreterkrieg kämpfen – dabei geht es einzig und allein um Ansehen, Geld und Macht.

Als Grundsatz sollte gelten: Das Hinaufklettern ist so lange kein Übel, solange es wirklich Spaß macht, den eigenen privaten Beziehungen keinen Abbruch tut und einem selbst das Gefühl der Sicherheit vermittelt.

Fortschritt bedeutet immer Veränderung. Aber Veränderung bedeutet nicht immer Fortschritt.

Widerstehen Sie falscher Eitelkeit

Leider sind aber die meisten Menschen so tief in diesem Hinaufklettern verwurzelt, dass sich die Kraft der Einsicht und Vernunft erst dann durchsetzt, wenn sie einen Schock erleiden – schwere Krankheit oder eine andere größere persönliche Tragödie. Erst dann erkennen wir, was uns im Leben wirklich wichtig ist.

Deshalb ist es ein Selbstschutz, die eigene Richtung genau zu bestimmen und nicht aus den Augen zu verlieren.

Manch einer ändert mit jedem Stellenwechsel das eigene Lebensziel. Wird eine Beförderung angeboten, kann er aus Eitelkeit nicht widerstehen und marschiert ohne nachzudenken. So verlockend ein Angebot auch erscheint, widerstehen Sie der Versuchung dann, wenn der Aufstieg nur um seiner selbst willen ist.

🔍 Vom richtigen Timing

Treffen Sie die Entscheidung über Ihre berufliche Entwicklung rechtzeitig, um angemessen handeln zu können, wenn sich Chancen bieten. Ein Beispiel:
„Will D. Lea... hatte erhebliches Übergewicht, aber er war begeistert von der Idee, Bergsteiger zu werden. Entschlossen...brachte er es durch harte Arbeit ... dazu, seine Armmuskeln so weit zu entwickeln, dass sie imstande waren, seinen schweren Körper zu halten.... eines Tages entschloss er sich, sein Können an einem Berg zu erproben, der seines Ehrgeizes würdig war. ... Als er den steilen Felsen halb erklommen hatte und nach oben blickte, erschrak er; das Seil hatte sich fast durchgescheuert und musste jeden Augenblick reißen. ...Er traf eine rasche Entscheidung: er beschloss, ein stärkeres Seil zu verwenden. Die Entscheidung war richtig – nur das Timing stimmte nicht.

Um sich vorm eigenen Untergang zu bewahren muss man zum eigenen Leben stehen – zur beruflichen Karriere wie zu den Beziehungen zu den Menschen, die einem wertvoll sind. „Nein" zu sagen lohnt manchmal mehr als stur voranzuschreiten. Stephen R. Covey bemerkte treffend: „Die wenigsten Menschen bereuen auf dem Totenbett, nicht mehr Zeit im Büro verbracht zu haben."

Flow: Holen Sie sich den Kick zum Glück

Das Peter-Prinzip für sich und das eigene Leben zu erkennen bewahrt uns nicht nur vor Frust und Enttäuschung. Es ist auch der einzige Weg, den von uns allen ersehnten Zustand des „Glücklichsein" zu erreichen. Von allen mir bekannten Glücksforschern ist Mihaly Csikszentmihalyi dabei derjenige, der es am treffendsten versteht, diesen Prozess des Zu-sich-selbst-Kommens und Mit- eine-Sache-eins-Werdens zu beschreiben und zu erklären, wie man den Zustand des „Flow" erreicht.

Mit Flow bezeichnet er den Prozeß des völligen Aufgehens im eigenen Leben. Das bedeutet, mit einer Tätigkeit eins zu werden – beruflich oder privat. Der Mensch, der Flow erlebt, geht immer wieder dieser Beschäftigung um ihrer selbst Willen nach.

Csikszentmihalyi befragte Tausende von Menschen unterschiedlicher Herkunft, Religion, Bildung, Alter und Geschlecht und fand bei allen ähnliche Muster des persönlichen Glücksempfindens: das unbeschreiblich schöne Ge-

fühl, außerhalb der Zeit zu stehen, von Selbstvergessenheit und Versunkenheit in eine bestimmte Aufgabe.

Um in den Flow zu kommen, so schreibt der amerikanische Philosoph und Psychologe, bedarf es vor allem der richtigen Balance zwischen Herausforderung und Können (siehe Peter-Prinzip). Und es ist wichtig, sich ganz und gar auf die Tätigkeit selbst zu konzentrieren.

Vielleicht kennen Sie diesen Zustand des Flow bereits aus dem Sport? Alles läuft wie von selbst und es gilt nur der Moment. Und wenn sie ihn bei Ihrer Arbeit erlangt haben, dann können Sie sich zu den Glücklichen zählen, die ihre berufliche Erfüllung tatsächlich gefunden haben.

Ein Tipp des Experten: Wer den Flow erlebt hat, der schwebt in der Gefahr, immer mehr davon zu wollen. Auch so wird man zum Workaholic.

(weiter auf Seite 8)

Sieben Glücks-Regeln

1. Erkennen Sie, was Sie wirklich wollen
2. Setzen Sie sich realistische Ziele
3. Feiern Sie jeden kleinen Erfolg
4. Schaffen Sie sich eine optimale Arbeitsumgebung
5. Schalten Sie Gedanken an die Umwelt ab
6. Konzentrieren Sie sich nur auf Ihre Aufgabe
7. Suchen Sie sich die beruflichen oder sportlichen Herausforderungen, die Ihnen am meisten Spaß machen

Wie steht es um Ihre Wochenplanung?

„Nur, was wir schriftlich fixiert und exakt terminiert haben, hat die Chance, auch tatsächlich durchgeführt zu werden.", schrieb ich im März-Brief 2000, als wir über Wochenplanung sprachen.

☀ Hand aufs Herz: Wie sieht Ihre Wochenplanung heute aus? Planen Sie Ihre Aktivitäten schriftlich vor, oder lassen Sie noch immer den Zufall entscheiden, wie sich Ihre Woche gestaltet. Sind Sie vielleicht sogar der Meinung, dass Sie Ihre Termine auch ohne schriftliche Planung fest im Griff haben?

☀ Wieviel Prozent Ihrer Ziele aus dem Jahr 2000 haben Sie erreicht?

☀ An welcher Stelle scheiterte Ihr wohldurchdachter Plan, täglich zu joggen, monatlich einmal Ihren Schreibtisch aufzuräumen, einmal pro Woche einen Eheabend zu gestalten?

Mein Vorschlag: Planen Sie die nächsten drei Wochen schriftlich, so wie ich es im März-Brief 2000 vorgeschlagen habe.

Ich freue mich mit Ihnen auf viele kleine Erfolgserlebnisse und Aha-Effekte.

🔍 Übung: Nutzen Sie das Peter-Prinzip für Ihre Karriereplanung

„Zufriedenheit erreichen wir, indem wir unsere besten Fähigkeiten entwickeln und die Fallgruben der Unfähigkeit meiden", soweit Laurence J. Peter. Prüfen Sie in einer ehrlichen Selbstanalyse, wo Sie beruflich stehen und welchen Weg Sie gehen möchten:

Viele verfolgen hartnäckig den Weg, den sie gewählt haben, aber nur wenige das Ziel.
Friedrich Nietzsche

Mein Tipp zum Weiterlesen:
Laurence J. Peter/Raymond Hull:
„Das Peter-Prinzip oder Die Hierarchie der Unfähigen"

Laurence J. Peter:
„Das Peter-Programm
Der 66-Punkte-Plan, mit dem man Problemen, Pannen und Pleiten Paroli bieten kann"
beide: Rowohlt Taschenbuch Verlag GmbH, Reinbeck

---

1. Analysieren Sie Ihre heutige berufliche Position

▼　　　　　▼　　　　　▼

Was verschafft Ihnen momentan ein gutes Gefühl in Ihrer Tätigkeit, welche Bereiche verursachen in Ihnen Unsicherheit und Unwohlsein? Prüfen Sie Status, Entscheidungsbefugnisse, Grad der Verantwortung, Belohnungen. Möchten Sie weiter unter diesen Bedingungen arbeiten?

2. Welche Vorteile besitzt die hierarchische Stufe über Ihnen?

▼　　　　　▼　　　　　▼

Prüfen Sie genau, was im Falle einer Beförderung oder Veränderung auf Sie zukommt. Es passiert oft, dass man Opfer zu hoher eigener Erwartungen oder sogar leerer Versprechungen wird. Wie würde sich Ihr Leben aufgrund der neuen Situation verändern? Welchen Preis zahlen Sie für den zu erwartenden materiellen Gewinn in den anderen Lebensbereichen - Familie, Beziehung, Hobbys, Ortswechsel etc?

3. Prüfen Sie den Seitwärtsschritt zum Erfolg

▼　　　　　▼　　　　　▼

Manchmal befindet man sich in einer Position, von der aus der Schritt nach oben verbaut ist. Doch sehen wir das nicht, weil wir immer nur nach vorn ausgerichtet sind. Wer das Talent hat, gut und schnell Entscheidungen zu treffen und Verantwortung zu übernehmen, Detailarbeit aber ablehnt, nach dieser allerdings täglich bewertet wird, dem wird wohl der Abteilungsleiterposten versagt bleiben. Die Alternativen können in einem anderen Tätigkeitsfeld liegen.

4. Erkennen Sie die Stufe Ihrer Fähigkeit

▼　　　　　▼　　　　　▼

Wägen Sie Ihre Entscheidung genau ab, und wünschen Sie sich nicht auf eine Position, die Sie nicht wirklich auch ausfüllen können. Wir haben gelernt, jede Herausforderung anzunehmen – doch manchmal ist es der größere Sieg, sich gegen eine scheinbar einzigartige Chance zu entscheiden.

Wie hoch ist hoch genug für mich?

▼　　　　　▼　　　　　▼

Wo bin ich? Bewerten Sie Ihre Situation realistisch und entscheiden Sie, ob eine Veränderung nötig ist.
Wo möchte ich sein? Legen Sie Ihr Ziel genau fest und prüfen Sie, welcher Aufwand an Zeit, Geld, Mühe notwenig ist.
Wie gelange ich dorthin? Haben Sie die Route genau festgelegt, dann wissen Sie, wann ein Richtungswechsel angesagt ist, und auch, wann Sie Ihr Ziel erreicht haben.

Checkliste:
Sind Sie reif für einen
Jobwechsel?

Die Gemini Consulting Unternehmensberatung fand heraus, dass 60 Prozent aller Deutschen keinen Spaß an ihrem Job haben. 67 Prozent fühlen sich von ihrem Vorgesetzten nicht akzeptiert und 80 Prozent haben permanent das Gefühl, ihr Privatleben leide auf Kosten der Arbeit. Welche Gründe der Schritt zu neuen Ufern auch haben mag, er will in jedem Fall gut überlegt sein. Folgende Checkliste hilft Ihnen, Fehlentscheidungen zu vermeiden:

- **Timing:** Denken Sie an das Beispiel des Bergsteigers. Letztlich entscheidet immer das Timing über den Erfolg Ihrer Bemühungen. Streben Sie den Wechsel zu früh an, geraten Sie in den Ruf, ein unzuverlässiger Jobhopper zu sein. Kleben Sie zu lange auf einer aussichtslosen stelle, bremsen Sie irgendwann Unsicherheit und Bequemlichkeit und Sie schaffen den Absprung gar nicht.

- **Karrieresprünge:** Prüfen Sie eine neue Stelle immer nach dem Peter-Prinzip, denn es gibt nichts Fataleres, als einer Position fachlich oder menschlich nicht gewachsen zu sein. Die alte Management-Weisheit, dass man schon in den Job hineinwachse, ist eine Mär.

- **Konkurrenzkämpfe:** Als Aufsteiger müssen Sie immer mit Intrigen und Neid rechnen. Legen Sie sich deshalb von Anfang an auf eine klare Linie fest, nur so erarbeiten Sie sich den Respekt Ihrer Kollegen und Mitarbeiter.

- **Netzwerke:** Brechen Sie niemals leichtfertig Brücken zu Ihren Alt-Kollegen und -kontakten ab. Kontakte sind mit nichts aufzuwiegen.

- **Vitamin-B-Verträge:** Auch wenn Ihr Netzwerk noch so gut ist, hüten Sie sich vor Amigoverträgen. Jede Ihrer Schwächen wird gnadenlos ausgenutzt, wenn ruchbar wird, dass Sie Ihre neue Position dem Vitamin-B zu verdanken haben.

- **Geldgier:** Geld allein bringt nicht den erhofften Glücksfaktor. Entscheiden Sie sich nicht allein aufgrund des Gehalts für eine Stelle. Sie muss in Ihre Lebensplanung passen.

- **Diplomatie:** Egal, wie Sie aus Ihrem alten Unternehmen geschieden sind, behalten Sie es für sich. Wer negativ über ehemalige Arbeitgeber und Kollegen redet, hat schlechte Karten. Man trifft sich im Leben immer zweimal.

- **Erster Eindruck:** Der erste Eindruck bleibt. Freundlichkeit und Fragen sind die zwei besten Ratgeber für die ersten Tage im neuen Unternehmen. Spionieren Sie in eigener Sache und eruieren Sie neben den offiziellen Hierarchien auch die inoffiziellen (wer ist mit wem verwandt oder verschwägert...). Orientieren Sie sich dabei zuerst horizontal auf der Kollegenebene.

Tipp zum Vertiefen:
Richard Nelson
Bolles: „Durchstarten zum Traumjob. Das Bewerbungshandbuch für Ein-, Um- und Aufsteiger"
Campus Verlag,
Frankfurt
Zeitschrift:
„Psychologie Heute",
Januar 2001,
Seite 32 ff.

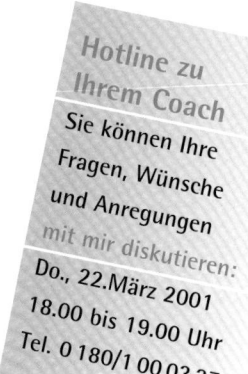

Hotline zu Ihrem Coach
Sie können Ihre Fragen, Wünsche und Anregungen mit mir diskutieren:
Do., 22.März 2001
18.00 bis 19.00 Uhr
Tel. 0 180/1 00 03 27

Schaffen Sie sich Ihre Flow-Bedingungen

Mein Buch-Tipp:
Mihaly
Csikszentmihalyi
„Flow:
Das Geheimnis
des Glücks",
Klett-Cotta,
Stuttgart.
Ein unterhaltsamer
Weg, die eigenen
Ziele und Werte
zu reflektieren

Flow lässt sich nicht auf Knopfdruck abrufen. Um diesen Zustand zu erreichen, so meint Csikszentmihalyi, müssen wir lernen, uns tatsächlich auf die Tätigkeit selbst zu konzentrieren. Doch gerade das gelingt uns oftmals nicht. Wir schaffen es nicht, die Umgebung auszuschalten. Wir verschwenden unsere Gedanken daran, wie wir dem Chef am meisten imponieren können, den Kollegen oder Wettbewerber am besten aus dem Rennen werfen oder wie wir rein äußerlich auf unsere Mitmenschen wirken.

Doch je besser man seine Tätigkeit beherrscht, je mehr man sie mag und sich in seiner Aufgabe wiederfindet, desto eher stellt sich das Erlebnis des Flow ein.

Der Kick beginnt im Kopf

Es bedarf also höchster Konzentration, Aufmerksamkeit und vor allem einer konsequenten Entscheidung, um das ersehnte Glücksgefühl zu erreichen.

Ich hoffe, Sie kommen mit diesen Überlegungen Ihrem Flow-Erlebnis im

Mein Balance-Tipp des Monats

Ein Gläschen in Ehren

Sind Sie momentan leichter reizbar als sonst, öfter schlecht gelaunt? Dann kann es sein, dass Sie unter Vitamin D-Mangel leiden. Typisch für den Winterausklang. Bekommen wir genügend Licht, dann bildet unser Körper sein Vitamin D selbst. Ansonsten sollten wir nachhelfen: Vitamin D enthalten Fisch, Eier, Käse, aber auch Austern oder Pilze. Doch die beste Nachricht: Ein Gläschen Wein am Abend sorgt ebenfalls für eine ausgewogene Vitamin-D-Balance. Und sollten Sie Rotwein bevorzugen, dann helfen Ihnen die darin enthaltenen Pflanzenfarbstoffe und Radikalfänger, ihre Blutgefäße in Schwung zu halten und der hormonähnliche Stoff Reservatol gilt als krebsbekämpfend und entzündungshemmend. Ein angenehmer Beitrag zur Körperbalance.

Beruf ein Stück näher. Wie auch immer Sie entscheiden. Glück liegt auf jeden Fall weit jenseits der äußeren Zeichen der Macht und des Wohlstands. Ihr

Lothar J. Seiwert

660 233 017

B 51393

LOTHAR J. SEIWERT
COACHINGBRIEF

Professioneller & souveräner arbeiten und leben

- Professionalität und Effektivität in allen Lebensbereichen gewinnen
- Souveränität und Gelassenheit ausstrahlen
- Balance und Persönlichkeit entwickeln

Monatlicher Coaching-Service ❖ April 2001

Liebe Leserin,
lieber Leser,

wussten Sie, dass der Osterhase im 17. Jahrhundert von einem Heidelberger Medizinprofessor aus dem Ärmel geschüttelt wurde, weil er seinen Kindern gegenüber in Erklärungsnotstand geraten war, wer nun die bunten Eier in den Garten gelegt hatte? Die Hühner, langsam und unkreativ, wie sie legten, konnten es laut der Kids ja nicht sein. Soweit zu den Kommunikationskapriolen unserer erfinderischen Vorfahren.

Doch egal, welches Ziel Sie gegenwärtig auch verfolgen, Sie erreichen es besser, wenn Sie in der Lage sind, mit Ihren Mitmenschen überzeugend und wirkungsvoll zu kommunizieren.

Unser heutiges Coaching gibt Ihnen Anregungen, wie Sie Ihre Art zu kommunizieren verändern können, um besser mit anderen auszukommen und Ihre Ziele in Verhandlungen zu erreichen. Auch in unserem Focus-Thema stelle ich Ihnen mit **NLP, DEM NEURO-LINGUISTISCHEN PROGRAMMIEREN,** ein Kommunikationsmodell vor, das dieses Bestreben optimiert.

Doch auch die besten Kommunikationsmodelle funktionieren nur, wenn Sie sie praktizieren. Deshalb wünsche ich mir, dass Ihnen dieser österliche CoachingBrief viel Spaß und vor allem neue Anregungen bietet, mit Schwung in den Frühling zu starten, Ihr

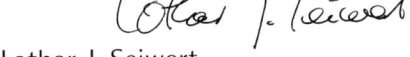

Lothar J. Seiwert

PROFESSOR DR. LOTHAR J. SEIWERT gilt als Europas führender Experte für Zeitsouveränität, Effektivität und sinnvolles Lebensmanagement. Er ist erfolgreicher Bestsellerautor und erhielt 1999 als erster deutscher Trainer den internationalen Trainingspreis „Excellence in Practice" der ASTD (American Society for Training und Development).

Themen

Verhandeln: Erst verstehen, dann verstanden werden

„Effektiv verhandeln heißt, sich durch mitfühlendes Zuhören aktiv auf den anderen zuzubewegen."

Stephen R. Covey

Sie können Ihre beruflichen und privaten Ziele nur dann dauerhaft durchsetzen, wenn Sie anderen Menschen die Chance geben, mit Ihnen gemeinsam zu gewinnen. Der Weg dazu besteht darin, sich in den anderen hineinzuversetzen und zu erkennen, was er als erstrebenswertes Ziel empfindet.

Heute möchte ich Ihnen einige Anregungen zum Thema „Verhandeln" geben. Hierbei denke ich nicht nur an die typischen Verhandlungssituationen im Verkaufsgespräch oder an Ihre nächste Gehaltsverhandlung mit dem Chef. Auch wenn Sie das beginnende Frühjahr dazu nutzen wollen, einen neuen Partner oder eine neue Partnerin von sich zu überzeugen, wenn Sie bewusst an Ihrer Beziehung als Paar arbeiten wollen oder zu Ihrem 15jährigen Sohn vordringen wollen, dessen Kommunikation mit Ihnen seit einigen Monaten nur noch aus unverständlichem Murren oder einem dahingenuschelten: „Du verstehst sowieso nicht, was ich damit meine.", besteht – immer dann ist Ihr Verhandlungsgeschick gefragt.

1. Schritt: Effektives Zuhören lernen

Nicht erst, seitdem wir uns in der Informationsgesellschaft behaupten müssen, wissen wir, dass Kommunikation eine der Hauptfertigkeiten in unserem Leben ist. Viele Jahre haben wir alle damit verbracht, lesen, schreiben und sprechen zu lernen, damit wir in der Lage sind, uns zu verständigen, Informationen aufzunehmen und auszutauschen. Doch es gibt noch eine vierte Grundfertigkeit erfolgreicher Kommunikation – das Zuhören. Und geht es um die Erfolgsfaktoren zwischenmenschlicher Kommunikation, dann ist die Fertigkeit des Zuhörens wohl die, die am meisten vernachlässigt wird, aber den größten Beitrag zum eigenen Kommunikationserfolg leisten kann.

Für alle Gesprächssituationen gilt ein Grundsatz, den Sie vielleicht kennen, den aber die wenigsten Menschen wirklich beherzigen: Am Anfang steht das aktive Zuhören. Nur, wenn Sie den anderen verstanden haben, können Sie ein für beide Seiten erfolgreiches Gespräch führen. Dabei meint verstehen nicht, dem anderen zuzustimmen, sondern ehrlich herauszufinden, was den anderen bewegt.

Der Grund, warum wir beim Zuhören nicht „verstehen wollen": Unser Ziel ist es, selbst verstanden zu werden. Wir hören nur zu, um antworten zu können. Wir lassen das Gehörte ausschließlich durch unseren eigenen Filter laufen. Anstatt tatsächlich darauf zu achten, was unseren Gesprächspartner bewegt, checken wir das Gesagte nach unserem eigenen Erfahrungshintergrund ab. Das Beispiel im nebenstehenden Kasten zegit Ihnen, wie mitfühlendes Zuhören funktionieren kann.

Unbestritten benötigen Sie Zeit, um sich mit dieser neuen Art der Kommunikation vertraut zu machen. Aber ebenso unbestritten sparen Sie unendlich viel mehr Zeit, wenn Sie aktiv daran arbeiten, zuhören zu lernen. Denn sie beugen dann Missverständnissen vor, ersparen sich und Ihren Mitmenschen Frust und vermeiden Streit – Sie können die so gewonnene Lebensqualität bei jedem Gespräch spüren.

2. Schritt: Den Draht zum anderen finden

Das eben beschriebene bewusste mitfühlende Zuhören ist entscheidend für Ihren Gesprächserfolg. Dabei ist es wichtig zu beachten, dass wir genauso wie mit unseren Worten auch nonverbal, mit unserem Körper, kommunizieren. Führen zwei Personen ein gutes Gespräch, dann gleicht sich ihre Körperhal-

🔍 Wie Zuhören funktioniert

Stephen R. Covey empfiehlt in seinem Buch: „Die sieben Wege zur Effektivität" vier Schritte, um Zuhören zu lernen:

🔆 1. Wiederholen Sie den Inhalt der Aussage Ihres Partners: Durch das einfache Wiederholen des Gesagten hören Sie, was tatsächlich gesagt wird.
Beispiel: Gespräch zwischen Vater und Sohn zum Thema Schule. Der Sohn sagt: „Mensch Vater, mir reicht's. Die Schule ist wirklich für die Katz."
„Es reicht dir. Du meinst, die Schule sei für die Katz."

🔆 2. Wiederholen Sie den Inhalt mit Ihren eigenen Worten: Diese Wiederholung bringt Sie zum Nachdenken über das Gesagte:
„Du möchtest also nicht mehr zur Schule gehen?"

🔆 3. Versuchen Sie, die Gefühle des Partners nachzuvollziehen:
„Du bist scheinbar ziemlich frustriert?"

🔆 4. Formulieren Sie jetzt den Inhalt neu und reflektieren Sie dabei das Gefühl Ihres Gegenüber:
„Du bist tatsächlich von der Schule absolut frustriert."
Die Frustration ist das Gefühl. Die Schule ist der Inhalt.

Wenn Sie es tatsächlich schaffen, im Gespräch Ihren eigenen Erfahrungshintergrund beiseite zu lassen (im genannten Beispiel mit der Antwort: „Du weißt genau, wie wichtig eine vernünftige Ausbildung ist, du siehst die Vorteile nur momentan nicht."), dann sind Sie auf dem Weg, den anderen zu verstehen, Sie haben die Chance, das Problem gemeinsam zu lösen und in der gemeinsamen Beziehung ebenfalls einen Schritt nach vorn zu tun.

tung, ihre Mimik und ihre Gestik im Verlaufe des Gesprächs immer mehr an, sogar der Atemrhythmus wird unbewusst einander angeglichen.

Beobachten Sie einmal bewusst zwei Verliebte beim Gespräch. Hier stimmt die Chemie: Körperhaltung, Stimmrhythmus, Lautstärke sind völlig synchron.

Verläuft das Gespräch dagegen unangenehm, dann zeigt sich das körpersprachlich an einer gegensätzlichen, oft fast starren Haltung.

Grundsätzlich gilt also: Je größer die Ähnlichkeit ist, die Sie mit Ihrem Gegenüber schaffen können, desto leichter wird es Ihnen fallen, einen guten Kontakt aufzubauen und gemeinsam zu einem guten Verhandlungsergebnis zu kommen.

Dieses Wissen können Sie besonders dann nutzen, wenn Sie schwierige Gespräche vor sich haben oder wenn Sie während einer Verhandlung merken, wie sich die Situation anspannt. Sich dann körpersprachlich auf das Gegenüber einzustellen, hilft Ihnen, heikele Gesprächsphasen zu entspannen. Als Führungskraft können Sie auf diese Weise den Kontakt zu Ihren Mitarbeitern verbessern. Denn Führen ist nur dann möglich, wenn Sie Ihre Mitarbeiter tatsächlich erreicht haben.

Tipp: Auf den folgenden Seiten finden Sie unsere neue Rubrik: „Im Focus". Heute geht es dabei um das Thema NLP – dort wird dieses „sich auf den Partner einstellen" als Pacing bezeichnet: ein sehr treffender Ausdruck, denn es bedeutet im wörtlichen Sinne, im Gleichschritt mit dem anderen zu gehen.

3. Schritt: Den Gesprächspartner stärken

Vielleicht meinen Sie, ich wolle scherzen, wenn ich Ihnen als nächsten Schritt für Ihre erfolgreiche Verhand-

(weiter auf S. 9)

Drei Kinder spielen im Sandkasten
Sagt das erste:
„Mein Papa ist Manager und arbeitet jeden Tag bis in die Nacht."
Sagt das zweite:
„Meiner ist Manager und fährt einen Porsche."
Sagt das dritte:
„Mein Papa ist Manager, fährt einen Porsche und spielt jeden Abend mit mir."

🔍☀ Selbstbewusste Kinder

Viele selbstbewusste Eltern denken, dass ihre Kinder automatisch auch selbstbewusst werden. Doch dem ist nicht so. Menschen mit hohem Selbstwert sind oft auch beruflich sehr engagiert. Da bleibt wenig Zeit für die Beschäftigung mit den Kindern.

Die Kinder schließen daraus, dass ihre Väter oder Mütter so wenig Zeit mit ihnen verbringen, weil sie nicht so viel wert sind wie die anderen Beschäftigungen der Eltern. Ein Weg aus diesem Teufelskreis: Wer nicht so viel Zeit mit seinen Kindern verbringen kann, sollte die wenigen gemeinsamen Stunden effektiv nutzen.

Lernen Sie, Ihren Kindern zuzuhören, unterbrechen Sie sie nicht, wenn Sie Ihnen etwas erzählen, beschäftigen Sie sich nebenbei mit nichts anderem (Zeitung lesen, fernsehen o.ä.). **Aufwertung schafft Selbstwert.**

NLP: Effektiver Weg zur Veränderung

„Was hinter uns liegt und was vor uns liegt, ist winzig, verglichen mit dem, was in uns liegt."

Ralph Waldo Emerson

„Wenn Sie das Material anwenden, werden Sie sehr viel mehr Einfluss bekommen, Sie werden ... mit Menschen zurechtkommen, mit denen Sie vorher nicht umgehen konnten. Ihre Fähigkeiten, sich durchzusetzen, im beruflichen wie im privaten Bereich, wird enorm zunehmen.", soweit *Richard Bandler*, einer der Begründer des NLP (Neuro-Linguistisches Programmieren) zum Nutzen des Modells.

Und *Bandler* übertreibt nicht. Tatsächlich nutzen viele erfolgreich agierende Menschen die Prinzipien der NLP-Werkzeuge im täglichen Leben, ohne zu wissen, dass ihr Verhalten den Strukturen des Modells entspricht und inzwischen gibt es auch in Deutschland sehr viele NLP-Profis, die die Methode beruflich und privat erfolgreich einsetzen und lehren. Doch bevor ich Ihnen einige Werkzeuge des weltweit momentan wohl erfolgreichsten Kommunikations-Modells vorstelle, möchte ich kurz den Zeigefinger erheben:

„Es kann allerdings gefährlich werden, über eine Sache nur ein wenig zu wissen, es kann sogar völlig nutzlos sein. Etwas über das Modellieren menschlicher Existenz (NLP) zu wissen, ist etwas völlig anderes, als selbst menschliche Existenz zu modellieren",

soweit *Steve Andreas*, einer der Vorreiter der Methode und Leiter des bedeutendsten amerikanischen NLP-Instituts,

zur Beschäftigung mit der Materie.

NLP wurde in den 70er Jahren in den USA entwickelt (siehe auch Kasten Seite 6) und breitet sich seit Mitte der achtziger Jahre rasant auch in Deutschland aus. Wollen Sie sich wirklich seriös mit diesem hochinteressanten Kommunikations- und Verhaltens-Modell auseinandersetzen, dann entscheiden Sie sich nicht für einen Kurs, der Ihnen „NLP-Kenntnisse in nur 2 Tagen" verspricht, sondern informieren Sie sich zum Beispiel über die Gesellschaft für DVNLP e.V., Berlin (Tel: 0 30 - 25 38 71 27).

Es gibt auch eine Fülle hochinteressanter Literatur zum Thema – besonders empfehlen kann ich Ihnen hier den Junfermann Verlag, Paderborn.

Was ist NLP?

Der Begriff Neuro-Linguistisches Programmieren klingt schwer verständlich und lädt Sie vielleicht nicht zum Weiterfragen ein. Dabei bezieht sich das „neuro" auf das Gehirn, und „linguistisch" bezeichnet die Untersuchung der

In unseren Focus-Themen vertiefen wir jeweils ein Thema. Damit möchte ich Ihnen einen Einstieg bieten, sich mit dem jeweiligen Thema intensiver auseinanderzusetzen. Andere Prioritäten? Dann nutzen Sie den Schnellkurs, um besser mitreden zu können.

Sprache. „Programmieren" beschreibt schließlich das Verfahren, mit dem diese Erkenntnisse der Gehirnforschung und der Kommunikation in ein System gebracht werden können.

Das NLP gibt demnach eine klar strukturierte Vorstellung davon, wie wir unser Gehirn, unser natürliches Potenzial, dazu nutzen können, um eine Sprache zu erzeugen, die es uns ermöglicht, uns anderen klar verständlich zu machen und andere besser zu verstehen. Es ist einerseits ein Kommunikationsmodell und gleichzeitig ein Analyseinstrument, um Verhalten zu verstehen und zu verändern.

Kenntnisse des NLP eignen sich besonders um:

⚙ Das eigene Potenzial und die eigene Kreativität und Flexibilität zu erkennen und zu nutzen.

⚙ Eigene Überzeugungen, Werte, Einstellungen und Ziele zu erkennen und danach zu leben.

⚙ Vorhandene Muster im Erleben und Verhalten zu erkennen und gegebenenfalls zu verändern.

⚙ Die Wahrnehmung für verbale und nonverbale Hinweise zu schärfen, und andere Menschen besser einschätzen zu können.

⚙ Eigene Botschaften verständlich zu kommunizieren, und sie genau auf die Kommunikationspartner abzustimmen.

⚙ Die eigene Beziehungsfähigkeit zu verbessern, indem man ein tiefes Verständnis für seine Mitmenschen erlangt.

⚙ Eigene Probleme und Konflikte zu lösen und ein kooperatives Lösungsdenken zu entwickeln.

Der Knoten im Taschentuch

Sie kennen das: Um den Geburtstagsanruf bei der Schwiegermutter nicht zu vergessen, machen Sie sich morgens einen Knoten ins Taschentuch. Wir besitzen unbewusst sehr viele dieser Knoten – im NLP Anker genannt. Das bewusste Setzen von positiven Ankern kann Ihnen helfen, sich auf konstruktive Situationen und Dinge zu konzentrieren.

🔍 Wie NLP entstand

Das Modell des NLP wurde zu Beginn der 70er vom Sprachwissenschaftler John Grinder und dem Informatiker Richard Bandler geschaffen. Sie gingen davon aus, dass Erfolg kein Zufall ist und untersuchten das Kommunikationsverhalten hervorragender Kommunikatoren wie zum Beispiel, Fritz Perls, dem Begründer der Gestalttherapie, oder Virginia Satir, der berühmten Vorreiterin der systemischen Familientherapie.

Die Resultate des „Modellierens" dieser außergewöhnlichen Menschen verdichteten die beiden Wissenschaftler dann zu Strukturen, mit deren Hilfe es für jeden Menschen einfach nachzuvollziehen ist, wie erfolgreiche Kommunikation funktioniert. Die Methode, erfolgreichen Vorbilder nachzuahmen, nennt sich „Modelling of Exzellenz".

Daraus entstand eine Vielzahl spezifischer, erlernbarer Methoden zur Kommunikation sowie praktikable Techniken zur Intervention bei Kommunikationsstörungen.

NLP wurde zuerst nur im Bereich der Psychotherapie eingesetzt. Es fand aber schnell auch Eingang in alle Gebiete, in denen es wichtig war, effektiv zu kommunizieren, vor allem in der Wirtschaft.

NLP geht davon aus, dass jeder von uns bereits all das in sich selbst trägt, was er oder sie braucht, um auftretende Probleme zu lösen und Schwierigkeiten zu bewältigen. Wir haben also alle Ressourcen in uns. Die Kunst besteht darin, einen Zugang zu diesen Ressourcen zu bekommen. Im folgenden einige Ansätze, wie im NLP versucht wird, diese anzuzapfen:

Die Landkarte

Jeder Mensch besitzt bestimmte Überzeugungen, Glaubenssätzen und Werte, aus denen er sich sein subjektives Bild der Welt bildet. Dieses Bild der Welt wird im NLP sehr eingängig als „Landkarte" bezeichnet. Genau, wie eine Landkarte das verzeichnete Gebiet nicht in allen Details wiedergibt, spiegeln auch unsere Überzeugungen nicht genau die Wirklichkeit wieder. Unsere persönliche Landkarte ist also unser spezielles Modell der Wirklichkeit, aufgrund dessen wir unsere Entscheidungen treffen. NLP macht damit bewusst, dass unsere Vorstellung von der Welt rein subjektiv ist und dass jeder Mensch eine vollkommen andere Landkarte besitzt. Unsere Kommunikationsansätze verändern sich damit grundlegend, weil wir lernen, dass keine Landkarte richtiger ist als eine andere. Wir erkennen, welche Landkarte unser jeweiliger Gesprächspartner hat, worin die Unterschiede zu unser eigenen bestehen und wie wir uns trotzdem verständigen können.

◉ **Für Ihre Praxis:** Achten Sie von heute an ganz bewusst darauf, wie Sie selbst und wie andere die Welt sehen. Sie werden schnell bemerken, dass ein Ereignis bei verschiedenen Menschen

☀ Gelassenheit entwickeln

Um unsere Ressourcen optimal zu nutzen, müssen wir zunächst erkennen, wo wir Energie verschwenden – zum Beispiel dann, wenn wir unter bestimmten Situationen leiden, wenn wir uns über Fehlentscheidungen, verpasste Gelegenheiten und Fehler ärgern.

Reframing beschreibt im NLP die Möglichkeit, unsere Empfindungen in Hinblick auf ein Ereignis neu zu definieren. Reframing" heißt übersetzt soviel wie "„einen neuen Rahmen geben".

Ärgern Sie sich darüber, dass Ihnen die Tagesmutter kurzfristig absagt, dann bestünde ein einfaches Reframing darin, sich klarzumachen, dass Sie nun die Möglichkeit haben, einen Vormittag intensiv mit Ihrem Kind zu nutzen.

Es gilt, eine Situation, die uns frustrierend erscheint, so zu betrachten, dass wir das Gutes darin sehen.

◉ Für Ihre Praxis: Machen Sie sich das Reframing zur Gewohnheit. Überlegen Sie, wie Sie anscheinend frustrierende Situationen konstruktiv sehen könnten. Sie erlangen dadurch einfach mehr Gelassenheit.

Reframing: Es kommt immer darauf an, durch welche Brille Sie die Welt sehen.

NLP ist... ... ein psychologischer Werkzeugkoffer, der es Ihnen erlaubt, intelligent zu kommunizieren.

vollkommen unterschiedlich gedeutet wird. Was für den einen ein Problem ist, sieht der andere als Chance und ein Dritter nimmt es gar nicht wahr. Nehmen Sie diese Unterschiede einfach wahr, ohne sie zu bewerten. Allein damit werden Sie ein besseres Verständnis für die Landkarte der anderen entwickeln.

-linguistisches Programmieren NLP ◉ Im Focus: NLP Neuro-linguistisches Programmieren NLP ◉ Im Focus: NLP Neuro-linguistisches

LOTHAR J. SEIWERT-COACHINGBRIEF/APRIL 2001   7

Meine Tipps zum
Weiterlesen:
Richard Bandler/
Paul Donner
„Die Schatztruhe"
NLP im Verkauf,
Junfermann,
Paderborn
Ein praktischer NLP-
Ratgeber, nicht nur
für Verkäufer

Thomas Rückerl
„NLP in Action"
Die Kunst des
NLP...im täglichen
Leben und in der
professionellen
Kommunikation
Junfermann,
Paderborn
Gibt eine um-
fassende Idee,
wie Sie NLP nutzen
können

Viele weitere Infos
unter:
www.junfermann.de

Rapport: Beziehung ist alles

Sind Sie mit einer anderen Person der gleichen Meinung oder fühlen Sie gleich, dann besteht zwischen Ihnen Rapport. Um Rapport herzustellen gibt es die verschiedensten Möglichkeiten. Menschen, die Rapport herstellen, gleichen sich in ihren Worten, in der Stimmführung, in Gesten, Mimik und Körperhaltung Ihrem Gegenüber an – bewusst, wenn sie die NLP-Methodik beherrschen (das nennt man dort Pacing – sich anpassen), oder unbewusst, wenn Menschen ihrer natürlichen Intuition folgen.

☀ **Für Ihre Praxis:** Achten Sie darauf, ob zwischen Personen, die Ihnen wichtig sind (Familie, Kollegen) Rapport besteht und wie sich das Pacing vollzieht.

Betrachten Sie sich als Spiegel von Personen, die Ihnen nahestehen. Sie werden sehr schnell bemerken, wie diese Personen im Gespräch beginnen, Sie nachzuahmen.

Versuchen Sie bewusst, mit einer Person in Rapport zu kommen.

Um Rapport zum Kommunikationspartner herzustellen, bedient sich das NLP zum Beispiel auch der Sprache der Sinne: es gilt zu erkennen, wie der andere Mensch sieht (visueller Typ), hört (auditiver Typ) und fühlt (kinästhetischer Typ) – das sind die dominierenden Sinnessysteme. Daneben gibt es noch das gustative (Geschmack) und olfaktorische (Geruch) Empfinden. Das Modell geht davon aus, das jeder Mensch ein bestimmtes Sinnesorgan bevorzugt.

☀ **Für Ihre Praxis:** Versuchen Sie herauszufinden, welcher Sinnestyp Sie sind und welche Sprache Ihre wichtigsten Kommunikationspartner bevorzugen (siehe Kasten unten).

Leider kann ich Ihnen hier nur einen sehr kurzen Einblick in dieses spannende Modell geben. Ich hoffe jedoch, Sie haben eine Idee bekommen, welch faszinierende Möglichkeiten NLP bietet, unserem eigenen Potenzial näherzukommen und vor allem unsere Beziehungen zu anderen Menschen zu optimieren.

🔍☀ Für Ihre Praxis: Sprache der Sinne

Finden Sie heraus, welchen Sinneskanal Ihr Gesprächspartner bevorzugt. Legen Sie sich dafür folgende Liste neben Ihr Telefon im Büro, und trainieren Sie Ihre Rapport-Fähigkeit bei jedem Gespräch. Welcher Sinnes-Typ sind Sie?

Visuell	Auditiv	Kinästhetisch
sehen	hören	fühlen
schauen	sagen	berühren
erscheinen	fragen	begreifen
sich vorstellen	klingen	kontaktieren

> **Wir vertrauen Menschen, die uns ähnlich sind.**

lung rate, Ihren Gesprächspartner für das Gespräch fitt zu machen. Denn wir sind es ja gewohnt zu denken, dass wir umso mehr Vorteile haben, je schwächer die Position unseres Gegenüber ist. Doch dieses Denken sollte ein für alle Mal out sein. Auf Dauer können Verhandlungsergebnisse nur gut sein, wenn beide Seiten davon profitieren und ein gutes Gefühl haben. Das gilt natürlich auch wieder sowohl für Kunden als auch für Mitarbeiter oder Familienmitglieder – wenn Sie signalisieren, dass Sie Vertrauen in das Potenzial Ihres Partners haben und wenn Sie es schaffen, die Situation so entspannt wie nur möglich zu gestalten, dann wird sich dies in Ihren Verhandlungsergebnissen niederschlagen.

1. Möglichkeit: Small Talk. Um das zu erreichen kennen Sie ganz sicher die Technik des Small Talks. Bevor Sie ein vielleicht schwieriges Thema ansprechen, bringen Sie den Partner in gute Stimmung, und lockern Sie die Atmosphäre. Statt des: „Lass uns jetzt über die Schule sprechen.", fragen Sie Ihren Sprößling vielleicht zuerst, ob sein Lieblingsfussballteam Bayern der Meisterschaft wieder 3 Punkte näher gekommen ist. Statt den Mitarbeiter sofort mit seinem Versäumnis zu konfrontieren, fragen Sie ihn, was er vom geplanten Ziel für den Betriebsausflug hält.

2. Möglichkeit: Gewünschtes Gesprächsergebnis abfragen. Fragen Sie Ihren Partner einfach nach den Zielen, die er sich für das Gespräch wünscht. Denn das angepeilte Ergebnis beinhaltet garantiert für ihn eine angenehme Vorstellung.

Sie wecken mit diesen einfachen Mitteln positive Energien im Partner und schaffen die gewünschte Atmosphäre in kürzester Zeit.

(weiter auf S. 12)

🔍☀ Macht und Kommunikation

Welche fatalen Auswirkungen fehlendes Einfühlungsvermögen in der Kommunikation mit dem Partner hat beschreibt der Paartherapeut Hans Jellouschek:

☀ Das Beispiel: Ein Paar macht einen Ausflug in die Alpen. Fasziniert von der schönen Landschaft sagt die Frau: „Schau, wie wunderbar sich der Schnee... vom tiefblauen Himmel abhebt." Er schaut sich um und antwortet: „Und schau, wie toll erst dieses herrliche Panorama ist."
An dieser Stelle brach das gute Gefühl der Beiden ab.

☀ Machtspiele zerstören Paarbeziehungen: Beide fühlen sich schlecht, denn die Frau wünscht sich unausgesprochen, dass ihr Mann ihre Begeisterung mit ihr teilt. Er dagegen setzt seine eigene dagegen und ärgert sich seinerseits, dass sie nicht einstimmt.
Die Frau könnte sich provoziert fühlen und ärgerlich ihren Standpunkt erläutern, der Mann könnte zur Verteidigung ausholen.
So sieht das typische Machtkampf-Muster in vielen Beziehungen aus: Es geht dabei um Recht haben, nicht um Inhalte. Beide Partner werden immer lauter, schreien sich schließlich an, um dann in Schweigen zu verfallen. Dieses Muster besteht darin, dass beide Partner ihre Sichtweisen von der Realität einander entgegensetzen. Jeder verlangt aber vom anderen Gefolgschaft, aber jeder verweigert diese dem anderen – im Laufe der Zeit immer heftiger.
Ist Ihre Beziehung den Versuch des mitfühlenden Zuhörens und Aufeinanderzugehens wert?

(Beispiel aus: Hans Jellouschek, „Wie Partnerschaft gelingt", Herder, Freiburg.)

In einer Paarbeziehung ist es unvermeidbar, Macht aufeinander auszuüben, doch die Kunst besteht darin, die richtige Balance zwischen Durchsetzen und Anschließen zu finden.

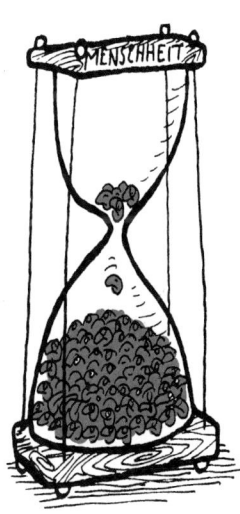

Vereinfachen Sie
sich Ihren Tag

1. Erledigen Sie
immer nur eine
Sache .

Arbeiten Sie stetig,
aber nicht hastig.
Manch einer denkt,
wenn er schneller
spricht, läuft oder
arbeitet, kommt
er auch schneller
zum Ziel.
Ein fataler Irrtum.

2. Richten Sie sich
Ihr Büro so ein,
wie es für Sie am
bequemsten ist.
Machen Sie sich
dabei keine
Gedanken, wie es
auf andere wirken
könnte, Sie müssen
dort arbeiten.

3. Nutzen Sie die
neuen Technologien.
Verschieben Sie die
Beschäftigung mit
neuen Technologien
nicht auf morgen.
Suchen Sie sich
Unterstützung von
außen, um alle
Werkzeuge,
die Ihnen zur
Verfügung stehen,
auch effizient
zu nutzen.

⏱ Wiederholung: Wie steht es um Ihre Tagesplanung?

Wir haben uns exakt vor einem Jahr mit dem Thema Tagesplanung beschäftigt. Folgende kleine Übung zeigt Ihnen, inwieweit Sie bereits routiniert mit Ihrem täglichen Chaos umgehen. Schreiben Sie hinter jede Tätigkeit, wie Sie sie handeln würden. Lesen Sie erst zum Schluss meine Tipps für mehr Effektivität auf der nächsten Seite.

⏱ 9:15: Zu spät im Büro, weil ich verschlafen habe. Im Büro wie immer: E-mails checken, einige beantworten, Zeitung durchblättern, Kaffe holen. Kollegin A. ist auch in der Kaffeeküche, erzählt vom gestern gebuchten Urlaub. ⏱ Siehe Tipps 1 und 2

⏱ 10:30: Akte zum Projekt H. kommt zurück, muss noch einmal überarbeitet werden und heute noch rausgehen. ⏱ Siehe Tipp 3

⏱ 11:00: Die Post kommt: ein paar Briefe werden gleich beantwortet, die anderen beiseite gelegt. Schließlich wartet das Projekt H. ⏱ Siehe Tipp 4

⏱ 12:00: Da ist ja noch die Reisekostenabrechnung, die ins Sekretariat muss. Schnell noch ein paar Belege zusammenstellen. ⏱ Siehe Tipp 5

⏱ 13:00: Mittagspause. Einkäufe erledigen auf dem Wochenmarkt um die Ecke, noch ein Geburtstagsgeschenk für die Mutter besorgen, dann das Päckchen zur Post bringen. ⏱ Siehe Tipp 6

⏱ 14:00: Die Vorbereitung für die Außendiensttagung müsste dringend abgeschlossen werden, in zwei Tagen ist die Veranstaltung. ⏱ Siehe Tipp 7

⏱ 16:00: Ein Kollege kommt und bittet Sie, doch bitte schnell einmal über ein Konzept zu lesen, das er dringend abgeben muss und noch eine Frage dazu abzuklären. ⏱ Siehe Tipp 8

⏱ 16:20: Eine Freundin ruft an und will wissen, ob es bei Ihrer Verabredung fürs Kino morgen abend bleibt. ⏱ Siehe Tipp 8

⏱ 18:15: Uhr Die Besprechung mit dem Chef hat schon wieder so lange gedauert. Dabei steht für 18:15 Uhr schon der Lauftreff-Termin im Kalender. ⏱ Siehe Tipp 9

⏰ **Tipp 1** – Die erste Stunde des Tages entscheidet über den weiteren Verlauf! **Gönnen Sie sich Zeit am Morgen für ein ruhiges Frühstück, Körperpflege und natürlich eine gelassene Fahrt zur Arbeit, dann bringen Sie auch keine roten Ampeln oder der Schleicher vor Ihnen aus der Ruhe.**

⏰ **Tipp 2** – Verzichten Sie im Büro auf zeitraubende Morgenrituale, **sondern legen Sie sofort los. Den Ratsch mit der Kollegin können Sie freundlich aber bestimmt auf die Mittagspause verschieben. Und: unterscheiden Sie dringend von wichtig. Fangen Sie mit den Aufgaben an, die dringend und wichtig sind. E-mails sollten Sie nur einmal täglich checken und beantworten.**

⏰ **Tipp 3** – Planen Sie ihre Zeit schriftlich, und bauen Sie Pufferzeiten ein! **Wer nur acht Minuten lang seinen Tag plant, gewinnt täglich eine Stunde! Notieren Sie alle Aktivitäten, die an diesem Tag anstehen (Unerledigtes vom Vortag, aktuelle Tagesarbeiten, Termine, Telefonate, Meetings), und schreiben Sie dazu, wie viel Zeit Sie dafür jeweils benötigen. Als Faustregel gilt: Verplanen Sie etwa 60 Prozent Ihrer Arbeitszeit. 20 Prozent halten Sie sich frei für unerwartete Dinge (wie eben jene neuerliche Überarbeitung des Projekts H oder Zeitdiebe, wie die plaudernde Kollegin). Die restlichen 20 Prozent bleiben Ihnen für spontane und soziale Aktivitäten.**

⏰ **Tipp 4** – Aufgaben bündeln. **Erledigen Sie Korrespondenzen, e-mails und Rückrufe auf einmal, anstatt zehnmal damit zu beginnen.**

Ihr Tag läuft so, wie Sie ihn für sich gestalten. Übernehmen Sie die Verantwortung.

⏰ **Tipp 5** – Erkennen Sie zeitraubende Nebensächlichkeiten! **Verfassen Sie kurze Notizen jeweils in ausgeklügelten Formulierungen oder in aufwendigem Layout? Legen Sie gern umständliche Formulare im PC an, nur um aufzulisten, wen Sie noch anrufen müssen? Laufen Sie wegen jeder Kleinigkeit zu den entsprechenden Kollegen, obwohl Sie die um 14 Uhr sowieso in der Besprechung sehen? Sparen Sie sich all das – und damit Ihre Zeit!**

⏰ **Tipp 6** – Delegieren Sie konsequent! **Ihr Einkäufe können Sie per Internet bestellen, bei spezielleren Wünschen helfen Dienstleistungsagenturen weiter. Gehen Sie lieber an die frische Luft, oder holen Sie jetzt das Gespräch mit der Kollegin über den Urlaub nach!**

⏰ **Tipp 7** – Prioritäten setzen und zuerst erledigen. **Ein klarer Fall für eine A-Aufgabe: dringend und wichtig. Die sollten Sie sofort morgens erledigen, da ist die Leistungskurve am höchsten. Außerdem haben Sie dann das Schlimmste des Tages schon hinter sich. Die Zeit nach dem Mittagessen ist ideal für Routineaufgaben und zum Pflegen sozialer Kontakte (zum Beispiel Abrechnungen schreiben, e-mails beantworten), denn da fällt die Leistungskurve ab. Am späten Nachmittag steigt die Kurve wieder an. Nehmen Sie sich jetzt wieder wichtigere Aufgaben vor!
Und: machen Sie nach einer Stunde konzentriertem Arbeiten eine kurze Pause - maximal zehn Minuten! Bewegen Sie sich, und öffnen Sie das Fenster!**

Besuchen Sie uns im Internet
www. coaching-briefe.de

⏰ **Tipp 8** – Gönnen Sie sich eine stille Stunde, **damit Sie endlich einmal ungestört arbeiten können. Informieren Sie Ihre Kollegen am besten schriftlich über Ihre Sperrzeit, schalten Sie den Anrufbeantworter ein. Tragen Sie diese Stunde genauso wie ein Meeting oder einen Termin im Kalender ein, und halten Sie sich dran!**

⏰ **Tipp 9** – Privat ist genauso wichtig wie Geschäftlich (Balance). **Müssen Sie pünktlich oder früher gehen - egal ob zum Geschäftsessen, zum Elternabend oder einfach nur zum Friseurtermin - dann sagen Sie Ihre Kollegen rechtzeitig Bescheid. Kleiner Trick: Sagen Sie Ihnen, wenn der Termin um 18 Uhr ist, er wäre schon um 17.30 Uhr. Vor unverschiebbare private Termine sollten Sie keine beruflichen Termine legen, deren Ende schwer kalkulierbar ist. Und: ziehen sich Besprechungen wieder endlos, dann melden Sie sich zu Wort und bitten um ein Verkürzen der fruchtlosen Debatte.**

„Wie es in den Wald hineinruft, so schallt es heraus.", so kannten schon unsere Großmütter die Regeln erfolgreicher Kommunikation. Reaktivieren Sie dieses Wissen, und kehren Sie schlechte funktionierende eingespielte Kommunikationsgewohnheiten mit dem Frühjahrputz hinaus.

Tipp: Steht das nächste Konfliktgespräch mit einem Mitarbeiter an, lassen Sie ihn zuerst seinen Lösungsvorschlag präsentieren und fragen Sie nach, welche guten Erfahrungen er in ähnlichen Situationen bereits gemacht hat.

Natürlich sind die aufgezeigten Möglichkeiten keine Techniken, die auf Knopfdruck funktionieren. Denn unsere Gesprächspartner sind nun einmal Menschen und keine Marionetten. Dennoch möchte ich Sie ermutigen, diesen ersten Schritt in Richtung eines wirkungsvolleren und vor allem faireren Miteinanders bewusst zu gehen.

Schon allein die Tatsache, dass Sie Ihr Kommunikationsverhalten ändern, wird bei Gesprächspartnern, die Sie gut kennen – Partner, Kinder, enge Mitarbeiter – Aha-Erlebnisse auslösen. Machen Sie es sich in den nächsten drei Wochen zur Aufgabe, diese Menschen zu verblüffen, indem Sie ungewohnt reagieren. Statt laut zu werden oder zu moralisieren, wenn es zu einem gewohnten Streitpunkt kommt, gehen Sie die vier Schritte des mitfühlenden Zuhörens.

Mein Balance-Tipp des Monats

Kleine Geschenke erhalten die Freundschaft

Fragen Sie einen Freund, wie es ihm geht, und sie hören: „Na ja...", dann handeln Sie, und tun Sie etwas für ihn und die gemeinsame Beziehung. Jede kleine Geste der Zuneigung eignet sich dafür: Rufen Sie ihn am nächsten Tag an, schicken Sie ihm ein witziges Telefax oder eine Aufmunterung per e-Mail. Schenken Sie ihm einfach eine Kleinigkeit – ein Buch oder eine Blume. Verbringen Sie einen Abend mit ihm. Sie können mit wenig Aufwand viel Glück erzeugen. Sie müssen es einfach tun.

Fertigkeiten, wie Durchsetzung und Zielstrebigkeit, sind wichtig, um erfolgreiche Gespräche zu führen.

Doch vorab kommt das Einfühlungsvermögen und das wirkliche Verstehen des anderen. Testen Sie es, und Sie werden erstaunt sein, was Sie dadurch bewirken werden.

In diesem Sinne wünsche ich Ihnen einen tollen frühlingshaften Neubeginn, Ihr

Lothar J. Seiwert

660 233 018

B 51393

LOTHAR J. SEIWERT
COACHINGBRIEF

Professioneller & souveräner arbeiten und leben

Professionalität und Effektivität in allen Lebensbereichen gewinnen
Souveränität und Gelassenheit ausstrahlen
Balance und Persönlichkeit entwickeln

Monatlicher Coaching-Service ❖ Mai 2001

Liebe Leserin,
lieber Leser,

endlich können wir wieder aufatmen, fühlen, wie der Frühling mit all seinen Wonnen Besitz von uns ergreift. Und gestärkt durch diese Wunderkräfte der Natur möchte ich Sie in unserem heutigen Coaching bitten, sich einmal Gedanken um Ihren eigenen inneren Frühling zu machen. In unserem Thema SELBST-VERANTWORTUNG geht es darum, dass Sie

ganz für sich einmal überprüfen, ob Sie das Steuer Ihres Lebensschiffs tatsächlich eigenständig in der Hand haben. Oder lassen Sie andere die Kontrolle über Ihr Leben ausüben – Ihren Chef, Ihren Partner, Ihre Eltern, die Umwelt?

Und noch eine andere Art der KON-TROLLE soll uns heute beschäftigen. Es ist eine alte Managerweisheit, dass gute Kontrollmechanismen optimale Ergebnisse hervorbringen. Genauso verhält es sich bei Ihren eigenen Zielen und Tätigkeiten. Je besser Ihre persönlichen Kontrollsysteme funktionieren, um so besser werden Sie in all Ihren Aufgaben sein.

Kontrolle übernehmen und ausüben sind Tätigkeiten, die zu Unrecht verpönt sind. Belegen Sie Kontrolle für sich positiv, denn Sie werden merken, wie Sie mit kleinen Kontrollschritten Ihr eigenes Leben und Ihre Tätigkeiten positiv verändern können, Ihr

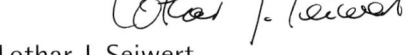

Lothar J. Seiwert

PROFESSOR DR. LOTHAR J. SEIWERT gilt als Europas führender Experte für Zeit-souveränität, Effektivität und sinnvolles Lebensmanagement. Er ist erfolgreicher Bestsellerautor und erhielt 1999 als erster deutscher Trainer den internationalen Trainingspreis "Excellence in Practice" der ASTD (American Society for Training und Development).

Themen

Selbstverantwortung darf keine Phrase sein

Sind Sie autark? „Autarkeia" stammt aus dem Griechischen und bedeutet wörtlich: „sich selbst genügen". Man kann es auch übersetzen mit „Unabhängigkeit" von irdischen Gütern, aber auch mit „in sich ruhen, über das eigene Leben selbst bestimmen." Finden Sie heraus, ob Sie tatsächlich autark sind und in Ihrem Leben darauf hören, was Sie wirklich wollen.

Damit ist nicht gemeint, dass Sie sich über alle Konventionen, Gesetze und Regeln hinwegsetzen sollten.

Innere Kontrolle aber meint, sich der vermeidbaren äußeren Zwänge im eigenen Leben bewusst zu werden und sie abzustreifen, selbst wenn sie noch so bequem sind.

„Menschliche Größe besteht im wesentlichen aus der Fähigkeit, sich in den Umständen, in denen andere den Irrsinn wählen, für persönliche Erfüllung zu entscheiden."
Wayne W. Dyer

Können Sie sich an unsere Kaninchenjagd in der Mai-Ausgabe 2000 erinnern? Dort habe ich Ihnen das „Prinzip der Kontrolle" vorgestellt.

„Laut Schätzungen sind 75 Prozent der Menschen in der westlichen Kultur in ihrer Persönlichkeitsausrichtung mehr außen- als innengewendet.", so stellt der amerikanische Psychotherapeut und Autor Wayne W. Dyer fest. Demnach spricht die Wahrscheinlichkeit dafür, dass viele von uns sich ebenfalls in die-

ser Kategorie befinden. Prüfen Sie, wo Ihr Punkt der Kontrolle tatsächlich liegt:

🌀 Sind Sie fremdbestimmt, dann suchen Sie die Verantwortung für Ihr Tun und für Ihre Gefühle bei Dingen oder Menschen außerhalb Ihrer selbst. Leider haben Sie eine Pechsträhne oder Ihr Stern ist gesunken. Außerdem hatten Sie eine schlechte Kindheit und Ihre Eltern sind für Ihr jetziges Leben verant-

🔍 Fremd- oder selbstbestimmt?

Testen Sie sich. Schieben Sie die Verantwortung für Ihre Gefühlszustände anderen zu, oder übernehmen Sie tatsächlich selbst das Steuerrad Ihres Lebens?
Welche Antworten auf die folgenden Fragen treffen auf Sie zu?

Warum sind Sie niedergeschlagen?
☐ Mein Chef bevorzugt immer die anderen.
☐ Ich lege zuviel Wert auf das, was andere sagen.
☐ Ich habe nicht das Geschick, mich gut zu verkaufen.
☐ Meine Partnerin behandelt mich schlecht.

Warum sind Sie jetzt glücklich?
☐ Mein Schicksal meint es gut mit mir.
☐ Ich gebe mir täglich Mühe, glücklich zu sein.
☐ Mein Partner und meine Familie meinen es gut mit mir.
☐ Genau so wie jetzt möchte ich leben.

Wo stehen Sie? Werden Sie von Solls bestimmt, oder dominieren die Ich-Antworten?

wortlich. Vielleicht hat aber auch Ihr Lebenspartner inzwischen diesen Staffelstab übernommen?

🦚 Sind Sie selbstbestimmt, dann liegt Ihr Ort der Kontrolle in Ihnen selbst. Und Sie gehören zu dem Viertel der Menschen, die es schaffen, die Verantwortung für alles, was Sie tun und fühlen zu übernehmen.

Prüfen Sie Ihre Gefühle. Wer ist dafür verantwortlich? Wirkliche Selbsterfüllung finden wir tatsächlich nur dann, wenn wir es schaffen, unseren Kontrollpunkt in uns selbst zu verlegen.

Dies zu lernen kann nur ein Prozess sein. Übernehmen Sie für jede Situation, für die Sie automatisch andere verantwortlich machen, ganz bewusst die Kontrolle. Sie allein entscheiden sich, Ihr Leben so zu leben, wie sie es gerade tun – in jeder Beziehung.

Eine Frage der Kontrolle

Kontrolle spielt nicht nur eine entscheidende Rolle, wenn es um unsere Gefühle geht.

Konsequente Kontrollmaßnahmen sind auch der Königsweg für unseren „äußeren" Erfolg. Denn jede Zielsetzung und jede Planung ist letztendlich nur so gut wie ihre anschließende Realisierung und die Kontrolle ihrer Einhaltung.

Wir sprechen in unserem Coaching über Lifeleadership, davon, dass Sie zu Ihrem eigenen Lebensunternehmer werden sollten. Und deshalb gestatten Sie mir an dieser Stelle einen Vergleich mit der Wirtschaft. Auch hier besteht eine der Hauptaufgaben eines Managers darin,

🔍☀ 5 Wege zur inneren Kontrolle

Folgende fünf Wege bringen Sie Ihrer inneren Kontrolle, und damit Zufriedenheit, näher:

☀ Genießen Sie Ihr Leben jetzt: Verschieben Sie Ihre Wünsche nicht auf später, wenn Sie einmal nicht mehr arbeiten, wenn die Kinder groß sind, wenn Sie genügend Geld auf Seite gelegt haben. Leben Sie Ihre Träume jetzt.

☀ Finden Sie Ihre persönliche Identität: Erkennen Sie, wer Sie wirklich sind und was Sie wirklich wollen. Arbeiten Sie an Ihrem Lebensziel, nur wenn Sie wissen, was Sie ausfüllt, werden Sie Ihren Ort der inneren Kontrolle finden.

☀ Arbeiten Sie an Ihrer Gesundheit: Ein kranker Mensch hat nur einen Wunsch – gesund zu werden. Sorgen Sie dafür, dass Sie gesund bleiben. Das ist eine wichtige Voraussetzung, genussfähig, liebesfähig und arbeitsfähig zu bleiben.

☀ Entwickeln Sie Autonomie: Lernen Sie, auch ohne das Urteil anderer zu wissen, was gut für Sie ist. Autonom sein heißt, selbst zu bestimmen, was man tun möchte, das schließt ein, Hilfe von außen durchaus anzunehmen.

☀ Nehmen Sie sich Zeit für Liebe und Freundschaft: „Jemanden glücklich machen, ist das höchste Gut.", sagte Theodor Fontane. Leben Sie Ihre Beziehungen aktiv, dann werden Sie Ihre innere Stärke und Kontrolle spüren.

Nur wenn Sie weitestgehend frei von äußerer Kontrolle sind, können Sie all die Fähigkeiten entfalten, die Ihnen wirkliche Lebensqualität bringen: Sie lernen, wieder auf Ihre Intuition zu hören. Sie haben Spaß an Kreativität. Sie sind offen und sensibel für andere und für Stimmungen. Sie lernen, das Leben einfach wieder genießen.

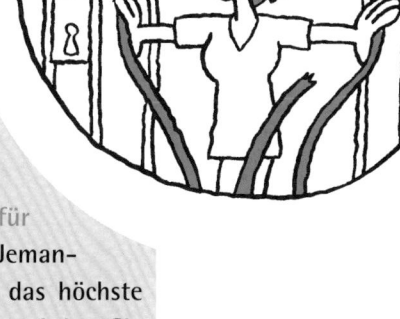

Leistungen zu kontrollieren. Ergebniskontrollen dienen der Verbesserung des Arbeits- und des Zeitmanagementprozesses und sie werden eingesetzt, um die individuellen Zielvorgaben des Einzelnen zu prüfen.

Auch im Rahmen Ihres persönlichen Selbstmanagement schlage ich konsequente Kontrollmechanismen vor. Mit regelmäßiger Kontrolle Ihrer Tätigkeiten verschaffen Sie sich selbst täglich kleine Erfolgerlebnisse, denn Sie verfolgen damit die Realisation Ihrer Ziele schwarz auf weiß.

Ihre Selbstkontrolle sollte wie im Unternehmen aus drei Schritten bestehen:

⚙ **Erfassung des Ist-Zustands:** Prüfen Sie regelmäßig – am besten täglich, mindestens aber wöchentlich – den Stand Ihrer Zielerreichung. Was genau haben Sie bis zum Kontrollzeitpunkt erreicht?

⚙ **Soll-Ist-Vergleich:** Nehmen Sie Ihre Zielplanung zur Hand, und vergleichen Sie, was Sie sich vorgenommen hatten mit dem tatsächlichen Stand der Dinge.

⚙ **Korrektur:** Weichen Soll und Ist sehr stark voneinander ab, dann prüfen Sie kritisch, inwieweit Ihre Ziele tatsächlich realistisch sind? So sehr Sie sich mit realistischen Zielen motivieren können, so schnell können zu hoch gesteckte Ziele Sie herunterziehen.

Wie oft Sie sich selbst kontrollieren, hängt natürlich von der Art Ihrer Ziele ab. In unserem Beispiel (Kasten Seite 4) handelt es sich um ein Ziel aus dem Lebensbereich Körper/Fitness: Hier haben Sie natürlich ideale Kontrollmöglichkeiten. Und schon durch Einführung einer kleinen Kontroll-Routine können Sie

Kleine Aufgabe: Nehmen Sie sich ein A-4-Blatt zur Hand, und schreiben Sie auf, welche wichtigen Aufgaben Sie in der nächsten Woche erledigen würden, wenn Sie täglich eine Stunde mehr an freier Zeit zur Verfügung hätten.

🔍☀ Persönliche Zielkontrolle

Beispiel: Persönliche Fitness
Angenommen, Sie haben sich im Januar vorgenommen, bis zum Ende des Jahres so gut trainiert zu sein, dass Sie an einem 10-km-Lauf-Wettkampf teilnehmen können.

⚙ Ihr Ziel: Am 31. Dezember 2001 starte ich beim alljährlichen Silvesterlauf auf der 10-km-Distanz. Ich bewältige die Strecke in einer Zeit von maximal 1 Stunde.

⚙ Ihre Teilziele:

Januar bis April: 3x wöchentlich 30 Minuten Joggen bei einem Puls von max. 140 (Sauerstoffüberschuss)

April bis August: 4x wöchentlich 30 Minuten Joggen im Sauerstoffüberschuss, mindestens 4x während jeden Trainings Schnelllauf-Intervalle von 10 Sekunden

August bis Dezember: 4x wöchentlich 30 Minuten Joggen plus 1x wöchentlich 60 Minuten Laufen

⚙ Erfassung des Ist-Zustands: April: Training bisher sehr unregelmäßig, höchstens 1x wöchentlich 30 Minuten

⚙ Soll-Ist-Vergleich: Jahresziel gefährdet, Motivation zum Training jahreszeitlich bedingt jetzt vorhanden

⚙ Korrektur: Ziel im April: Start am 31.12.2001 auf der 7-km-Distanz

Teilziele: April bis August: 3x wöchentlich 30 Minuten Joggen

August bis Oktober: 4x wöchentlich 30 Minuten

Oktober bis Dezember: 3x wöchentlich 30 Minuten, 1x wöchentlich 45 Minuten

Tägliche Ergebniskontrolle im Zeitplanbuch !!!

Ihren körperlichen Zustand effizient und schnell verbessern:

Tragen Sie sich in Ihr Zeitplanbuch einmal wöchentlich das Teilziel ein, Ihren Körperstatus zu kontrollieren: Gewicht, Körperfettanteil (Fettanalysewaagen sind heute preisgünstig erhältlich), Trainingszustand (wenn Sie trainieren, dann unbedingt mit Herzfrequenzmesser). Haben Sie die Ergebnisse über einen bestimmten Zeitraum schwarz auf weiß notiert, dann werden Sie gar nicht anderes können, als kontinuierlich an der Verbesserung Ihrer persönlichen Fitness zu arbeiten. Sollten Sie es tatsächlich nicht aus eigenem Antrieb schaffen (so wie ich, siehe Januar-Brief 2001), dann gibt es in diesem Bereich die Möglichkeit der äußeren Kontrolle durch einen Personal Fitness-Coach. Nach vier Monaten Erfahrung kann ich Ihnen das noch immer wärmstens empfehlen. Mein Jahresziel, den 10-km-Lauf, habe ich dadurch bereits im April erreicht.

Drei Arten der Kontrolle

Je nach Art Ihrer Tätigkeiten, können Sie unterschiedliche Maßnahmen der Kontrolle einsetzen. Folgende Möglichkeiten sollten Sie in Betracht ziehen:

1. Ablaufkontrolle:

Diese Form der Kontrolle eignet sich, um zu prüfen, inwieweit Sie Ihren Tagesablauf optimal gestalten. Denken Sie an die Planung nach Prioritäten: Arbeiten Sie die anstehenden Tätigkeiten tatsächlich nach ihrer Wichtigkeit ab, oder lassen Sie sich vom Dringlichen dominieren? Wie schaffen Sie es, Zeitdiebe auszuschalten? Fassen Sie bestimmte Aufgaben, wie Telefonate, E-Mails Lesen und Beantworten, in Blöcke zusammen? Sind Sie konsequent genug, alles zu de-

legieren, was Sie nicht selbst erledigen müssen? Dazu gehört zum Beispiel auch, der Hausputz oder das Hemden bügeln bei einer berufstätigen Mutter, deren Prioritäten nach der Arbeit in der Beschäftigung mit ihren Kindern liegen. Haben Sie den zeitlichen Rahmen für Ihre Tätigkeiten ausbalanciert, oder bleiben täglich so viele Dinge liegen, dass Sie am Ende frustriert sind? Haben Sie alle Rationalisierungs- und Entlastungsmöglichkeiten ausgeschöpft?

2. Ergebniskontrolle:

Ohne Verbindung zu Ihren Zielen sind alle Ihre Arbeitsergebnisse gleich gut oder gleich schlecht. Kontrollieren Sie daher regelmäßig die Ergebnisse Ihrer Tätigkeiten in Relation zu Ihren Zielen. Wie unser Beispiel der Fitnessziele (Seite 4) zeigt, bedarf es dazu keines großartigen Aufwands. Die einzige Herausforderung besteht darin, sich zu disziplinieren, alle Teilziele zum Beispiel im Timer zu notieren und diese dann am Abend abzuhaken. Das heißt konkret: Fixieren Sie all Ihre Tages-, Wochen-, Monats-

(weiter auf S. 8)

Wollen Sie sich selbst wirksam entlasten, dann können Sie auf Selbstkontrolle nicht verzichten. Denn nur, wenn Sie pro-aktiv handeln und das Instrument der Selbstkontrolle bewusst nutzen, dann werden Sie langfristig mit Ihrer Tätigkeit zufrieden sein. Damit leisten Sie einen entscheidenen Beitrag zur Verbesserung Ihrer Lebensqualität.

Meine Überzeugung: Kontrollmaßnahmen sind viel besser als ihr Ruf. Sie helfen ihnen, Ihre Arbeit zu optimieren und Zeitfresser auszuschalten. Nehmen Sie die Kontrolle Ihrer eigenen Tätigkeit ernst. Planen Sie Ihre Kontrollmaßnahmen genau ein. Erstellen Sie sich für komplexere Aufgaben von vornherein einen Kontrollplan.

Übung: So schaffen Sie sich Freiräume

Führen Sie regelmäßig (mindestens einmal im Quartal) eine genaue Tätigkeits- und Zeitanalyse durch. Ihr Ziel dabei sollte es sein, die tatsächliche Verwendung Ihrer Zeit mit Ihren eigenen Soll-Vorgaben zu vergleichen. Nur die Tatsachen zeigen Ihnen, wo Optimierungsbedarf besteht.

1. Schritt: Vergegenwärtigen Sie sich Ihren Ist-Zustand

🌀 Legen Sie sich folgende Tabelle an:

IST-Zustand	IST-Zeit	SOLL-Zustand	SOLL-Zeit
täglich und wöchentlich wiederkehrende Tätigkeiten	(Std., Min.) tägl. wöchtl.	(Std., Min.) Verbesserungsmöglichkeiten	tägl. wöchtl.

2. Schritt: Dokumentieren Sie den IST-Zustand

🌀 Schreiben Sie nun auf, was Sie tun und wieviel Zeit Sie dafür benötigen. Konzentrieren Sie sich dabei auf die wichtigsten Tätigkeiten.

3. Schritt: Analysieren und Verbesserungen herausarbeiten

🌀 Analysieren Sie nun jede einzelne Tätigkeit des Ist-Zustands. Fragen Sie sich, wie Sie diese Tätigkeit optimieren könnten.
Was passiert, wenn ich diese Tätigkeit ersatzlos streiche?
Ist es möglich, diese Tätigkeit ganz oder teilweise zu delegieren?
Kann ich diese Tätigkeit so organisieren, dass sich mein Zeitaufwand dafür reduziert?

🌀 Notieren Sie Ihre Rationalisierungsmaßnahmen in der Spalte „SOLL-Zustand", und legen Sie die dafür vorgesehenen „SOLL-Zeiten" fest.

4. Schritt: Identifizieren Sie Ihre Zeitdiebe

🌀 Neben der konkreten Tätigkeitsanalyse erhalten Sie auch durch die Analyse Ihrer Zeitdiebe eine sehr gute Rückmeldung. Daher ist es sinnvoll, für einen bestimmten Zeitraum (mind. einen Tag, besser ist eine Woche) auch die Störungen aufzulisten.

IST		SOLL		
Zeit von-bis	Einzeltätigkeit	Art der Störung	Dauer Tel. Besucher	Korrekturvorschlag

5. Schritt: Vergleichen Sie IST und SOLL

🌀 Die eigentliche Kontrolle Ihrer Tätigkeit erfolgt nun, indem Sie beide Seiten genau miteinander vergleichen:
Wie hoch ist Ihre momentane Zeitbelastung für die untersuchten Tätigkeiten?
Wie hoch ist Ihre geplante Soll-Zeit?
Wieviel Zeit können Sie einsparen?
Welche Zeitsparmaßnahmen werden Sie einsetzen?
Wie wollen Sie die gewonnene Zeit sinnvoll für Ihre persönliche Balance einsetzen?

Seiwert privat – Trendfallen

Wenn wir von Lifeleadership sprechen, dann spielen Werte eine sehr entscheidende Rolle. Denn nur, wenn wir wissen, warum wir etwas anstreben, können wir diese Ziele auch tatsächlich erreichen.

Vor kurzem las ich im Focus einen Beitrag zum Thema Trends. Dabei stellten die Autoren heraus, dass sich immer mehr Menschen ganz bewusst an bestimmte Trends halten. Nicht mehr nur die Jugendlichen lesen die ständig wachsende Flut der täglich erscheinenden In- und Out-Listen, – cool sein wird zum Allgemeingut.

Der Psychologe und Trendforscher Alfred Gebert bringt es auf den Punkt: „In Zeiten, in denen übergeordnete Werte fehlen, wird Außenorientierung zur Ersatzreligion. Gut geht es mir nur, wenn meine neue Frisur bemerkt wird."

Ich ertappte mich dabei, mich zu fragen, ob auch ich schon in der In- und Out-Falle steckte, ob auch ich schon gnadenlos infiziert bin vom Bazillus trendicus: Hatte ich mir nicht letztes Jahr unbedingt dieses Kickboard kaufen müssen, weil ich es so ungeheuer praktisch fand, damit ins Büro zu fahren. Oder wollte ich mir damit nur ein wenig mehr Jugendlichkeit zugestehen und zeigen, dass ich up to date bin? Warum musste es nach vier Monaten schon wieder ein neues Handy sein (natürlich das neueste Modell)? Und eigentlich hatte ich ein komisches Gefühl in der Magengegend, als ich mich letztens ganz trendy für das leckere Känguru-Ragout entschied, obwohl mir im Geheimen der Sinn nach einem schnöden Big Mäc mit Pommes und Majo stand.

Und als ich dann auch noch die neuesten Intuitionen von Europas Style-Päpstin, Li Edelkoort, las, da wusste ich, dass ich gegensteuern muss, um ich selbst zu bleiben.

Denn die Dame prophezeit uns Männern, dass wir das Weib in uns entdecken. In Bezug auf unser emotionales Leben, – mehr kuscheln – mag das ja noch angehen. Aber mit Erschrecken stelle ich mir vor, wie ich mir in völliger Trendhörigkeit die Fingernägel lackiere, mich in eine strassbestickte Hüftjeans quäle und mir über meinen jogginggestählten Oberkörper ein bauchfreies Top streife...

In & Out

Mein Appell, bei Trends etwas genauer nachzufragen, soll nicht bedeuten, dass ich Ihnen rate, Trends völlig zu ignorieren. Doch sehen Sie am Beispiel, wie hip manche Trends wirklich sind.

In: Rosa ist in. Es gibt eine starke infantile Tendenz in der Gesellschaft. Frauen tragen Rosa, Männer weinen, sind zärtlich und träumen.

Out: Reisen soll völlig out sein. Nur Weekendtrips nach London oder Venedig bleiben. Der Massentourismus stirbt, Man gibt dafür sein Geld für Wellness im Alltag aus. Alle fünf Jahre verreist man dafür lange.

In oder out? Wie sieht Ihre Urlaubsplanung 2001 aus?

Wer bin ich?

Trendforscher meinen, wir definieren unsere Persönlichkeit durch Kleidung, Gestus und Habitus. Dabei sei entscheidend, was gerade in sei.

So einfach sollte Persönlichkeitsentwicklung auch im Zeitalter der Kult-Kultur nicht sein. Entscheiden Sie selbst, was Sie tragen, reden oder kaufen wollen. Im Zweifel kann es gerade in sein.

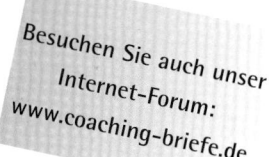

Besuchen Sie auch unser Internet-Forum: www.coaching-briefe.de

Nur wenn wir unser Leben unter Kontrolle haben, verankern wir uns fest auf dem Boden der Realität und können trotzdem zum Himmel wachsen.

und Jahresziele schriftlich, und kontrollieren Sie diese auch regelmäßig: Welche Ergebnisse haben Sie erzielt? Was blieb unerledigt und warum? Welche Konsequenzen ergeben sich daraus für Ihre Vorplanung? Mein Tipp: Erstellen Sie sich bei komplexeren Projekten immer Checklisten, die Ergebnisse können Sie dann umgehend abhaken. Verfallen Sie aber nicht in den To-do-List-Wahn. Auch hier gilt: Weniger ist mehr!

3. Selbstkontrolle:

Egal, welche Tätigkeiten Sie erledigt haben, am Ende jeden Tages sollte auf jeden Fall die Selbstkontrolle stehen. Anstatt einer umfangreichen Checkliste hat sich hierfür die sogenannte Handformel bewährt:

☀ D (aumen) = Denkergebnisse: Welche wichtigen Erfahrungen habe ich heute gemacht, welche Erkenntnisse habe ich gewonnen?

☀ Z (eigefinger) = Zielerreichung: Welche Teilziele habe ich heute erreicht? Was habe ich geschafft?

☀ M (ittelfinger) = Mentalität: Welche Stimmungslage herrschte heute bei mit vor?

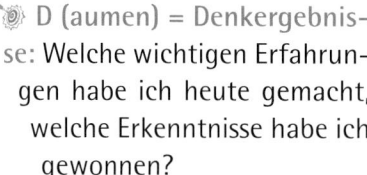

Täglich ein Kompliment

Wie oft sagen Sie einem anderen Menschen, wie sehr sie ihn bewundern oder schätzen? Wie oft empfangen Sie solche Komplimente? Machen Sie es sich ab heute zur Gewohnheit, täglich jemandem etwas Freundliches zu sagen. Trauen Sie sich, und Sie werden dafür ungeheuer viel zurückbekommen. Ein ehrlich gemeintes Kompliment ist eines der wertvollsten Geschenke, die Sie anderen machen können. Und es kostet so wenig – einfach nur den anderen sehen.

Mein Balance-Tipp des Monats

☀ R (ingfinger) = Ratgeber, Hilfe: Womit habe ich heute anderen geholfen, sie gefördert, ihnen gedient?

☀ K (leiner Finger) = Körper, Kondition: Was habe ich heute für meine Gesundheit und Fitness getan?

Testen Sie diese Art der Selbstkontrolle. Das wichtigste Ergebnis sind nicht Ihre Fehler und Zeitverzögerungen, die Sie herausfinden, sondern Ihre täglichen Erfolge, die Sie sich damit ebenfalls vor Augen führen. Ihr

Lothar J. Seiwert

660 233 019

B 51393

LOTHAR J. SEIWERT
COACHINGBRIEF

Professioneller & souveräner arbeiten und leben

Professionalität und Effektivität in allen Lebensbereichen gewinnen
Souveränität und Gelassenheit ausstrahlen
Balance und Persönlichkeit entwickeln

Monatlicher Coaching-Service ❖ Juni 2001

Liebe Leserin, lieber Leser,

selbst Privatdedektive berichten, dass die Deutschen immer unzufriedener und missgünstiger werden. Kamen die Aufträge früher fast ausschließlich von eifersüchtigen Ehepartnern, so beschäftigt sich die Zunft heute mit Mobbing, beruflich wie privat; Nachbarschaftsstreits und ähnlichen zwischenmenschlichen Konflikten. So berichtet ein Insider, dass eine Klientin von ihren Mitbewohnern aus dem Haus gemobbt werden sollte. Die Herrschaften waren sich dabei nicht einmal zu schade, der Dame, nachdem sie die Hausordnung erledigt hatte, Schmutz fein säuberlich auf der Treppe zu verteilen. Das sind dann die primitiven Auswüchse von Konfliktbereitschaft.

Doch Konflikte kommen natürlich in den besten Familien und den erfolgreichsten Teams vor. Sie sind, gekonnt gelöst, oftmals sogar der Turbo auf dem Weg nach vorn – zu gemeinsamen Erfolgen und langfristigen Beziehungen. Wie Sie gelassener mit KONFLIKTEN umgehen können, ist daher auch das Thema unseres heutigen Coachings.

Und im „Focus" erwarten Sie (Seite 5ff.) spannende Neuheiten über WERTE. Denn unsere Motive – das Warum hinter all unserem Tun – bestimmen federführend unser Handeln, auch unsere Konfliktbereitschaft. Viele neue Einsichten wünscht Ihnen, Ihr

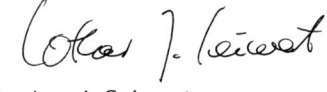

Lothar J. Seiwert

PROFESSOR DR. LOTHAR J. SEIWERT gilt als Europas führender Experte für Zeitsouveränität, Effektivität und sinnvolles Lebensmanagement. Er ist erfolgreicher Bestsellerautor und erhielt 1999 als erster deutscher Trainer den internationalen Trainingspreis „Excellence in Practice" der ASTD (American Society for Training and Development).

Themen

Konflikten konstruktiv begegnen!

„Das ist nicht fair.", denken wir oft, wenn es in unserem Leben nicht so läuft, wie es vielleicht unserem Gerechtigkeitsgefühl entspricht. Doch genau so ist die Realität – sie ist nicht fair. Machen Sie sich das ab und zu bewusst, dann vermeiden Sie, sich in Selbstmitleid zu baden. Es ist allein unsere Aufgabe, unser Leben so zu gestalten, dass wir es als fair empfinden.

„Sie sind uneingeschränkt für Ihr Handeln verantwortlich. So wie Sie agieren, werden die anderen reagieren."
Brian Tracy

Konflikte gehören zu unserem Leben, – egal, ob im beruflichen Umfeld oder in unserer Privatsphäre. Es muss nicht einmal sein, dass wir mit Menschen aneinander geraten, mit denen wir ohnehin nicht „können". Immer wenn mehr als ein Mensch an einem Projekt arbeitet, gibt es früher oder später unterschiedliche Meinungen oder Schwierigkeiten. Konflikte entstehen sowohl bei exzellenter wie auch bei schlechter Arbeit, aus guter oder böser Absicht, aus angemessenem und aus unangemessenen Verhalten.

Wir alle müssen lernen, mit Konflikten so umzugehen, dass sie nicht zu viel unserer Energie binden, dass sie nicht unser Wohlbefinden stören, unsere Effektivität bremsen – unsere gesamte Lebensqualität beeinflussen. Hier einige

Regeln, die im Umgang mit Konflikten nützlich sein können:

Handeln Sie immer sofort!

Egal, wie sich das Problem darstellt – Handeln heißt der erste Schritt im konstruktiven Konfliktmanagement. Sobald sich ein Konflikt verschärft, sich zum Orkan entwickelt hat, wird er Ihre gesamte Energie binden. Und wenn Sie genau hinschauen, dann erkennen Sie, dass dieses schier unlösbare Problem mit einem winzigen Missverständnis begonnen hat. Konzentrieren Sie sich darauf, solche Kleinigkeiten zu erkennen und sensibel zu klären. Schauen Sie genau hin – sehr viele Dinge, die sich später zum Konflikt zwischen Personen entwickeln, lassen sich auf der Sachebene klären. Es kommt letztendlich auf Ihren Standpunkt an. Lassen Sie es nicht zu, etwas sofort persönlich zu nehmen. Geben Sie immer die Chance zur Klärung.

Worum geht es bei diesem Konflikt wirklich?

Es gibt fünf Kategorien von Konflikten. Um vernünftig agieren zu können, sollten Sie sich anfangs immer Klarheit darüber verschaffen, womit genau Sie es zu tun haben:

۞ Temperamentbedingte Konflikte: Diese Art der Konflikte entstehen sehr schnell. Menschen haben unterschiedliche Temperamente und zeigen damit unterschiedliche Verhaltensweisen. Jemand, der beispielsweise sehr beziehungsorientiert ist, beginnt ein Gespräch erst einmal mit einem Small Talk über die Familie, den letzten Urlaub und das werte Befinden. Ein faktenorientierter Typ dagegen möchte sehr schnell zur Sache kommen, mag das Gerede drumherum absolut nicht. Ist nun der Faktenmensch der Chef und die Beziehungsorientierte seine Mitarbeiterin, dann kommt es irgendwann zum Eklat. Sie meint, er mag sie nicht, weil er sich überhaupt nicht für sie interessiert und auch nichts über sein Privatleben verlauten lassen möchte. Er hingegen sieht das Problem nicht, ist höchstens leicht genervt, weil seine Mitarbeiterin nicht gleich auf den Punkt kommt.

Prüfen Sie also zuerst, ob die Missstimmungen vielleicht auf unterschiedliche Kommunikations- und Handlungsmuster zurückzuführen sind.

Zielbedingte Konflikte: Sie entstehen dann, wenn engagierte Teammitglieder unterschiedliche Auffassungen über die Erreichung eines bestimmten Ziels entwickeln. Jeder Beteiligte ist so überzeugt davon, dass sein Weg der bessere ist, dass Kompromissbereitschaft zum Fremdwort wird. Realistisch ist

FDH: Fett die Hälfte

Zur gesunden Lebensbalance gehört auch Ihre Körperbalance. Hier die besten Tipps von Gesundheitsexperte Dr. Ulrich Strunz, Fett zu reduzieren. Wer sich gesund fühlt, ist weniger gestresst und auch weniger in Konflikte involviert:

Naturbelassen Essen: Versuchen Sie, mit naturbelassenen Nahrungsmitteln zu kochen. 100g Pellkartoffeln haben 0,3 Gramm Fett, 100 Gramm Chips dagegen 40 Gramm.

Mit Fett knausern: Pinseln Sie beschichtete Pfannen nur mit Fett aus, und gießen Sie das Fett nach dem Anbraten von Fleisch aus der Pfanne.

Obst und Gemüse zum Nulltarif: Immer wenn der Hunger kommt, zuerst zu Obst, Gemüse und Salat greifen.

Teller frei für Getreide, Nudeln und Reis, sie enthalten kaum Fett.

Magervarianten wählen: Bei Fleisch, Fisch und Wurst immer nach den mageren Versionen greifen. Bei Käse und Joghurt auf die angegebenen Fettprozente achten. 30 Gramm Créme fraiche haben 9 Gramm Fett, die selbe Menge saure Sahne aber nur 3 Gramm.

Anmachen light: Keine Angst, das ist keine Flirtschule (obwohl man beim Flirten auch Fett verbrennt), sondern die Revolution in der Salatdressing. Mit Joghurt und Magermilch angemacht, schmeckt der Salat genauso lecker wie mit Öl. Sie können auch Hüttenkäse mit Kräutern, Essig und ein wenig Senf mixen, eine exzellente Dressing.

Saucen-Trick: Dicken Sie Ihre Soßen, indem Sie das mitgegarte Gemüse mit der Bratenflüssigkeit pürieren.

Wollen Sie mehr wissen? Dr. med Ulrich Strunz, „Forever young" Das Erfolgsprogramm, ISBN: 3-7742-1736-X, Gräfe und Unzer Verlag, München

Üben Sie sich in Zeitverschiebung

Eine sehr wirksame Technik, konstruktiv mit Konflikten umzugehen ist die Technik der Zeitverschiebung. Sie haben einen Streit mit Ihrem Partner, ein Missverständnis mit einem Kollegen oder fühlen sich ungerecht behandelt. Bevor Sie handeln, überlegen Sie doch erst einmal, wie wichtig diese Angelegenheit, die Sie jetzt mit all Ihrer Energie durchsetzen oder klären wollen, in einem Jahr für Sie sein wird. Auf diese Weise entwickeln wir die notwendige Gelassenheit, den Dingen die Schärfe zu nehmen. Verschwenden Sie so wenig wie möglich Energie damit, sich zu ärgern oder in Konflikte involvieren zu lassen. Sie haben es nicht verdient.

natürlich oft der Mittelweg, den zu finden, bedeutet, Größe zu zeigen.

🔊 **Konflikte über Werte:** Diese Konflikte sind am schwierigsten zu bereinigen, denn jeder Mensch hat unterschiedliche Glaubenssätze, legt in Bezug auf die für ihn wichtigen Dinge unterschiedliche Prioritäten. Oftmals sind uns unsere wahren Motive und Werte gar nicht bewusst – und trotzdem setzen wir uns mit Vehemenz dafür ein. Werte sind die Wurzeln in unserem Leben und Tun. Um Konflikte über Werte zu lösen, sollten wir unser eigenes Wertesystem kennen und uns Gedanken darüber machen, was den Menschen, mit denen wir zusammen leben und arbeiten, wichtig ist (Lesen Sie dazu auch unser Focus-Thema ab Seite 5).

🔊 **Konflikte über bestimmte Umstände:** Solche Konflikte treten auf, wenn wir uns über bestimmte äußere Bedingungen nicht einigen können. Beispielsweise möchten zwei Kollegen, die sich gegenseitig vertreten, zur gleichen Zeit in den Urlaub gehen. Beide haben gute Argumente, warum sie ihren Urlaub nicht verschieben können. Wer bei solchen Dingen rechtzeitig die Notbremse zieht und zum Kompromiss bereit ist, der sichert vielleicht die Zusammenarbeit über viele Jahre hinweg. Auch in Partnerschaften entstehen oft langwierige Konflikte, weil man sich über Kleinigkeiten nicht einigen kann.

🔊 **Konflikte über Fakten:** Und auch das gibt es oft: Eigentlich liegen die Fakten klar auf dem Tisch. Aber trotzdem kommt es nicht zum Konsens, weil man die Dinge unterschiedlich definiert, unterschiedliche Quellen hervorkramt. Gehen Sie den Wurzeln dieser „Fakten" gemeinsam auf den Grund, und Sie werden sehr viel für die Beziehungsseite tun.

(weiter auf S. 9)

🔍 Nichts tun

Sind Sie eigentlich in der Lage, einfach einmal gar nichts zu tun? Können Sie eine Stunde einfach nur dasitzen und die Stille genießen?

Unser Leben ist so angefüllt mit den unterschiedlichsten Reizen und Forderungen, dass viele Menschen verlernt haben, nichts zu tun, sich einfach nur zu entspannen. Sie wünschen es sich zwar ständig, doch haben sie dann die Möglichkeit, dann fällt ihnen spätestens nach zehn Minuten ein, was noch alles zu tun ist. Wir entwickeln uns von Lebewesen zu Aktivitätswesen.

Starten Sie bei sich den Test: Nehmen Sie sich für heute Abend vor, sich einfach einmal zu langweilen – keine Musik, kein TV, keine Aktivitäten, einfach einmal nichts tun. Nur wenn Sie es schaffen, regelmäßige Zeiten des Nichtstuns zu leben, dann finden Sie Ihre innere Balance, Ihre innere Ruhe. Sie werden es zuerst unerträglich finden, doch nach einiger Übung werden Sie sich daran gewöhnen und es genießen.

Werte: Warum wir tun, was wir tun

Sammeln Sie unsere Focus-Themen in einem Extra-Ordner, und schaffen Sie sich Ihre eigene Weiterbildungs-Datenbank

„Wie seinen individuellen Fingerabdruck so hat auch jeder Mensch sein persönliches unverwechselbares Motivprofil"
Dr. Steven Reiss

Es gibt sehr viele Theorien darüber, welche Motivationsstrukturen und Wertesysteme unserem Handeln zugrunde liegen. Doch sind sich letztlich alle Forscher darüber einig, dass unsere Motive entscheidend dafür sind, wie wir unser Leben gestalten und was wir tun.

Das Reiss-Profil: Unseren Motiven auf der Spur

Momentan revolutionieren neue wissenschaftliche Erkenntnisse über menschliche Motive radikal viele überholte Glaubenssätze der Arbeits- und Motivationspsychologie. Bereits Mitte 1998 veröffentlichte einer der weltweit anerkanntesten Psychologen, Dr. Steven Reiss von der Ohio State University, re-

lativ unbeachtet von der europäischen Fachwelt bahnbrechende Ergebnisse aus seinen wissenschaftlichen Studien zum Thema:

Warum Menschen das tun, was sie tun.

Die bisherigen Annahmen, dass die grundsätzliche Motivation menschlichen Verhaltens auf alles mögliche, von der Suche nach Wahrheit bis hin zur Maximierung von Vergnügen oder dem Vermeiden von Schmerz, zurückzuführen sind, müssen neu überarbeitet werden. Dr. Reiss deckte auf, dass fast alles, was wir tun, auf 16 grundlegende Bedürfnisse und Werte (siehe dazu auch die Übung Seite 6 f.) zurückgeführt werden kann.

Jeder Mensch hat seinen individuellen Lebensgrund

Dabei ist jeder Mensch in der jeweiligen Ausprägung seiner Grundmotivation unverwechselbar und einzigartig. Unsere persönlichen Werte zu kennen, ist eine wichtige Voraussetzung, um unsere Talente und Fähigkeiten auszuleben und den Sinn des eigenen Lebens zu erkennen. „Was treibt mich und meine Mitarbeiter tatsächlich an, das zu tun, was wir tun oder das zu tun, was getan werden müßte?", dürfte aber auch eine wichtige Grundfrage zukunftsorientierter Unternehmen und Führungskräfte sein. In den vielen Studien und Untersuchungen von Dr. Reiss mit über 6000

Der Werte-Test auf den folgenden Seiten ist eine von Steven Reiss entwickelte „Kurzform". Sie dient ausschließlich dazu, sich einen orientierenden Überblick über sein Motivprofil zu verschaffen.
Der vollständiger Test - das Reiss Profile of Fundamental Goals and Motivational Sensitivities - darf nur von Psychologen durchgeführt werden.
Weitere Infos erhalten Sie über:
TAM-Trainer-Akademie-München
Helmut Fuchs
Andreas Huber
Telefon:
(06 61) 92 86 10
Fax:
(06 61) 9 28 61 11

(weiter auf S. 8)

Das Reiss-Profil: Was uns antreibt

So funktioniert es!

Um Ihr persönliches Motivprofil zu bestimmen, prüfen Sie die im folgenden zu allen 16 Motiven formulierten Aussagen, ob sie:

stark = +

oder

kaum/gar nicht = –

zutreffen oder ob keine dieser Aussagen Ihr Verhalten richtig charakterisiert, und manchmal das eine, dann wieder das andere stimmt, notieren Sie dann für das betreffende Motiv weder noch = 0.

Es gibt keine guten oder schlechten Werte. Daher gibt es auch keine richtigen oder falschen Antworten. Damit Sie sich ein möglichst genaues Bild Ihrer lebensbestimmenden Antriebe und Werte verschaffen können, müssen Sie die Fragen nur bedingungslos ehrlich beantworten.

1. Macht
+ Ich bin ehrgeizig und karrierebewusst und übernehme gern das Kommando.
− Ich bin deutlich weniger ehrgeizig als andere. Ich bin eher nachgiebig.
0 Weder noch. Manchmal stimmt auch das eine, dann das andere.
Ihr Wert: __

2. Unabhängigkeit
+ Das Motto "Selbst ist der Mann/die Frau" bestimmt mein Leben.
− Ich bin stark an meinen Partner gebunden. Ich mag es nicht, allein zu sein.
0 Weder noch. Manchmal stimmt auch das eine, dann das andere
Ihr Wert: __

3. Neugier
+ Ich bin das, was man "wissensdurstig" nennt.
− Ich mag keine intellektuellen Aktivitäten. Ich stelle nur selten Fragen.
0 Weder noch. Manchmal stimmt auch das eine, dann das andere
Ihr Wert: __

4. Anerkennung
+ Ich habe große Schwierigkeiten, wenn man mich kritisiert. Ich gebe oft auf.
− Ich bin selbstbewusst. Auf Kritik reagiere ich meist völlig gelassen.
0 Weder noch. Manchmal stimmt auch das eine, dann das andere
Ihr Wert: __

5. Ordnung
+ Ich bin besser organisiert als die meisten anderen Menschen.
− Mein Büro oder meinen Schreibtisch kann man nicht als ordentlich bezeichnen. Ich mag es überhaupt nicht, Dinge planen zu müssen.
0 Weder noch. Manchmal stimmt auch das eine, dann das andere
Ihr Wert: __

6. Sparen
+ Ich bin ein Sammler. Geld ist für mich wichtiger als für die meisten anderen.
− Ich bin großzügig. Ein "Sammler und Sparer" war ich noch nie.
0 Weder noch. Manchmal stimmt auch das eine, dann das andere.

7. Ehre
+ Ich bin als prinzipientreuer Mensch bekannt. Man schätzt meine Loyalität.
− Ich glaube, dass jeder für sich alleine schauen muss, wo er bleibt.
0 Weder noch. Manchmal stimmt auch das eine, dann das andere.
Ihr Wert: __

8. Idealismus
+ Für einen guten Zweck und für Bedürftige bringe ich auch persönliche Opfer.
− Wohlfahrt und öffentliche Angelegenheiten interessieren mich nicht.
0 Weder noch. Manchmal stimmt auch das eine, dann das andere.
Ihr Wert: __

9. Beziehungen

+ Ich brauche andere Menschen, um glücklich zu sein. Man kennt und schätzt mich als humorvollen Zeitgenossen.

− Partys mag ich überhaupt nicht. Außer mit meiner Familie und wenigen engen Freunden habe ich keine Kontakte.

0 Weder noch. Manchmal stimmt auch das eine, dann das andere.

Ihr Wert: __

10. Familie

+ Kinder und Kindererziehung gehören zu meinem Lebensglück.

− Meine Elternrolle empfinde ich häufiger als belastend.

0 Weder noch. Manchmal stimmt auch das eine, dann das andere.

Ihr Wert: __

11. Status

+ Es gefällt mir, andere mit meinem Besitz zu beeindrucken.

− Reichtum interessiert mich sehr viel weniger als andere.

0 Weder noch. Manchmal stimmt auch das eine, dann das andere.

Ihr Wert: __

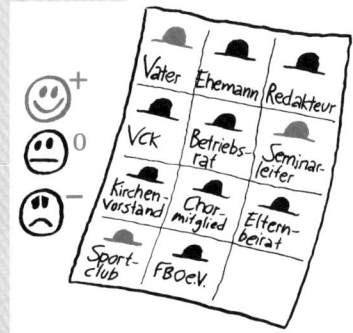

12. Rache

+ Ich bin aggressiv und kann meinen Ärger oft nicht kontrollieren.

− Ich bin selten wütend. Ich bin nicht gerne in Konkurrenz mit anderen.

0 Weder noch. Manchmal stimmt auch das eine, dann das andere.

Ihr Wert: __

13. Romantik

+ Sex ist lebenswichtig für mich. Schönheit ist außerordentlich wichtig für mich.

− Ich mag Sex nicht besonders. Sexualität ist eigentlich eher abstoßend.

0 Weder noch. Manchmal stimmt auch das eine, dann das andere

Ihr Wert: __

14. Ernährung

+ Essen spielt für mich eine große Rolle. Ich esse so oft es geht.

− Ich esse eigentlich nie mehr, als mir gut tut. Ich hatte nie Gewichtsprobleme.

0 Weder noch. Manchmal stimmt auch das eine, dann das andere

Ihr Wert: __

15. Körperliche Aktivität

+ Wenn ich auf meinen Sport verzichten müsste, wäre ich unglücklich.

− Ich war schon immer etwas "träge". Ein faules Leben ist ein schönes Leben.

0 Weder noch. Manchmal stimmt auch das eine, dann das andere

Ihr Wert: __

16. Ruhe

+ Ich bin meist schüchtern, und es ängstigt mich, wenn ich gestresst bin.

− Ich bin mutig und unerschrocken.

0 Weder noch. Manchmal stimmt auch das eine, dann das andere.

Ihr Wert: __

Auswertung:

Schreiben Sie Ihre Werte auf. Beginnen Sie mit denen, die von Ihnen ein + bekommen haben. Schauen Sie dann auch die an, die Sie mit − bewertet haben. Was sind die wirklich wichtigen Werte in Ihrem Leben? Welche Dinge interessieren Sie überhaupt nicht? Wie gut können Sie Ihre wichtigsten Bedürfnisse in den verschiedenen Lebensbereichen verwirklichen? Welche Hindernisse und Schwierigkeiten gibt es? Wieviel Zeit verbringen Sie mit Dingen, die Ihnen eigentlich nichts bedeuten?

Persönliche Werte ◉ Im Focus: Persönliche Werte ◉ Im Focus: Persönliche Werte ◉ Im Focus: Persönliche Werte ◉ Im Focus: Persör

LOTHAR J. SEIWERT-COACHINGBRIEF/JUNI 2001   7

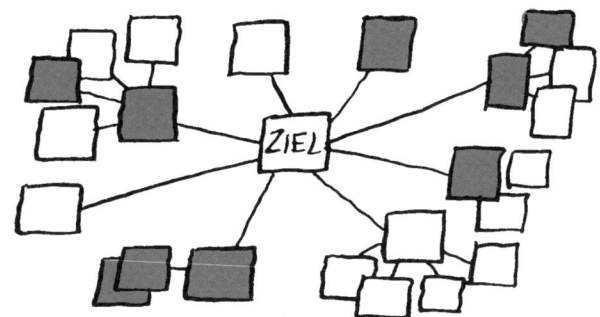

Rein statistisch kann das Reiss-Profil zwei Billionen oder 2000 Milliarden unterschiedliche Motivstrukturen abbilden

Männern und Frauen kristallisierte sich heraus, was im Mittelpunkt seiner Motivationstheorie steht:

Allen menschlichen Verhaltensweisen liegen diese 16 Motive zugrunde. Diese Werte bestimmen die Art und Weise, wie wir uns mit unserer Umwelt und unseren Mitmenschen auseinandersetzen: Sie sind der Stoff, aus dem „Erfolg" und „Mißerfolg" geformt werden.

Dabei geht es Reiss darum herauszustellen, wie sehr sich die Menschen in ihren Wertesystemen unterscheiden. Wir sind viel individueller und einzigartiger, als Psychologen bisher meinten:

„Was Menschen so einzigartig macht", betont der Persönlichkeitsforscher, „ist die jeweilige Kombination dieser Bedürfnisse und was sie für den Einzelnen bedeuten".

Unser Wertprofil beeinflusst natürlich unsere Beziehungen zu Vorgesetzten, Mitarbeitern, Partnern, Kindern und Freunden. So wie wir uns zu den Menschen hingezogen fühlen, mit denen wir ähnliche Werte teilen, so lehnen wir instinktiv Menschen ab, die diese Lebensmotive und –ziele nicht besitzen.

Doch erst die Akzeptanz der eigenen Werte und der Andersartigkeit als Zeichen einer reifen Persönlichkeit ermöglicht die Vermeidung von Konflikten und Stress-Situationen und verhindert unproduktive Ego-Strapazen.

🔍 Wir versuchen, andere zu dominieren

Jeder Mensch lebt bewusst oder unbewusst nach seinem Wertesystem. So sehen sich weniger engagierte Mitarbeiter als sozial verträglich, kommunikativ und partnerorientiert, während sie von den Ehrgeizigen als faul und gleichgültig betrachtet werden.

※ Selbstbezogenheit (Self-Hugging) vergiftet Beziehungen: Je mehr man aber in solcher Selbstbetrachtung verhaftet ist, desto größer wird die Gefahr, eigene Motive - "Was für mich richtig und gut ist, ist es auch für andere" - auf Partner, Freunde oder Kollegen zu projizieren. Krisen sind somit vorprogrammiert und fressen Ressourcen und Kreativität förmlich auf.

※ Misunderstanding zeigt Konfusion: Man will nicht wahrhaben, dass andere wirklich anders denken, fühlen und sich verhalten. Für viele Menschen ist es schwer zu verstehen und besonders zu akzeptieren, warum zum Beispiel Workaholics so viel Zeit in ihrem Job verbringen.

※ Auf andere Druck ausüben (Every day tyranny): Druck wird ausgeübt, um die anderen zu überzeugen oder „hinzubiegen", doch endlich ihre „falschen" Lebensprämissen aufzugeben. Ob Eltern die Studienwünsche ihres Kindes, Vorgesetzte die Arbeitsweise ihrer Mitarbeiter oder die Teammitglieder den Arbeitsstil des Kollegen nicht akzeptieren wollen, früher oder später endet dies im Konflikt.

Besuchen Sie auch unser Internet-Forum:
www.coaching-briefe.de

Schauen Sie sich alle Konflikte, in die Sie involviert sind, genauestens an. Wo liegt der Grund? Eliminieren Sie die Anfänge solcher Streitigkeiten, denn aus kleinen Wellen kann sehr schnell eine reissende Sturmflut werden, die Ihnen das Leben einfach nur schwer macht.

Vier Wege der Konfliktlösung

Wenn Sie genau beobachten, werden Sie manchmal eine schnelle Lösung aus der beginnenden Krise finden – ein kurzes Einlenken, ein Lob, ein Nachgeben. Andere Konflikte scheinen niemals enden zu wollen. Immer wieder kommen die selben Themen auf und immer wieder müssen wir uns ihnen aufs Neue stellen. Wichtig aber ist, dass Sie Ihre Aktionen und Reaktionen erst auf der Sachebene prüfen, bevor Sie emotional handeln. Folgende Möglichkeiten haben Sie, um einem Konflikt konstruktiv zu begegnen:

Anpassung: Sie wählen diesen Weg, wenn Sie Ihrem Gegenüber sachlich zustimmen können, Ihr Problem also auf der emotionalen Seite liegt. Dieses Vorgehen funktioniert, wenn Sie zu der Überzeugung kommen, dass die Sache hier wichtiger ist als die Gefühle.

Kompromiss: Ein Kompromiss verschafft beiden Seiten eine befriedigende Alternative. Nutzen Sie diesen Weg, wenn es sich nicht lohnt, die eigene Lösung durchzukämpfen, wenn Sie eine schnelle Lösung benötigen und mit Zugeständnissen leben können. Suchen Sie den Kompromiss, wenn Ihnen Ihre Zeit zu schade ist, um zu kämpfen.

Den eigenen Weg durchsetzen: Manchmal ist es auch angesagt, die Gegenseite zu überpowern. Dies ist natür-

(weiter auf S. 12)

Probleme konstruktiv lösen

Haben Sie ein Problem oder geht es Ihnen schlecht, dann konzentrieren Sie sich wahrscheinlich zu stark auf Ihren Kummer. Manche Menschen verschwinden förmlich in einem Käfig aus Selbstmitleid und Trauer. Hier die wichtigsten Schritte, um sich aus einer Krise zu befreien:

Bringen Sie Ihr Problem genau auf den Punkt: Sie können ein Problem nur lösen, wenn Sie es genau benennen können. Ist es zum Beispiel eine Krankheit, dann beschäftigen Sie sich intensiv mit Heilungschancen. Nennen Sie also Ihren Ärger so konkret wie möglich beim Namen. Schreiben Sie ihn auf.

Eine neue Bedeutung definieren: Jedes Dilemma hat auch eine positive Seite. Es kommt nur darauf an, wie Sie es sehen. Krisen und Fehler sind die besten Chancen, um daraus zu lernen und sein Leben grundlegend zum Besseren zu ändern. Listen Sie alle positiven Aspekte Ihres Problems auf (am besten auf ein A3-Papier, und hängen Sie es auf.)

Die erstrebenswertesten Ziele sofort angehen: Ihre Energie, die Situation zu ändern, hängt davon ab, wie schnell Sie einen Fortschritt sehen können. Sind Sie zum Beispiel mit Ihrem Arbeitsplatz permanent unzufrieden, dann könnte ein solcher erster Schritt die aktive Suche nach einer Alternative sein. Suchen Sie sich aus Ihrer Liste die für Sie größten Vorteile, und realisieren Sie diese zuerst.

Schalten Sie den Vorwärtsgang ein, und schauen Sie nicht mehr in den Rückspiegel. Tun Sie alles, um die Gegenwart erfolgreich zu gestalten.

Das Prinzip Hoffnung anwenden: Passiert uns ein Unglück oder geraten wir in Schwierigkeiten, dann beschäftigen wir uns oft zu sehr mit der Frage: „Warum passiert das gerade mir?" Alles, was zählt, ist der erlittene Schmerz. Verharren Sie nicht in der Sehnsucht nach besseren Zeiten, sondern sorgen Sie aktiv dafür, dass diese wieder kommen. Das Prinzip Hoffnung lebt nur durch Aktion.

Vielleicht denken Sie jetzt: „Schon wieder eine Übung – ich mach sie später, denn ich habe dafür jetzt keinen Zeit."

Zum Nachdenken über sich selbst und seine Beziehungen zu anderen Menschen keine Zeit zu haben, heisst, keine Zeit zu haben um zu sehen, wohin man geht, weil man zuviel damit zu tun hat, sich die Steine aus dem Weg zu räumen, die man sich selbst hineingelegt hat.

☀ Übung: Wo gibt es Konflikt- potenziale in Ihren Beziehungen?

Überlegen Sie, aus welchen Gründen Sie in der Vergangenheit mit Ihrem Lebens- partner in Streit gerieten, und leiten Sie daraus ab, was diesem wichtig ist.

	Meine Ziele	Ziele meines Lebenspartners
Sinn/Kultur		
Familie/Kontakt		
Arbeit/Leistung		
Körper/Gesundheit		

Notieren Sie Ihre wichtigsten Ziele in den einzelnen Bereichen sowie die Ziele Ihres Lebenspartners. Warum kollidieren diese Ziele miteinander? Wie können Sie diese Konflikte lösen?

Mein Ziel	Beide Ziele kollidieren, weil...	Art der Konfliktlösung
Sinn/Kultur		
Familie/Kontakt		
Arbeit/Leistung		
Körper/Gesundheit		

Sie können eine ähnliche Bestandsaufnahme auch für Ihren Arbeitsbereich erstellen. Oftmals müssen wir uns schwelende Konflikte erst bewusst machen.

Seiwert privat – Lachen

Seitdem Harald Schmidt sich in Günter Jauchs Millionen-Quiz eine harte intellektuelle Blöße geben, musste, weil er die Frage nach der Gelotologie nicht beantworten konnte, spricht und schreibt plötzlich jeder über die Kunst des Lachens.

Diese medienträchtige Wiedergeburt des Themas Humor empfinde ich als

Es kommt drauf an, wie wir lachen

Lachen ist gesund, das ist keine Frage. Doch kommt es darauf an, wie wir es tun. Verhaltensforscher fanden heraus, dass sich unser heutiges Lachen aus einer Drohgebärde entwickelte.

Verkrampftes Lachen: Die Schimpansen, immerhin unsere engsten Verwandten, demonstrieren im Lächeln (Zähnezeigen bei geschlossenem Gebiss) ein Angstgrinsen. Sie signalisieren damit Unterwürfigkeit und innere Aggression. Unser nervöses oder höfliches Lächeln scheint ähnlich gelagert zu sein.

Offenes Lachen: Unsere Vorfahren fletschten die Zähne, um ihre Stärke zu zeigen, schlugen sich auf die Brust und stampften dabei mit dem Fuß. Wir haben dieser Gebärde, zumindest in der Öffentlichkeit, die Schärfe genommen. Wir schließen beim herzlichen Lachen die Augen und neigen sogar den Kopf nach hinten (damit geben wir unserem Gegner die Kehle preis – ein Signal dafür, dass wir uns sehr sicher fühlen). In diesem Sinne, lachen Sie mal wieder!

einen der wenigen sinnvollen Beiträge des Fernsehen zur Volksgesundheit. Denn Fakt ist ja, dass wir in unserer schnelllebigen Zeit immer weniger zu lachen haben und das Thema Humor deshalb dringend einer Wiederbelebung bedarf.

Persönlichkeitsexperten sagen, dass eine Beziehung zu Ende geht, wenn das Lachen aus ihr verschwindet.

Wann haben Sie das letzte Mal herzhaft mit Ihrem Lebenspartner gelacht? Können Sie über sich selbst lachen? Wie steht es mit dem Humor in Ihrer Firma? Müssen Sie in den Keller gehen, wenn Sie lachen wollen, oder gehört ein guter Witz und ein fröhliches Lachen bei Ihnen zum Unternehmensklima?

Lachen ist einfach gesund, sagen sogar die Mediziner. Es löst verkrampfte Muskeln in Schultern und Nacken, stimuliert das Gehirn, trainiert das Herz.

Und Lachen wirkt stressmindernd. Wenn wir lachen, dann senden wir eine Entwarnungsbotschaft an unser Gehirn und wir fühlen uns besser.

Wenn Sie das nächste Mal in Stress geraten: Erinnern Sie sich an Ihren Lieblingswitz oder an eine komische Situation, und lachen Sie. Ihr Problem verschwindet dadurch zwar nicht, aber Sie werden entspannter damit umgehen können. Probieren Sie es aus – Humor ist ganz einfach die Würze unseres Lebens.

Falls Sie einmal Günter Jauch gegenüber sitzen sollten: **Den Grundstein der Gelotologie, der Lachforschung, legte Ende der siebziger Jahren der Journalist Norman Cousins, der sich selbst eine Lachtherapie verordnete und sich so von einer schweren Krankheit heilte.**

Für mich ein Grund zur Freude: Gerade ist mein neues Buch erschienen: Life-Leadership Sinnvolles Selbstmanagement für ein Leben in Balance Campus Verlag, Frankfurt, 49,80 DM ISBN: 3-593-36707-6 im Buchhandel oder über: www.seiwert.de

Sie haben ein Problem mit Ihrem Partner? Wählen Sie den Weg der Zusammenarbeit, um diesen Konflikt zu lösen. Erzählen Sie ihm Ihre Sicht der Dinge, bitten Sie ihn, mit Ihnen gemeinsam eine Lösung zu finden.

lich die aggressivste aller möglichen Varianten. Doch gibt es Situationen, in denen dringend eine Entscheidung gefällt werden muss. Manchmal müssen Sie vielleicht auch unpopuläre Entscheidungen durchsetzen, um ein größeres Ziel zu erreichen. Ziehen Sie diesen Weg der Konfliktlösung in Betracht, aber setzen Sie ihn nur ein, wenn es unumgänglich ist.

✸ Zusammenarbeit: Kollaboration ist die eleganteste Weise der Konfliktlösung. Sie beziehen den Partner einfach in den Lösungsprozess ein, indem Sie ihm konstruktive Zusammenarbeit im Streitpunkt vorschlagen. Sie sollten diesen Weg gehen, wenn Sie langfristig mit jemandem zusammenarbeiten wollen. Im Gegensatz zum Kompromiss können sich hier auch ganz neue Lösungsmöglichkeiten ergeben. Und diese Lösungen sind oftmals tragbarer, weil niemand das Gefühl hat, etwas aufgegeben zu haben.

Egal, welchen Weg Sie benutzen, um Ihre Konflikte zu bereinigen. Wichtig ist, dass Sie Probleme niemals eskalieren lassen sollten, denn die negativen Kon-

Mein Balance-Tipp des Monats

Nicht aufgeben

Wohl eine der kürzesten, aber bedeutendsten Reden, Winston Churchills lautet: „Never! Never! Never! Never give up!" Egal, welches Ziel Sie gerade anvisieren, reden Sie nicht nur, sondern stehen Sie zu Ihren Worten. Wollen Sie fit werden, dann gehen Sie täglich auf die Laufpiste, wollen Sie sich beruflich verändern, dann tun Sie den ersten Schritt. Wollen Sie an Ihrer Beziehung arbeiten, dann unternehmen Sie heute etwas gemeinsam mit Ihrem Partner. Es zu wollen, genügt einfach nicht – Sie müssen es tun!

sequenzen für die Beziehung und die Zusammenarbeit überwiegen dann ganz einfach. In unserem Heidelberger Team existiert seit langem eine Kultur der proaktiven Konfliktbewältigung. Unstimmigkeiten werden offen angesprochen. Wir haben dafür einen festen Jour-fixe. Für mich als Chef von mehreren Damen ist das ganz einfach der gesündere und vor allem auch produktivere Weg.

Ihr

Lothar J. Seiwert

660 233 020

B 51393

LOTHAR J. SEIWERT
COACHINGBRIEF

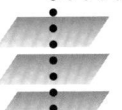

Professioneller & souveräner arbeiten und leben

- Professionalität und Effektivität in allen Lebensbereichen gewinnen
- Souveränität und Gelassenheit ausstrahlen
- Balance und Persönlichkeit entwickeln

Monatlicher Coaching-Service ❖ Juli 2001

Liebe Leserin, lieber Leser,

Geht es Ihnen auch so, dass Sie manchmal Menschen kennenlernen, mit denen Sie sofort gut zurecht kommen? Ebenso häufig treffen Sie vielleicht auch Zeitgenossen, bei denen Sie von Anfang an das laue Gefühl haben, dass die Chemie nicht stimmt?

Ich möchte Ihnen heute ein Modell vorstellen, mit dessen Hilfe Sie Ihr eigenes Verhalten und das anderer Menschen besser verstehen können.

Die **INSIGHTS VERHALTENSANALYSE** gibt Ihnen einen Einblick in die menschliche Verhaltenstypologie. Jeder Mensch

zieht ein bestimmtes Verhaltensmuster vor. Der eine geht offensiv auf andere Menschen zu, sonnt sich gern in der Menge und braucht den Austausch mit anderen regelrecht, um selbst richtig auf Touren zu kommen. Ein anderer hingegen zieht sich lieber zurück und meidet den Kontakt mit anderen.

Sich mit diesen Typologien zu beschäftigen gibt uns Klarheit über einen der wichtigsten Faktoren für erfolgreiche Kommunikation: die Akzeptanz der Andersartigkeit. Nur wenn wir wissen, dass es unterschiedliche Kommunikationstypen gibt, können wir lernen, mit Andersartigkeit umzugehen. Uns fremde Reaktionen ärgern oder irritieren uns nicht mehr, sondern wir gehen mit Ihnen souverän um. Und die Gewissheit, den anderen zu verstehen, öffnet uns ungeahnte Türen.

Ihr

Lothar J. Seiwert

PROFESSOR DR. LOTHAR J. SEIWERT gilt als Europas führender Experte für Zeitsouveränität, Effektivität und sinnvolles Lebensmanagement. Er ist erfolgreicher Bestsellerautor und erhielt 1999 als erster deutscher Trainer den internationalen Trainingspreis "Excellence in Practice" der ASTD (American Society for Training und Development).

Themen

Effektive Besprechungen:
Den anderen verstehen

*Stimmen Sie, nur zum
Spaß, einer an Ihnen
geäußerten Kritik zu. Sie
werden sehen, wie sie sich
in nichts auflöst."*
Richard Carlson

Stellen Sie sich vor, Sie sitzen in einem Team-Meeting
und präsentieren ein neues
Projekt, von dem Sie absolut
überzeugt sind. Kollege Müller, der ja
immer etwas gegen Ihre Vorschläge ein-
zuwenden hat, attackiert Sie sofort mit
dem Spruch: „Das ist ja alles schön und
gut, aber funktioniert ja sowieso nicht."
Verzweifelt um Fassung ringend schies-
sen Sie sofort den Gegenangriff in
Richtung Kollege Müller, indem Sie sich
bei ihm ironisch für seinen kreativen
Input bedanken. Dann schauen Sie sich
hilfesuchend nach Frau Mayer um, auf

die Sie sich immer verlassen können. Sie
hat zwar auch einige kleinere Kritikpunkte an Ihrem Vorschlag, stellt
aber sofort die Vorteile Ihrer Ideen positiv heraus.

Das Ergebnis aber lautet: Es wird
keine Einigung über Ihren Vorschlag erzielt. Denn Müller blockiert nun völlig
und auch den anderen Kollegen ist an-
zusehen, dass sie von diesem ewigen
Zoff im Team genervt sind.

Jeder kann ein
Erfolgstyp sein

Viele Menschen, die Karriere machen wollen, benehmen
sich, als sei ihr Berufsleben ein einziger großer Notfall.
Sie sind auf Erfolg fixiert und verhalten sich nach
außen clever, energiegeladen und durchsetzungs-
stark, obwohl sie viel lieber friedlicher und liebevol-
ler agieren würden.
Natürlich gibt es in unserer Gesellschaft ein Idealbild vom toughen Erfolgsmen-
schen. Aber fakt ist, dass jeder Mensch erfolgreicher agieren kann, wenn er authentisch ist, wenn er zu sich und seinem Verhaltensmuster steht. Schauen wir uns die
Menschen an, die viel erreicht haben, dann haben sie eines gemeinsam: Sie alle
ruhen in sich, finden Erfüllung in dem, was sie tun, kennen ihre Fähigkeiten, aber
auch ihre Kommunikationsstärken genau und setzen sie optimal ein, weil sie sich in
keiner Weise nach Normen richten, sondern zu sich stehen.

Nur, wer weiß, wo seine Stärken liegen, kann diese auch nutzen und so zu innerer
Ruhe finden.

Zu oft lassen wir uns durch die geringste Kritik an unserer Person aus dem Konzept bringen. Wir beginnen sofort, uns zu verteidigen, als hinge unser Leben daran.

Fremdbild und Selbstbild

In der Realität aber ist Kritik nichts weiter als eine von unserem Selbstbild abweichende Meinung eines anderen Menschen über uns, unser Verhalten oder unsere Sicht der Dinge. Und in den meisten Fällen meint es unser Gegenüber noch nicht einmal böse, wenn er uns kritisiert.

Es gilt also, die richtige Strategie zu finden, wie wir reagieren können, ohne unnütz Energie in Gegenangriff, Resignation Wut oder Ärger zu verschwenden. Im geschilderten Fall bestünde also die gesunde Strategie darin, der gegen Sie gerichteten Kritik einfach zuzustimmen, indem Sie die Schwachpunkte Ihres Konzepts selbst laut hinterfragen.

Das heißt nicht, dass Sie ab heute allen gegen Sie gerichteten Aussagen Glauben schenken und anderen gestatten sollten, auf Ihrem Selbstwertgefühl herumzutrampeln. Aber der Konflikt wird entschärft, wenn Sie unerwartet reagieren, wenn Sie das Gesagte erst einmal annehmen.

Und mit dieser Strategie der Zustimmung erhalten Sie gleichzeitig eine Riesenchance. Indem Sie ruhig bleiben und das Körnchen Wahrheit finden, das hinter jeder Kritik an uns steckt – können Sie eine Menge über sich selbst lernen.

Menschenkenntnis ist erlernbar

Haben Sie sich schon einmal die Frage gestellt, warum Sie mit Müller nicht können, bei Frau Mayer aber immer das

☀Zwei Gesichter

Eine Typenanalyse hilft Ihnen in erster Linie, sich selbst besser kennenzulernen und zu erfahren, wie Sie auf andere wirken. Denn wir haben oft ein anderes Bild von uns selbst als andere. Ein Grund dafür ist, dass wir „zwei Gesichter" leben – ein natürliches und ein offizielles.
Warum? Stellen Sie sich vor, Sie sind ein eher zurückhaltender Mensch. Sie wissen aber, dass Sie an Ihrer Arbeitsstelle damit nicht weiterkommen. Deshalb haben Sie sich angewöhnt, im Beruf durchsetzungsfähiger zu agieren, als es Ihnen eigentlich liegt.
Mit einer INSIGHTS-Analyse erhalten Sie ein genaues Bild über dieses „natürliche" und „angepasste" Verhalten. Sie können damit entscheiden, wieviel „offizielles Verbiegen" gut für Sie ist und ab wann es Stress wird.

Um authentisch zu leben und zu handeln ist es sinnvoll, sich erst einmal selbst zu hinterfragen, um besser zu verstehen, warum man die Dinge tut und wie man sie tut.

beruhigende Gefühl haben, dass sie auf Ihrer Seite steht? Natürlich spüren Sie, dass die „Chemie zwischen Frau Mayer und ihnen stimmt". Aber warum?

Verhaltenstypologie: So alt wie die Menschheit selbst

Schon im alten Griechenland beschäftigte sich Hippokrates, der Begründer der modernen Medizin, mit der Tatsache, dass unterschiedliche Menschen ganz bestimmte Verhaltensmuster zeigten. Er ordnete daraufhin die Menschen in vier Temperamentgruppen – je nach ihrem typischen Verhalten:

≋ Sanguiniker: laute, optimistische, fröhliche Menschen.

≋ Choleriker: dominante, ungeduldi-

Ein Schlüssel zur besseren Kommunikation sind Persönlichkeitsmodelle. Sie untersuchen typisch menschliches Verhalten und erlauben es so, sich selbst und andere besser zu verstehen. Neben INSIGHTS gibt es noch viele weiterer solcher Modelle, zum Beispiel: DISG, Biostrukturanalyse, HDI und MBTI, um nur einige zu nennen. Es ist nicht entscheidend, mit welchem dieser Tools man sich auseinandersetzt. Wichtig ist es, überhaupt einen Weg zu besserer Menschenkenntnis zu suchen.

Literaturtipp: „Persönlichkeitsmodelle" Zehn bewährte Modelle für die Praxis ab Herbst 2001 beim Gabal Verlag, Offenbach

ge Führernaturen.

✸ **Melancholiker:** Menschen, die Stimmungsschwankungen unterlagen und ganz klare Strukturen für ihr Leben brauchten.

✸ **Phlegmatiker:** Menschen, die sich den Wünschen anderer anpassten und Konflikten aus dem Weg gingen.

Seit Hippokrates haben sich sehr viele Wissenschaftler mit dieser Einteilung der Menschen in bestimmte Verhaltenstypen beschäftigt. Ich möchte Ihnen eine dieser Methoden vorstellen, mit deren Hilfe Sie sich und andere relativ einfach besser erkennen und verstehen lernen.

INSIGHTS-Kompetenzmodell

Das INSIGHTS-Kompetenzmodell ermöglicht es, uns selbst besser kennenzulernen und die Menschen, mit denen wir kommunizieren wollen, besser dort abzuholen, wo sie sich befinden. INSIGHTS untersucht dabei drei Kompetenzen, die unser Verhalten entscheidend beeinflussen: unseren Erfahrungsschatz, unsere Einstellungen und Werte sowie unsere Verhaltens- und Handlungsmuster selbst.

Das Wie: Unsere Erfahrungen und Fertigkeiten

Egal, ob wir jemanden in unserem Unternehmen einstellen wollen, ob es um die Wahl des Vorstands im Tennisclub geht oder ob wir jemanden privat kennenlernen. In unserem Kulturkreis fragen wir zuerst nach den Erfahrungen, dem Hintergrund, den Fertigkeiten und dem Know-how eines Menschen. Das Motto lautet: „Du bist, was du gelernt

Introvertiert oder extravertiert?

Je nach natürlicher Präferenz haben Menschen entweder eine Vorliebe für die äußere (extravertiert) oder die innere (introvertiert) Welt.

Extravertierte Menschen

Ein extravertierter Mensch bezieht sich in seinem Denken, Fühlen und Handeln sehr stark auf seine Umwelt. Extravertierte brauchen die Interaktion mit anderen Menschen und Ihrer Umwelt, um Ideen und Begeisterung zu entwickeln und um zu handeln.

Introvertierte Menschen

Introvertierte Menschen dagegen konzentrieren sich lieber auf das eigene Innenleben. Sie beziehen ihre Inspiration aus ihren Gefühlen und Gedanken und brauchen nicht unbedingt andere Menschen, um sich zu verwirklichen.

Introvertiert oder extravertiert?

1. Beziehen Sie Ihre Energie aus dem Austausch mit anderen? Ja ☐ Nein ☐
2. Reden Sie gern über sich und Ihre Ideen? Ja ☐ Nein ☐
3. Halten Sie sich gern in Gesellschaft auf? Ja ☐ Nein ☐
4. Überlegen Sie genau, bevor Sie eine Zusage machen? Ja ☐ Nein ☐
5. Arbeiten Sie am liebsten allein? Ja ☐ Nein ☐
6. Bewirten Sie lieber gute Freunde zu Hause, statt auf eine Party zu gehen? Ja ☐ Nein ☐

Haben Sie die Fragen 1 bis 3 mit „Ja" beantwortet, dann sind Sie wahrscheinlich eher extravertiert.

Haben Sie die Fragen 4 bis 6 mit „Ja" beantwortet, dann sind Sie wahrscheinlich eher introvertiert.

hast." Doch wie kurzsichtig diese Sichtweise ist, das merkt man sehr schnell. Und fragt man erfahrene Personalentwickler, dann bestätigen diese: „Nach dem Know-how wird jemand eingestellt, doch nach seinem Verhalten wird er wieder entlassen."

Das Warum: Unsere Überzeugungen und Wertvorstellungen

Viel wichtiger als unser angelerntes Wissen sind unsere Überzeugungen und Einstellungen. Oftmals sind wir uns selbst nicht im klaren darüber, warum wir die Dinge so tun wie wir sie tun. Verantwortlich dafür sind unsere Werte (siehe auch Juni-Brief 2001). Sie prägen uns und haben einen großen Einfluss auf unser Verhalten. Sie sind verantwortlich für unser Selbstbild, unsere Integrität und den Grad unserer persönlichen Reife.

Das Wie: Unser Verhalten

Unsere Wertvorstellungen beeinflussen also unser Verhalten – das, was andere Menschen zuerst von uns wahrnehmen: unser Temperament, unsere Sprachmuster, unsere Reaktion auf unsere Umwelt.

Um noch einmal auf unser Beispiel vom Anfang zu kommen: Warum Herr Müller so aggressiv reagiert, wenn Sie etwas präsentieren, hat wahrscheinlich damit zu tun, dass er mit der Art und Weise, wie Sie sich verhalten und wie Sie kommunizieren, nichts anfangen kann. Sie lösen in ihm eine Alarmglocke aus: „Der ist anders als ich, also ist er nicht okay."

Die vier INSIGHTS-Typen

Jeder Mensch besitzt bestimmte Präferenzen für sein Verhalten – natürliche Verhaltensweisen und Neigungen, zu sprechen, auf andere zu reagieren und zu handeln. Wenn Sie Ihre eigene natürliche Vorliebe verstehen lernen, können Sie das Potenzial Ihres Temperaments steigern und Ihre Beziehungen zu anderen Menschen verbessern. Die Kenntnis der Verhaltenstypen hilft Ihnen auch, andere Menschen dort abzuholen, wo sie sich von ihrem Verhaltenstyp her befinden.

INSIGHTS unterscheidet in vier grundlegende Verhaltenstypen:

🌀 Der rote Farbtyp - der Dominante: Menschen, bei denen der dominante Anteil am stärksten ausgeprägt ist, treten sehr entschlossen, willensstark, zielgerichtet und fordernd auf. Sie besitzen die Fähigkeit, schnelle Entscheidungen zu treffen und sich durchzusetzen. Von Menschen anderer Präferenz werden sie oft als aggressiv, beherrschend, antreibend, anmassend und intolerant wahrgenommen.

🌀 Der Gelbe – Motivator: Diese Menschen zeigen sich Aufgaben und Menschen gegenüber sehr offen, sind um-

weiter auf S. 8

INSIGHTS unterscheidet vier Verhaltens-Grundtypen.
Dabei ist wichtig zu wissen, dass es keine schlechten und guten Typen gibt. Wir alle haben die gesamte Palette von Verhaltenspräferenzen in uns. Wie wir sie nutzen und was wir davon zeigen, liegt ganz allein an uns.

Übung: Verhaltens-Farbanalyse, Kurztest

Anleitung Der Einschätzbogen enthält 12 Bereiche, in denen jeweils 4 Begriffe enthalten sind. Setzen Sie innerhalb der 4 zusammengehörigen Begriffe Prioritäten: **1** für die Aussage, die Sie am besten beschreibt; **2** für die zweitbeste Beschreibung; usw. Diese Prioritätensetzung von 1 bis 4 soll in jedem der 12 Bereiche durchgeführt werden. Tragen Sie Ihre Zahlen jeweils in das rote Kästchen ein. Jeder Wert darf nur einmal benutzt werden. Halten Sie einen sinnvollen Zeitrahmen beim Ausfüllen ein (Vorschlag: 10 Minuten).

3				charmant
	1			hilfreich
			4	reserviert
2				wettbewerbsfreudig

charmant
hilfreich
reserviert
wettbewerbsfreudig

diskutierend
überzeugend
gelassen
ordentlich

emotionslos
unschlagbar
kooperativ
lebhaft

optimistisch
unterstützend
energisch
organisiert

rücksichtsvoll
spielerisch
genau
selbstständig

logisch
unverblümt
anpassungsfähig
beeinflussend

geduldig
gesellig
vorsichtig
abenteuerlustig

bescheiden
perfektionistisch
willensstark
kontaktfreudig

maßvoll
entschlossen
übereinstimmend
gesprächig

großzügig
kühn
gutmütig
strukturiert

konfrontierend
tatsachenorientiert
glaubhaft
zufrieden

genügsam
analytisch
populär
wagemutig

1. Zwischensummen pro Spalten

2. Zwischensummen pro Spalten

Gesamtsummen

Auswertung der Verhaltensanalyse

Rot	Gelb	Grün	Blau
Umgang mit Problemen und Herausforderungen	Kontakte zu anderen und Einflußnahme	Arbeitsweise und Beständigkeit	Umgang mit Strukturen und Regeln
100 %			
uneingeschränkte Autorität fordernde Haftung straffe Führung Initiieren von Veränderungen	Arbeit mit Menschen hohe Vertrauensebene optimistische Einstellung überzeugende Kommunikation	begrenzte Aktivität Geduld und Beharrlichkeit aufgabenorientierte Konzentration Einfügen in ein System	präzise Regeln und Verfahrensvorgaben sehr hohe Qualitätsmaßstäbe Genauigkeit übersichtlicher Arbeitsplatz
75 %			
Flexibilität Verantwortung mit Autorität Austesten neuer Ideen keine Routine-/Detailarbeit	Offenheit für neue Ideen angenehmes Arbeitsumfeld Arbeit mit Menschen Betreuung und Beratung	angenehmes Arbeitsumfeld Teamarbeit beständiges Tempo Akzeptanz vorgegebener Verfahrensweisen	Kalkulation von Risiken Qualität vor Quantität gut organisierter Arbeitsplatz ausgewogene Urteile
50 %			
Einhalten von Regeln Orientierung an Fakten und Daten Führen durch eigenes Beispiel Beispielen anderer folgen	Detailarbeit Arbeit im Team Erfahrung als Vertrauensgrundlage logische Vorgehensweisen	abwechslungsreiche Arbeitsumgebung schnelles Handeln viel Kontakt mit anderen Personen schnelle Reaktion auf Probleme	Infragestellung festgelegter Verfahren nur wenige Regelungen Gelegenheit zum Testen neuer Ideen Risikobereitschaft
25%			
Voraussehbares Umfeld traditionelle Verfahrensweisen Präzision und Genauigkeit geringe Autorität	erbrachte Leistung als Vertrauensgrundlage Analyse von Fakten und Daten Einzelkämpfer-Haltung wenig Vertrauen in andere	diverse Arbeitsaktivitäten unterschiedliche Arbeitsplätze Dringlichkeit viele Aktivitäten	originelles Denken Macht und Entscheidungsbefugnisse Orientierung am Ergebnis Entscheidungsfreiheit
0 %			

Die in diesem Brief vorgestellten Informationen über das INSIGHTS Persönlichkeitsmodell sind natürlich nur ein erster Einblick in das Instrument. Der vorgestellte Kurztest gibt dementsprechend auch nur einen Einblick. Im ausführlichen Test erfahren Sie weitaus mehr Ihre Verhaltenspräferenzen und Wertesysteme. Möchten Sie sich mit diesem Instrument ausführlicher befassen, dann erhalten Sie weitere Infos über das:

SCHEELEN® Institut für Managementberatung und Bildungsmarketing, Waldshut-Tiengen, Tel: 07741-65459, Fax 07741-65403, Internet: www.insights.de

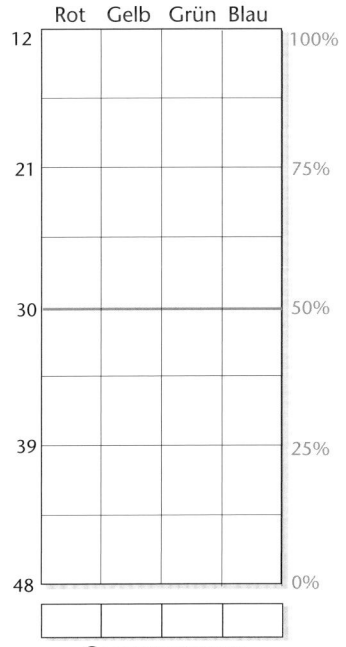

Auswertung: Übertragen Sie die Zahlen der Gesamtsummen (linke Seite) in die Spalten der Grafik! Ziehen Sie dann einen Balken von unten bis zur jeweiligen Zahl. Vergleichen Sie nun die Prozentangaben auf der rechten Tabellenseite mit den Verhaltenstendenzen, die Sie in der oberen Tabelle erkennen können.

Wichtig für Sie zu wissen: Haben Sie Präferenzen oberhalb der 50-Prozent-Linie (=Energielinie), dann sind das die Verhaltensweisen, die Sie bewusst leben. Für bestimmte Aufgaben und Situationen können Sie durchaus auch Verhaltensweisen aktivieren, die Sie nicht über der Energielienie ausgeprägt haben.

Je intensiver wir
an unserer
Persönlichkeit
arbeiten, um so
mehr Nuancen
kommen zum
Vorschein
und um so mehr von
uns selbst können
wir nutzen.

gänglich, können andere mitreißen, indem sie redegewandt überzeugen. Sie werden von anderen als erregt, hektisch indiskret, extravagant oder voreilig wahrgenommen.

✦ Der Grüne – Berater: Berater sind die Beziehungsmanager unter den Verhaltenstypen. Unaufdringlich, aber vertrauensvoll und geduldig bauen sie die Beziehung zu anderen Menschen auf, sind mitfühlend, angenehm und entspannt im Umgang.

Von anderen können sie als stur, fügsam, leicht beleidigt und indifferent wahrgenommen werden.

✦ Der Blaue – Analytiker: Menschen dieses Verhaltenstypus gelten als die Strukturierten unter den Verhaltenstypen. Sie sind bestens organisiert, fragen immer nach den Hintergründen einer Sache, äußern sich präzise und klar und wirken sehr besonnen. Sie werden von anderen oft als steif, kalt, misstrauisch, reserviert und unentschlossen wahrgenommen.

An diesen kurzen Beschreibungen erkennen Sie, dass es in erster Linie gilt, die eigene Wahrnehmung anderen ge-

Mein Balance-Tipp des Monats

Überprüfen Sie Ihre Ziele

Nehmen Sie sich Ihre Zielplanung zur Hand. Sie haben für jeden Lebensbereich Ziele formuliert. Erstellen Sie sich eine Liste mit diesen Zielen, und markieren Sie sich die zwei wichtigsten.

Stellen Sie sich vor, Sie bekämen am 1. August einen Bonus von 10 000 DM, wenn Sie es schaffen, jeden Tag konsequent zwei Stunden an diesen zwei Prioritäten zu arbeiten.

Was machen Sie ab morgen anders?

genüber zu überprüfen. Jeder Mensch nimmt sich selbst als positiv wahr. Treffen wir Menschen gleichen Typs, dann stimmt die Chemie. Wir verstehen uns und wissen, was der andere möchte.

Die Herausforderung besteht darin, auch an den anderen Verhaltenstypen die positiven Intentionen wahrzunehmen und andere so zu akzeptieren, wie sie von Natur aus gestrickt sind.

Ihr

Lothar J. Seiwert

Lothar J. Seiwert

660 233 021

B 51393

LOTHAR J. SEIWERT
COACHINGBRIEF

Professioneller & souveräner arbeiten und leben

Professionalität und Effektivität in allen Lebensbereichen gewinnen
Souveränität und Gelassenheit ausstrahlen
Balance und Persönlichkeit entwickeln

Monatlicher Coaching-Service ❖ August 2001

Liebe Leserin, lieber Leser,

Sommer- und Urlaubszeit sollte auch die Zeit im Jahr sein, in der Raum für ein entspanntes Zurücklehnen bleibt. Ohne den gewohnten Alltag ist es einfacher, sich die Muse zu gönnen, das erste halbe Jahr Revue passieren zu lassen: „Wie ist das Jahr für mich bisher gelaufen? Was habe ich bereits erreicht? Worüber kann ich mich freuen? Worauf kann ich stolz sein?" Nutzen Sie unsere Schritte zur ZIELBILANZ, um sich diese Fragen in Ruhe zu beantworten. Sie werden staunen, was Sie in den vergangenen Mona-

ten alles geschafft haben. Wichtig ist, dass Sie Ihre Erfolge, egal wie unbedeutend sie auf den ersten Blick erscheinen mögen, auch genießen. Das ist die Voraussetzung, um nach dem Urlaub richtig durchstarten zu können zum Jahresendspurt 2001.

In unserem Focus-Thema stellen wir Ihnen mit dem Thema PERSONAL FITNESS COACHING eine sehr wirksame Möglichkeit vor, an Ihrer persönlichen Fitness und Gesundheit zu arbeiten. Mit einem Coach können Sie Ihre Ziele professioneller angehen und – wenn Sie bereit dazu sind – garantiert auch erreichen. Ich arbeite seit acht Monaten mit einem Fitness-Coach und bin begeistert davon, wie viel ich für mich im Lebensbereich Körper/Gesundheit tun konnte – ein Quantensprung, den ich jedem Einzelnen von Ihnen auch gönne,

Ihr

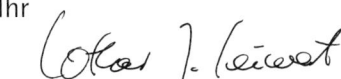

Lothar J. Seiwert

PROFESSOR DR. LOTHAR J. SEIWERT gilt als Europas führender Experte für Zeitsouveränität, Effektivität und sinnvolles Lebensmanagement. Er ist erfolgreicher Bestsellerautor und erhielt 1999 als erster deutscher Trainer den internationalen Trainingspreis „Excellence in Practice" der ASTD (American Society for Training und Development).

Themen

Persönliche Zielkontrolle: Auf zum Endspurt

Hier zur Erinnerung die 7 goldenen Regeln zur Zielerreichung

1. Spezifisch: Ihre Ziele müssen quantifizierbar und genau definiert – also messbar – sein.

2. Herausfordernd: Ihre Ziele sollten so bemessen sein, dass Sie sich dafür anstrengen müssen.

3. Realistisch: Sie sollten allerdings in jedem Fall erreichbar sein.

4. Sozialverträglich: Ihre Ziele sollten so formuliert sein, dass sie nicht in Konflikt mit den Zielen Ihrer Familie, Partner oder Ihres Unternehmens stehen.

5. Terminiert: Ihre Ziele sollten zeitlich exakt formuliert sein.

6. Klar: Formulieren Sie Ihre Ziele so einfach und konkret, dass Sie sie im Schlaf hersagen können.

7. Schriftlich: Schreiben Sie Ihre Ziele unbedingt auf. Nur die Ziele, die wir schriftlich fixiert haben, haben die Chance, erreicht zu werden.

„Ziele sind dann erreicht, wenn es uns zum Bedürfnis geworden ist, ständig weiter daran zu arbeiten."

Lothar J. Seiwert

Gerade weil uns das Sommerwetter einzig und allein an die schönen Dinge des Lebens denken lässt, sollten Sie sich eine „Stille Stunde" reservieren, um den Endspurt für Ihre Jahreszielplanung einzuleiten. Auf den folgenden Seiten sowie in der Übung auf der Seite 10 finden Sie Ihren Fahrplan dafür.

Ich gehe natürlich davon aus, dass Sie bereits auf dem besten Weg sind, Ihre Jahresziele 2001 zu realisieren. Vielleicht konnten Sie mit Hilfe der Werkzeuge zur Zielkontrolle (siehe Mai-Ausgabe), Ihren Weg dorthin noch einmal optimieren.

Was haben Sie bis heute erreicht?

Normalerweise liegt unser Focus bei einem solchen Resümeé eher auf den Dingen, die wir noch nicht realisiert haben. Wir legen uns sofort Rechtfertigungen für unser Versäumnis bereit und

bestärken uns darin, wie schwierig dieses erste halbe Jahr doch war und wie viele unvorhersehbare Ereignisse uns daran gehindert haben, unsere Ziele konsequent anzugehen.

Laufen Sie nicht in diese Negativfalle. Egal, wie schwierig die letzten 7 Monate für Sie waren – schauen Sie sich bewusst Ihre Erfolge an, und Sie werden feststellen, wie viel Sie bereits erreicht haben.

Überlegen Sie: Was haben Sie beruflich erreicht? Was haben Sie für Ihre Gesundheit getan? Was haben Sie mit Ihrer Familie unternommen? Wie haben Sie Ihren Freundeskreis gepflegt? Welche Bücher haben Sie gelesen? Schreiben Sie alles auf, vergessen Sie auch kleinere Aktionen nicht.

Lernen Sie aus Ihren Fehlern

Erst wenn Sie sich Ihre Erfolge vor Augen geführt haben, sollten Sie sich auch mit Fehlern, Enttäuschungen und Misserfolgen beschäftigen.

Die größten Erfolge der Menschheitsgeschichte entstanden aus einer Serie von Fehlern und Misserfolgen und aus der Gabe starker Persönlichkeiten, aus diesen Fehlern zu lernen. Es lohnt also durchaus, sich mit den eigenen Fehlern auseinander zu setzen.

Natürlich sind unsere Misserfolge und Fehler nichts, woran wir uns gern erinnern.

Aber wenn Sie es lernen, die richtigen Konsequenzen daraus zu ziehen, werden Sie merken, dass jeder Fehler nur ein weiterer Schritt zum Erfolg ist – es ist alles eine Frage der richtigen Sichtweise.

Erkennen Sie Ihre Rechtfertigungen

Als nächster Schritt in Ihrer Zwischenbilanz sollte die Frage nach Ihren Erfolgsverhinderern stehen. Was steht Ihrer Zielerreichung im Weg? Welches sind Ihre Lieblingsentschuldigungen? Erinnern Sie sich an unsere Übung mit den weißen Kaninchen aus der Mai-Ausgabe 2000: Haben Sie zu wenig Erfahrung, um dieses große berufliche Ziel anzugehen? Finden Sie momentan „einfach keine Zeit", um etwas für Ihre Gesundheit und Fitness zu tun? Können Sie den geplanten Jobwechsel nicht realisieren – wegen Ihrer Frau, Ihrer Kollegen, Ihrer Eltern? Überprüfen Sie, ob Sie in Ihren täglichen Prioritäten und Entscheidungen selbst- oder fremdbestimmt sind (lesen Sie dazu auch noch einmal in der Mai-Ausgabe 2001 nach).

🔆 Verlassen Sie Ihre Komfortzone

Komfortzone – das klingt nach Wohlfühlklima, Sicherheit und Unbeschwertheit. Und wenn Ihnen jemand sagt, dass Sie Ihre Komfortzone verlassen sollen, wenn Sie Ihre Ziele erreichen wollen, dann kann das vielleicht demotivieren. Denn das klingt dann wieder kalt – nach Preis bezahlen und kämpfen. Doch es lohnt, die eigene Komfortzone zu verlassen, denn sie hat, wie alles im Leben, auch eine andere Seite der Medaille:

🔆 Achtung Stillstand: Im harmlosen Fall bedeutet das Verharren Stillstand. Wir machen es uns in unserem ach so schönen Leben gemütlich, und es bleibt alles so, wie es ist. Wem das vorschwebt, der benötigt keine Zielplanung mehr – der begräbt sich sozusagen lebendig (Man erlebt das zuweilen selbst bei sehr jungen Menschen!)

🔆 Komfort kann schmerzhaft sein: Doch nicht nur der Stillstand droht, wenn wir zu bequem werden für die Veränderung. Zu verharren kann auch Schmerz, Leid, Angst und Krankheit bedeuten. Unsere Komfortzone steht für Sicherheit, denn sie ist uns vertraut. Wir genießen sie, wenn wir uns abends mit Bier und Chips vor den Fernseher legen (es kann ja eine Sportsendung sein), statt Joggen zu gehen – und nach 20 Jahren müssen wir doch den Preis bezahlen, in Form von Krankheit. Doch wir spüren sie noch schmerzlicher, wenn wir eine Arbeit verrichten, die uns keinen Spaß macht, wenn wir in einem Unternehmen sind, mit dem wir uns nicht identifizieren oder wenn wir mit einem Partner zusammen sind, der nicht zu uns passt.

Es gibt nur eine Alternative: Erst aktive Veränderung bringt Lebensqualität!

Gelassenheit

Wir leben in der „Schneller-ist-besser-Zeit". Die Technologie, die Medien – alles und jeder scheint darauf ausgerichtet zu sein, das Heil in der Geschwindigkeit zu finden. Doch alles Gute hat seine Schattenseiten. Denn wer dem Schnelligkeitswahn verfällt, der läuft Gefahr, seine Ziele trotzdem nicht zu erreichen. Gelassene Menschen lassen sich nicht aus der Ruhe bringen. Sie erledigen nicht zwei Dinge, die volle Konzentration benötigen auf einmal. Sie verfallen nicht der Unart, am Computer weiterzuschreiben, während sie telefonieren. Sie lassen sich von Wartezeiten nicht frustrieren, sondern nutzen sie. Erlauben Sie sich ein wenig mehr Gelassenheit in Ihrem Leben, Sie werden sie schätzen lernen.

Ihre Ziele können Sie nur erreichen, wenn Sie sich von Ihren ganz persönlichen Erfolgsverhinderern verabschieden und bewusst die Verantwortung für Ihr gesamtes Tun übernehmen.

All Ihre Rechtfertigungen und Entschuldigungen für unerreichte Ziele basieren auf negativen Glaubenssätzen. Und nur Sie allein sind in der Lage, diese Glaubenssätze ins positive Gegenteil umzukehren (wir sprachen darüber in unserer Juni-Ausgabe 2000).

Haben Sie zu viele Hüte auf dem Kopf?

Alles Gute ist keine Frage der Quantität, sondern der Qualität. Nehmen Sie sich daher jetzt Ihre Zielplanung nochmals unter dem Aspekt „weniger ist mehr" zur Hand. Vielleicht schaffen Sie es

nicht, Ihre Ziele zu erreichen, weil Sie noch immer zu viele Hüte auf dem Kopf haben. Lesen Sie im Basiswissen Seite 25 ff. noch einmal das Kapitel über Lebensprioritäten, legen Sie Ihre 7 wichtigsten Schlüsselrollen (= Lebenshüte) fest und konzentrieren Sie sich für den Rest des Jahres auf maximal drei Lebenshüte. Schaffen Sie es, Ihre Ziele nur für diese wenigen Rollen zu realisieren, werden Sie im Dezember auf ein erfolgreiches Jahr zurückblicken können.

Überprüfen Sie für jeden Ihrer Lebenshüte Ihre Zielsetzung und konkretisieren Sie diese Ziele auf realistische, messbare, zeitlich genau fixierte und konkrete Teilziele.

❀ **Tipp:** Sprechen Sie mit den Menschen, die Ihnen nahe stehen und mit denen Sie zusammenarbeiten über Ihre Ziele. Fragen Sie um Rat und bitten Sie um Unterstützung. Wenn Ihr Umfeld hinter Ihnen steht, dann werden Sie auch von außen motiviert, konsequent Ihren Weg zu gehen. (weiter auf S. 9)

☀ Telefonieren mit Ende

Telefonieren ist nicht zuletzt eine Frage der richtigen Technik und der richtigen Zeiteinteilung. Besonders schwierig ist es oft, zum Ende zu finden – das gilt geschäftlich wie privat. Hier einige Tipps, wie Sie ein Telefonat höflich, aber bestimmt beenden können:

☀ „Entschuldigung, aber ich möchte nicht noch mehr deiner/Ihrer Zeit beanspruchen..."

☀ „Ich weiß, dass Sie/du sehr beschäftigt bist/sind. Kann ich dich/Sie nächste Woche wg. des ... anrufen? Wann passt es dir/Ihnen denn am besten?"

☀ „Ich lasse dich/Sie jetzt wieder zurück zu ..."

☀ „Bevor unser Gespräch zu Ende ist, ..."

☀ „Darf ich dir/Ihnen noch eine letzte Frage stellen, bevor wir auflegen? ..."

Sie kennen Ihre Telefon-Gesprächspartner. Testen Sie den bewussten Abschluss gleich morgen bei einem Ihrer Viel- und Gerne-Redner.

Mit Personal Fitness Coaching zu mehr Lebens-Balance

Wer andere besiegt, ist stark.
Wer sich selbst besiegt, ist weise.

Konfuzius

Wenn Sie sich vor Augen führen, dass nur weniger als zwei Prozent aller Deutschen klar formulierte Ziele für ihr persönliches Leben haben, dann können Sie sich eigentlich schon gratulieren. Mit Hilfe Ihrer Jahreszielplanung 2001 sind Sie auf dem besten Weg, Zufriedenheit und Lebens-Balance zu erreichen. Doch gilt es dabei natürlich, eine entscheidende Hürde zu überwinden: Jeder, der sich Ziele setzt, weiß, dass mangelnde Selbstdisziplin die größte Barriere auf dem Weg zum Erfolg ist. Trotz Ehrgeiz und Talent schaffen wir es oft nicht, ein Ziel konsequent anzugehen – weil die Disziplin fehlt. Hier hilft Unterstützung von außen: Immer mehr Menschen bedienen sich Coaches, um ihre Ziele zu erreichen – geschäftlich wie auch privat.

Personal Coaching: Fitness im Zweiertakt

Da Führungskräfte wissen, wie stark ihre beruflichen Leistungsstärke von Ihrer körperlichen Fitness abhängt, leisten sich immer mehr Unternehmer und Manager einen persönlichen Fitness-Trainer.

Eine Studie des Instituts für Arbeits- und Sozialhygiene in Karlsruhe dokumentiert, dass von 12 000 untersuchten Managern 85 Prozent an Schlafproblemen, Magenbeschwerden, Verdauungsstörungen oder Herzproblemen leiden.

Die Weltgesundheitsorganisation (WHO) hat Anfang des Jahres unter allen gesundheitlichen Risikofaktoren Bewegungsmangel an die Spitze der Negativliste gestellt. Fast alle Führungskräfte haben jedoch kaum Freizeit und sehr unregelmäßige Arbeitszeiten.

Manager suchen aus diesem Grund immer öfter ein persönliches Fitnesscoaching, welches sich mit ihren zeitlichen und örtlichen Gegebenheiten decken kann.

Die Firma Health Performance mit Sitz in München erfreut sich seit Ihrer Geschäftsgründung im Jahre 1998 zunehmender Beliebtheit. Denn bei Health Performance können sich Manager zu jeder Tages- und Nachtzeit ihren ganz persönlichen Trainer über eine Service-Hotline in jede gewünschte deutsche Stadt bestellen. Kurzfristige Absagen aufgrund von Terminveränderungen sind kein Problem und werden

(weiter auf S. 7)

Sammeln Sie unsere Focus-Themen in einem Extra-Ordner, und schaffen Sie sich Ihre eigene Weiterbildungs-Datenbank

Die Top-Adresse für Personal Fitness Coaching:

The Health Performance Group, Pippinger Str. 141, 81247 München, Tel. (0180) 5 22 52 50

www. healthperformance. de

🔆 Body-Check: Wie fit sind Sie wirklich?

Nebenstehender Fitnesstest ist aus dem Buch: „forever young" Das Muskelbuch, Gräfe und Unzer Verlag, München, entnommen. Fitness-Experte Dr. med. Ulrich Strunz beschreibt darin einfache und leicht nachvollziehbare Wege für körperliches Wohlbefinden. Seine Devise heißt: Jung und fit bleiben durch leichtes Training. Denn Fettreduktion und Muskelaufbau sind nicht eine Sache schweißtreibender Studioarbeit, sondern ebenso möglich durch tägliches leichtes Laufen, richtige Ernährung und langsamen Muskelaufbau.

.

Testen Sie anhand der Kurzübungen, ob Sie Ihrem Alter entsprechend fit sind!

1. Wie beweglich sind Sie?

✔ Der Zehentest. Auf den Boden setzen. Das linke Bein nach vorne strecken, die rechte Fußsohle an den linken Oberschenkel - das Knie zeigt zur Seite. Und nun strecken Sie die linke Hand zu den linken Zehen.

Auswertung: 20 bis 40 Jahre:

Spitze: Sie schaffen es mit dem Handgelenk bis zu den Zehen.

Okay: Sie kommen mit den Fingerspitzen zu Ihren Zehen.

Oh, oh: Sie erreichen gerade mal das Sprunggelenk.

Ziemlich bescheiden: Nur bis zum Sockenrand.

40-60 Jahre:

Spitze: Sie kommen mit den Fingerspitzen zu den Zehen.

Okay: Sie erreichen gerade mal das Sprunggelenk.

Oh, oh: Nur bis zum Sockenrand.

2. Wie viel Kraft steckt in Ihrem Oberkörper?

✔ Stuhlstützen

Setzen Sie sich auf die Kante eines stabilen Stuhls ohne Armlehnen. Strecken Sie die Beine aus, Fersen bleiben am Boden. Die Zehen zeigen nach oben. Halten Sie sich nun an beiden Seiten des Stuhls fest und schieben Sie Ihren Po über die Sitzkante. Auf den Boden setzen, 1 Sekunde warten. Wieder hochziehen.

Auswertung

20 bis 30 Jahre: 10 Stuhlstützen

31 bis 40 Jahre: 9 Stuhlstützen

41 bis 50 Jahre: 8 Stuhlstützen

51 bis 60 Jahre: 7 Stuhlstützen

Über 60 Jahre: Mit jedem Jahrzehnt eine weniger

3. Wie viel Kraft steckt in Ihren Beinen?

✔ Die 1 Minuten Hocke

Füße schulterbreit auseinander stellen. Dann im Zeitlupentempo 30 Sekunden lang in die Hocke gehen - Knie beugen, bis die Hüfte ein Stückchen unter dem Knie schwebt. Fersen am Boden lassen. Dann langsam in 30 Sekunden aufrichten.

20 bis 30 Jahre: 1 Minute

31 bis 40 Jahre: 50-59 Sek.

41 bis 50 Jahre: 45-49 Sek.

51 bis 60 Jahre: 40-44 Sek.

Über 60 J. weniger als 40 Sek.

Wie zufrieden sind Sie mit dem Ergebnis? Vielleicht ist es Zeit für eine Konzentration auf den Lebensbereich Körper und Gesundheit.

Im Focus: Personal Fitness Coaching 🔅 Im Focus: Personal Fitness Coaching 🔅 Im Focus: Personal Fitness Coaching 🔅 Im Focus:

6 SEIWERT COACHING BRIEF/AUGUST 2001

nicht berechnet. Ilka Faupel, Firmengründerin und Inhaberin von Health Performance, hat sich ganz auf die Bedürfnisse ihrer viel reisenden Zielgruppe spezialisiert.

Health Performance bietet dabei nicht nur ein Lauftraining mit persönlichem Fitnesstrainer an, sondern, so Ilka Faupel: „Die ganzheitliche Betreuung mit einer dauerhaften Stabilisierung der Gesundheit und des Wohlbefindens steht im Mittelpunkt." Und dazu arbeitet das Unternehmen deutschlandweit mit Experten aus den Bereichen Gesundheitssport, Sportmedizin, Rehabilitation, Sporttherapie und Prävention.

Health Performance arbeitet mit jedem Coachee individuell. Am Anfang einer jeden Zusammenarbeit steht ein ärztlicher Gesundheitscheck sowie ein Fitness-, Ernährungs- und auch ein Stressbelastungstest. Darauf aufbauend wird das persönliche Coachingprogramm je nach den individuellen Wünschen und Bedürfnissen aus folgendem Trainingsangebot zusammengestellt:

🌸 **Ausdauer-Training** zur Steigerung des Herz-Kreislauf-Systems, Gewichtreduzierung und Verbesserung der körperlichen und geistigen Leistungsfähigkeit. Die Umsetzung erfolgt z.B. mit Power-Walking, Jogging, Heimgeräte-Training oder Ausdauer-Gymnastik.

🌸 **Kraft-Training** zum Muskelaufbau, Stärkung der Muskelkraft, Vermeidung und Korrektur von Rückenschäden. Übungen mit Gummibändern, Training mit Hanteln oder mit dem eigenen Körpergewicht sind hier die Methoden.

🌸 **Flexibilitäts-Training** (Stretching) zur Dehnung und Lockerung der Muskulatur, zum Abbau von physischem und seelischem Stress. Durchführung z. B.

🔎 Fitness bringt Lebensfreude

Zwischen Bürostuhl und Autositz schwindet unsere Muskelmasse ständig und die Fettmasse steigt, da wir uns falsch ernähren und viel zu wenig bewegen. Vom 30. bis zum 70. Lebensjahr vermindern sich unsere Muskelfasern außerdem um ca. 35 Prozent.
Durch regelmäßige Bewegung und gesunde Ernährung können Sie diesen altersbedingten körperlichen und geistigen Abbau aufhalten.

☀ Erkennen Sie Ursache und Wirkung: Die meisten Menschen lernen ihre Muskeln erst dann kennen, wenn sie sich wehren, z.B. bei Rückenbeschwerden. Und dann muss es der Krankengymnast richten oder der Chirurg. 80 000 Bandscheibenoperationen gehen jedes Jahr auf das Konto vernachlässigter Muskeln, ebenso wie die unzähligen Herzerkrankungen.

☀ Beginnen Sie sofort: Fangen Sie ab morgen an, Ihre Muskeln und damit auch den größten Muskel unseres Körpers, das Herz, zu bewegen. Beginnen Sie mit einem straffen Spaziergang (nicht unter 30 Minuten). Und danach fühlen Sie wieder, dass Sie Besitzer wertvoller Muskeln sind. Arbeiten Sie durch regelmäßiges Training an Ihren Muskeln und ernähren Sie sich fettärmer. Wetteifern Sie prominenten Fitnessbegeisterten, wie z.B. Joschka Fischer, nach.

Ihr Preis: Erhöhte Lebensfreude und physische und mentale Fitness für ein erfülltes Leben in Balance.

Buchtipps zum
Thema :
Christof Baur und
Bernd Thurner:
„Trainingsprogramm
Bauch & Bizeps",
midena Verlag,
Küttingen, 2001
Dr.med. Ulrich
Strunz:
„forever young"
Das Muskelbuch,
Gräfe und Unzer
Verlag, München,
2001

Und noch ein BüroTipp von Dr. Strunz für jeden Tag:

30 Minuten sitzen langt! Dann sollten Sie aufspringen, hüpfen, herumlaufen, kopieren, schnattern. Das lockert Ihre Muskeln auf und macht Sie wach. Denn Sitzen ist ein Milchsäure-produzent. Und die macht den Muskel müde und Sie sauer.

durch Power-Stretching oder Wirbel-säulen-Gymnastik.

🌀 **Sportspezifisches Fitness-Training** zur Verbesserung in der persönlichen Lieblingssportart. Der persönliche Coach unterstützt dabei das spezifische Training beim Golf, Ski etc.

Weitere Leistungsbausteine runden das Angebot sinnvoll ab. Dazu gehören unter anderem die Ernährungsberatung, das Erlernen von Atemtechniken und

Mentaltraining zur Entspannung und Stressbewältigung.

Die Ergebnisse dienen dann als langfristige Grundlage für ein optimales individuelles Trainingsprogramm für den Einzelnen und werden mit einer persönlichen Zielvereinbarung fixiert.

Personal Fitness Coaching ist mehr als eine Modeerscheinung. Ich habe mir jahrelang Ziele für meine Fitness gestellt – und habe sie jahrelang mit den bekannten Lieblingsentschuldigungen vor mir hergeschoben. Seitdem ich meinen persönlichen Health-Performance-Fitness-Coach zur Seite habe – als Berater, als Trainingspartner, als Motivator und vor allem als Disziplinierer – seitdem erreiche ich meine gesundheitlichen Ziele, habe viele Erfolgserlebnisse und meistere mein Leben mit noch mehr Leichtigkeit.

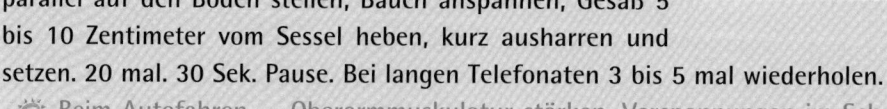

☀ Fitnesstipps für Ihren Alltag

Nutzen Sie regelmäßig besetzte Alltagszeit, um etwas für Ihre Fitness zu tun

☀ Beim Zähneputzen – Waden, Po, Oberschenkel straffen, Durchblutung ankurbeln: **Linken Arm auf die Hüfte stützen, auf die Zehenspitzen stellen, absinken, mit geradem Rücken in die Kniebeuge gehen. Insgesamt 15 bis 20 mal.**

☀ Beim Telefonieren – Bauchmuskeltraining: **Beide Beine parallel auf den Boden stellen, Bauch anspannen, Gesäß 5 bis 10 Zentimeter vom Sessel heben, kurz ausharren und setzen. 20 mal. 30 Sek. Pause. Bei langen Telefonaten 3 bis 5 mal wiederholen.**

☀ Beim Autofahren – Oberarmmuskulatur stärken, Verspannungen im Schulter-Nacken-Bereich vorbeugen: **An der roten Ampel verkrampfte Finger vom Lenkrad lösen, durchstrecken, Hände in Höhe der Fingerwurzelgelenke rechts und links kräftig gegen das Lenkrad drücken und es förmlich zusammenpressen, ohne die Finger zu krümmen. Wieder entspannen. Bis zur Grünphase beliebig oft wiederholen.**

☀ Im Fahrstuhl – Nackenmuskulatur stärken. **Nackenmuskeln verspannen sich gerne, und dann folgen Kopfschmerzen oder gar Migräne. Kopf nach links drehen, als würden Sie über die Schulter schauen. Dann zu beiden Seiten nicken: jeweils 15 mal. Sollten Fahrstuhlmitbenutzer anwesend sein, zur gemeinsamen Übung animieren.**

Glückliche Kinder durch unabhängige Eltern

In jedem Verhältnis, in dem zwei Menschen eins werden,
ist das Endergebnis
zwei halbe Menschen.
Wayne W. Dyer

Welche Ziele haben Sie sich als Mutter oder Vater für die Erziehung Ihrer Kinder gestellt? Wie stellen Sie sich die ideale Partnerschaft vor? Wie definieren Sie das optimale Freundschaftsverhältnis? Es gibt ein Prinzip aus der Natur, das wir uns bei der Beantwortung dieser wichtigen Fragen immer wieder vor Augen führen sollten: das Prinzip der Unabhängigkeit!

Egal, ob es das Verhältnis zu Ihren Kindern, Ihrem Partner, Ihren Eltern, Ihren Freunden, Mitarbeitern oder Kollegen ist – nur wenn Sie es schaffen, Ihre eigene Unabhängigkeit zu bewahren, und wenn Sie es vermögen, den anderen nicht abhängig und unfrei zu machen, werden Sie harmonische und langfristige Beziehungen aufbauen können.

Dazu eine kleine Geschichte, nicht zuletzt gefällt sie mir so gut, weil ich ein großer Bärenliebhaber bin:

Im Walt Disney-Film: „Das Land der Bären" werden die ersten Lebensmonate zweier kleiner Bären mit ihrer Mutter gezeigt. Die Mutter kümmert sich rührend um ihre Jungen. Sie unterweist sie im Jagen, Fischen, Klettern und bringt ihnen bei, wie sie sich vor Gefahr schützen können. Doch eines Tages beschließt sie, sich von ihren Jungen zu trennen. Ganz unvermittelt entlässt sie sie ins Erwachsenenleben und geht, ohne sich noch einmal nach ihren geliebten Jungen umzudrehen.

Sind Sie Mutter oder Vater, dann können Sie sich das wohl kaum vorstel-

Stopp-Technik

Kontrollieren Sie Ihren Stresspegel, indem Sie Ihre Gedanken richtig steuern.

Stress ist in den meisten Fällen eine Frage der Interpretation Ihrer Situation. Werden sie beispielsweise mit drei Aufträgen gleichzeitig konfrontiert, dann reagieren die meisten Menschen erst einmal negativ. Der Blutdruck steigt, der Adrenalinpegel ebenfalls, der Puls beginnt zu rasen und der Mensch zu lamentieren: „Das ist zu dem Termin auf keinen Fall zu schaffen." „Dafür müsste ich ja nachts arbeiten." „Immer trifft es mich."

Einige wenige bleiben dagegen völlig ruhig, sehen die neuen Aufgaben vielleicht sogar als Chance, ihre Leistungsfähigkeit unter Beweis zu stellen. Sie planen die Jobs zunächst, indem Sie delegieren, sofort um Fristverlängerung bitten und Teilschritte festlegen. Möchten Sie ebenfalls zur zweiten Gruppe gehören, denn gibt es dafür einen Trick: Ist das nächste Mal hausgemachter Stress im Anmarsch, dann unterbrechen Sie Ihre unproduktiven Gedanken, indem Sie laut „Stopp" sagen. Auch wenn Sie das anfangs 50 Mal am Tag tun müssen, Sie werden merken, wie sie sich dadurch positiv programmieren.

Der amerikanische Managementtrainer Brian Tracy sagt: „Ein Ziel ist eine tiefe Sehnsucht mit Deadline." Erfüllen Sie sich Ihre Sehnsüchte. Sie allein haben es in der Hand.

len. Die Bärenmutter hinterlässt ihren Jungen keine Telefonnummer, lädt sie nicht sonntags regelmäßig zum Essen ein und verlangt nicht, dass sie sie zu ihrem Geburtstag besuchen und ansonsten mindestens zweimal wöchentlich anrufen. In der Tierwelt ist der Instinkt, seine Nachkommen zur Unabhängigkeit zu erziehen, noch vollständig erhalten. (weiter auf S. 12)

Stellen Sie sich dieser ehrlichen Nabelschau. Nur auf diese Weise haben Sie die Möglichkeit, aus Ihren Fehlern, Nachlässigkeiten und Entschuldigungen wirkliche Chancen zu machen, Ihre Ziele wie gewünscht zu erreichen.

☀ Übung: Ihre persönliche Zielkontrolle

Reservieren Sie sich eine Stunde Zeit. Schalten Sie alle Störfaktoren aus und konzentrieren Sie sich auf den Stand Ihrer Zielerreichung 2001. Beantworten Sie alle Fragen unbedingt schriftlich.

1. Mein aktueller Ist-Zustand: Gehen Sie Ihre Zielplanung in Ruhe durch und schreiben Sie für jeden Lebensbereich auf, welche Ziele und Teilziele Sie bis dato erreicht haben. Auch die kleinsten erreichten Etappen sind wichtig.

....
....
....

2. Fehler auf meinem Weg zur Zielerreichung: Schreiben Sie auch ehrlich auf, was Sie an Ihrer Zielerreichung gehindert hat. An welchen Stellen waren Sie inkonsequent, was hat Sie in Ihrer Komfortzone festgehalten? Sind Sie enttäuscht, weil Sie keine Zeit finden, Ihre ganz persönlichen Ziele anzugehen, weil Ihre beruflichen Ziele viel zu ehrgeizig formuliert sind?

....
....
....

3. Meine Lieblingsentschuldigungen: Der einzige Weg, die Kontrolle über sich selbst zu bekommen, und damit die Chance zu haben, Ihre Ziele auch zu erreichen, ist Ihre absolute Ehrlichkeit. Schreiben Sie auf, welches Gebäude von Entschuldigungen und Rechtfertigungen Sie sich selbst erbaut haben, um Ihre Ziele nicht konsequent anzugehen. (Beispiele: Ich habe dazu kein Talent. Ich kann es momentan noch nicht, weil mein Partner es nicht möchte. Ich kann nicht mit Geld umgehen.)

....
....
....

4. Modenschau: Sieben Lebenshüte sind genug: Schreiben Sie jetzt ganz spontan Ihre sieben wichtigsten Lebensrollen auf. Versehen Sie diese mit einer Nummerierung und optimieren Sie Ihre Zielplanung dahingehend, dass Sie sich für den Rest des Jahres auf Ihre Ziele in den wichtigsten drei Lebenshüten konzentrieren.

....
....
....

Fazit: Was kann ich aus diesem Resümee lernen? Schreiben Sie jetzt ganz spontan auf, welche Schlüsse Sie aus dieser Bilanz ziehen. Welche Ratschläge zur Optimierung Ihrer Zielerreichung können Sie sich jetzt selbst geben? (Beispiel: Ich darf mich nicht so schnell ablenken lassen. Ich sollte des Öfteren um Hilfe bitten.)

....
....
....

Seiwert privat - Intuition

Grammatikalisch ja ohnehin weiblich – wird die Intuition gemeinhin den Frauen zugesprochen. Und tatsächlich scheint es so zu sein, dass sich Frauen leichter tun, auf ihre innere Stimme hören und das Richtige zu tun. Doch las ich jüngst in einer „Frauenzeitschrift" ein interessantes Interview mit einem Intuitionsforscher, der sagte, dass es zwischen intuitivem Entscheiden zwischen Mann und Frau keine Unterschiede gäbe. Die Männer würden allerdings zwar intuitiv entscheiden, versuchen dann aber diese Entscheidungen rational zu begründen. Wohingegen die Frauen gleich zu ihrer inneren Stimme stehen.

Doch was hat es wirklich auf sich mit dem berühmten Bauchgefühl?

Wären wir nicht alle sehr gut beraten, würden wir unserer inneren Stimme mehr Gehör schenken? Zum Beispiel, wenn wir einen neuen Mitarbeiter einstellen. Auch das sinnvollste Assessment Center kann wohl die Entscheidung

Stärken Sie Ihre Intuition

Sie können trainieren, auf Ihre innere Stimme zu hören.

Stehen Sie vor einer Entscheidung, dann schließen Sie Ihre Augen und stellen Sie sich vor, wie es ist, wenn Sie die Entscheidung gefällt haben. Was ändert sich in Ihrem Alltag? Stellen Sie sich die Situation so konkret wie möglich vor und achten Sie vor allem auf Ihre Gefühle.

Mit der Zeit lernen Sie perfekt, mit Ihrem inneren Auge zu sehen.

nicht ersetzen, ob die Chemie stimmt oder nicht. Und das entscheiden wir laut Experten innerhalb weniger Millisekunden - vor allem auch mit Hilfe unseres Bauchgefühls.

Und die Wissenschaft kann jetzt auch genau begründen, wie unser Bauchgefühl entsteht: Untersuchungen belegen, dass wir nicht nur über unser Gehirn im Kopf, sondern auch über ein Bauchhirn verfügen - in dem unter anderem unsere Intuition sitzt. Über 100 Millionen Nervenzellen steuern somit unsere innere Stimme.

Am verblüffendsten für mich ist die Schnelligkeit innerer Entscheidungen. Wo sich das bewusste Denken abmüht, Wahrnehmungen erst einmal in unser Kopfgehirn zu leiten, um dann über Handlungen zu entscheiden, setzt die Intuition dagegen auch die kleinsten Veränderungen der Umwelt und unseres Gegenüber in Reaktionen um.

Damit ist die Intuition fast 1000 mal schneller als das bewusste Denken. Gibt es beispielsweise auf der Autobahn eine brenzlige Situation - wohl dem, der sich dann auf seine geschulte Intuition verlassen kann.

Meine Empfehlung an Sie alle, ob weiblich oder männlich: Vertrauen Sie Ihren inneren Empfindungen mehr und tun Sie die Intuition nicht als Entscheidungskriterium zweiter Klasse ab. Es lohnt, vor allem im Umgang mit unseren Mitmenschen, genau auf das eigene Bauchgefühl zu hören.

Bauchgefühl und Lebens-Balance
Auch wenn es um Ihre innere Zufriedenheit geht, sollten Sie mehr auf Ihr Bauchgefühl hören. Schauen Sie sich die Liste Ihrer wichtigsten Ziele für dieses Jahr noch einmal an und entscheiden Sie jetzt ganz spontan, welches Sie sofort angehen wollen.

Schaffen Sie die richtige Balance zwisachen der Erfüllung Ihrer eigenen Bedürfnisse und den Erwartungen, die andere an Sie haben. Nur wenn Sie sich selbst zufrieden und frei fühlen, sind Sie in der Lage, anderen zu geben.

Elternschaft heißt, Nachkommen so zu erziehen, dass sie die notwendigen Fertigkeiten erlernen, um unabhängig zu werden.

Auch wir Menschen wünschen uns Nachkommen, die voller Selbstachtung sind und die sich unabhängig ihren Weg im Leben suchen. Aber dieses Ziel können wir nur erreichen, wenn wir unseren Kindern Unabhängigkeit und Selbstachtung authentisch vorleben.

Kinder lernen immer nur aus dem Verhalten ihrer Vorbilder. Aber was lernen Sie, wenn sich eine Mutter immer nur für sie aufopfert, wenn sie die Bedürfnisse ihres Kindes und ihrer Familie wichtiger nimmt als die eigenen? Sie lernen dann, dass es wichtig im Leben ist, die Bedürfnisse der anderen vor die eigenen zu stellen. Sie können dann nicht selbstbewusst und unabhängig werden, so wie sich das die aufopfernde Mutter wünscht, die das alles ja nur tut, damit es ihrem Kind einmal besser gehen soll.

Mein Balance-Tipp für Ihren Lebensbereich Beziehungen: Investieren Sie in die Zukunft Ihrer Kinder, indem Sie sich in erster Linie selbst als den wichtigsten Menschen in ihrem Leben betrachten.

Mein Balance-Tipp des Monats

Reisezeit: Stress vermeiden

Um Stress unterwegs zu vermeiden, sollten Sie vor jeder Reise Ihre Reiseunterlagen (alle Tickets, Visa, Kreditkarten, Reiseschecks, Voucher, Gutscheine) 2x kopieren. Ein Satz Kopien geben Sie einem Freund oder Nachbarn. Der andere kommt in Ihren Koffer (gemeinsam mit der Telefonnummer zum Sperren gestohlener Kreditkarten). Die Originale führen Sie im Handgepäck mit.

Gehen Papiere verloren, dann vermeiden Sie unnötigen Stress und haben sofort alle notwenigen Infos parat.

Damit fordere ich nicht zum Egoismus auf. Doch nur, wenn Sie an sich glauben, wenn Sie Ihre Bedürfnisse auch für Ihre Umwelt sichtbar ausleben, dann wirken Sie auf Ihre Mitmenschen glaubwürdig und innerlich unabhängig. Arbeiten Sie in all Ihren Beziehungen daran, frei entscheiden zu können. Und tappen Sie nicht in die Abhängigkeitsfalle, in der Sie dann ein Leben leben, das nicht Ihren wahren Bedürfnissen entspricht.

Lothar J. Seiwert

Ihr Lothar J. Seiwert

660 233 022

B 51393

LOTHAR J. SEIWERT
COACHINGBRIEF

Professioneller & souveräner arbeiten und leben

- Professionalität und Effektivität in allen Lebensbereichen gewinnen
- Souveränität und Gelassenheit ausstrahlen
- Balance und Persönlichkeit entwickeln

Monatlicher Coaching-Service ❖ September 2001

Liebe Leserin, lieber Leser,

Werner „Tiki" Küstenmacher, ein guter Freund und Kollege von mir, beschäftigt sich seit einigen Jahren mit dem SIMPLIFY-YOUR-LIFE-Prinzip. Es beschreibt keine Methode, sondern die Fähigkeit, glücklich und erfüllt das volle Potenzial des eigenen Lebens auszuschöpfen – und zwar, indem wir uns wieder auf die einfachen Dinge, die unser Leben ausmachen, besinnen und indem wir unseren Alltag konsequent auf die wirklich wichtigen Sachen reduzieren.

Viele Menschen finden den Sinn ihres Lebens nicht, weil sie zu komplizierte Fragen stellen. Sie ahnen nicht, dass die Wurzel eines zufriedenen Lebens bereits in ihnen ruht. Den Simplify-Weg zu gehen bedeutet, zum Wesentlichen zu kommen – und damit den eigentlichen Sinn unseres Lebens zu finden.

Im Simplify-Weg spiegelt sich auch das von mir entwickelte Lifeleadership-Konzept wider, das ja Grundlage unseres gemeinsamen Coaching ist.

Die im Folgenden vorgestellte Simplify-Pyramide bildet den roten Faden Ihres simplify-Wegs. Sie bezieht sich auf das Prinzip der Lebens-Balance und zeigt Ihnen, wie Sie Ihren Alltag in den entscheidenden Lebensbereichen noch effizienter und vor allem entspannter gestalten können. Simplify heißt Vereinfachen. Und genau so sollten Sie den simplify-Weg auch verstehen. Ihr

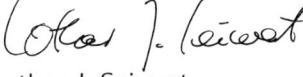

Lothar J. Seiwert

PROFESSOR DR. LOTHAR J. SEIWERT gilt als Europas führender Experte für Zeit-souveränität, Effektivität und sinnvolles Lebensmanagement. Er ist erfolgreicher Bestsellerautor und erhielt 1999 als erster deutscher Trainer den internationalen Trainingspreis „Excellence in Practice" der ASTD (American Society for Training und Development).

Themen

Simplify your Life:
Einfach besser leben

*Entrümpeln
Sie Ihr Leben.
Einfachheit und
damit Gelassenheit
können Sie erreichen,
indem Sie die Ent-
wicklung zum Kom-
plizierten in Ihrem
Leben umkehren. Um
diese Dynamik der
Umkehr auszu-
drücken, gibt es ein
Wortspiel, das im
Deutschen in fast
allen Sachgebieten
funktioniert:
Statt Verdoppeln
Entdoppeln,
statt Verspannung
Entspannung,
statt Beschleunigung
Entschleunigung,
statt Gerümpel
Entrümpeln.
Beginnen Sie heute,
Ihr Leben zu ent-
rümpeln – der beste
Start auf Ihrem
ganz persönlichen
simplify-Weg.*

*Wenn du sehr viele Dinge tun musst,
tue nur eines.*

Martin Luther

Vielleicht befinden Sie sich gerade in einer verwirrenden und komplexen Phase Ihres Lebens. Sie werden täglich mit unzähligen Aufgaben konfrontiert, jonglieren sehr viele Beziehungen zu den unterschiedlichsten Menschen und haben Probleme, sich einfach einmal zurückzulehnen, um zu entspannen und gar nichts zu tun. 'Wie hektisch und vollgepackt Ihr Leben auch sein mag und egal, ob Sie gerade das genießen oder sich nach etwas anderem sehnen:

Das Ziel unseres Lebens ist letztlich die Einfachheit, in der sich die Summe eines erfüllten und gereif-ten Lebens gelassen widerspiegelt. Denn auf dem Höhepunkt der Kom-pliziertheit ist die Sehnsucht nach Einfachheit am größten.

Unser Grundbedürfnis nach Einfachheit

Kurioserweise entspringen so gut wie alle komplizierten Tätigkeiten, Erfindun-gen und Ansprüche in unserem Leben dem Urbedürfnis nach Einfachheit.

Jeder würde gern ein bisschen mehr Geld verdienen als Sicherheit für ein späteres bequemes Leben mit Herum-hängen, Spielen und Nichtstun. Man baut sich ein schönes Haus mit Garten, um dort nach den Mühen des Bauens und Einrichtens entspannt auf dem Sofa zu sitzen und nichts zu tun. Die komplizierte Spülmaschine wurde er-funden, um die Zeit des lästigen Ab-waschs mit etwas Entspannendem zu verbringen. Altersversorgung, Grunder-werb, Haushaltsgeräte, Bürokratie und vieles, vieles aus unserer komplizierten Welt wurde geschaffen, damit wir es einfacher haben.

Aber die gute Absicht ist aus dem Blick geraten. Aus dem Traum vom fi-nanziellen Ruhekissen im Alter ist ein unerfreulicher Verteilkampf zwischen den Generationen und den Einkom-mensschichten geworden. Ein Eigen-heim kann zu einer Vollbeschäftigungs-maschine werden. Technische Errun-genschaften können eine verhängnis-volle Eigendynamik entwickeln: Wer die neue Telefonanlage nicht versteht, ist abgehängt.

Aus dem Streben nach Einfachheit ist eine Geschichte nachwachsender Komplexität geworden. Der sim-plify-Weg versucht, die Dynamik umzukehren. Es geht darum, in jeden Ihrer Lebensbereiche eine Schneise zu schlagen mit dem Ef-fekt: „Es geht auch einfach!" Dabei ist diese Umkehrung kein Weg zurück „zur guten alten Zeit". Der simplify-Weg deckt die Einfachheit auf, die vor uns und in uns liegt.

Der simplify-Weg nutzt Ihre Lebenserfahrung und die dabei gemachten Fehler. Simplify ist keine Modeerscheinung und man kann die Idee nicht fertig kaufen. Es ist das Ergebnis eines spannenden und unverwechselbaren individuellen Weges jedes Einzelnen. Die Reise verläuft dabei vom Äußeren zum Inneren.

Die simplify-Pyramide: Stufen zur Gelassenheit

Der simplify-Weg beginnt bei Ihrem Schreibtisch, bei Ihrer Wohnung und der Organisation Ihrer Zeit. Er geht weiter bei Ihren sozialen Beziehungen, vom Lebenspartner über die eigenen Eltern und die eigenen Kinder, bei Ihren Freunden und Kollegen. Der Weg führt zu Ihrem Körper, zu Ihrer körperlichen und mentalen Fitness. Und er endet bei Ihren geistigen Empfindungen, in der Mitte Ihres Lebens und Ihrer Persönlichkeit – bei der Frage nach dem Sinn des Lebens oder dem Zweck unseres Daseins.

Mit Hilfe des Modells der Stufenpyramide erkennen Sie Ihren persönlichen simplify-Weg. Auf jeder der sieben Stufen können Sie für sich Bereiche erschließen, die Ihnen den Blick für das Wesentliche öffnen. Der Weg nach oben führt Sie zugleich nach innen. Es ist sinnvoll, sich auf jeder Stufe mindestens auf ein simplify-Ziel zu konzentrieren. Durch die dabei erlebten Durchbrüche erkennen Sie Ihren simplify-Nutzen.

Dabei kommt es nicht darauf an, die vorgegebene Reihenfolge der Stufen einzuhalten. Die Erfahrung lehrt allerdings, dass es Ihnen leichter fällt, die Einfachheit für sich zu akzeptieren, wenn Sie von außen nach innen gehen. Das unbeschreibliche Aha-Erlebnis einer à la simplify umgestalteten Wohnung oder auch nur eines simplify-geordneten Schrankes oder Schreibtischs sollten

☀️ Was heißt simplify für Sie?

Was geht Ihnen als Erstes durch den Kopf, wenn Sie „Vereinfachung" hören?

☀️ Sie nicken dazu: Für viele Menschen ist das ein von Natur aus positiver Begriff. Beim Wort „simplify" nicken sie verstehend und lächeln. Sie leiden unter der Kompliziertheit des Lebens, von der abschreckend dicken Bedienungsanleitung ihres Handys bis zu den undurchschaubaren Mechanismen der Weltwirtschaft. Sie leiden unter der stillschweigenden Forderung „mehr, mehr, mehr" in ihrer Umgebung. Für sie bedeutet die Überfülle des Angebots in einem Großmarkt nicht Befreiung, sondern Belastung. Sie leiden unter den ständig steigenden Anforderungen in ihrem Beruf.

☀️ Sie befürchten Arbeit: Einige Menschen fragen beim Begriff simplify allerdings auch: „Warum soll ich mein Leben vereinfachen?" Sie wittern dahinter eine weitere Forderung: „Jetzt muss ich also auch noch das Vereinfachen lernen." Das erinnert an den Kalauer des Komikers Georg Hiesel: „Meine Frau, die kocht doch so gut – und jetzt muss ich dazu noch diese Diät essen."

☀️ Simplify heißt: das Leben verstehen: Doch simplify ist, auch wenn wir Ihnen für die Umsetzung der Idee eine Menge To-do-Listen geben, im Kern ein Nicht-Tun. Simplify ist das Gegenteil einer Forderung. Es ist eine Fähigkeit, die Sie längst besitzen. Denn im Grunde ist der Mensch ein simplify-Lebewesen. Sie finden den Beweis, wenn Sie unsere Affen-Verwandten beobachten mit ihrer grandiosen Fähigkeit zum stundenlangen Herumhängen und Nichtstun.

Simplify hat ein großes Ziel: Vereinfachen Sie sich selbst. Alle Stufen der simplify-Pyramide arbeiten darauf hin, dass Sie für sich den Weg finden, der Ihr Leben bestimmt, dass Sie Ihre Bestimmung erkennen und damit Klarheit in Ihren Lebensplan bekommen. Machen Sie sich auf den Weg – er lohnt.

Die simplify-
Pyramide:
Der Weg zum
einfachen, klaren
Kern, dem
Wesentlichen
unseres Lebens,
führt über mehrere
Stufen. Jede Stufe
symbolisiert einen
unserer Lebens-
bereiche. Der Weg
nach oben ist dabei
zugleich der Weg
nach innen zum
Wesenskern.
Sie erreichen dieses
Ziel, wenn Ihnen auf
jeder Stufe mindes-
tens ein Durchbruch
gelingt.

Sie sich gönnen. Sie können sich einfach besser konzentrieren, wenn die
äußere Ordnung gegeben ist – wenn Ihr
Blick nicht durch Papierstapel oder voll-
gestopfte Regale behindert ist und Sie
sich nicht über vollgestellte Böden
durch die Wohnung kämpfen müssen.

Stufe 1: Ihre Sachen

Die Statistiker sagen, dass wir durchschnittlich über 10.000 Gegenstände
besitzen. Deshalb startet der simplify-
Weg beim Vereinfachen unserer Sachen.
Auf Ihrem Schreibtisch sollten Sie die
erste Schneise schlagen, um dann das
herrliche Gefühl zu genießen, dass Sie
Ihren Papierkram beherrschen und nicht
Ihr Papierkram Sie. Genauso geht es
weiter zum Kleiderschrank, zur gesamten Wohnung, zur Garage ...

Unsere simplify-Tipps für Stufe 1:

⊛ **Entwirren Sie Ihren Arbeitsplatz**

Wenn Sie beim Blick auf Ihre Arbeitsfläche bereits die Krise bekommen, sollten Sie zunächst hier aufräumen (siehe
Übung Seite 7).

⊛ **Gestalten Sie Ihre Wohnung um**
Sehen Sie Ihre Wohnung als Spiegel
Ihrer Seele. So wie Sie es schaffen, Klar-
heit und Ordnung in jeden Bereich zu
bringen, so werden Sie innerlich zu-
friedner und entspannter. Jeder Raum
symbolisiert dabei einen Bereich:
Der Keller: Vergangenheit und Unbe-
wusstes – Gerümpel hält an alten Zöp-
fen fest.
Der Dachboden: Ideen und Zukunft –
Vollgestellter Dachboden blockiert Ihr
Wachstum.
Eingangsbereich: widerspiegelt Ihr Ver-
hältnis zu anderen Menschen.
Wohnzimmer: Ihr Herz – so wie Sie das
Zentrum Ihrer Wohnung gestalten,
fühlen Sie sich.
Küche: Ihren Bauch – eine vollgestopf-
te Küche spricht für ungesunde Er-
nährung.
Fußboden: Ihre Finanzen – ein vollge-
stellter Fußboden signalisiert finanzielle
Blockaden.
Kleiderschränke: Ihr Körper – weniger
ist mehr.

Stufe 2: Ihr Geld

Finanzen sind virtuelle Sachen, potenti-
elle Materie. Klarheit beim Geld zu gewinnen ist häufig viel schwieriger, als
das Durcheinander in einer Wohnung
aufzuräumen, denn es geht nicht nur
um Bargeld und Kontostände, sondern
auch um Schulden und Darlehen, um
erlernte Verhaltensweisen und mentale
Blockaden.

Unser simplify-Tipp für Stufe 2:

⊛ **Ändern Sie Ihre Einstellung zum Geld**
So wie in der Welt der Sachen das

Gerümpel im Weg herumsteht und Sie an Ihrer eigenen Entfaltung hindert, so sind es beim Thema Geld Ihre Geldgefühle. Die meisten Menschen sind überzeugt, dass ihre Existenzsorgen und ihre Unzufriedenheit durch ihre finanziellen Probleme entstanden sind. Die amerikanische Finanzexpertin Suze Orman hat in Tausenden Beratungsgesprächen die umgekehrte Erfahrung gemacht: Am Anfang stehen die Gefühle. Ob zu geringes Einkommen, Verschwendungssucht oder ein Schuldenberg – alle Geldprobleme lassen sich zurückführen auf eine von drei Emotionen, die Sie in Ihrer Kindheit gegenüber Geld entwickelt haben: Angst, Scham und Wut. Die finanzielle Situation entwickelt sich daraufhin gemäß dieser Emotionen. Daher sollten Sie diese Gefühle analysieren, wenn Sie irgend etwas an Ihrem Budget ändern wollen.

Tipp zum Thema Geld:
Der „Bernd W. Klöckner-Coaching-Brief, www.coaching-briefe.de.

Stufe 3: Ihre Zeit

Noch schwerer zu erfassen ist dieser Bereich. Jeder Mensch hat 24 Stunden pro Tag zur Verfügung. Die Frage ist nur, über wie viel davon er wirklich frei verfügen kann. Ehepartner, Kinder, Kunden, Chef, Kollegen, Verwandte – jeder will seinen Anteil an Ihrer Zeit. Dazu kommen Hobbys, Liebhabereien und vielleicht eine geheime Leidenschaft. Wo aber bleibt die Zeit, die Sie für sich selbst haben? Auch hier können Sie Ordnung schaffen, vereinfachen und damit Ihrem Inneren einen weiteren wichtigen Schritt näher kommen.

Unser simplify-Tipp für Stufe 3:

◉ **Sparen Sie nicht Zeit, sondern Aufgaben**

Gerümpel macht dick

Das ist kein Witz: Gerümpel kann dick machen. Diese kuriose Entdeckung hat die britische Entrümpelungsspezialistin Karen Kingston über viele Jahre hinweg gemacht: Menschen mit viel Gerümpel im Haus haben häufig auch Übergewicht. Möglicherweise dienen beide, Körperfett und materielle Schätze, dem Selbstschutz. Übergewicht hat häufig zu tun mit emotionaler „Verstopfung": So wie Sie Gefühle nicht loslassen können, hält auch Ihr Körper den Stoffwechsel zurück und schaltet auf „Sammeln".

☀ Abhilfe: Beginnen Sie mit einer Diät für Ihre verstopfte Wohnung. Oft – so haben Karen Kingstons Kundinnen und Kunden immer wieder erlebt – fällt das leichter als die Diät für den Körper. Die folgt dann als nächster Schritt ganz automatisch. Eine Frau sagte es so: „In der leeren Wohnung konnte ich mich einfach nicht mehr so voll stopfen."

Wer „keine Zeit" hat, hat Unordnung bei seinen Aufgaben. Es sind zu viele, zu große und zu unwichtige Dinge, die er in seine 24 Tagesstunden packt. Verein-

Der Mensch kann ungeheure Schwierigkeiten meistern, er kann enorme Kräfte entwickeln und hat Techniken ersonnen, um auch große Feinde zu besiegen. Aber: immer nur einen nach dem anderen. Wer nicht weiß, wo er anfangen soll, wird mutlos. Schaffen Sie sich eine Umgebung, in der Sie sich bewegen können und klar sehen – und es wird Ihnen leichter fallen, Ihre innere Ordnung zu finden.

fachen heißt also nicht „Zeit sparen", sondern „Aufgaben sparen". Sie kennen aus unserem Coaching bereits viele Möglichkeiten, wie Sie an einer Stelle eine Schneise schlagen können, indem Sie überflüssige Aktivitäten entfernen und eine Ihrer vielen Tätigkeiten zur wichtigsten machen. Bleiben Sie dran und erleben Sie das herrliche Gefühl, Herr über Ihre Zeit zu sein.

Stufe 4: Ihre Gesundheit

Ihr intimster Besitz ist Ihr Körper. Bei Kranken dreht sich alles um den Körper, er scheint alle anderen wichtigen Lebensbereiche zu verdrängen. Der simplify-Weg zeigt, wie Sie Krankheiten langfristig vermeiden und zu einem gesunden Miteinander von Körper und Geist gelangen.

Unser simplify-Tipp für Stufe 4:

🌀 **Trinken Sie ab heute Wasser**
Trinken Sie 1 Glas Wasser (1/4 Liter) eine Stunde vor jedem Essen (Frühstück, Mittag, Abendessen), und etwa die glei-

che Menge jeweils 2 Stunden nach jeder Mahlzeit. Einfaches Leitungswasser ist am besten. Alkohol, Kaffee, Tee und koffeinhaltige Getränke zählen wegen ihrer dehydrierenden Wirkung nicht als Wasser! Schon nach kurzer Zeit wird es für Sie zu einer guten Gewohnheit werden, regelmäßig einen Schluck Wasser zu nehmen und damit allem Heißhunger nach Süßigkeiten oder anderen Sünden vorzubeugen. Regelmäßige ausreichende Wasserzufuhr verhindert den Ausbruch vieler gefürchteter Krankheiten, wie Diabetes, Herzinfarkt, Magen- und Darmgeschwüre.

Stufe 5: Ihre Mitmenschen

Das soziale Netz Ihrer Umgebung, neudeutsch „networking" genannt, kann zur Quelle eines schrecklich komplizierten Lebens werden: Intrigen, Streit, Mobbing, Neid. Der Aufräumvorgang des simplify-Weges klärt und vereinfacht Ihre Beziehungen. Er macht Sie frei für die menschlichen Kontakte, die Sie bereichern und weiterbringen.

Unser simplify-Tipp für Stufe 5:

🌀 **Entmobben Sie Ihren Arbeitsplatz**
Es gibt Zeitgenossen, die (aus welchen Gründen auch immer) daran glauben, dass die Menschen nicht gleichrangig sind. Für die ist das Leben ein Wettlauf, bei dem der Stärkere gewinnt. Wir nennen sie Machtmenschen. Geben Sie diesen Machtmenschen keine Chance in Ihrem Leben. Networking heißt nicht, dass Sie mit jeder und jedem bestens auskommen müssen. Networking heißt auch, gefährliche Kontakte zu vermeiden. Bezahlen Sie nicht den hohen Preis, sich zu ärgern und in die Ecke gerückt zu fühlen, indem Sie solchen Menschen einfach keine Chance geben, Ihr Leben zu vergiften.

Wir sind viel stärker Sklaven unserer äußeren Unordnung, als wir glauben. Auch wenn wir bewusst über den Dingen stehen. Unser Unterbewusstsein registriert jede äußere Blockade. Unordnung und Überfüllung schlägt uns so auf das Gemüt und lähmt uns in jeder Beziehung.

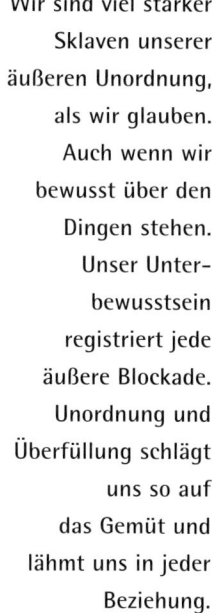

☀ simplify-Übung: Vereinfachen Sie Ihren Schreibtisch

Die 4-Quadranten-Methode: Sie gilt als Arbeitsgeheimnis vieler US-Präsidenten und wurde auch als „Eisenhower-Regel" populär. Hier die simplify-Version für Ihre Schreibtisch-Krise: Teilen Sie einen leeren Tisch (nicht Ihren Schreibtisch, sondern einen zweiten Tisch daneben) oder notfalls den Fußboden in 4 Felder. Dann arbeiten Sie sich konsequent im Uhrzeigersinn durch Ihren Schreibtischdschungel, bis kein einziges (!) Blatt Papier mehr darauf liegt. Nehmen Sie sich die Zeit für diese Aktion am besten sofort, bleiben Sie unbedingt dran, lassen Sie sich nicht ablenken und vertrauen Sie darauf, dass diese Arbeit nach einer anfänglichen „Das-schaffe-ich-nie-Phase" Sie mit enormer Energie und Schaffensfreude versorgen wird. Die 4 Felder bedeuten im Einzelnen:

1. Wegschmeißen

Hierher kommt alles, was weggeworfen werden kann. Stellen Sie hier eine große Kiste auf, und entsorgen Sie großzügig:
- ✔ alte Prospekte,
- ✔ Zeitungen, älter als 1 Woche,
- ✔ Kataloge, älter als 1/2 Jahr,
- ✔ Zeitschriften (wichtige Artikel vorher heraustrennen),
- ✔ alle Unterlagen, die Sie nicht mehr benötigen, vom alten Handbuch über veraltete Korrespondenz.

2. Weiterleiten

Feld 2 enthält alles, was Sie an andere zur Erledigung weitergeben können. Haben Sie so viel auf Ihrem Schreibtisch liegen, weil Sie andere Menschen ungern belästigen und „Kleinigkeiten schnell mal selbst" erledigen? Bei der Aufräumaktion à la Eisenhower müssen Sie über Ihren Schatten springen und rigoros Arbeit verteilen. Beziehen Sie alle ein: Familienmitglieder, Büro-Dienstleister, Kollegen, Freunde.

3. Wichtig

In Feld 3 legen Sie alles, was Sie in der nächsten Zeit selber erledigen müssen. Seien Sie bei diesem Stapel besonders geizig! Überlegen Sie gut, was Sie delegieren können. Auch wenn Ihnen nicht der Mitarbeiter-Stab des Weißen Hauses zur Verfügung steht, gibt es garantiert Möglichkeiten, Angelegenheiten à la Feld 2 abzugeben.

4. Wunder

Mit dem Feld 4 hat es eine besondere Bewandtnis. Hier kommen die Papiere hin, die Sie bereits erledigen können, während Sie noch beim Aufräumen sind: telefonisch, auch wenn Sie es ursprünglich schriftlich machen wollten. Sie faxen das Originalschreiben mit einer handschriftlichen Bemerkung zurück. Sie legen es jetzt, hier und sofort richtig ab.

Die Grundgesetze der Eisenhower-Methode
Die 4-Quadranten-Übung funktioniert 100-%ig, wenn Sie sich streng an folgende drei einfachen Regeln halten:
1. Keine Zwischenhäufchen bilden.
2. Jedes Papier nur einmal anfassen.
3. Keine Felder fünf, sechs usw. bilden.
Übrigens – gerade wenn Sie meinen, fürs Aufräumen auf dem Schreibtisch keine Zeit zu haben, sollten Sie es tun! Selbst wenn es zwei bis drei Stunden dauert (mehr sind es selten, das wird meist überschätzt) – die investierte Zeit lohnt sich, denn danach haben Sie den Kopf frei. Sie fühlen sich besser, sind motivierter und arbeiten die durchs Aufräumen „verlorene" Zeit schnell wieder herein.

Stufe 6: Ihr Partner

Der beste Tipp zum Schluss:

Das simplify-Buch

Dieser kleine Einblick in die simplify-Pyramide hat Sie hoffentlich neugierig gemacht – auf viele weitere simplify-Ideen und Umsetzungstipps.

Sie finden Sie in:

Der Mensch kommt sich am nächsten, wenn er einem Du begegnet. Das Du muss nicht zwingend der Ehepartner sein. Bei Mönchen und Nonnen gibt es die Begegnung mit dem Du Gottes, bei allein lebenden Menschen kann es ersatzweise das Du von Verwandten, Freunden sein.

Unser simplify-Tipp für Stufe 6:

🎯 **Führen Sie regelmäßig Zwiegespräche mit Ihrem Partner**

Regelmäßige Gespräche mit festen Regeln erhalten Ihre Beziehung am Leben. Beide Partner verpflichten sich gegenseitig, diese Regeln einzuhalten: Feste Zeit, Fester Ablauf, Fester Wechsel (15 Minuten spricht der eine, dann 15 Minuten der andere. Wer zuhört, stellt keine Fragen, nicht einmal Verständnisfragen), Festes Thema (Jeder erzählt, was ihn derzeit am meisten bewegt).

Werner Küstenmacher
Lothar J. Seiwert:
simplify your Life
Einfacher und glücklicher leben
Campus Verlag,
Frankfurt
39,80 DM

Stufe 7: Ihr Ich

Die Spitze der Stufenpyramide des simplify-Weges bilden Sie selbst – Ihr Lebensziel, Ihre persönliche Vorstellung von Erfüllung und Glück, der Sinn Ihres Lebens.

Unser simplify-Tipp für Stufe 7:

🎯 **Entwickeln Sie Ihre Stärken**

Mein Balance-Tipp des Monats

Die sechs goldenen simplify-Ordnungs-Regeln

1. Wenn Du etwas herausnimmst, lege es wieder zurück.
2. Wenn Du etwas öffnest, schließe es wieder.
3. Wenn Dir etwas heruntergefallen ist, hebe es wieder auf.
4. Wenn Du etwas heruntergenommen hast, hänge es wieder auf.
5. Wenn Du etwas nachkaufen willst, schreibe es sofort auf.
6. Wenn Du etwas reparieren musst, tue es innerhalb einer Woche.

Wer sich auf seine Stärken konzentriert, kann seine Schwächen zunächst vernachlässigen. Jeder Mensch hat spezielle Stärken. Seine Kombination aus Fähigkeiten, Erfahrungen und Know-how sind so einzigartig wie ein Fingerabdruck. Schreiben Sie jetzt Ihre zehn besten Fähigkeiten auf.

simplify your Life heißt, die richtigen Dinge zu tun. Doch es reicht nicht aus, sie zu erkennen, Sie müssen Sie auch tun.

Ihr

Lothar J. Seiwert

660 233 023

B 51393

LOTHAR J. SEIWERT
COACHINGBRIEF

Professioneller & souveräner arbeiten und leben

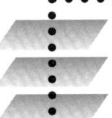

- Professionalität und Effektivität in allen Lebensbereichen gewinnen
- Souveränität und Gelassenheit ausstrahlen
- Balance und Persönlichkeit entwickeln

Monatlicher Coaching-Service ❖ Oktober 2001

Liebe Leserin, lieber Leser,

über Ihre positiven Reaktionen zum Thema „simplify your life" in der letzten Ausgabe haben wir uns sehr gefreut.

Besonders die einzelnen Stufen der simplify-Pyramide haben Sie als sinnvollen roten Faden auf dem Weg zu mehr Lebensbalance eingeschätzt. In unserer aktuellen Ausgabe beziehen wir uns auf die Stufe Eins, indem wir Ihnen wieder einige Techniken für Ihre bessere

SELBSTORGANISATION anbieten. Denn die Tatsache, dass äußere Ordnung die innere bedingt, ist unumstritten. Vielleicht finden Sie eine Methode, die Ihnen helfen kann, dem täglichen Chaos gut gewappnet zu begegnen. Wichtig ist nicht, alles auszuprobieren, sondern eine Sache wirklich konsequent in Ihren Alltag zu überführen.

Unser heutiger Focus beschäftigt sich mit KONSTRUKTIVEM STRESSMANAGEMENT. Denn gerade, wenn es auf den Jahresendspurt zugeht (es ist tatsächlich bald schon wieder soweit!), sollten wir bewusst erkennen, welche Fallen wir vermeiden können und wie wir gesundheitlichen Störungen vorbeugen können. Auf der Seite 7 finden Sie einen Test, mit dessen Hilfe Sie Ihren eigenen Stresswert bestimmen können. Haben Sie Mut zur Ehrlichkeit.

Ihr

Lothar J. Seiwert

PROFESSOR DR. LOTHAR J. SEIWERT gilt als Europas führender Experte für Zeitsouveränität, Effektivität und sinnvolles Lebensmanagement. Er ist erfolgreicher Bestsellerautor und erhielt 1999 als erster deutscher Trainer den internationalen Trainingspreis „Excellence in Practice" der ASTD (American Society for Training und Development).

Themen

Check-up für Ihre Selbstorganisation

Mein aktueller
Buch-Tipp für Sie:
Detlef König
Susanne Roth
Lothar J. Seiwert
„30 Minuten für
optimale
Selbstorganisation"
Gabal Verlag,
Offenbach

„Mit unserer äußeren Umgebung steht und fällt unsere Effizienz."
Wir haben Ihnen in der letzten Ausgabe die „simplify-Pyramide" von Tiki Küstenmacher vorgestellt. Danke für Ihre positiven Reaktionen darauf. Viele Leser bestätigen, dass der Zusammenhang zwischen äußerer Beschaffenheit unserer Umgebung und unserer inneren Einstellung und Selbstmotivation äußerst treffend ist.

Stapel auf dem Schreibtisch, zugestellte Treppen, unübersichtliche Schubladendschungel – all das sind äußere Blockaden, die sich im Inneren als Unlust äußern und unseren Arbeits- und Lebensfluss hemmen. Im folgenden stelle ich Ihnen weitere Techniken vor, die Ihnen helfen, sich an Ihrem Arbeitsplatz von solchen Blockaden zu befreien.

Entscheidend dabei ist, dass Sie sich die Techniken und Methoden heraussuchen, die Ihnen sinnvoll erscheinen.

Alles auszuprobieren führt zur Verzettelung und unterstützt Sie nicht dabei, Ihre Selbstorganisation zu optimieren.

Das Direkt-Prinzip: Sofort tun

Wir schieben alle viel zu viele Dinge vor uns her. Doch auch kleine Aufgaben, die liegen bleiben, sorgen in der Addition dafür, dass wir irgendwann überfordert sind und den Berg von Aufgaben, der sich vor uns türmt, scheinbar nicht mehr bewältigen können.

Abhilfe schafft hier die Direkt-Methode. Sie besagt, dass Sie alle zeitlich überschaubaren Aufgaben direkt erledigen sollten. Alles direkt Erledigte ist besser als etwas auf einer To-do-Liste Notiertes oder auf einem To-do-Stapel vor sich hin Vegetierendes.

Die Vorteile der Direkt-Methode

Probieren Sie diese tolle Arbeitstechnik einfach aus. Damit verschaffen Sie sich sofort Erfolgserlebnisse, haben das gute Gefühl, die Kontrolle über Ihren Tag zu haben und fühlen sich innerlich zufrieden. Hier die Vorteile für Sie auf einen Blick:

🌀 Sie sparen Zeit: Indem Sie eine Aufgabe sofort dann erledigen, wenn Sie damit konfrontiert werden, erledigen

Sie sie schneller, weil Sie ja die Lösung dafür schon im Kopf haben. Sie müssen sich nicht zweimal mit dem Thema beschäftigen und müssen keine Wiedervorlage erstellen.

🕉 Sie halten Maß: Aufgaben wachsen in dem Maße, wie wir sie vor uns herschieben. Sofortige Erledigung sorgt für minimalen Aufwand.

🕉 Sie vergessen es nicht: Alles, was Sie sofort erledigen, können Sie nicht vergessen. Sie werden also zuverlässiger.

🕉 Sie behalten die Übersicht: Erledigte Aufgaben können sofort in die Endablage und blockieren somit nicht Ihren Schreibtisch oder Ihre Zwischenablage.

🕉 Sie halten Ihren Kopf frei: Die kleinen Aufgaben, wie ein Anruf, eine kleine Rückantwort etc. werden in unserem Kopf zu vielen kleinen Hürden, die uns permanent blockieren. Ersparen Sie sich diese Gedanken-Hürden.

Aufgaben vor sich herzuschieben, ist einfach ineffizient. Packen Sie leicht überschaubare Tätigkeiten einfach sofort an und schaffen Sie sich damit einfach ein wenig mehr Entspannung.

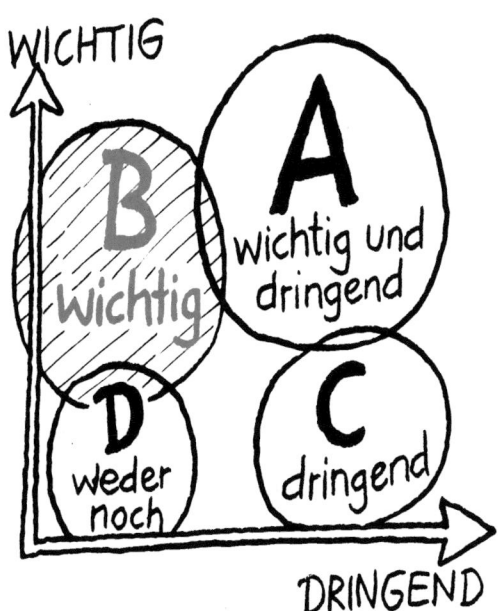

🔍☀ On Top mit dem Super-Buch

Kennen Sie die Ratlosigkeit, wenn Sie sich beim Telefonat eine wichtige Nummer notiert haben, aber den Zettel nicht mehr finden... Mit einem Aufgabenbuch für alles beenden Sie Sucherei und Vergesslichkeit für alle Zeiten. Sie bringen mit diesem Super-Buch Ordnung und Klarheit in Ihre Selbstorganisation, denn Sie notieren sich darin alles, was Sie sonst auf Zettel oder To-do-Listen schreiben oder sich gar einfach nur merken wollten.

So funktioniert es:

☀ Sie kaufen sich ein dickes, gebundenes, DIN-A5-Buch (oder DIN A4) mit mindestens 100 Seiten, blanko.

☀ Nummerieren Sie die Seiten, damit vermeiden Sie, dass einzelne Einträge auf Nimmerwiedersehen verschwinden.

☀ Schreiben Sie ab heute alles hinein, was Sie erledigen müssen und was Sie sich merken wollen, zum Beispiel:
Telefonate (wann, mit wem, was)
Dates
Ideen
Anfragen
Projekte
Bestellungen ...

☀ Lassen Sie links immer einen Rand frei für Datum, Nummern, Delegations- und Namenszeichen

So starten Sie Ihre Informationszentrale:

Notieren Sie ab heute alles in Ihrem Super-Buch, von versprochenen Rückrufen, über Ideen zu Projekten bis zum Theaterkarten bestellen. Übertragen Sie Aufgaben in Ihren Timer, indem Sie die entsprechende Seite aus Ihrem Super-Buch eintragen.

Schriftlichkeit ist alles:
Arbeiten Sie grundsätzlich nach dem Prinzip der Schriftlichkeit. Schreiben Sie sich alles auf, statt es sich zu merken. Ob im Super-Buch, in Ihrem Zeitplaner oder in einem Karteikasten-System – finden Sie einen zentralen Ort für Ihre Notizen. Zettelwirtschaft und Arbeitsmappen-Alpen sind tödlich für Ihre Selbstorganisation. Der große Vorteil schriftlicher Organisation an einem Ort: Ihnen geht nichts verloren, und Sie können sich im Zweifel an alles erinnern, beispielsweise wissen Sie immer genau, wann Sie mit jemandem telefoniert haben und was besprochen und vereinbart wurde.

Entscheidungen treffen nach dem Direkt-Prinzip

Auch Ihre Entscheidungsfindung sollte auf dem Direkt-Prinzip basieren. Machen Sie es zur Routine, über jede Aufgabe, die hereinkommt, sofort eine Entscheidung zu treffen. Wenn Sie die Aufgabe nicht direkt erledigen können – aus Zeit- oder Termingründen – dann terminieren Sie sie sofort und erledigen

sie konsequent zu dem festgelegten Zeitpunkt. Wenn Sie jetzt denken, dass Entscheidungen niemals nach dem Direktprinzip getroffen werden können, weil ja erst die entsprechende Entscheidungsgrundlage geschaffen werden muss, dann überdenken Sie folgendes:

🌑 Sichere Entscheidungen gibt es nie: Jede Entscheidung enthält letztendlich Unsicherheitsfaktoren. Denn alle notwendigen Informationen können wir

(weiter auf S. 9)

> Wenn Sie eine zusätzliche Aufgabe annehmen – egal ob beruflich oder privat – geben Sie konsequent eine alte dafür ab. Sie sollten niemals addieren ohne an anderer Stelle zu subtrahieren.

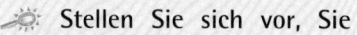

🔍 Ihr Lebenstisch

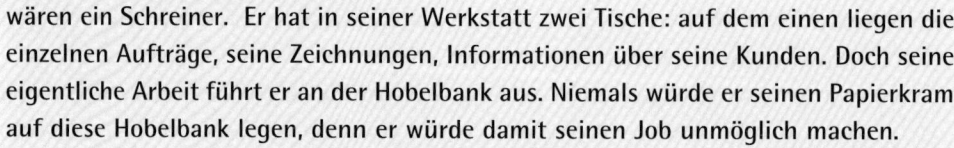

Hier eine weitere Idee von Tiki Küstenmacher (siehe unsere "simplify-Ausgabe" 09/2001), wie Sie Ihre Arbeitsorganisation optimieren: Der Lebenstisch.

☀ Stellen Sie sich vor, Sie wären ein Schreiner. Er hat in seiner Werkstatt zwei Tische: auf dem einen liegen die einzelnen Aufträge, seine Zeichnungen, Informationen über seine Kunden. Doch seine eigentliche Arbeit führt er an der Hobelbank aus. Niemals würde er seinen Papierkram auf diese Hobelbank legen, denn er würde damit seinen Job unmöglich machen.

☀ Ihr Schreibtisch ist Ihre Hobelbank. Ändern Sie Ihre Perspektive, und schaffen Sie sich Freiraum zum Arbeiten und Denken. Betrachten Sie Ihren Schreibtisch als Hobelbank. Sie können daran am effektivsten arbeiten, wenn Sie Platz haben.

☀ Ein Lebenstisch für Ihr Arbeitsleben. Schaffen Sie sich eine freie Fläche. Das kann ein zweiter Tisch oder ein großes Regalfach sein. Dort können Sie eine Simulation Ihres Arbeitslebens aufbauen – beispielsweise folgendermaßen:
– nach vorn in die Mitte kommen die To-dos;
– links, alles, was als nächstes ansteht;
– rechts, alles, was erledigt ist und in die Ablage gehört.
– An der Schmalseite hinten liegen Dinge, die Ihnen einfach Spaß machen und Ihrem Arbeitsleben Freude und Halt geben, zum Beispiel ein schöner Urlaubs-Katalog.
– Am hinteren Rand in der Mitte stapeln Sie Ihre längerfristigen Projekte.

☀ Achtung: Der Lebenstisch ist kein Ersatz für Ihr Ordnungssystem, sondern ein sinnvolles Bindeglied zwischen Ihrem Arbeitsplatz und Ihrer Ablage – also Ihre Arbeitsvorbereitung. Ihr Vorteil: Sie haben eine freie Arbeitsfläche und immer nur das Projekt vor sich, mit dem Sie sich gerade beschäftigen. Und der Lebenstisch gibt Ihnen einen „greifbaren" Überblick über Ihren Arbeitstag und Ihr Arbeitsleben.

Stress erkennen und konstruktiv begegnen

Wie oft reden wir davon, im Stress zu sein. Manch einer schmückt sich fast damit, immer unter Druck und immer unter Dampf zu stehen. Denn das heißt in unserer Leistungsgesellschaft, gebraucht zu werden und wichtig zu sein.

Doch gerade die Leistungsträger sind auch oft die heimtückischen Opfer ihres Lebens unter Volldampf – nämlich dann, wenn sie Warnsignale ihres Körpers und ihrer Seele nicht ernst nehmen und immer tiefer in die Spirale des negativen Stresses geraten, der dann Burnout heißt und ins gesundheitliche, aber auch berufliche Aus führen kann.

Im ersten Schritt ist es wichtig, mit dem Begriff Stress nicht mehr so sorglos umzugehen. Viele Menschen reden gleich von Stress und werden ungeduldig, wenn die Umwelt nicht genau ihren Vorstellungen entspricht. Von diesem „selbstgemachten" Stress sollten wir uns gleich verabschieden. Wir leben

Warnsignale erkennen

Wollen Sie wirklich langfristig erfolgreich und zufrieden sein, dann sollten Sie Ihren Körper über das Tempo Ihres beruflichen Fortschritts mitbestimmen lassen. Nur wenn Sie die Gefahr erkennen, die negativer Stress verursacht, können Sie ihr konstruktiv begegnen. Welche der folgenden Stress-Symptome erkennen Sie bei sich?

- Ich kann mich gar nicht mehr so wie früher über kleine Erfolge oder Dinge, die mich sonst begeisterten, freuen.
- Ich habe immer öfter morgens das Gefühl, liegen bleiben zu wollen und fühle mich auch nach genügend Schlaf nicht erholt.
- Ich bin viele ungeduldiger als früher und werde immer öfter aggressiv.
- Ich bin mir nicht sicher, ob ich tatsächlich den richtigen Weg gehe.
- Ich denke oft, meinen Aufgaben nicht mehr gewachsen zu sein.
- Ich habe das Gefühl, niemals genug gearbeitet zu haben. Es gibt so viel, was liegen bleibt und mich belastet.
- Irgendwie verliere ich die Freude an meiner Arbeit.
- Ich habe das Gefühl, meine Energie zu verlieren.
- Ich weiß gar nicht mehr so recht, was Lebensfreude bedeutet.
- Ich bin gar nicht mehr in der Lage, richtig abzuschalten.

Sammeln Sie unsere Focus-Themen in einem Extra-Ordner, und schaffen Sie sich Ihre eigene Weiterbildungs-Datenbank!

Top-Tipp gegen Stress: Vermeiden Sie Ärger.
Haben Sie oft Streit mit dem Partner, den Kollegen oder den Nachbarn? Dann führen Sie sich vor Augen: Zum ärgern gehören immer zwei. Achten Sie ab heute darauf, sich nicht so schnell aus der Ruhe bringen zu lassen. Denn wenn Sie es zulassen, dass andere ihre Probleme auf Sie abladen, dann verlieren Sie Zeit, Energie und Ihr Stresspegel steigt.

nun einmal im Hier und Jetzt. Warum sollten wir uns deshalb gleich von jedem Stau aus der Ruhe bringen lassen. Denken Sie doch dabei an die alte Weisheit, dass man nur die Dinge ändern sollte, die man ändern kann. Die Dinge aber, die wir nicht beeinflussen können, sollten wir hinnehmen und das Beste daraus machen.

Wie wäre es, wenn Sie zukünftig den Stau dafür nutzen, sich eine interessante Audiokassette anzuhören, einfach bei angenehmer Musik zu entspannen oder sich ihren Gedanken hinzugeben?

Was ist Stress?

Von Stress spricht man dann, wenn ein körperlicher oder auch ein emotionaler Zustand eine bestimmte Alarmreaktion des Körpers hervorruft. Dabei spielt es keine Rolle, ob die Ursache für diese Stressreaktion körperlicher, geistiger oder seelischer Natur ist.

Die Auslöser von Stress – die sogenannten Stressoren – können also direkte körperliche Bedrohungen sein (der sprichwörtliche Bär, der hinter jeder Ecke auf unsere Vorfahren lauerte), sind aber heute viel öfter Lärm oder ganz einfach Überforderungen im privaten oder beruflichen Umfeld.

Eustress und Disstress

Wichtig zu wissen ist auch, dass nicht jede Form von Stress gleich gesundheitsschädigend ist.

🎵 Eustress beflügelt: (Eu = gut, griechisch). Positiver Stress tritt dann auf, wenn man verliebt ist, wenn die Arbeit Freude macht und wenn man sonst freudig erregt ist. Diese Form des Stresses (natürlich auch nur im richtigen

(weiter auf S. 8)

🔍☀ Die drei Stress-Phasen

Jeder Mensch kann mehr oder weniger gut mit Stress umgehen. Der Grad der individuellen Stressresistenz ist von unserer körperlichen und seelischen Verfassung abhängig. Der kanadische Arzt und Stressforscher Hans Selye stellte jedoch fest, dass jede Stressreaktion in drei Phasen abläuft. Seine Erkenntnisse sind über 60 Jahre alt, werden jedoch durch die jüngere Forschung bestätigt:

🎵 **1. Stress-Phase – Alarm:** Der Körper erkennt die Stress-Situation. Er bereitet sich vor zu handeln. Die beiden Handlungsmuster sind so alt wie die Menschheit selbst: Flucht oder sich dem Kampf stellen. Es werden Hormone ausgeschüttet, die die Atmung beschleunigen, Herzrasen verursachen, den Blutzuckerspiegel erhöhen, starkes Schwitzen und eine Velangsamung der Verdauung zur Folge haben.

🎵 **2. Stress-Phase – Widerstand:** In dieser Phase baut der Körper die Stresshormone ab, um konstruktiv mit dem Stress umgehen zu können. Beim Urmenschen funktionierte das bestens, da er sich in dieser Phase abreagieren konnte. Unsere Zivilisation hingegen nimmt uns oft die Möglichkeit der Abreaktion, denn im Gegensatz zu unseren Vorfahren haben wir den körperlichen Stressabbau leider zu sehr aus unserem Handlungs-Repertoire gestrichen.

🎵 **3. Stress-Phase – Erschöpfung:** Dauerstress erschöpft unsere Energievorräte und führt im Extremfall sogar zum Tod durch Herzinfarkt oder Schlaganfall.

Stress begegnen Sie am besten durch gezielte Entspannung, zum Beispiel indem Sie entspannende Musik hören.

Mein Tipp:
Bachs „Goldberg-Variationen".
Hören Sie diese Musik vor einem wichtigen Meeting oder zur Entspannung nach der Arbeit. Sie entkrampft den Körper und der Geist entspannt und ist gleichzeitig hellwach. Unruhe und das Gefühl, gehetzt zu sein, verschwinden.

Erkennen Sie Ihre Stress-Auslöser

Auch wenn es oft nicht leicht ist, Ihre persönlichen Stressauslöser zu eliminieren, sollten Sie sie kennen und beurteilen können. Die amerikanischen Stressforscher Holmes und Rahe entwickelten dafür eine Stress-Skala. Jeder Faktor ist mit einer bestimmten Punktzahl belegt. Addieren Sie die für die letzten zwölf Monate in Frage kommenden Punkte (Multiplizieren Sie dabei die Ereignisse mit ihrer Häufigkeit). Auf diese Weise können Sie Ihr aktuelles Stress-Niveau ermitteln.

Auswertung:

Bis 150 Punkte: Sie befinden sich auf einem normalen Stresslevel.

Ab 200 Punkte: Sie sind dabei, Ihre gesunde Stress-Resistenz zu verlieren. Finden Sie Bereiche, in denen Sie bewusst gegensteuern. Erhöhen Sie Ihre Stress-Resistenz durch regelmäßigen Sport und Entspannung.

Ab 300 Punkte: Sie sind stark burnout-gefährdet. Steuern Sie aktiv gegen.

Stress-Werte-Tabelle

Tod eines Partners/engen Freundes	100	ooo
Scheidung oder Trennung	73	ooo
Tod eines nahen Familienmitglieds oder Gefängnis	63	ooo
Verletzung oder Krankheit	53	ooo
Hochzeit	50	ooo
Fristlose Kündigung	47	ooo
Versöhnung mit dem Partner oder In Rente oder Pension gehen	45	ooo
Familienmitglied erkrankt	44	ooo
Schwangerschaft	40	ooo
Geschäftlicher Neubeginn oder Mobbing oder Sexuelle Probleme	39	ooo
Finanzielle Probleme	38	ooo
Aufstieg oder Abstieg im Job oder Ehestreit	36	ooo
Kind zieht aus oder Ärger mit Schwiegereltern	29	ooo
Außergewöhnlicher Erfolg	28	ooo
Schul-/Berufsabschluss oder -start oder neue Lebenssituation	26	ooo
Änderung von Gewohnheiten	24	ooo
Ärger mit dem Vorgesetzten	23	ooo
Wechsel des Wohnorts oder andere Arbeitsbedingungen oder neue Schule	20	ooo
Veränderte Freizeitgestaltung	19	ooo
Einen größeren Kredit aufnehmen	17	ooo
Andere Schlafgewohnheiten	16	ooo
Neue Essgewohnheiten	15	ooo
Urlaub	13	ooo
Weihnachtszeit	12	ooo
Kleiner Ärger mit Regeln und Gesetz	11	ooo

Nehmen Sie diese Stress-Werte-Tabelle als Richtmaß für Ihr persönliches Stressmanagement. Natürlich kann die Messung nicht objektiv sein, Jeder empfindet Stress individuell. Auch spielen die genannten Anti-Stress-Faktoren, wie Sport, gesunde Ernährung und aktive Entspannung eine Rolle.

Konstruktive Wege aus dem Stress

Wichtig im Umgang mit Stress ist es, dass Sie die Faktoren herausfinden, die bei Ihnen Stress auslösen. Oftmals ist es schwierig, diese völlig abzustellen. Daher ist es sinnvoll, Ihre persönliche Stress-Resistenz herabzusetzen, indem Sie für sich einen wirkungsvollen Ausgleich schaffen. Die wichtigsten Techniken dafür sind:

Maß) ist äußerst wichtig, damit wir unsere maximale Leistungsfähigkeit erreichen können.

Disstress macht krank: Nur der Stress, der aus den genannten Ursachen, wie Überforderung, resultiert, kann krank machen. Er drückt sich auf der Gefühlsebene aus in Form von Enttäuschung, Frustration und Angst. Die körperlichen Folgen davon sind wie beschrieben Bluthochdruck, Verdauungsstörungen, Impotenz, Schlaflosigkeit oder Herzklopfen.

Auf der körperlichen Ebene: Sport und gesunde Ernährung. Stubenhocker und Menschen, die viel Fett und Zucker konsumieren, sind weniger belastbar. Auch Alkohol, Tabletten oder Nikotin setzen die Stress-Resistenz herab.

Auf der geistigen Ebene: Entspannungstechniken und konstruktiver Umgang mit Termindruck, eigenem Ehrgeiz Perfektionismus sowie der Mut, sich inneren Konflikten zu stellen und an ihrer Lösung zu arbeiten.

Stress ist sehr oft hausgemacht.

Die besten Anti-Stress-Sportarten

Joggen und Powerwalking,

Schwimmen

Tanzen

Skilanglauf

Wandern

10 Tipps für gesundes Stressmanagement

1. Reduzieren Sie Ihre Stress-Auslöser
2. Entspannen Sie regelmäßig.
3. Treiben Sie regelmäßig Sport.
4. Nehmen Sie sich Zeit für aktive Freizeitgestaltung und für Ihre Hobbys.
5. Trinken Sie täglich 3 Liter Wasser und ernähren Sie sich eiweiß-, vitamin- und mineralstoffreich.
6. Vermeiden Sie Streit, indem Sie die Dinge gelassener sehen und nicht so emotional reagieren.
7. Lernen Sie „Nein" zu sagen und vermeiden Sie so Hektik.
8. Sorgen Sie für regelmäßige Pausen.
9. Planen Sie Ihren Tag am Vorabend und arbeiten Sie nach Prioritäten.
10. Sorgen Sie dafür, dass Sie mindestens 7 Stunden schlafen.

uns niemals beschaffen. Daher gibt es keine absolut richtigen oder falschen Entscheidungen.

Benutzen Sie also nicht die Ausrede der mangelnden Entscheidungsgrundlage, um Ihre Entscheidungsunwilligkeit zu kaschieren. Treffen sie lieber eine schnelle Entscheidung nach bestem Wissen, als gar keine Entscheidung.

🌞 Entscheidungen setzen Energien frei: Nutzen Sie den positiven Sog getroffener Entscheidungen. Jede getroffene Entscheidung ist der richtige Schritt in Richtung Aufgabenbewältigung. Er motiviert Sie zum Handeln, setzt Energien frei und schafft Zufriedenheit, die Sie nicht besitzen, wenn Sie sich durch aufgeschobene Entscheidungen lähmen lassen.

Direkt tun – so funktioniert's

🌞 3-Minuten-Jobs sofort: Bearbeiten Sie ab sofort alle Aufgaben, deren Erledigung nicht mehr als drei Minuten in Anspruch nimmt. Das gilt zum Beispiel für:

Eingegangene Briefe – Reagieren Sie mit einer Blitz-Antwort, indem Sie Ihre

🔍 Direkt delegieren

Delegieren ist eine Sonderform des Direkt-Prinzips. Gekonnt eingesetzt, bringt es allen Beteiligten Erfolgserlebnisse. Haben Sie also die Möglichkeit, zu delegieren, dann tun Sie es direkt und mit ganz klaren Erledigungsanweisungen. Versichern Sie sich, dass die Aufgabe bei Ihren Mitarbeitern oder Dienstleistern auch angekommen ist, so vermeiden Sie Rückfragen und Frust. Denn auch die besten Mitarbeiter können Ihre Gedanken nicht lesen. Beachten Sie dabei folgende Basics:

🌞 Grenzen Sie Verantwortungsbereiche ganz klar ab.

🌞 Koordinieren Sie die delegierten Aufgaben.

🌞 Beraten und unterstützen Sie die Mitarbeiter.

🌞 Führen Sie eine konsequente Ablauf- und Erfolgskontrolle durch.

🌞 Beurteilen Sie Ihre Mitarbeiter für die Erledigung der Aufgaben – durch Lob und konstruktive Kritik.

🌞 Wehren Sie alle Versuche von Rück- oder Weiterdelegation ab.

Das VDN-Prinzip für Ihre Meetings: Besprechungen werden nicht zum Reizbegriff, wenn Sie konsequent nach dem VDN-Prinzip planen:

V = Vorbereitung Gewünschte Ergebnisse festlegen; Checken, ob diese Ergebnisse auch schneller (Telefon, E-Mail) erreicht werden können.

D= Durchführung Spielregeln festlegen Übersicht über Ablauf geben, konsequente Zeitbegrenzung, Protokoll während der Sitzung erstellen.

N= Nachbereitung konkreter Aufgabenplan für jeden transparent, Kontrolle der Umsetzung.

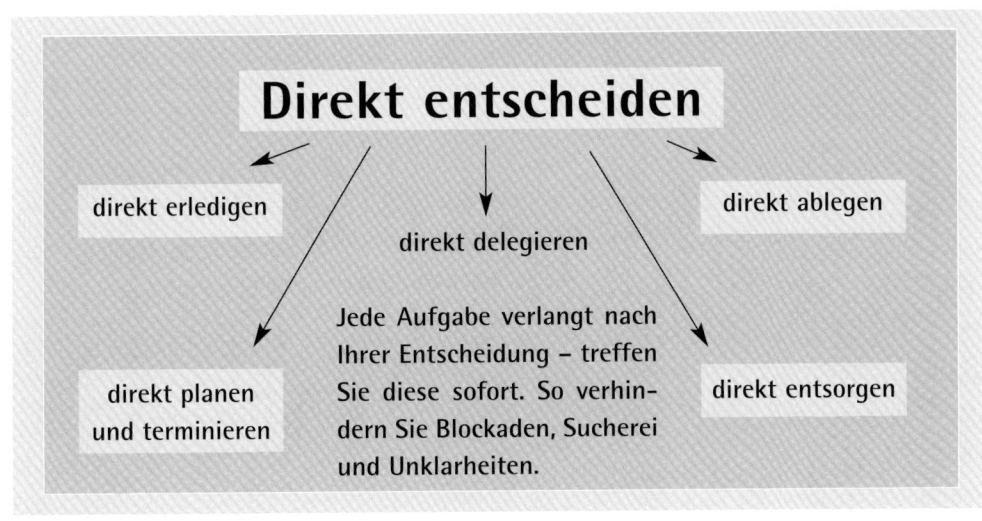

Direkt entscheiden

direkt erledigen

direkt delegieren

direkt ablegen

direkt planen und terminieren

Jede Aufgabe verlangt nach Ihrer Entscheidung – treffen Sie diese sofort. So verhindern Sie Blockaden, Sucherei und Unklarheiten.

direkt entsorgen

(weiter auf S. 12)

Gut erledigt in 30 Minuten

80%

100%

Perfekt erledigt in 60 Minuten

Form und Inhalt

Natürlich ist es – beispielsweise bei Ihrer Korrespondenz – wichtig, dass die Form Ihres Schreibens im Groben dem Inhalt entspricht. Doch gilt hier die Regel: Schnelligkeit schlägt Form. Finden Sie Möglichkeiten, Ihre Korrespondenz zu vereinfachen. Setzen Sie E-Mails ein, wo es möglich ist, kommen Sie dabei direkt zur Sache, sparen Sie sich bei Ihren Schreiben den Feinschliff. Es ist nicht ausschlaggebend, ob der Brief perfekt auf der Seite steht oder ob in der E-Mail mehrmals dasselbe Verb verwendet wurde – wichtig ist letztlich der Inhalt.

🔍 Selbst-Check: Gut statt perfekt – GSP

Viele Menschen versuchen, all ihre Arbeiten möglichst perfekt zu erledigen. Dieser Anspruch ist einer der größten Zeitfresser und auch eine erhebliche Erfolgsbremse. Denn in den meisten Fällen reichen 80 Prozent aus, um in einer Sache weiterzukommen. Der Feinschliff zu den berühmten 150 Prozent, also zum Perfektionismus, kostet einfach nur Zeit, Nerven und Energie.

Prüfen Sie, ob bei Ihnen Kosten, Zeitaufwand und Nutzen in einem vernünftigen Verhältnis stehen. Das folgende Perfektionismus-Profil ist wie viele der heutigen Anstöße ebenfalls dem Buch: „30 Minuten für optimale Selbstorganisation" (siehe Seite 2) entnommen: Lesen Sie folgende Fragen, und kreuzen Sie sie an, falls Sie sie mit Ja beantworten können.

☐ Bemühen Sie sich um Fehlerlosigkeit in Inhalt und Ausführung, und das möglichst auf Anhieb?

☐ Sind Sie gut organisiert, planen voraus, kalkulieren auch mögliche Probleme mit ein?

☐ Werden Sie von Kollegen und Mitarbeitern als verlässlich und gewissenhaft geschätzt?

☐ Setzen Sie sich gern mit Details auseinander, lesen auch das Kleingedruckte in Standardverträgen oder studieren Gebrauchsanweisungen ausführlich?

☐ Achten Sie bei Dokumenten immer auch auf Varianten in der Gestaltung?

☐ Arbeiten Sie häufig länger und nehmen Aufgaben mit nach Hause, um ihnen den letzten Schliff zu geben, indem Sie zum Beispiel ein Schriftstück auch zum dritten Mal Korrektur lesen?

☐ Machen eigentlich lieber alles allein, auch wenn Sie manches delegieren könnten – um sicher zu gehen, dass Sie auch das gewünschte Resultat bekommen?

☐ Nagen auch kleine Fehler an Ihnen – selbst dann, wenn andere mit Ihrer Arbeit zufrieden sind?

☐ Benutzen Sie im Gespräch gern Termini oder Wendungen, wie: „Man könnte sagen... ", „Wie wir gesehen haben...", oder sagen Sie oft: „Erstens, Zweitens, Drittens...", und zeigen dies auch mit den Fingern an?

☐ Neigen Sie dazu, unnötig viele und detaillierte Informationen zu einem Sachverhalt zu geben, wenn Sie etwas erklären?

☐ Sind Ihre Briefe, E-Mails und Faxe immer länger als eine Seite?

☐ Kommen Sie zu Meetings pünktlich und gut vorbereitet, sind Sie Befürworter einer Agenda und von Spielregeln? Irritiert es Sie, wenn sich andere nicht an vorgegebene Regeln halten?

Auswertung:

Bis 4 Kreuze: Sie haben einen leichten Hang zum Perfektionismus. Prüfen Sie, in welchen Bereichen das dazu beiträgt, Ihre Arbeit zu verlangsamen und ineffizient zu machen.

4 bis 8 Kreuze: Perfektionistische Tendenzen sind bei Ihnen fest etabliert. Prüfen Sie, in welchen Bereichen Sie mit mehr Gelassenheit schneller und vor allem Produktiver werden können.

Mehr als 8 Kreuze: Höchste Zeit, dass Sie sich konsequent mit dem GSP-Prinzip auseinandersetzen. Unsere dringende Empfehlung, um Ihre Arbeit zu erleichtern. Setzen Sie die folgenden Tipps konsequent um.

Dem Perfektionismus keine Chance: GSP-Tipps für mehr Gelassenheit

④ **Pünktlich oder überpünktlich?** Pünktlich zu einem Termin oder einer Verabredung zu erscheinen ist eine Sache der Höflichkeit. Doch eine Viertelstunde früher als verabredet da zu sein, ist reine Zeitverschwendung, weckt bei Ihrem Gegenüber keine Sympathie und nervt vor allem Sie selbst. Prüfen Sie auch, wie Sie mit der Unpünktlichkeit anderer umgehen. Wenn Sie sich zehn Minuten darüber aufregen, wenn jemand fünf Minuten zu spät kommt, dann ist das schlicht perfektionistisch.

④ **Ordnung oder Pedanterie?** Es ist gut und sinnvoll, sich so zu organisieren, dass Ihr Umfeld - egal ob Schreibtisch, Kleiderschrank oder der Rest der Wohnung und des Büros – so geordnet ist, dass Sie sich wohlfühlen und Klarheit verspüren. Doch sollten Sie sich fragen, wo die Grenzen zur Pedanterie liegen. Spüren Sie einen Aufräumzwang in sich? Halten Sie sich zum Beispiel täglich zu lange mit dem Aufräumen Ihres Schreibtischs auf? Legen Sie ab heute eine bestimmte Zeit dafür fest - zehn Minuten reichen aus.

④ **Pflichtbewusst oder pflichtgetrieben?** Glauben Sie, dass Sie alles perfekt erledigen müssten, natürlich alles persönlich? Sie nehmen dafür in Kauf, Überstunden zu machen und haben große Probleme, einmal etwas zu delegieren oder sich helfen zu lassen. Wenn dem so ist, dann befinden Sie sich in der Perfektionismus-Falle. Brechen Sie aus – lassen Sie ruhig einmal alle Fünf gerade sein, delegieren Sie oder lassen Sie einfach einmal etwas liegen.

④ **Fehlerfokussiert oder chancenorientiert?** Sind Sie darauf bedacht, Ihre Arbeit immer fehlerfrei zu erledigen? Ärgern Sie sich über Fehler, statt daraus zu lernen? Sehen Sie ab heute Ihre Fehler als Chancen, es beim nächsten Mal besser zu machen. Die größten Erfolge der Menschheit entstanden aus einer langen Reihe von Fehlversuchen. Stehen Sie zu Ihren Fehlern. Dann werden Sie in Zukunft auch weniger Fehlversuche haben. Denken Sie daran: Beachtung bringt Verstärkung. Konzentrieren Sie sich lieber auf Ihre Erfolge und Stärken,.

④ **Leistungsorientiert oder übereifrig?** Wie steht es mit Ihrem Engagement? Neigen Sie dazu, sich immer mehr Aufgaben aufzuhalsen, als gut für Sie wäre? Verlassen Sie sich einfach mehr auf die anderen und bringen Sie sich nur für die Aufgaben ein, die tatsächlich nur von Ihnen erledigt werden können.

Perfektionismus und Lebensbalance

Es gibt auch ein Leben nach der Arbeit und nach dem Ordnung schaffen. Lebensbalance heißt auch, sich entspannen zu können und einfach einmal loszulassen von all den Alltagspflichten. Perfektionismus ist keine Stärke. Nur wer den Unterschied zwischen gut und perfekt begreift, wird den Weg zu einem ausgeglichenen und gelassenen Leben finden. Leben Sie deshalb das GSP-Prinzip.

Beginnen Sie sofort. Setzen Sie einen unserer heutigen Tipps ab morgen für mindestens einen Monat konsequent um. Disziplinieren Sie sich, dieses kleine Prinzip der Selbstorganisation zur Gewohnheit zu machen. Sie wissen: Weniger ist immer mehr.

kurze handschriftliche Reaktion (direkt auf dem Schreiben) zurückfaxen. Ebenso können Sie es mit E-Mails handhaben – schreiben Sie Ihren Vermerk dazu, und leiten Sie sie sofort weiter.

⚜ Alles am Stück: Bündeln Sie Tätigkeiten, die einem ähnlichen Bearbeitungsschema folgen. Durch das „am Stück" erledigen, vermeiden Sie das Springen zwischen unterschiedlichem Tun. Das gilt zum Beispiel für:

Telefonate und E-Mails – Bearbeiten Sie Ihre elektronische Post zu festen Zeiten. Sie sparen dadurch immens an Zeit. Auch Telefonate lassen sich bestens bündeln. Sie sparen dadurch ebenfalls Zeit, weil Sie sich automatisch kürzer fassen, wenn Sie auf Ihrer Liste noch weitere Rückrufe zu erledigen haben. Aufgabenbündelung heißt dabei nicht, dass Sie das Direkt-Prinzip vernachlässigen sollten. Planen Sie die Bündel-Jobs, und erledigen Sie sie in der dafür geplanten Zeit. Denn Direkt heißt auch, direkt planen.

Jeden Vorgang einmal anschauen

Wichtig ist, dass Sie das Direkt-Prinzip verinnerlichen. Es bedeutet nicht, wild

darauf loszuarbeiten, sobald eine Aufgabe auf den Tisch kommt. Direkt heißt, dass Sie es grundsätzlich vermeiden sollten, Arbeiten einfach „wegzuschieben". Erledigen Sie es sofort, legen Sie es sofort ab, planen Sie es sofort, delegieren Sie es sofort oder entscheiden sie sofort, wie, wann, von wem es in Angriff genommen werden soll.

Im günstigsten Fall schaffen Sie es, dass ein Vorgang auch nur einmal durch Ihre Hände geht. Viel Erfolg dabei wünscht Ihnen Ihr

Lothar J. Seiwert

Lothar J. Seiwert

660 233 024

B 51393

LOTHAR J. SEIWERT
COACHINGBRIEF

Professioneller & souveräner arbeiten und leben

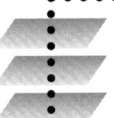

Professionalität und Effektivität in allen Lebensbereichen gewinnen
Souveränität und Gelassenheit ausstrahlen
Balance und Persönlichkeit entwickeln

Monatlicher Coaching-Service ❖ November 2001

Liebe Leserin,
lieber Leser,

Scheinbar als reine Führungs- und Selbstmanagement-Technik kommt das PRINZIP DER DELEGATION daher. Doch schauen wir uns an, warum wir oftmals nicht in der Lage sind, Aufgaben zu delegieren, dann merken wir, dass da viel mehr dahintersteckt.

Die Fähigkeit loszulassen, anderen Verantwortung zu übertragen, anderen Menschen Vertrauen zu schenken, hat ganz entscheidend mit uns selbst zu tun – mit unserem SELBSTKONZEPT.

Denn nur so weit, wie wir in uns selbst ruhen, sind wir auch in der Lage, unsere Souveränität, aber auch unsere eigene Fehlbarkeit nach außen zu tragen.

Delegation beginnt mit der Kindererziehung. Indem wir unseren Kindern die Verantwortung für eine Aufgabe übertragen, können wir förmlich sehen, wie Sie daran wachsen, wie ihr Selbstbewusstsein steigt und wie sie sich von uns lösen und selbständig werden.

Der Chef, der diesen Weg auch seinen Mitarbeitern zugesteht, wird – genau wie die stolze Mutter – die Früchte dieses Säens eines Tages ernten. Denn andere Menschen stark zu machen, ist die reinste Form, sich selbst zu stärken und weiterzuentwickeln.

Ihr

Lothar J. Seiwert

PROFESSOR DR. LOTHAR J. SEIWERT gilt als Europas führender Experte für Zeitsouveränität, Effektivität und sinnvolles Lebensmanagement. Er ist erfolgreicher Bestsellerautor und erhielt 1999 als erster deutscher Trainer den internationalen Trainingspreis „Excellence in Practice" der ASTD (American Society for Training und Development).

Themen

Delegieren motiviert Sie und Ihre Mitarbeiter

Erkläre es mir, ich werde es vergessen.
Zeige es mir, ich werde es vielleicht behalten.
Laß es mich tun, und ich werde es können.

Indisches Sprichwort

Wenn von Delegieren die Rede ist, dann denken Führungskräfte, Mütter oder Unternehmer in den meisten Fällen erst einmal an die eigene Entlastung.

Wir denken erst daran, eine Aufgabe an andere zu übertragen, wenn wir selbst schon chronisch überlastet sind, wenn unser randvoller Tag keine Pufferzeiten mehr beinhaltet und wir im Trubel des Tagesgeschehens unterzugehen drohen.

> Wer wirklich Autorität hat, scheut sich nicht, andere stark zu machen. Delegation hat immer zwei gute Seiten: Sie bekommen Ihren Kopf für neue und wirklich wichtige Dinge frei. Und Sie stärken Ihre Mitarbeiter, indem Sie ihnen verantwortungsvolle Aufgaben übertragen.

Alles über meinen Tisch

Doch Delegation, wohl überlegt eingesetzt, ist eine der wirksamsten Erziehungs-, Führungs- und Managementmethoden. Jede Mutter beispielsweise weiß instinktiv, dass sie ihrem Kind eine Sache am besten beibringen kann, wenn sie ihm die Verantwortung dafür überträgt, wenn das Kind selbst agieren kann.

Genauso instinktiv unterlassen es leider viele Mütter, ihre Kinder selbständig zu machen, weil sie einfach nicht loslassen können.

Ganz beliebig lässt sich dieses Verhalten klammernder Mütter auf Unternehmer und Führungskräfte übertragen. Wir alle kennen diese „Alles-über-meinen-Tisch-Mentalität". Wir alle kennen die Menschen, die meinen, dass der Laden ohne sie nicht läuft. Vielleicht gehören Sie ja auch zu dieser delegierscheuen Gruppe? Vielleicht glauben auch Sie, alles selber tun zu müssen, damit Sie die Fäden in der Hand behalten, damit Sie die absolute Kontrolle haben, damit Sie unabkömmlich bleiben? Oder vielleicht glauben Sie, es selbst machen zu müssen, weil Sie ja letztlich doch alles am besten können?

Ich provoziere Sie bewusst, weil mangelnde Delegationsfähigkeit in den wenigsten Fällen eine bewusste Schwäche ist. Die meisten „Selbermacher" meinen, Ihrer Umwelt einen Gefallen zu tun, wenn sie nicht loslassen. Dabei erreichen sie natürlich das Gegenteil ihrer gutgemeinten Bemühungen. Welcher Chef beispielsweise trennt sich von einem Mitarbeiter, der sich über viele Jahre ein Wissensmonopol in seinem Bereich aufgebaut hat? Bekommt nun dieser zielstrebige Mitarbeiter die Chance, auf der Karriereleiter nach oben zu klettern, dann kann es die abschlägige Bewertung des Chefs sein, der dieses Vorhaben scheitern lässt, denn die Führungskraft lässt sich ja nicht die eigene Abteilung arbeitsunfähig machen, da der karrierebewusste

Mitarbeiter zwar hervorragend gearbeitet hat, aber eben vergaß, seine eigene Nachfolge heranzuziehen. Ganz dramatisch wird dieses Verhalten, wenn es sich um den Unternehmer selbst handelt, der vergisst, für seine Unternehmensnachfolge zu sorgen. Fällt er dann irgendwann einmal aus, dann kann es passieren, dass ihm das gesamte Unternehmen folgt.

Wollen Sie also Karriere machen, möchten Sie, dass Ihr Unternehmen auch nach Ihrem Ausstieg weiter funktioniert, oder wollen Sie selbstständige, selbstbewusste Kinder? – Dann sollten Sie lernen, überdurchschnittlich gut zu delegieren.

Was Delegieren bedeutet: Aufgaben, Kompetenzen, Verantwortung

Wie jede gute Methode, so funktioniert auch Delegation nur, wenn man es professionell betreibt. Einfach jemanden mit der Ausführung einer Detailaufgabe betrauen, ihm keinen Gesamtplan aufzuzeigen und ihm die Verantwortung für das, was er tut, nicht zu übertragen, lohnt der Mühe nicht. Richtig delegieren heißt:

🔆 Aufgaben übertragen: Sie übertragen dem Mitarbeiter klar abgegrenzte Tätigkeiten aus Ihrem Funktionsbereich.

🔆 Kompetenzen übertragen: Zur richtigen Delegation gehört auch die Über-

🔆 Warum wir nicht delegieren

- 🔆 Ich kann es selbst viel besser!
- 🔆 Meine Mitarbeiter haben nicht genügend Erfahrung darin!
- 🔆 Ich mach es selbst, weil es dann schneller geht!
- 🔆 Ich traue es den anderen nicht zu!
- 🔆 Die anderen haben auch schon zuviel am Hals.
- 🔆 Ich verliere meine Autorität, wenn die Mitarbeiter die Aufgabe besser erledigen als ich.
- 🔆 Ich verliere die Übersicht.
- 🔆 MIr wird sonst mein Platz streitig gemacht – Stuhlsägekomplex.

tragung der notwendigen sachlichen, finanziellen und personellen Kompetenzen, um diese Aufgabe eigenständig erfüllen zu können.

🔆 Handlungsverantwortung übertragen: Die Bereitschaft des Mitarbeiters, über den Erfolg oder auch Misserfolg der übertragenen Aufgabe Rechenschaft abzulegen, also die Handlungsverantwortung für die Aufgabe, ist der dritte Schritt erfolgreicher Delegation. Befolgen Sie diese drei Basics gekonnter Delegation, dann fördern Sie die Kreativität Ihrer Mitarbeiter und setzen Kraft- und Leistungsreserven frei, mit denen Sie nicht gerechnet hätten.

„Hat der alte Hexenmeister sich doch einmal wegbegeben! Und nun sollen seine Geister auch nach meinem Willen leben. Seine Wort und Werke merkt' ich und den Brauch, und mit Geistesstärke tu' ich Wunder auch."

Delegation hat immer etwas mit Selbstvertrauen zu tun. Wer Macht abgibt, muss sich seiner sicher sein. Ansonsten bekommt man Angst vor seinen Zauberlehrlingen und macht sich unabkömmlich – der erste Schritt ins Aus.

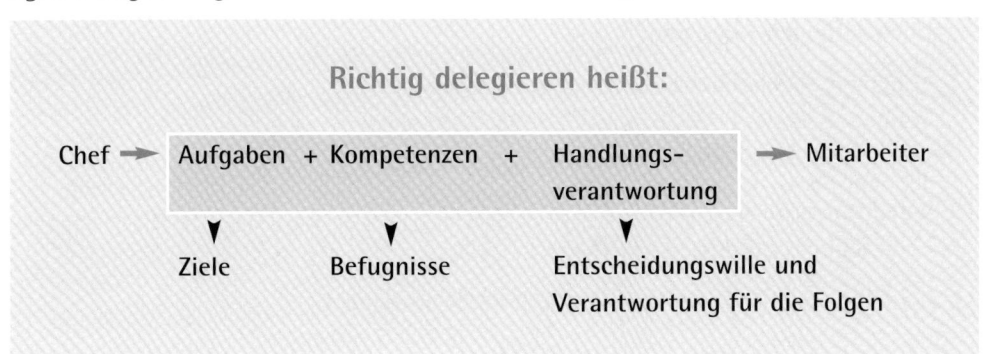

Richtig delegieren heißt:

Chef → Aufgaben + Kompetenzen + Handlungsverantwortung → Mitarbeiter

▼ Ziele
▼ Befugnisse
▼ Entscheidungswille und Verantwortung für die Folgen

☀ Testen Sie sich:
Können Sie delegieren?

Mein Literatur-Tipp
zum Thema
Delegation:
Hans-Jürgen Kratz
„Delegieren –
aber wie?"
Gabal Verlag,
Offenbach.
Folgender Test und
viele Anregungen
zum Thema
Delegieren
kommen von
Hans-Jürgen Kratz.

Folgende Übung zeigt Ihnen, ob Sie das Delegationsprinzip tatsächlich verinnerlicht haben. Kreuzen Sie einfach an, welche der aufgeführten Tätigkeiten delegierbar sind und welche nicht. Die Antworten auf der Seite 5 zeigen Ihnen, inwieweit Sie die Delegieren als Erziehungs- und Führungsinstrument bereits effektiv nutzen können.

	nicht delegierbar	delegierbar
1. Die richtige Ausführung von Aufgaben	☐	☐
2. Mitarbeiter mit wichtigen Informationen zu ihrem Arbeitsbereich versorgen	☐	☐
3. Kontrolle der Entscheidungen von Mitarbeitern	☐	☐
4. Übliche Entscheidung innerhalb des Arbeitsbereichs eines Mitarbeiters treffen	☐	☐
5. Neue Mitarbeiter in ihr Tätigkeitsgebiet einweisen	☐	☐
6. Periodische Mitarbeiterbeurteilungen abgeben	☐	☐
7. Die Art der Arbeitsausführung bestimmen	☐	☐
8. Überschneidungen in den Verantwortungsbereich anderer Mitarbeiter vermeiden	☐	☐
9. Routineaufgaben, Einzelheiten und unterstützende Tätigkeiten ausführen	☐	☐
10. Außergewöhnliche Fälle erledigen		
11. Aufgaben erledigen, die von anderen besser, schneller, preiswerter ausgeführt werden können	☐	☐
12. Pläne und Projekte endgültig festlegen	☐	☐
13. Wichtige Aufgaben wahrnehmen, die unter zeitlichem Druck ohne verzögernde Rückfragen oder Überprüfungen zu erledigen sind	☐	☐
14. Aufgaben, für die nur Sie die sicherheitsmäßigen Voraussetzungen erfüllen, sowie streng vertrauliche Angelegenheiten übernehmen	☐	☐
15. Detailfragen für eine demnächst zu treffende Entscheidung prüfen	☐	☐
16. Die Führungsmittel Anerkennung und Kritik anwenden	☐	☐

Auswertung des Tests:

1. Die richtige Ausführung von Aufgaben: delegierbar

🕸 Tipp: Wird einmal eine Aufgabe nicht fehlerfrei ausgeführt, nicht gleich wieder rückdelegieren. Geben Sie dem Mitarbeiter die Chance, daraus zu lernen, ansonsten wird er verunsichert und zweifelt an seiner Leistungsfähigkeit.

2. Mitarbeiter mit wichtigen Informationen versorgen: nicht delegierbar

Gut informierte Mitarbeiter denken mit und sind leistungsfähiger. 🕸 Tipp: Nutzen Sie Infoweitergabe, um ein Klima der Offenheit und des Vertrauens aufzubauen.

3. Kontrolle der Entscheidungen von Mitarbeitern: nicht delegierbar

Setzen Sie Ergebniskontrollen ein, um klar zu signalisieren, dass Sie Vertrauen in den Weg haben. 🕸 Tipp: Vermeiden Sie übermäßige Kontrolle, sie untergräbt die Arbeitsmoral und macht Mitarbeiter unmündig.

4. Übliche Entscheidung innerhalb des Arbeitsbereichs treffen: delegierbar

🕸 Tipp: Arbeiten Sie mit Verantwortungsübergabe als Führungstool. Mitarbeiter, die Verantwortung erhalten, wachsen über sich hinaus.

5. Neue Mitarbeiter in ihr Tätigkeitsgebiet einweisen: nicht delegierbar

Nur so fühlt sich der Neue willkommen und wichtig. 🕸 Tipp: Stellen Sie jedem Neuen einen Fachpaten zur Seite, bleiben Sie aber Hauptansprechpartner.

6. Periodische Mitarbeiterbeurteilungen abgeben: nicht delegierbar

Auch wenn es manchmal schwer fällt, regelmäßige Mitarbeiterbeurteilungen sind für beide Seiten sinnvoll und wichtig. 🕸 Tipp: Nutzen Sie Aussagen Dritter, um Ihr Bild abzurunden.

7. Die Art der Arbeitsausführung bestimmen: delegierbar

🕸 Tipp: Lassen Sie Ihren Mitarbeitern weitestgehend freie Hand, denn nur wenn jemand etwas auf seine Weise tun kann, identifiziert er sich mit der Aufgabe.

8. Überschneidungen vermeiden: nicht delegierbar

🕸 Tipp: Kluge Koordination vemeidet Konflikte und trägt dazu bei, dass sich die Mitarbeiter voll auf ihre Aufgabe konzentrieren können.

9. Routineaufgaben, Einzelheiten, unterstützende Tätigkeiten: delegierbar

🕸 Tipp: Durchforsten Sie Ihren Bereich, um hier noch freigebiger zu delegieren.

10. Außergewöhnliche Fälle erledigen: nicht delegierbar

🕸 Tipp: Ausnahmen vom Üblichen sollten Chefsache sein. Damit signalisieren Sie Ihre Kompetenz und Bereitschaft, an die Front zu gehen.

11. Aufgaben erledigen, die andere besser, schneller, preiswerter können: delegierbar

🕸 Tipp: Denken Sie an die Kosten und trennen Sie sich auch von liebgewonnenen Routinen.

12. Pläne und Projekte endgültig festlegen: nicht delegierbar

🕸 Tipp: Belassen Sie die letzte Entscheidung in Ihren Händen, damit nehmen Sie Ihren Mitarbeitern Druck, beziehen Sie sie aber so weit wie möglich ein.

13. und 14. Wichtige und streng vertrauliche Angelegenheiten: nicht delegierbar

🕸 Tipp: Zeit ist Geld, deshalb nehmen Sie sich nicht zu wichtig, und prüfen Sie jeden Einzelfall.

15. Detailfragen prüfen: delegierbar

🕸 Tipp: Zaudern Sie nicht, und befreien Sie sich durch die Kunst der Delegation.

16. Die Führungsmittel Anerkennung und Kritik anwenden: nicht delegierbar

🕸 Tipp: Anerkennung und konstruktive Kritik sollten in Ihrer Hand bleiben.

Das rechte Maß
Sie wissen, was Sie delegieren können. Und bei der Frage, wieviel Sie delegieren, sollten Sie immer daran denken, dass Sie durch Delegation Ihre Mitarbeiter stärken, indem sie selbständig ein Gebiet bearbeiten und verantworten können. Die Regel könnte also lauten: Soviel wie möglich delegieren, soweit wie nötig selbst erledigen – die Fäden immer in der Hand behalten

Delegierbar sind:
Routineaufgaben
Spezialisten-
tätigkeiten
Detailfragen
Infobeschaffung-
und -analyse

Nicht delegierbar sind:
Führungsaufgaben
Aufgaben von
großer Tragweite
hoch vertrauliche
Angelegenheiten

Ein stabiles Selbst-
konzept beginnt
damit, sich selbst
anzunehmen. Nur
wenn wir uns selbst
lieben können,
können wir ehrlich
auf andere
Menschen zugehen,
ihnen vertrauen,
mit ihnen teilen.
Das gilt für private
Beziehungen
wie für berufliche.

Der erste Schritt:
Bleiben Sie
authentisch.
Versuchen Sie nicht,
eine Rolle zu
spielen, sondern
stehen Sie zu sich
und arbeiten Sie
daran, auch nach
außen Sie selbst
zu sein.

Wege zu Ihrem Selbstkonzept

„Nichts ist gut oder schlecht, erst unsere Gedanken machen es dazu."

William Shakespeare

Ob wir Angst haben, durch Delegation unseren Einflussbereich zu beschneiden, oder ob wir Spaß daran haben, andere stark und selbstbewusst zu machen, indem wir sie unterstützen und ihnen wichtige Aufgaben übertragen, hängt letztlich nicht davon ab, wieviel wir über die Methode des Delegierens gelernt haben. Es ist eine Frage unseres eigenen Selbstkonzepts.

Wir alle haben für jeden Lebensbereich

unser festgelegtes Programm, und wir bewegen uns immer innerhalb der Grenzen dieses Programms. Wie kompetent Sie auf einem bestimmten Gebiet sind, wieviel Sie verdienen, wieviel Sie wiegen, wieviel Verantwortung Sie zu tragen bereit sind – alles haben Sie für sich festgeschrieben.

Und sobald Sie Ihrem Selbstkonzept untreu werden, beginnen Sie, sich unbehaglich zu fühlen und ein kompensatorisches Verhalten zu zeigen. Das beste Beispiel dafür sind Lottomillionäre. Wer in einer Lotterie viel Geld verdient hat, vorher aber niemals über Geld verfügte, wird solange ein Wegwerfverhalten an den Tag legen, bis er wieder in seiner Komfortzone angelangt ist.

Wer eine Diät macht, sich von 100 auf 70 Kilogramm hinunterhungert, aber nicht gespeichert hat, dass er

schlank ist und 70 kg wiegt, der wird einige Monate später wieder sein altes Gewicht erreicht haben. Denn es ist schwieriger, aus der eigenen Komfortzone auszubrechen, auch wenn diese negativ ist, als sich dauerhaft zu ändern. Statt aber ihre gesamte Intelligenz dafür zu nutzen, aus diesem Trott auszubrechen, verwenden die meisten Menschen ihre Energie darauf, sich ihren Trott komfortabel zu gestalten oder zu rechtfertigen. Sie denken: „Ich kann nichts dagegen tun." Aber sie können eine Menge tun: Der Schlüssel liegt nicht in den Taten selbst, vorher muss die Änderung im Kopf passieren.

Die Drei Teile des Selbstkonzepts

 Das Selbstideal – Wie Sie gern wären. Unser Selbstideal sagt aus, welche Eigenschaften wir gern hätten. Es ist eine Kombination von Eigenschaften, die Sie an anderen Menschen am meisten bewundern. Es ist die Summe Ihre Sehnsüchte.

Denken Sie über die Person nach, die Sie gern sein würden. Welche Eigenschaften würden Sie gern bei sich entwickeln?

Das Selbstbild – Wie Sie sich sehen. Unser Selbstbild ist unser innerer Spiegel. Wir blicken hinein, um zu wissen, wie wir uns in bestimmten Situationen verhalten müssen. Es beschreibt, wie Sie sich heute sehen, wie Sie über sich denken, wie Sie Ihren Alltag angehen. Da wir uns immer so verhalten, wie es unserem inneren Bild entspricht, können wir unsere Leistungen nur verbessern, wenn wir unser Selbstbild korrigieren. Je nachdem, wie kompetent oder zuversichtlich Sie sich wirklich sehen, je zielgerichteter wird Ihr Verhalten sein.

Versuchen Sie, Ihr Handeln von außen zu analysieren. Denn nur, wenn Sie Ihr Selbstbild kennen, wissen, wie Sie reagieren, dann können Sie auch beginnen, es zu korrigieren. Wie fühlen sie sich in bestimmten Situationen, wie handeln Sie, wie reden Sie, wie gehen Sie?

Die Selbstachtung – Wie Sie sich empfinden. Die Selbstachtung ist die emotionale Komponente Ihres Selbstkonzepts. Sie ist die Grundlage Ihrer Energie, Ihrer Begeisterung, Ihrer Lebendigkeit und Ihres Optimismus. Ihre Selbstachtung wird von zwei Quellen gespeist. Die erste ist Ihre persönliche Einschätzung von sich selbst. Wie weit akzeptieren Sie sich selbst als einen wertvollen Menschen? Dieser Faktor ist unabhängig von äußeren Einflüssen. Ein Mensch mit einem hohen Grad an Selbstachtung kann viele Rückschläge im Leben erleiden ohne dass er seine positive Meinung über sich selbst verliert. Dieses Gefühl des inneren Wertes unabhängig von äußeren Umständen besitzen nur sehr wenige Menschen.

Die zweite Komponente der Selbstachtung ist Ihr Gefühl für Ihre persönliche Wirkungskraft. Wie leistungsfähig fühlen Sie sich in all Ihrem Tun? Die beiden Teile Ihrer Selbstachtung bedingen sich gegenseitig. Fühlen Sie sich gut (erste Komponente), dann sind Sie leistungsfähiger (zweite Komponente). Und umgekehrt.

Der beste Maßstab für Ihre Selbstachtung ist, wie sehr Sie sich mögen. Je besser Sie sich selbst gefallen, um so bessere Leistungen erbringen Sie in allem, was Sie sich vornehmen.

Zwei Regeln der Selbstachtung:

Regel Nummer 1: Sie können niemanden mehr mögen als sich selbst.

🔍 Verändern Sie Ihr Selbstkonzept

Verhaltensmuster aus Ihrer Kindheit haben einen großen Einfluss auf Ihr Erwachsenenleben. Lernen Sie, diese zu identifizieren und Strategien dagegen zu entwickeln.

☀️ **Ich kann das nicht!** Vielen Kindern wird immer wieder gesagt: „Du kannst das noch nicht.". Eltern reagieren mit Schimpfen, Ärger oder anderen Formen von Ablehnung auf das natürliche Forscherverhalten ihrer Kinder. Das Muster, das sich einprägt: „Ich bin inkompetent, ich bin unfähig." Als Erwachsener zeigt sich dieses Gefühl dann in Form der Angst vor der Niederlage und Ablehnung von Verantwortung. Durchbrechen Sie dieses negative Kindheitsmuster.

☀️ **Wiederholung ist alles.** Alle Gedanken oder Handlungen werden dann zu neuen Gewohnheiten, wenn Sie sie oft genug wiederholen. Auf diese Weise können Sie jede Gewohnheit entwickeln, die Sie für Ihr Selbstkonzept wünschen.

☀️ **Die Kraft der Emotion:** Machen Sie sich klar, dass wir von unseren Emotionen gesteuert werden. Je mehr Sie etwas begehren oder fürchten, um so wahrscheinlicher laden Sie es in Ihr Leben ein. Konzentrieren Sie sich daher auf die Dinge, die Sie sich wünschen. Unser Unterbewußtsein kann nicht zwischen Realität und Wunsch unterscheiden. Halten Sie daher Ihre Gedanken konstruktiv. Dann bewegt sich auch Ihr Verstand in die von Ihnen gewünschte Richtung.

Wie sieht Selbstliebe nicht aus?
Menschen mit wenig Selbstliebe...
... arbeiten zuviel und sorgen sich zuviel darum, was andere denken
... glauben, die Probleme anderer seien wichtiger als ihre eigenen
... glauben, persönliches Glück und Erfolg seien eigentlich unmoralisch
... beklagen sich, dass andere ihr Leben bestimmen

*Wie Selbstliebe
aussieht:*

*Menschen mit
Selbstliebe ...*

*... arbeiten gern und
leidenschaftlich,
können aber auch
abgeben und
loslassen*

*... erleben Freunde,
Mitarbeiter und Fa-
milie als positive
Unterstützung
... stehen zu dem,
was sie denken und
fühlen und fördern
dies auch bei
anderen Menschen*

Denn Sie können nicht weggeben, was Sie nicht selbst besitzen.

☞ **Regel Nummer 2:** Sie dürfen nie von einem anderen Menschen erwarten, Sie mehr zu lieben, als Sie sich selbst gefallen, lieben oder respektieren.

Ihre Selbstakzeptanz ist das Kontrollinstrument der Qualität Ihres eigenen Wohlbefindens und Ihrer Beziehungen zu allen anderen Menschen. Alles, was Sie also tun, um Ihre Selbstachtung zu stärken, verbessert Ihre Beziehungen zu anderen Menschen und damit Ihre Zufriedenheit.

Die Bildung Ihres Selbstkonzepts

Alle unsere Verhaltensweisen, Ängste, Werte und Glaubensüberzeugungen sind angelernt. Ein Kind, das mit sehr viel Liebe, Vertrauen und Zuneigung aufgewachsen ist, wird ein positives Selbstkonzept und eine stabile Persönlichkeit entwickeln. Kinder, die mit Bestrafung und Kritik aufgezogen wurden, besitzen als Erwachsene eine geringe Selbstachtung, denn die Liebe und Sicherheit in den Wachstumsjahren bilden das Fundament positiver Selbstkonzepte.

Wichtig: Da das Selbstkonzept angelernt und nicht angeboren ist, können Sie es jederzeit verändern.

Starkes Verlangen, Unbedingte Bereitschaft und harte Arbeit – dies sind die drei Grundbedingungen für die Änderung Ihres Selbstkonzepts.

Unser Gehirn benötigt etwa 21 Tage, um eine neue Denkspur zu legen. Wollen Sie Ihr Selbstkonzept ändern, dann müssen Sie die Beharrlichkeit aufbringen, diese 21 Tage ganz konsequent an der neuen Gewohnheit zu arbeiten. Damit ist der Anfang getan – und es lohnt sich, sein eigenes Ideal zu erreichen und zu leben. Ihr

Lothar J. Seiwert

660 233 025

B 51393

LOTHAR J. SEIWERT
COACHINGBRIEF

Professioneller & souveräner arbeiten und leben

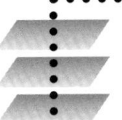

Professionalität und Effektivität in allen Lebensbereichen gewinnen
Souveränität und Gelassenheit ausstrahlen
Balance und Persönlichkeit entwickeln

Monatlicher Coaching-Service ❖ Dezember 2001

Liebe Leserin, lieber Leser,

Mit dem letzten CoachingBrief in diesem Jahr möchte ich mich bei Ihnen bedanken für ein weiteres Jahr gemeinsamer Coaching-Erfahrungen. Ich freue mich, wenn wir Ihnen einige wertvolle Anregungen geben konnten, die Ihnen ein wenig mehr Gelassenheit und Zufriedenheit in Ihrem Leben bringen.

Heute möchte ich Sie mit dem Thema VORSÄTZE auf den letzten Tag des Jahres 2001 einstimmen. Und gleichzeitig

möchte ich Sie mit diesem Thema einladen, das ausklingende Jahr persönlich Revue passieren zu lassen. Wenn Sie, vielleicht zu Beginn des neuen Jahres, Ihre Ziele festlegen, dann ist es wichtig zu wissen, was letztlich gezählt hat in den vergangenen 12 Monaten.

Mit einigen Tipps zum MANAGEMENT IHRER PERSÖNLICHEN RESSOURCEN möchten wir Sie auch mit unserm Focus-Thema daran erinnern, dass weniger immer mehr ist und dass die Qualität unserer Wahrnehmung viel wichtiger ist als die Fähigkeit, überall alles mitzunehmen.

Im Namen meines gesamten Teams wünsche ich Ihnen eine besinnliche Weihnachtszeit und einen angenehmen Jahresausklang, der für Sie und für uns alle den Anfang zu einem friedlichen und erfüllten Jahr 2002 bildet,

Ihr

Lothar J. Seiwert

Lothar J. Seiwert

PROFESSOR DR. LOTHAR J. SEIWERT gilt als Europas führender Experte für Zeitsouveränität, Effektivität und sinnvolles Lebensmanagement. Er ist erfolgreicher Bestsellerautor und erhielt 1999 als erster deutscher Trainer den internationalen Trainingspreis „Excellence in Practice" der ASTD (American Society for Training und Development).

Themen

Gute Vorsätze in die Tat umsetzen

„Mit guten Vorsätzen ist der Weg zur Hölle gepflastert."

William James

Befinden Sie sich momentan in der Stimmung, sich zurückzulehnen, um dieses Jahr Revue passieren zu lassen? Wahrscheinlich gehen Ihnen ganz andere Gedanken durch den Kopf. Denn auch wenn es die meisten Menschen nicht wollen, so ist doch der Dezember - eigentlich gedacht, um das Jahr in Ruhe ausklingen zu lassen - zu einem Monat der Hast geworden. Im Beruf gibt es den Jahresendspurt, Projekte müssen noch schnell erledigt werden. Wir eilen von einer Weihnachtsfeier zur nächsten, befinden uns vielleicht zusätzlich noch im Weihnachtsfieber mit dem traditionellen Geschenke-Marathon (siehe auch Kasten Seite 10 und Gutschein Seite 11), und, und, und.

Für mich ist es erstaunlich, wie oft es jedem von uns passiert, dass wir uns trotz der besten Vorsätze immer wieder einholen lassen von Lebensweisen, von denen wir uns eigentlich verabschiedet hatten, dass wir uns einfangen lassen und es oft nicht schaffen, die Kontrolle über unser Leben zu behalten.

Resultat dieser so entstehenden schlechten Gewohnheiten sind dann am Silvesterabend die guten Vorsätze für das kommende Jahr. Wir nehmen uns vor, nicht mehr zu rauchen, uns gesünder zu ernähren, mehr mit unserem Partner zu unternehmen, uns auf die wirklich wichtigen Dinge in unserem Leben zu konzentrieren.

Sie sind genau wie ich sogar schon einen Schritt weiter und setzen diese guten Vorsätze dann in Ziele um. Doch im Laufe des Jahres holt uns bei dem ein oder anderen Ziel dann doch wieder die Gewohnheit ein, und es gibt wieder Stoff für neue Vorsätze und Ziele.

Das ist soweit auch in Ordnung, weil menschlich.

Ziel unseres Coachings ist es nicht, dass Sie jeden meiner Tipps zum Lebens-Management beherzigen und jedes Ziel erreichen. Mein Ziel ist es vielmehr, Ihnen behilflich zu sein, für sich die gewünschte Richtung zu finden und konsequent und ganz in Ihrem persönlichen Tempo den Weg durchs Leben zu finden, der Ihnen am nächsten kommt und am besten tut.

Ziel unseres Coaching ist es, dass Sie mit sich selbst in Balance kommen – die richtige Relation finden, um allen Lebensbereichen die Bedeutung zukommen zu lassen, die sie verdienen und benötigen, damit Sie innerlich ausgeglichen und zufrieden sind.

Mit Silvesterabend kommen auch unweigerlich die guten Vorsätze. Wir lassen das Jahr an uns vorüberziehen und legen spontan fest, was wir im nächsten Jahr in jedem Fall anders machen wollen. Was Ihnen in diesen Minuten spontan in den Sinn kommt, ist Ihnen auch wirklich wichtig.

Werden Sie es im nächsten Jahr tatsächlich ändern?

Wann werden Sie damit beginnen?

Wie werden Sie damit beginnen?

Vorsatz für 2002: Freundlichkeit als Weg

Nicht zuletzt unter dem Eindruck der Ereignisse des 11. Septembers 2001 ist uns sicher allen klar geworden, dass unser angenehmes Leben keineswegs so unantastbar ist, wie wir alle geglaubt haben. Ich nehme diese schrecklichen Auswüchse menschlichen Anspruchs auf Wahrheit als Gelegenheit, mir Gedanken darüber zu machen, warum wir Menschen es auch im 21. Jahrhundert nicht schaffen, mit Unterschieden im Glauben und in der Weltanschauung tolerant umzugehen.

Sicher gibt es wenig, was Sie und ich an der weltpolitischen Situation ändern können. Wir können versuchen zu helfen, wie es in unseren Kräften steht.

Wir können aber auf alle Fälle versuchen, selbst noch mehr Toleranz zu leben, auch im Kleinen und im Täglichen.

Wir Deutschen gelten beispielsweise als das unfreundlichste Volk Europas. Es gibt ein amerikanische Fluggesellschaft, die auf Deutschlandflügen ihren Gästen einen Flyer folgenden Inhalts austeilt: „Wenn Sie nach Deutschland kommen und sich dort im Restaurant, im Geschäft oder im Hotel unfreundlich behandelt fühlen, dann nehmen Sie das nicht persönlich. Die Menschen dort gehen so miteinander um."

☼ Streichen Sie „Wenn" aus Ihrem Wortschatz

„Ich würde es schaffen, wenn ich mehr Zeit hätte."

„Ich hätte es einfacher, wenn mein Kollege nicht so unangenehm wäre."

„Ich würde ja täglich laufen, wenn das Wetter nicht immer so wechselhaft und kühl wäre."

„Wenn das Wörtchen WENN nicht wäre, wär ich längst schon Millionär."

Wer zu oft das Wort WENN verwendet, verdeutlicht damit, dass er sein Leben von äußeren Umständen abhängig macht – von anderen Menschen, von Geschehnissen, manchmal sogar vom Wetter. Erinnern Sie sich an unsere Ausführungen zum Thema Selbstverantwortung (Maibrief 2001). Checken Sie bei Ihrem Jahresrückblick Ihren Grad an Selbstverantwortung:

☼ Wem habe ich in diesem Jahr zu schnell die Schuld gegeben, wenn etwas schief gelaufen ist?

....
....

☼ Welche Umstände habe ich für Misserfolge verantwortlich gemacht?

....
....

☼ Wann habe ich andere aufgefordert, einen Missstand zu beseitigen?

....
....

☼ Was kann ich bei Problem X noch besser selbst tun, um meine Herausforderungen zu bewältigen?

....
....

Positive Affirmationen

Affirmationen sind kleine positive Sätze, die wir zu uns selbst sagen können, um eine neue Gewohnheit zu realisieren. Möchten Sie beispielsweise noch mehr Selbstverantwortung für Ihr Leben übernehmen, dann kann Ihnen folgende kleine Affirmation dabei behilflich sein. Sprechen Sie sie jeden Morgen ganz in Ruhe vor dem Spiegel. Sie erhalten dadurch mehr Kraft, Ihren Vorsatz in die Tat umzusetzen:

„Ich bin dafür verantwortlich, dass es mir heute gut geht und dass mir dieser Tag gelingt. Ich übernehme heute die Verantwortung für alles, was mir widerfährt. Ich tue das gern, denn ich bin es mir wert."

schen interagieren, entscheidend für unseren Erfolg und für unsere Zufriedenheit. Im Beruf ist Freundlichkeit, denke ich, am einfachsten. Dort gibt es unsere Unternehmenskultur und die ungeschriebenen Gesetze, wie wir mit Kollegen, Dienstleistern und Kunden umgehen. Dort lassen wir uns auch bei schlechter Laune nicht gehen und spielen unsere gesellschaftlich festgelegte Rolle.

Doch sobald wir privat sind, sieht es in vielen Fällen anders aus. Wir verpassen viele Chancen, anderen Freundlichkeit entgegenzubringen, weil wir vielleicht gestresst und einfach unaufmerksam sind.

Schreiben Sie mir doch, ob und wie Sie unseren gemeinsamen Vorsatz umsetzen – in der Familie, im Beruf und vor allem im Umgang mit fremden Menschen. Lassen Sie uns dazu beitragen, etwas mehr Toleranz und Zufriedenheit in unser aller Leben zu bringen.

Lassen Sie uns alle gemeinsam für das nächste Jahr den Vorsatz fassen, bewusst darauf zu achten, anderen Menschen freundlicher gegenüberzutreten. Wenn wir es ehrlich meinen, dann erzeugen wir schon mit wenigen freundlichen Worten oder einfach einem Lächeln ein gutes Gefühl bei unserem Gegenüber.

In allen unseren Lebensrollen ist die Art und Weise, wie wir mit anderen Men-

🔍☀ So setzen Sie Ihren Vorsatz „Freundlichkeit" um

☀ Finden Sie heraus, was Ihr Umfeld unter einer freundlichen Behandlung versteht. Fragen Sie Ihre Kinder, Freunde, Ihren Partner nach den kleinen Dingen, die sie sich von Ihnen wünschen. Stellen Sie all Ihre Antennen auf Zuhören.

☀ Erinnern Sie sich an Negativ-Erlebnisse, in denen Sie als Kunde oder einfach von Ihren Mitmenschen unfreundlich behandelt wurden.

☀ Überlegen Sie, wie Sie in ähnlichen Situationen bewusst gegensteuern können, um den Menschen unerwartet freundlich entgegenzukommen. Nur dann wird sich etwas ändern und der hohe Prozentsatz der Negativbeispiele, die uns einfallen, wenn wir an „Kunden"freundlichkeit" denken, wird sich zugunsten unser eigenen Positivbeispiele verringern.

☀ Schreiben Sie konkret auf, wie Ihre Vorstellung von noch mehr Freundlichkeit aussieht.

Fangen Sie doch am besten sofort an, Ihren Vorsatz zu leben.

Managen Sie Ihre Ressourcen

„Es ist eine Kunst, in geliebter Arbeit aufzugehen, ohne in ihr unterzugehen."
nach Eugen Roth

Wir alle sind zuweilen zurecht stolz darauf, viel in hohem Tempo zu bewältigen. Denken Sie an das ausklingende Jahr: Mit wieviel Elan sind Sie an Ihre Aufgaben gegangen? Und ganz sicher sind Sie an ihnen gewachsen.

Doch mitunter, und mit steigendem Lebensalter immer häufiger, bekommen wir zu spüren, dass unsere persönlichen Ressourcen ganz einfach begrenzt sind. Die stetige Beschleunigung von Arbeits- und Lebensabläufen läßt uns Bekanntschaft mit dem „Bodenblech" unserer eigenen (rein biologischen) Leistungsgrenze schließen.

Wer nicht darauf achtet, seine Batterien immer wieder aufzuladen, also an seiner Lebens-Balance zu arbeiten, dem kann es passieren, dass die einstige Begeisterung und Spannkraft für die Arbeit allmählichen abdriftet - dann besteht die Gefahr des Burnout.

> Wer kontinuierlich mehr ausgibt als er einnimmt, kann das eine Weile tun. Aber irgendwann hat man sich so verausgabt, dass man ans Limit kommt. Das gilt natürlich (ebenso wie für das Bankkonto) auch für unseren Kräftehaushalt. Ohne immer wieder aufzutanken, haben wir bald nichts mehr zu geben.

Wie aber ist es möglich aufzutanken, wenn uns dafür anscheinend nicht ausreichend Zeit zur Verfügung steht?

Sensibilität für das eigene Überdrehtsein entwickeln

Um den Teufelskreis des Ausbrennens zu verhindern, muss ich erst einmal merken, dass ich im Hinblick auf meine Kräfte an die Reserven gehe. Denn viele von uns fahren auf einem so hohen Energielevel, dass sie ihr Überdrehtsein gar nicht mehr registrieren. Alles wird mit der nächsten Aktion kaschiert. Da gibt es ständig einen Termin, der Druck macht. Da verliert man Zeit, weil es nicht so läuft, wie man möchte. Und immer ist man nur bestrebt, die verlorene Zeit wieder aufzuholen.

Wer diesen Stil lebt, wird immer nervöser und unkonzentrierter. Woran merke ich, dass es dran ist, einen Gang zurückzuschalten, um eher und besser anzukommen?

⚙ Interne Körper-Signale
Irgendwo schlägt sich die seelische Verspannung körperlich nieder. Ist es bei Ihnen der Rücken oder die Halswirbel-

Seminare und Tipps zum Thema Ressourcen-Management:
Iboa Institut
„Brennen ohne auszubrennen"
Dr. Dietmar Pfennighaus
info@iboa.de

Ein berühmter Dirigent soll einmal eine Orchesterprobe unterbrochen und gesagt haben: „Meine Herrschaften, spielen Sie langsamer, dann sind wir schneller fertig."

.

säule, der Kopf, die Ohren oder der Magen? Sie dürfen solche wohlwollenden Informationen nicht überhören.

🌀 Gereiztheit

Ein weiteres Zeichen ist auch häufige Gereiztheit. Dieses Angespanntsein bekommt Ihr Umfeld zu spüren, meistens natürlich die Menschen, die wir am meisten lieben und die dafür nicht verantwortlich sind: Familie, Freunde, Kollegen. Irgendwann wehren die sich. Es gibt Ärger, der neuen Stress erzeugt.

🌀 Angenehmes wird zum Übel

Beobachten Sie sich: Passiert es Ihnen, dass Sie Sachen, die Ihnen eigentlich nicht unangenehm sind, trotzdem „nur noch hinter sich bringen wollen"? Auch das ist ein Zeichen dafür, dass Ihre emotionale Anspannung zu hoch ist.

Entspannungsnischen finden

Erfolgreiches Ressourcen-Management bedeutet nicht, dass Sie sich nun vornehmen sollten, ab Januar 2002 Ihr Leben völlig umzustellen - das würde dann wieder in die Kategorie „unerledigte Vorsätze" fallen.

Die Grundidee der Entspannungsnischen liegt darin, dass Sie sich auch an einem vollgepackten Tag immer wieder eine Mini-Auszeit nehmen, die nicht mehr als ein bis zwei Minuten und manchmal auch nur einige Sekunden beansprucht.

Durch ein kurzes Innehalten und Zu-

sich-Kommen schöpfen Sie neue Kraft und Motivation. In mancher angespannten Situation meinen Sie sicher, dass Sie Ihre Aufgaben keinen Moment aus den Augen lassen sollten. In Wirklichkeit geht es aber viel besser voran, würden Sie kurz etwas Abstand gewinnen. Wie ist das möglich?

In erster Linie sollten Sie Ihre eigene Körperwahrnehmung prüfen.

🌀 Beispiel Gesundheit:

Wir wünschen uns alle Gesundheit. Aber sind wir überhaupt in der Lage, Gesundheit zu registrieren? Die meisten Menschen nehmen nur die Krankheit bewusst wahr. Ein Körperteil bekommt erst dann unsere Aufmerksamkeit, wenn es schmerzt oder nicht so leistungsfähig ist, wie wir uns das wünschen.

Sie bauen Ihre körperliche Widerstandskraft auf, wenn Sie es schaffen, Freude und Dankbarkeit über das, was einwandfrei funktioniert, zu empfinden, z.B. die Geschmeidigkeit unseres Körpers, unsere Feinfühligkeit... das sind Impulse, die es sonst sehr schwer haben, bis in unser Bewusstsein zu dringen.

Reize, die einen positiven Gefühlsstrom bewegen, müssen ungewöhnlich stark sein, um eine Chance zu haben. Denn wir sind darauf gepolt, in erster Linie das Negative wahrzunehmen - das, was nicht funktioniert.

Wenn wir merken, dass wir Schlagseite bekommen, ist es ganz selbstverständlich, dass wir gegensteuern, um wieder ins Gleichgewicht zu kommen. Mit der gleichen Selbstverständlichkeit wäre doch eine Entscheidung zu fällen, sich immer wieder auf das Positive zu konzentrieren. Oder?

Es geht dabei nicht darum, das Negative, Schlechte und Kranke unter den Teppich zu kehren, sondern einfach nur, unserer eigene Realität ausgewogener wahrzunehmen und nicht so schieflastig negativ.

Wechseln Sie öfter Ihre individuellen Filter

Versuchen Sie, diesen Negativ-Knick in Ihrer Optik zu überwinden und die Welt mehr so wahrzunehmen wie sie ist - nämlich in sehr vielen Facetten positiv und in einigen negativ. Nehmen Sie diese Überlegungen zum Anlass, Ihre eigenen Entspannungsnischen auszudehnen - um in die Ausgewogenheit zwischen Anspannung und Entspannung zu kommen.

Dafür müssen Sie keine umständlichen Techniken erlernen. Wenn Sie entschlossen sind, auch andere Reize als den der Problembewältigung anzunehmen, dann finden Sie diese zu Hauf. Es ist eine Frage Ihres persönlichen Filters.

Schauen Sie sich jetzt um.
Was könnten Sie in diesem Moment positiv wahrnehmen? Wenn ihnen nichts wirklich reizvoll erscheint (obwohl sie sich das Bild an der Wand oder den Baum vor dem Fenster noch gar nicht wirklich angeschaut haben), dann verändern sie Ihre Perspektive.

Genauso können Sie es in Ihrem Alltag halten. Verändern Sie zwischen zwei Terminen einfach kurz Ihre Perspektive. „In der Hektik meines Alltags, auf dem Weg zwischen zwei Terminen lächelte ein Kind mich an. Da verlangsamte ich meine Schritte und konnte wieder frei atmen und freute mich."

Ute Koschorreck

Die richtige Tür

Wie schaffen Sie es, sich für Ihren eigenen Ressourcen-Haushalt zu sensibilisieren? Unser Leben gleicht einer Stadt, die von einer undurchdringbaren Mauer umgeben ist. In unserer Stadtmauer befinden sich fünf Tore, unsere Sinnesorgane. Durch sie nehmen wir sehr viele Reize auf, 1000 mal mehr als wir überhaupt zu verarbeiten in der Lage sind. Unser Gehirn sortiert also nach bestimmten Denkmustern radikal zwischen wichtigen und unwichtigen Informationen. Wir konzentrieren uns auf bestimmte Bereiche und blenden damit die anderen aus.

Die spannende Frage ist nun: Wodurch sind wir im Laufe eines ganz durchschnittlichen Tages besetzt?

Die meisten unserer Wahrnehmungen haben mit unseren alltäglichen Verpflichtungen zu tun - unterm Strich also meistens Problembewältigung. Wir setzen unsere Energie ein, um das Wenige, was nicht so gut läuft, wieder ins Lot zu bringen.

Leider übersehen wir dabei zu oft, dass die meisten Dinge einfach gut laufen. Denn was läuft, müssen wir nicht in Gang bringen.

Wir besetzen uns also selbst mit größtenteils negativen Dingen. Ressourcen-Management beginnt damit, sich auf die positiven Signale unseres Alltags zu konzentrieren.

Es ist viel einfacher, durch das richtige Tor zu gehen, als fortwährend zu versuchen, Mauern zu durchbrechen.

Konzentrieren Sie sich einmal am Tag auf eine Sache, die sie persönlich mit Entspannung verbinden. Und zwar so lange, bis sie alles andere für Momente hinter sich lassen können. Trainieren Sie das 21 Tage lang. Sie werden sich wundern, wie erfrischt Sie danach an Ihre Aufgaben gehen können. Je mehr Sie sich Entspannungsnischen zur Gewohnheit entwickeln, desto mehr Leichtigkeit und Ausgeglichenheit finden Sie auch in stressigen Alltagssituationen.

⚙ Nutzen sie Zwangspausen

Obwohl alles immer noch schneller geht, gibt es sie noch, die Zwangspausen: im Stau oder an der roten Ampel. Nutzen Sie solche Gelgenheiten als Einladung, sich zurückzulehnen und die Wolken oder den Mond zu beobachten.

⚙ Balance am Arbeitsplatz

Auf ihrem Schreibtisch türmt sich vieles, was bearbeitet werden will. Logisch.

Schaffen Sie sich in Ihrem Blickfeld auch etwas für die Entspannungsnischen. Wie wäre es mit einer persönlichen Wohlfühlbox, in der Sie ein Repertoire an Gegenständen und Ideen sammeln, die Ihnen einfach Freude machen. Nach ein oder zwei Stunden konzentrierter Arbeit greifen Sie in einer kleinen Entspannungsnische von wenigen Minuten darauf zurück.

☀ Übungen für Entspannungsnischen

Einige kleine Anregungen, wie Sie Ihre Sinnesorgane zum Entspannen nutzen können. Investieren Sie täglich wenige Minuten für solche Übungen. Überlassen Sie die Details Ihrer Wahrnehmung nicht dem Zufall:

☀ **Das Schmecken:** Gehen Sie auf eine "Gummibärchenreise", indem Sie ein Gummibärchen Ihrer Lieblingsfarbe auf der Zunge zergehen lassen. Schließen Sie die Augen und umspielen Sie seine Form genussvoll mit der Zunge. Davon haben Sie mehr Genuss (und tun überdies viel für Ihre Gesundheit), als wenn Sie eine große Tüte so nebenbei gedankenlos konsumieren.

☀ **Das Fühlen:** Wissen sie eigentlich, wie feinfühlig sie sind? Tun sie ein paar Atemzüge ganz bewusst. Lenken sie ihre Aufmerksamkeit auf Vorgänge in ihrem Körper. Spüren Sie Ihre Zunge, wie sie im Mund ihre Position gefunden hat oder streicheln Sie sich über Ihre Haut - und fühlen Sie, wie weich und warm sie ist.

☀ **Das Sehen:** Deponieren Sie an ihrem Arbeitsplatz (von Zeit zu Zeit austauschbare) Bilder, die ihnen Weitblick schenken. Konzentrieren sie sich auf Details. Machen sie sich die Blumen, an denen sie achtlos vorbeigegangen sind, mal für ein paar Momente vertraut. Schauen sie sich die Augenfarbe Ihres Gesprächspartners an und nicht seine Automarke.

☀ **Das Hören:** Oft liegt in den leisen Tönen die Antwort. Öffnen Sie mal das Fenster, und hören sie nach Naturgeräuschen. In Ihren PC passt auch eine Entspannungs-CD, die Sie für zwei Minuten einblenden können. Hören sie mehr auf den Klang in der Stimme ihres Gesprächspartners als nur auf die Worthülsen.

☀ **Das Riechen:** Über dieses Sinnesorgan speichern wir am längsten und intensivsten Erinnerungen. Schnuppern sie ab und zu mal, woran sie der eine oder andere Geruch erinnert. Nehmen sie den Geruch von Speisen und Getränken wahr, von Menschen, von Pflanzen. Schließlich haben wir den Geruchssinn nicht nur, um festzustellen, wann uns etwas "anstinkt".

Was fehlt uns eigentlich noch, wenn wir schon alles haben? Mit dieser Frage dürften sich momentan Millionen Menschen beschäftigen.

Als erstes denken wir dabei an die Geschenke für unsere Lieben, die natürlich angesichts des bevorstehenden Weihnachtsfests in den Mittelpunkt unseres Interesses rücken. Auf der Seite 11 haben wir für Sie einen Gutschein vorbereitet, der Sie vielleicht zu einer etwas anderen Geschenkidee verleiten kann. Denn, wenn wir alles haben, dann fehlt uns trotzdem meistens die Muse, wertvolle Zeit mit den Menschen zu verbringen, die uns wichtig sind.

Schenken Sie sich Oasen im Alltag

Als gesunder Egoist denke ich auch an mich selbst, wenn ich über offene Wünsche nachdenke. Was fehlt mir selbst für meine Zufriedenheit?

Als leidenschaftlicher Sammler von Teddybären beantworte ich mir normalerweise diese Frage dann mit dem Wunsch nach einem ganz schnöden neuen Bären-Modell. Und habe ich ihn, fühle ich mich innerlich glücklich, versinke im Anblick des neuen Hausgenossen und entwickle neue Energie, Kreativität und Kraft.

Ein absolutes Aha-Erlebnis hatte ich, als ich letztens in einer psychologischen Zeitschrift bestätigt fand, warum meine Sammlerleidenschaft mir soviel Befriedigung verschafft: Jedes Kind benötigt sogenannte Übergangsobjekte, um dazu in der Lage zu sein, sich von seiner Mutter zu lösen und dem Leben allein begegnen zu können. Solche sogenannte Übergangsobjekte (Übergang von der Abhängigkeit zur Selbständigkeit), wie Schmusetücher und Teddys haben also eine sehr wichtige Funktion. Als Vater war mir dieser Fakt natürlich bekannt.

Doch haben psychologische Forschungen auch gezeigt, dass Erwachsene solche Übergangsobjekte oder -Erfahrungen benötigen, um sich von ihrem Alltag frei zu machen, zu sich selbst zu finden und ihre eigene Kreativität und Kraft neu zu entdecken. So raten die Psychologen dazu, sich bewusst solche Situationen zu schaffen, die ungewohnt sind und weg vom Alltag führen. Das können künstlerische Betätigungen sein, das kann Tanzen sein oder Singen und es kann die Beschäftigung mit solchen Übergangsobjekten sein, wie meinen geliebten Teddybären.

Wann haben Sie das letzte Mal getanzt – einfach für sich allein? Wann haben Sie gesungen? Wann ist es Ihnen gelungen, sich spielerisch mit etwas zu beschäftigen?

Schenken Sie sich bewusst solche Erfahrungen, denn nichts ist wichtiger, als die eigenen inneren Ressourcen und Kräfte immer wieder zu erkennen und zu erschließen.

In diesem Sinne wünsche ich Ihnen einen kreativen Jahresausklang. Erkennen Sie den Sinn des Wortes Spiel neu.

Ihr Lothar J. Seiwert

Es ist besser, sich Zeit für sich selbst und die eigene Kreativität zu nehmen, als sich vom Überangebot an Belustigung und Abwechslung überrollen zu lassen.

Meine Meinung zählt

„Gemüse aus Holland schmeckt nicht, die neue Kollegin Müller passt nicht in unser Team, Esoterik bringt niemanden weiter...". Viele Menschen neigen dazu, über andere Menschen und über Dinge ihr Urteil zu fällen.

Das wäre soweit in Ordnung. Denn es ist wichtig, sich seine Meinung zu bilden und diese auch nach außen zu vertreten.

🌀 **Problematisch wird es allerdings, wenn jemand sich seine Meinung vorschnell bildet.** Vielleicht fällt es ja Kollegin Müller einfach nur etwas schwerer, mit anderen Menschen in Kontakt zu kommen. Doch wenn ihr die Menschen einmal vertraut sind, dann ist sie bereit sich zu öffnen, auch einmal zu lachen und würde hervorragend in das aufgeschlossene Team passen. Und vielleicht gibt es ja Gebiete, die der Esoterik zugerechnet werden, die mich in meiner Suche nach Selbsterkenntnis doch einen Schritt weiterbringen.

🌀 **Und richtig unangenehm wird es, wenn dann dieser Mensch ein Sendungsbewusstsein entwickelt.** Fällt jemand ein negatives Urteil über andere Menschen oder Sachverhalte, dann liegt es leider in der menschlichen Natur, sich dazu berufen zu fühlen, andere von dieser Meinung zu überzeugen oder gegen diese vermeintlich schlechte Sache oder den vermeintlich schlechten Menschen zu kämpfen. Abgesehen, dass das Energie und Kraft kostet, die man besser für andere Dinge einsetzen könnte, vergiftet dieser Sendungswille in den meisten Fällen auch das Klima.

Niemand besitzt einen Anspruch auf die Wahrheit. Ob das Gemüse nun schlecht schmeckt oder Frau Müller nicht ins Team passt – es ist die persön-

(weiter auf S. 12)

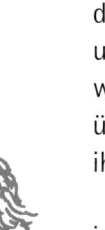

Unser Leben ist wertvoll und schön. Wir sollten jede Minute und jede Stunde bewusst entscheiden, wie wir es nutzen. Und wir sollten so oft wie nur möglich unsere Zeit mit uns wertvollen Menschen verbringen.

🔍 Gedanken zum Wert der Zeit

Um den Wert eines Jahres zu erfahren, frage einen Studenten, der im Schlussexamen durchgefallen ist.

Um den Wert eines Monats zu erfahren, frage eine Mutter, die ein Kind zu früh auf die Welt gebracht hat.

Um den Wert einer Woche zu erfahren, frage den Herausgeber einer Wochenzeitschrift.

Um den Wert einer Stunde zu erfahren, frage die Verlobten, die darauf warten sich zu sehen.

Um den Wert einer Minute zu erfahren, frage jemanden, der seinen Zug verpasst hat.

Um den Wert einer Sekunde zu erfahren, frage jemanden, der einen Unfall überlebt hat.

Um den Wert einer Millisekunde zu erfahren, frage jemanden, der bei den Olympischen Spielen die Silbermedaille gewonnen hat.

Die Zeit wartet auf niemanden. Sammle jeden Moment, der Dir bleibt, denn er ist wertvoll.

Teile ihn mit einem besonderen Menschen, und er wird noch wertvoller.

Mein Weihnachtsgeschenk-Tipp für Sie
Haben Sie für einen Ihrer Lieben noch kein Weihnachtsgeschenk? Dann schenken Sie ihm gemeinsame Zeit. Besuchen Sie eine Ausstellung, gehen Sie ins Theater, verbringen Sie ein Wochenende in fremder Umgebung, machen Sie gemeinsam einen Ausflug auf einer Harley Davidson. Nutzen Sie unseren Gutschein auf S. 11.

Zeit

Geschenk-
Gutschein

von ....

an ....

Ich schenke Dir

gemeinsame Zeit

für ....

....

Gemeinsam verbrachte Zeit ist das wertvollste, was wir miteinander teilen können.

Manchmal lehnen wir etwas ab, weil es einfach nur anders ist als alles, was wir bisher kennen. Manchmal lehnen wir einen Menschen ab, nur weil er uns fremd erscheint. Doch wenn wir genau hinschauen, dann ist der neue Weg vielleicht genau das, was uns das Leben erleichtert und der scheinbar fremde Mensch ein Freund.

liche Meinung eines einzelnen. Vielleicht würde sich dieses Urteil ganz schnell ändern, wenn neue Informationen über die Sache ins Spiel kämen oder wenn man sich mit dem Menschen, den man negativ beurteilt, etwas näher beschäftigt hat.

Zu oft übernehmen wir leichtfertig Meinungen anderer Menschen und geben sie als unsere eigenen aus. Und zu oft fällen wir Urteile ohne genügend Hintergrundwissen zu besitzen.

Werden Sie offener

Das Leben vereinfacht sich erheblich, wenn wir lernen, weniger schnell zu urteilen und weniger starr an diesen Meinungen festzuhalten. Wir sparen Energie und werden offener für andere Menschen, andere Meinungen und neue Wege.

🌑 **Tipp 1: Stellen Sie das eigene Urteil in Frage:** Gewöhnen Sie sich an, Ihre eigene Meinung kritischer zu hinterfragen. „Welche Meinungen könnte es zu diesem Thema noch geben?" „Könnte es sein, dass genau das Gegenteil stimmt?" „Warum ist es eigentlich wichtig, darüber zu urteilen?" Manchmal reicht es aus, etwas einfach nur zu akzeptieren.

Mein Balance-Tipp des Monats

Lassen Sie sich verwöhnen

Vergessen Sie einfach einmal für ein paar Stunden, was Sie in diesem Jahr noch alles erledigen wollen. Nehmen Sie eine Auszeit, egal, was anbrennen könnte oder wer auf Sie wartet. Sie sind der wichtigste Mensch in Ihrem Leben. Gönnen Sie sich zwei Stunden Zeit nur für sich. Greifen Sie zum Telefon, und vereinbaren Sie einen ganz persönlichen Termin. Gehen Sie zur Kosmetik. Lassen Sie sich mit einer wohltuenden Massage verwöhnen. Gönnen Sie sich ein ganz besonderes Konzert. Tun Sie es einfach.

🌑 Tipp 2: **Erkennen Sie die wahren Gründe für Ihr Negativ-Urteil:** Wir lehnen oftmals Eigenschaften an anderen Menschen ab, die etwas mit uns zu tun haben. Wenn Sie sich mit den Gründen für Ihre Urteile auseinandersetzen, können Sie viel über sich selbst erfahren und so zwei Fliegen mit einer Klappe schlagen: Andere Menschen so nehmen, wie sie sind und selbst ein wenig zufriedener werden. Ihr

Lothar J. Seiwert

660 233 026

B 51393

LOTHAR J. SEIWERT-BRIEF
WORK-LIFE-COACHING

für ein Leben in Balance

Professionalität und Effektivität in allen Lebensbereichen gewinnen
Souveränität und Gelassenheit ausstrahlen
Balance und Persönlichkeit entwickeln

Monatlicher Coaching-Service ❖ Januar 2002

Liebe Leserin,
lieber Leser,

kürzlich las ich in einem hochamüsanten und äußerst Sinnschaffenden Buch, dass der Jahreswechsel die HOCH-Zeit einer der für den menschlichen Fortschritt gefährlichsten Tiergattung sei, der INNEREN SCHWEINEHUNDE . Diese Tiere sind hochintelligent und ernähren sich ausschließlich von der menschlichen Trägheit. Im Gegensatz zu vielen ihrer menschlichen Zielpersonen scheuen sie keine Mühe, ihr Potenzial voll auszunut-

zen und ihre Vorsätze Realität werden zu lassen – denn sie haben ein großes Ziel: ihren Menschen in seiner bequemen Komfortzone zu halten und ihn von persönlichem Wachstum abzuhalten.

Wie geht es Ihrem inneren Schweinehund? Wie viele Ihrer guten Vorsätze durfte er schon als Leckerli verschlingen?

Wir vom CoachingBrief-Team haben für unsere inneren Schweinehunde ein mageres Jahr geplant. Wir ziehen Konsequenzen aus Ihren vielen konstruktiven Anregungen aus der letzten Leserbefragung, die noch bessere Zufriedenheitswerte wie beim letzten Mal gebracht hat – danke! Wir haben nicht nur den Titel dem Inhalt angepasst, sondern werden zukünftig noch besser versuchen, Sie mit Anregungen für Ihr persönliches und berufliches Wachstum zu unterstützen – Sie auf Ihrem Weg zu einer gesunden Lebensbalance zu begleiten

Ihr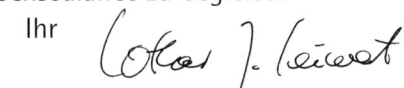

Lothar J. Seiwert

PROFESSOR DR. LOTHAR J. SEIWERT gilt als Europas führender Experte für Zeitsouveränität, Effektivität und sinnvolles Lebensmanagement. Er ist erfolgreicher Bestsellerautor und erhielt 1999 als erster deutscher Trainer den internationalen Trainingspreis "Excellence in Practice" der ASTD (American Society for Training und Development).

Themen

Wie Sie Ihren inneren Schweinehund zähmen können

Wer hat bei Ihnen das Sagen?
Mensch oder Schweinehund?

„Neujahr steigt das opulente Festival der Schweinehunde.", sagt Marco Freiherr von Münchhausen, in seinem Buch: „So zähmen Sie Ihren inneren Schweinehund". Erscheint im: Campus Verlag, Frankfurt, Frühjahr 2002, Preis: etwa 20 € Für Ihre Jahres-Zielplanung 2002 (S. 4/5 und S. 7) stelle ich Ihnen wichtige Gedanken aus diesem Buch vor. Denn ganz sicher wollen Sie im Dezember nicht zugeben, wieder ein Jahr am

„Komm, lass das lieber, das ist zu mühsam.", „Dafür hab ich jetzt wirklich keine Zeit.", „Ach, heute noch nicht. ...". Das sind die Sätze, die uns unsere inneren Schweinehunde suggerieren auf dem Weg, unsere Ziele zu erreichen.

Joggen, Gesund ernähren, sich selbstständig machen, mit dem Rauchen aufhören, sich mehr um die Familie kümmern. Nein danke, sagt der Schweinehund – und der ach so selbstbestimmte Mensch hört aufs Wort.

Und, so stellte der Autor in seiner jahrelangen Schweinehundforschung fest: „Je intelligenter der Mensch, desto einfallsreicher der Schweinehund!"

Die größten Tricks Ihres Schweinehunds, und wie Sie sie entlarven können

Ihren inneren Schweinehund müssen Sie nicht länger als gegeben hinnehmen. Wie mit einem Menschen, können Sie auch mit ihm am besten umgehen, wenn Sie es lernen, sich in ihn hineinzuversetzen und seine Gedanken zu verstehen. So wird es Ihnen mit der Zeit

immer besser gelingen, ihn dort abzuholen, wo er sich mit seinen Sabotageplänen auf Ihre persönliche Entwicklung befindet. Im folgenden einige der wichtigsten Glaubenssätze, die innere Schweinehunde an ihre Besitzer weitergeben:

Der Glaube an die Unmöglichkeit des Vorhabens schützt die Berge vor dem Versetztwerden

Jeder von uns weiß, dass es keinen Sinn macht, Unmögliches zu versuchen. Deshalb liebt es unser innerer Schweinehund auch, uns davon zu überzeugen, dass ein geplantes Vorhaben ganz einfach eine Nummer zu groß für uns ist – eben schlicht unmöglich.

🐷 „Das kann ich nicht."
🐷 „Das funktioniert nicht."
🐷 „Kein Mensch würde das schaffen."

Wo begegnet Ihnen in Ihrem Leben dieser Glaubenssatz?

Wenn die Pflicht ruft, geht so mancher Vorsatz baden

Die Nummer mit der Pflichterfüllung lieben besonders die Schweinehunde, deren Menschen in ihre Arbeit verliebt sind. Mit der Erinnerung an Pflichterfüllung halten sie sie davon ab, sich um ihr Privatleben zu kümmern, um ihre Gesundheit und ihr Wohlbefinden.

🐷 „Ich muss erst meine Pflicht tun."
🐷 „Erst die Arbeit, dann das Vergnügen."

Doch auch diesen Schweinehunde-Glaubenssatz können Sie natürlich leicht aushebeln. Denn als Lebens-Balance-Künstler wissen Sie, dass Privatleben genauso zur Pflicht gehört wie Ihre Arbeit. Und außerdem wird das ganze Leben zur Kür, wenn wir die richtige Balance zwischen den einzelnen Lebens-Bereichen gefunden haben.

Wo schieben Sie Pflichterfüllung vor?

Die lange Bank ist der Schweinehunde liebste Werkzeugbank

„Für diese Entscheidung habe ich noch nicht ausreichend Informationen gesammelt." Ja, Ausreden dieser Art lieben Schweinehunde, nicht nur, wenn es sich bei ihrem Menschen um einen Perfektionisten handelt. Schweinehunde bringen ihre Menschen gern ins Diskutieren und Debattieren, denn das hält vom Agieren ab. Nach einer gewissen Zeit in der Warteschleife erübrigt sich das dann hoffentlich von selbst.

Welche Art von Aufgaben schieben Sie denn gern auf die lange Bank?

Beschwichtigung ist ein Betäubungsmittel mit den lähmenden Nebenwirkungen

„Das wird ja alles nicht so heiß gegessen wie gekocht." „Das macht ja nichts, andere tun das ja auch." Hier spekuliert der Schweinehund auf den Effekt des bösen Erwachens – nämlich dann, wenn sich all die harmlosen kleinen Unterlassungssünden und Verharmlosungen soweit summiert haben, dass sie richtig wehtun. Die paar Zigaretten und die täglichen 5 Tässchen Kaffee können sich irgendwann zum Herzinfarkt mausern. Aber bis dahin ist „ja alles halb so wild, mein Großvater hat auch ..."

Wo stellen Sie täglich einen Scheck auf ein böses Erwachen in der Zukunft aus?

🔍 Glaubenssätze

Ihr innerer Schweinehund ist Ihnen im übrigen nicht einfach irgendwann so zugelaufen. Ihre Eltern haben ihn, oft unbewusst, mit Ihnen gemeinsam aufgezogen (siehe auch Mai-Ausgabe 2000).

Doch das ist auch der Grund, warum es Ihnen in jedem Fall gelingen wird, **Ihren inneren Schweinehund in seine Grenzen zu verweisen. Denn die negativen Glaubenssätze (auch Paradigmen genannt), die er Ihnen suggeriert, können Sie jederzeit in positive Glaubenssätze umprogrammieren.**

So wie sich in Ihrer Kindheit aus dem ängstlichen, fürsorglichen und gut gemeinten: „Du kannst das noch nicht.", **ihrer Mutter der negativer Glaubenssatz:** „Ich kann das sowieso nicht." **entwickelt hat, genauso können Sie ihn durch folgende Mechanismen umprogrammieren:**

☀ Wiederholung: **Früher sagte die Mutter es Ihnen immer wieder in allen möglichen Situationen, und Sie versuchten irgendwann gar nicht erst, etwas Neues auszuprobieren.**

Heute können Sie Ihren neuen Glaubenssatz, z. B.: „Ich kann alles, was ich mir fest vornehme." **verinnerlichen, indem Sie ihn als positive Affirmation jeden Morgen vor dem Spiegel zu sich selbst sagen.**

☀ Praxis: **Versuchten Sie damals doch einmal etwas allein, ging es beim ersten Mal nicht gut, und Sie fühlten Ihre Mutter bestätigt. Heute wissen Sie, dass Fehler die größten Bausteine zum Erfolg sind. Sie wissen, dass Sie können, was Sie sich vornehmen und versuchen es deshalb so oft, bis Sie es Ihnen gelingt.** Schlechte Zeiten für Schweinehunde.

Neudeutsch bezeichnen wir die negativen Glaubenssätze, die uns unser innerer Schweinehund beschert, auch als "self fullfilling prophecies", sich selbst erfüllende Prophezeihungen. Wir sind viel mehr als wir manchmal glauben, das Produkt unserer Gedanken. Wenn Sie mit Ihrer Zielplanung für dieses Jahr beginnen, dann fangen Sie bei Ihrer Gedankensteuerung an.

Der geblendete Frosch
Ein Frosch wurde in kochendes Wasser geworfen – und sprang sofort wieder heraus. Anschließend warf man ihn in kaltes Wasser, das man langsam erhitzte. Auch jetzt hatte er jederzeit die Möglichkeit herauszuspringen, doch er blieb drin und starb. Durch das allmähliche Ansteigen der Temperatur hatte er die Gefahr nicht bemerkt. Zu spät.

Bitte nichts ändern, es könnte ja anders werden

„Ich lass es doch lieber bleiben."„Eigentlich bin ich ja auch ganz zufrieden." „Ich könnte mich ja blamieren." Ganz besonders gern pflegen unsere Schweinehunde das Sicherheitsdenken in uns – bloß im alten Fahrwasser bleiben und nichts riskieren. Einen neuen Job suchen, denn im momentanen fahre ich nur auf Halbdampf. Ja, aber eigentlich verdiene ich ja ganz gut und wer weiß, was woanders sein wird.

In welchen Bereichen behalten Sie lieber den Spatz in der Hand, anstatt sich nach der Taube auf dem Dach zu strecken?

Okay, ich kann's ja mal versuchen

„Ich werde es versuchen." Ist dieser Spruch erst mal von den Lippen, dann lehnt sich der Schweinehund entspannt zurück, denn er weiß, dass danach kein konsequentes Handeln folgt. Wie oft versuchen Menschen, mit dem Rauchen aufzuhören, pünktlich zu sein oder regelmäßig Sport zu treiben? „Ich habe es versucht", ist der Top-Verliererspruch, mit ihm können Sie so fast alles entschuldigen, was Sie „versucht haben", aber eigentlich gar nicht erreichen wollten.
Wo lassen Sie sich gern die Hintertür offen und starten irgendwem zuliebe einen Versuch?

Ziele und ihre Überlebenschancen

Sie wissen, wie Sie Ihre Ziele planen sollten: alle Lebensbereiche einbeziehen und qualitativ gleich bewerten, schriftlich und nach der SMART-Methode: spezifisch, messbar, aktionsorientiert, realistisch und terminierbar (siehe auch BasisWissen, S. 11). Schauen Sie sich folgende Zielformulierungen (linke Spalte) an und finden Sie heraus, warum diese Ziele nicht erreichbar sind. Decken Sie dazu die Auflösung (rechte Spalte) ab.

Ich sollte wohl mal zum Arzt gehen.	Konjunktiv (sollte), kein klarer Termin (wohl mal) Besser: Ich gehe im Februar 2002 zum Arzt. Am 10.01. Termin machen.
Ich versuche, in diesem Jahr 25 Kilo (jetzt: 110 kg) abzunehmen und esse gesund, meditiere täglich eine Stunde und treibe täglich eine Stunde Sport.	Unrealistisch, nicht messbar, nicht terminiert, unspezifisch, ich versuche (= aber leider schaffe ich es nicht) Besser: Am 1. Dezember 2002 wiege ich 100 Kilo. Ich jogge 3 x wöchentlich 30 Minuten. Ich esse täglich bis mittags nur noch Obst. Die restlichen Mahlzeiten esse ich überwiegend Rohkost, Salate und Gemüse ...
Ich will mehr Zeit für meine Kinder haben.	Zukunft (ich will), nicht terminiert (mehr Zeit) Besser: Ich spiele 3 x wöchentlich 1 Stunde mit meinen Kindern. Tage nennen.

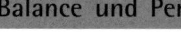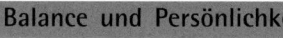

☀ Test: Wo blockiert Sie Ihr innerer Schweinehund?

Manchmal ist es richtig wohltuend, auf seinen inneren Schweinehund zu hören. Denn er ist der Künstler im Nichtstun und Faulenzen. In diesen Zeiten sollten Sie ihn an Ihrer Seite ge- nießen. Doch in vielen Situationen blockiert er Sie ein- fach nur. Finden Sie heraus, in welchen Situationen und Lebensbereichen er Sie ganz fest in der Hand hat. For- mulieren Sie dann für jeden Lebens- bereich einen Anti- Schweinehund- Glaubenssatz, der ihren kleinen Möchtegern einfach aushebelt. Wenn Sie das schaffen, dann haben Sie die optimalen Voraus- setzungen, Ihre Ziele 2002 zu planen und vor allem auch zu erreichen.

Verteilen Sie für jede der folgenden Schweinehund-Glaubenssätze Punkte. Von 1 (wenn dieser Glaubenssatz bei Ihnen nicht zieht) bis 6 (wenn Ihr Schweinehund Sie hier ganz fest im Griff hat). Markieren Sie dann für jeden Lebensbereich den Top-Trick Ihres Schweinehunds.

Glaubenssatz Ihres Schweinehunds	Schweinehundaktivität					
	gering					stark
	1	2	3	4	5	6
Ich kann nicht.						
Ich schaff das nicht.						
Das geht doch gar nicht.						
Das ist viel zu schwierig.						
Das hat doch sowieso keinen Sinn.						
Das tut man nicht.						
Das ist ja nicht meine Aufgabe.						
Das war schon immer so.						
Lieber nichts riskieren.						
Das können andere besser.						
Ich will es ja versuchen.						
Ich will gesünder leben.						
Zu viel auf einmal vornehmen.						
Das hat ja noch Zeit.						
Nur heute, ganz ausnahmsweise.						
Es ist ja nicht meine Schuld.						
Es hat ja sowieso keinen Zweck, es zu probieren.						
Ich kann nichts dafür.						
Nur noch kurz ...						
Das hat ja noch Zeit.						
Jetzt pack ich aber endlich an – alles auf einmal.						
Lieber erst mal abwarten.						
Das bringt ja ohnehin nichts.						
Lieber das behalten, was ich habe.						

Wo blockiert Sie Ihr innerer Schweinehund?

Bearbeiten Sie das Rad wie in der Marginalie vorgeschlagen!

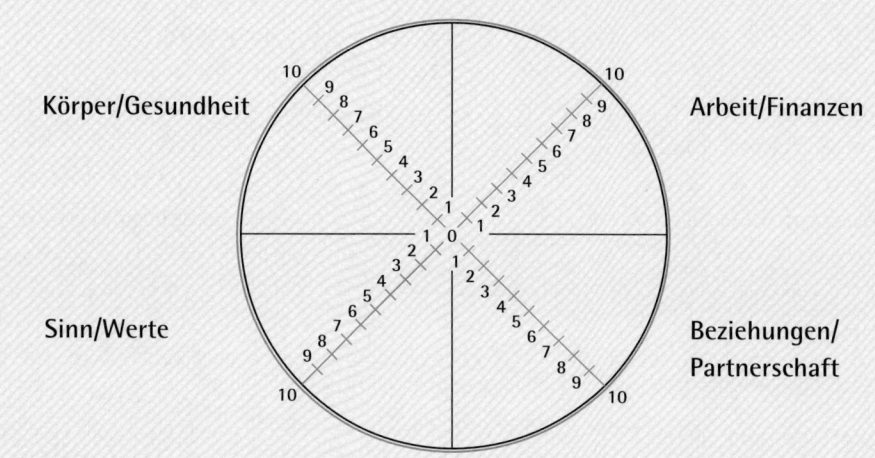

Schreiben Sie sich jetzt Ihr wichtigstes Ziel 2002 für jeden Lebensbereich auf. Und formulieren Sie den Glaubenssatz Ihres Schweinehunds in Ihren eigenen konstruktiven Glaubenssatz um.

Beispiel: Lebensbereich: Beziehungen/Partnerschaft:

Mein Ziel: **Ich rede täglich eine Stunde mit meinem Partner.**

Das sagt mein Schweinehund: **Lass es, du hältst das doch eh nicht durch.**

Mein neuer Glaubenssatz: **Mein Partner ist mir die Zeit wert, deshalb schaffe ich es.**

Lebensbereich: Körper/Gesundheit:
Mein Ziel: _____
Das sagt mein Schweinehund: _____
Mein neuer Glaubenssatz: _____

Lebensbereich: Arbeit/Finanzen:
Mein Ziel: _____
Das sagt mein Schweinehund: _____
Mein neuer Glaubenssatz: _____

Lebensbereich: Sinn/Werte:
Mein Ziel: _____
Das sagt mein Schweinehund: _____
Mein neuer Glaubenssatz: _____

Lebensbereich:
Beziehungen/Partnerschaft:
Mein Ziel: _____
Das sagt mein Schweinehund: _____
Mein neuer Glaubenssatz: _____

Wo arbeitet Ihr innerer Schweinehund besonders erfolgreich? Schauen Sie sich Ihr Lebensrad an. Zeichnen Sie auf der Skala von 1 bis 10 für jeden Lebensbereich an, inwieweit Sie Ihr innerer Schweinehund in der Klemme hat. Wie erfolgreich schafft er es, Sie von Ihren Zielen in diesem Bereich abzuhalten? Verbinden Sie dann die einzelnen Punkte miteinander. So können Sie erkennen, wo Sie sich auf Ihrem Weg zur Lebensbalance selbst blockieren, weil Sie das Steuer aus der Hand geben. Ein eingedelltes Rad kann einfach nicht rund laufen – und ein kleines Rad läuft viel langsamer als ein großes.

Meine Jahresziele 2002

Lebensbereich: _____

Mein Vorsatz: _____

Etappenziel 1: _____

Etappenziel 2: _____

Etappenziel 3: _____

Mein Ziel: _____

Lebensbereich: _____

Mein Vorsatz: _____

Etappenziel 1: _____

Etappenziel 2: _____

Etappenziel 3: _____

Mein Ziel: _____

Fertigen Sie sich von diesem Formular ausreichend Kopien an, bevor sie es ausfüllen.

Erstellen Sie sich Ihre Jahresziele 2002 für jeden Lebensbereich. Nutzen Sie dazu auch unsere Anregungen aus Januar 2000, Oktober 2000 und dem Basisbrief (Die Unterlagen finden Sie unter: www.coachingbriefe.de/seiwert/probeseiten/zielplanung) oder nehmen Sie an einem unserer Zielplanungs-Seminare teil. Info: Seiwert-Institut (0 62 21) 7 87 70

Kein Termin – keine Tat
Ihr innerer Schweinehund scheut jegliche Aktion. Sein größtes Bestreben ist es daher, Sie von Ihrer Ziel- und Termin-planung abzuhalten. Denn wenn Sie Ihre Vorhaben dem Zufall überlassen, dann bleiben es Vorhaben. Machen Sie ihm doch einfach einen Strich durch seine Rechnung!

Ihr Weg 2002: Weniger ist mehr

Die Tarnkappenregel
Übrigens ... Schweinehunde sind Meister der Verkleidung. So sind Rücksichtnahme, Pflichterfüllung und vor allem Moral

hoffähige Verkleidungen für Schweinehunde. Es gibt doch tatsächlich Menschen, die auch noch stolz darauf sind, aus solchen edlen Gründen ihre eigenen Ziele nicht erreicht zu haben – Leser natürlich immer ausgenommen.

Haben Sie sich auf den zurückliegenden Seiten die Mühe gemacht, hinter die Maske Ihres inneren Schweinehunds zu sehen? Viele meiner Seminarteilnehmer haben bei solchen Übungen oft im ersten Moment weniger eigene Aha-Erlebnisse. Vielmehr fallen ihnen Beispiele von Kollegen, Nachbarn, Familienmitgliedern und Freunden an, die fest im Griff ihres jeweiligen Schweinehunds sind. An dieser Stelle halte ich ihnen dann gern den eigenen Spiegel vor – denn erst dann ist konstruktives Umdenken möglich. Eine weitere Reaktion ist eine fast greifbare Aufbruchsstimmung, die sich im Seminar breitmacht. Im Sinne von „Ärmel hochkrempeln und Schluss mit allen alten Zöpfen machen", sprudeln die Teilnehmer nur so vor neuen konstruktiven Glaubenssätzen und Zielen. Alles fließt. Doch auch davor sei gewarnt.

Natürlich soll Ihre Zielplanung auf Ihrer neugewonnenen Freiheit aufbauen. Doch weniger ist auch hier wie immer mehr. Mein Tipp, um Ihre Schweinefraktion tatsächlich in ihre Grenzen zu weisen: Finden Sie den Lebensbereich, in dem Ihr Schweinehund am stärksten ist. Erarbeiten Sie sich hier

Mein Balance-Tipp des Monats

Heben Sie Ihre Bücher vom Sockel

Durch Wissen entsteht Balance. Viele Menschen wissen das, machen es sich aber trotzdem unendlich schwer, den Zugang zu ihrem eigenen Wissen zu behalten. So gibt es viele Zeitgenossen, die Bücher lieben – zum Teil sogar verehren. Sie lesen sie und achten darauf, dass auch nichts darankommt, keine Eselsohren, kein Kaffeefleck und schon gar keine handschriftlichen Notizen oder gar markierte Stellen.
Mein Tipp: Lesen Sie zukünftig nie mehr ohne Marker. Unterstreichen Sie, machen Sie Randnotizen, klappen Sie Eselsohren an besonders wichtige Stellen. Nutzen Sie Bücher als abrufbaren Wissens-Speicher.

eine Gegenstrategie. Konzentrieren Sie sich in diesem Jahr einzig und allein darauf, Ihrem Schweinehund hier das Leben so unbequem wie nur möglich zu machen. Viel Erfolg dabei wünscht Ihnen Ihr

Lothar J. Seiwert

Lothar J. Seiwert

660 233 027

B 51393

LOTHAR J. SEIWERT-BRIEF
WORK-LIFE-COACHING

für ein Leben in Balance

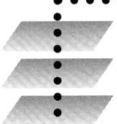

Professionalität und Effektivität in allen Lebensbereichen gewinnen
Souveränität und Gelassenheit ausstrahlen
Balance und Persönlichkeit entwickeln

Monatlicher Coaching-Service ❖ Februar 2002

Liebe Leserin, lieber Leser,

Wissen Sie ganz genau, dass Sie auf dem richtigen Weg zu Ihrem Karriereziel sind? Und weiß das auch Ihr Chef? Vielleicht bringen Ihnen unsere Anregungen zum Thema SELBSTMARKETING die entscheidenden Ideen, sich in diesem Jahr besser zu verkaufen. Denn Marketing in eigener Sache funktioniert nach denselben Regeln wie intelligentes Produktmarketing – es kommt einzig auf die richtige Positionierung an.

In unserem Focus-Teil kommt heute Beziehungsexperte Dr. Hans Jellouschek mit dem Thema BEZIEHUNGS-BALANCE zu Wort. Als einer der renommiertesten deutschen Paar- und Beziehungsexperten beschäftigt sich Dr. Jellouschek auch seit Jahren mit dem Thema Balance zwischen den Geschlechtern. Denn, so der Experte: „Um wirklich Balance in der Familie zu leben, müsste für die Männer die Arbeit familienfreundlicher organisiert sein, und die Politik müsste für mehr frauen-berufsfreundliche Kindereinrichtungen sorgen."

In unserem Focus lesen Sie, wie Sie persönlich dafür sorgen können, dass die Balance zwischen Ihnen als Paar und Eltern gewahrt bleibt.

Und auch unser Thema NONVERBALE KOMMUNIKATION wird Ihnen helfen, mehr Balance und Harmonie in Ihren Alltag zu bringen.

Ihr

Lothar J. Seiwert

PROFESSOR DR. LOTHAR J. SEIWERT gilt als Europas führender Experte für Zeitsouveränität, Effektivität und sinnvolles Lebensmanagement. Er ist erfolgreicher Bestsellerautor und erhielt 1999 als erster deutscher Trainer den internationalen Trainingspreis „Excellence in Practice" der ASTD (American Society for Training und Development).

Themen

Gut positioniert und schlecht kommuniziert

„Marketing ist kein Kampf der Produkte, Marketing ist ein Kampf subjektiver Wahrnehmungen."
Al Ries, Marketing-Experte

Der Weg zur Marke „Ich"
Lesen Sie dazu auch unsere Ausgaben Februar 2000 und Februar 2001, abzurufen im Internet unter: www.coaching-brief.de/Probeseiten/

In den FebruarBriefen 2000 und 2001 haben wir begonnen, über Ihre eigene Positionierung als Marke „Ich" zu sprechen. Damals habe ich Ihnen Werkzeuge angeboten, mit deren Hilfe Sie Ihre eigenen Stärken besser herausarbeiten und herausfinden konnten, wie Sie sich in Ihrem eigenen Unternehmen besser von der Masse und der Mittelmäßigkeit abheben können, um Ihre Spezialkenntnisse und Erfahrungen besser herauszustellen. Heute vertiefen wir dieses Thema. Denn egal, ob Sie Ihre eigene Person besser nach außen positionieren wollen oder ob Sie das als Selbständiger mit Ihren Produkten und Dienstleistungen tun wollen, es gelten dafür dieselben Marketinggesetze. Folgende Anregungen stammen von meinem Freund und Positionierungsexperten Peter Sawtschenko, der mein Unternehmen und mich in Punkto Marketing in eigener Sache berät – wie erfolgreich, das müssen Sie beurteilen.

Besetzen Sie eine klare Positionierungsnische

Die Positionierung beschäftigt sich damit, Lücken im Markt zu finden und diese gekonnt zu besetzen. Positionierung hat die Art, wie man heute Werbung betreibt, verändert. Jeder kann seine eigene Positionierungsstrategie einsetzen, um Produkt, Dienstleistung, Unternehmen, Institution oder auch sich selbst als Person in ein neues und besseres Licht zu rücken.

Positionierung ist das, was man in den Köpfen seiner Zielgruppe hinterlässt. Dabei gibt es drei Möglichkeiten, sich zu positionieren und vom Wettbewerb abzusetzen:

✷ Sich selbst oder das Produkt „optisch" zu verändern
✷ Eine neue, beziehungsweise zusätzliche „Bedeutung" hinzuzufügen oder
✷ einen „Mehrnutzen" zu bieten.

Die Positionierungsnische mit einem besonderes Merkmal

Immer wenn der Verbraucher sich zwischen austauschbaren Produkten entscheiden muss, sucht er zielstrebig nach Merkmalen, die ihm das befriedigende Gefühl geben, die bestmögliche Kaufentscheidung gefällt zu haben.

✷ **Faktische und virtuelle Veränderungen**
Ihre neue Positionierung können Sie durch eine vir-

🔍☀ Was ist eigentlich eine Marke?

tuelle oder durch eine faktische Qualitätsveränderung erreichen.

„Virtuell" bedeutet, dass Sie es schaffen, Ihr Produkt, Ihre Dienstleistung oder sich als Person im Kopf der Zielgruppe anders, einzigartig oder neu zu positionieren – wie eine rasierte Stachelbeere –, ohne dass sich das Produkt oder Sie als Mensch tatsächlich verändert haben. Lediglich Verpackung, Preis, Name etc. können sich verändern.

Die „faktische" Qualitätsveränderung bezieht sich auf eine Veränderung bzw. nachweisliche und nachvollziehbare Verbesserung des Produktes.

Eine virtuelle Positionierung ist dabei in der Regel stärker und nachhaltiger als eine nachweisliche und nachvollziehbare Positionierung. Ein Marlboro Raucher schwört auf seine Zigarette. Doch im Blindtest gehört sie zu denjenigen, die ihm am schlechtesten schmeckt. Brauereibesitzern servierte man ein fremdes Bier in ihren eigenen Flaschen und sie waren davon überzeugt, dass es ihr Bier ist. So gibt es viele Beispiele, wo nachweislich der Glaube stärker war als die Realität. Der Geschmack findet nicht auf der Zunge statt, sondern im Kopf.

Öffnen Sie ein neue Schublade im Kopf Ihrer Zielgruppe

Die Positionierungsstrategie beruht also nicht unbedingt darauf, etwas Neues oder Einmaliges zu schaffen, sondern nutzt und verbindet auch vorhandene

Zuerst einmal ist jeder Eigenname bereits ein Markenname. Jeder Mensch steht mit seinem Namen und damit, wie er handelt, denkt und reagiert, für etwas – privat wie geschäftlich – ob positiv oder negativ. Wenn Sie im Leben Erfolg haben wollen, sollten Sie sich als unverwechselbares Markenprodukt betrachten und entsprechend verhalten und handeln.

Wird ein Eigenname mit einer besonderen Leistung oder Kompetenz in Verbindung gebracht und erreicht er eine breite Öffentlichkeit, so steigt die Bedeutung des Markennamens. Letztendlich ist jeder Name, gleich ob er sich im Besitz einer Einzelperson, eines Unternehmens oder einer sozialen Gruppe befindet, ein Markenname. Wie stark ein Name jedoch im Gedächtnis der Zielgruppe verankert wird, hängt davon ab, was man daraus macht. Denn die Stärke einer Marke liegt in der richtigen Positionierung und in ihrer Fähigkeit, Entscheidungen bzw. das Kaufverhalten zu beeinflussen.

Fast alles lässt sich zu einer wertsteigernden und kostbaren Marke machen. Sie können sogar aus einer einfachen Kartoffel, einem Brot, einem Grillhähnchen, einem Kugelschreiber oder einem Motivationstrainer eine Marke machen. Selbst aus dem Grundwasser lässt sich ein hochwertiges Markenprodukt entwickeln. Es kommt nur darauf an, dass man etwas richtig und glaubhaft positioniert.

Was ist Branding?

Während der Marlboro-Raucher den Rindern mit einem heißen Eisen ein Brandzeichen als Unterscheidungsmerkmal aufs Fell brennt, malt man im modernen Marketing mit lila Farbe eine Kuh an und macht sie damit unverwechselbar.

Ein erfolgreiches Branding-Programm (Positionierung) basiert auf dem Konzept, in den Köpfen seiner Zielgruppe als einzigartig und unverwechselbar wahrgenommen zu werden und eine nachhaltige Präsenz zu schaffen.

Das gilt sowohl für Produkte und Dienstleistungen als auch für Sie als Einzelperson.

Buchtipp:
Peter Sawtschenko
Rasierte
Stachelbeeren
So werden Sie die
Nr. 1 im Kopf Ihrer
Zielgruppe
Gabal-Verlag,
Offenbach.
Im Buch geht es um
die wichtigsten
Strategien, sich er-
folgreich als Marke
zu positionieren.
www.sawtschenko.de

Gedanken, gestaltet sie um und verknüpft sie zu neuen Assoziationen.

Suchen Sie nach Möglichkeiten, auch ohne faktische Innovationen, das, was Sie auszeichnet, neu und anders zu positionieren.

Beispiel: Ein Steuerberater erkannte nach eingehender Zielgruppenanalyse, dass Bewohner von Altenheimen seine erfolgversprechendste Teil-Zielgruppe waren. Gezielt spezialisierte er sich auf diese Menschen und kommunizierte

Ihnen klar den Nutzen, den sie von sei-
ner Beratung hatten. Innerhalb kurzer
Zeit standen die Neukunden nur durch
Mund-zu Mund-Propaganda schlange.

Gut positioniert und schlecht kommuniziert

Als Erfahrungswert seiner jahrelangen Marketing- und Strategieberatung schätzt Experte Sawtschenko ein, dass viele Unternehmen bewusst oder unbewusst Alleinstellungsmerkmale haben, sie aber nicht nach außen kommunizie-
ren. In seiner Zukunfts-Strategie-Werk-
statt, die er zur Zeit bundesweit für eine Branche anbietet, ließ er die Teilnehmer, nachdem sie Ihre besonderen Stärken und Positionierungschancen erarbeitet hatten, gegenseitig eine Kommunikati-
onsanalyse ihrer Image-Broschüren durchführen. Das Ergebnis war für alle erschreckend.

Machen auch Sie für sich persönlich den Test (siehe Seite 9). Idealer Weise bitten Sie einen Freund ebenfalls um eine Bewertung.

Peter Sawtschenko,
Positionierungs-
Experte

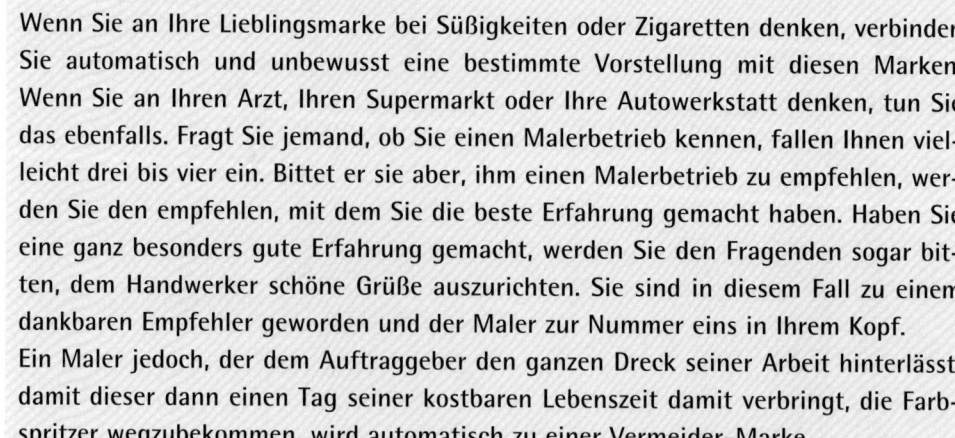

🔍 Ihr Verhalten beeinflusst Ihr persönliches Markenimage

Wenn Sie an Ihre Lieblingsmarke bei Süßigkeiten oder Zigaretten denken, verbinden Sie automatisch und unbewusst eine bestimmte Vorstellung mit diesen Marken. Wenn Sie an Ihren Arzt, Ihren Supermarkt oder Ihre Autowerkstatt denken, tun Sie das ebenfalls. Fragt Sie jemand, ob Sie einen Malerbetrieb kennen, fallen Ihnen vielleicht drei bis vier ein. Bittet er sie aber, ihm einen Malerbetrieb zu empfehlen, wer-
den Sie den empfehlen, mit dem Sie die beste Erfahrung gemacht haben. Haben Sie eine ganz besonders gute Erfahrung gemacht, werden Sie den Fragenden sogar bitten, dem Handwerker schöne Grüße auszurichten. Sie sind in diesem Fall zu einem dankbaren Empfehler geworden und der Maler zur Nummer eins in Ihrem Kopf.

Ein Maler jedoch, der dem Auftraggeber den ganzen Dreck seiner Arbeit hinterlässt, damit dieser dann einen Tag seiner kostbaren Lebenszeit damit verbringt, die Farb-
spritzer wegzubekommen, wird automatisch zu einer Vermeider-Marke.

Verhalten Sie sich so, dass Ihre Zielgruppen gern an Sie denken und sich Ihrer positiv erinnern, wenn es darauf ankommt.

Befindet sich Ihre Paar-Beziehung in Balance?

„Zur Kultur der Liebe gehört es, genügend Zeit füreinander zu haben, aber auch sich gegenseitig genügend Zeit für sich selbst zu lassen."
Dr. Hans Jellouschek,
Experte für Paartherapie

In unserer letzten Leserbefragung äußerten Sie verstärkt den Wunsch, auch private Kommunikationsprobleme in unserem CoachingBrief zu beleuchten. Gerne befragen wir auch Experten zu solchen „privaten" Themen, denn zu einer ausgeglichenen Lebens-Balance gehört auch eine harmonische Paarbeziehung. Doch noch immer ist für viele die eigene Paarbeziehung und vor allem sind Beziehungskrisen „Tabu-Themen". Paare suchen sich in Krisen Hilfe von außen oft erst dann, wenn sich ihre Beziehungen in absoluter Schieflage befinden und das Paar sich gegenseitig bereits sehr viele Verletzungen zugefügt hat.

Wir befragten Paar-Experte Dr. Hans Jellouschek, welche wichtigen Spielregeln der Liebe es zu beachten gilt, um auch als Paar in Balance zu bleiben.

Die Basis: Arbeitsmann und Familienfrau?

Wir alle gehen davon aus, dass Mann und Frau heute absolut gleichberechtigt sind, dass also beide absolut gleichwertige Verwirklichungschancen außerhalb und innerhalb der Familie haben. Allerdings ist es erwiesen, dass trotzdem sehr viele Paare, spätestens ab dem Zeitpunkt, an dem sie Kinder bekom-

men, uralte Familienmuster leben – die sogenannte patriarchalische Versorgungsehe, in der der Mann sich nach draußen begibt, um den Lebensunterhalt zu verdienen und die Frau für die Kinder verantwortlich ist. Diese Form des Zusammenlebens programmiert Beziehungsprobleme bereits am Anfang vieler Beziehungen vor.

Dieses Modell widerspricht dem Selbstverständnis heutiger Männer und Frauen. Denn der Mann hat nicht mehr die Macht des alten Patriarchen, dem Frau und Kinder auch absoluten Respekt zollten, wenn er durch berufliche Abwesenheit glänzte. Heute schlägt ihm die geballte Opposition seiner Lieben entgegen, und Ehefrauen danken ihm seinen Versorgungsdrang mit Lie-

Buchtipp zum Thema:

Hans Jellouschek
Wie Partnerschaft gelingt - Spielregeln der Liebe,
Herder Verlag, Freiburg

Hans Jellouschek
Mit dem Beruf verheiratet.
Von der Kunst, ein erfolgreicher Mann, Liebhaber und Familienvater zu sein.
Kreuz Verlag, Stuttgart

Kinder brauchen beide

Manchen Müttern ist es vielleicht gar nicht klar, dass sie ihre Kinder trotz größter Liebe und Fürsorge als Machtinstrument (gegen den Partner) einsetzen. Nicht die Mutter-Kind-Beziehung schafft für die Kinder optimale Bedingungen. Die Geborgenheit und das Vertrauen, die Kinder brauchen, um ins Leben zu gehen schafft erst die Vater-Mutter-Kind-Beziehung. Dabei ist unter Beziehung nicht zu verstehen, dass der Vater nur die äußeren Rahmenbedingungen bereitstellt.

besentzug. Frauen werfen ihren Männern also vor, zu sehr auf den Beruf fixiert zu sein und sie mit Kinder- und Familienfragen allein zu lassen. Andererseits beanspruchen viele Frauen diese absolute Macht in der Familie, weil sie ihre Unzufriedenheit über fehlende berufliche Verwirklichung kompensieren müssen.

Das endet in einem vorgezeichneten Dilemma: Männer fühlen sich immer mehr menschlich verarmt. Denn berufliche Karriere bedeutet oft klagloses Funktionieren nach außen und damit menschliche Verarmung. Werden sie dann in ihrer wenigen Zeit, die sie zu Hause verbringen, in der Familie noch als Störfaktoren wahrgenommen, verlieren sie ganz den Halt.

Fazit: Die Konzentration auf den Beruf beschränkt Männer genauso in ihrer Selbstentfaltung wie die Einengung der Frauen auf ausschließlich Kinder und Familie.

Alte Muster erkennen und abwerfen

Das Problem ist also in den meisten Fällen ein gemeinsames, und Paare müßten es auch gemeinsam angehen. Es gibt heute so viele Möglichkeiten, beiden Geschlechtern in beiden Bereichen Möglichkeiten zu schaffen, aber sie werden zu oft von den Betroffenen ignoriert. Warum?

Mehr Balance im Rollenbild

1. Überprüfen Sie in Ihrer Beziehung die Zuständigkeiten von Mann und Frau **für Familie und Haushalt einerseits und für den Beruf andererseits. Wie verteilen sich die Anteile prozentual? Sind Sie damit zufrieden?**

Falls nicht, erarbeiten Sie gemeinsam Lösungsmöglichkeiten.

2. Starten Sie ein Experiment. **Setzen Sie sich an einem ungestörten Ort zusammen. Jeder Partner darf sich nun jeweils 15 Minuten über alles beklagen, was ihm an seiner beruflichen und familiären Situation stört. Die Voraussetzung: der jeweils andere darf nicht unterbrechen, nur zuhören!**

Wenn Sie diese Übung konsequent durchhalten, so ist das der erste Schritt zu mehr gegenseitigem Verständnis.

3. Entwerfen Sie gemeinsam ein neues Paarszenario. **Teilen Sie jetzt gemeinsam Ihre Anteile an Beruf und Familie gleichwertig auf. Tauschen Sie aus, welche Gefühle das neue Szenario bei jedem von Ihnen auslöst (Angst, Widerstand, Begeisterung ...)**

Attraktive Zukunftsbilder haben ihre eigene Kraft, sich zu verwirklichen.

4. Prüfen Sie die Realisierbarkeit. **Können Sie mit Ihrer konkreten Familiensituation, beruflichen Angeboten, finanziellem Spielraum eine für beide Seiten befriedigendere Verteilung von Beruf und Familie erreichen?**

Wie könnten die ersten Schritte dazu aussehen?

❀ Uralte Rollenmuster sind tief in unseren Seelen verankert

Ohne dass wir es merken, steuern uns uralte Muster. Der Mann sieht unbewusst das Bild des Jägers vor sich, der draußen die Tiere für die Ernährung der Sippe erlegt.

Die Frau neigen sich wie ihre Urahninnen drinnen in der Höhle beschützend über ihren Nachwuchs und halten den Männern den Rücken frei.

Die Konsequenz: Männer glauben, für berufliche Karriere bestimmt zu sein und selbst berufstätige Frauen werten ihren Job vor sich selbst ab und fühlen sich in erster Linie für die Familie zuständig. Auch viele Männer sehen die berufliche Tätigkeit ihrer Frauen als „Freizeithobby". Frauen dagegen sprechen ihren Männern die Kompetenz in Erziehungsfragen ab.

Unterschätzen Sie diese uralten Rollenbilder nicht. Reflektieren Sie Ihren eigenen Part innerhalb der Beziehung und gestehen Sie sich selbst und Ihrem Partner größere Freiräume im jeweiligen Feld zu.

Wege zur Ebenbürtigkeit

Die Kenntnis und das Akzeptieren der eigenen (vielleicht kontraproduktiven) Rollenmuster ist der erste Schritt in Richtung einer gesunden Beziehungs-Balance.

Der nächste Schritt beinhaltet, diesem Teufelskreis konsequent zu entkommen. Eine häufige Lösungsillusion von Frauen heißt, trotz der Kinder wieder in den Beruf einzusteigen und die Dreifachbelastung – Beruf, Haushalt, Kinder – auf sich zu nehmen. Sie schleppen auf diese Weise die Last jah-

relang bis zur völligen Erschöpfung mit sich. Andere rebellieren einfach nur intern gegen ihren Pascha und verweigern sich ihm vielleicht im Bett.

Die Männer fühlen sich oft in ihrem Beruf überbeansprucht, achten gar nicht auf die versteckten oder offenen Signale ihrer Partnerinnen – bis irgendwann der Machtkampf so weit entbrannt ist, dass man sich an jeder Alltäglichkeit entzündet. Obwohl man sich doch einmal geliebt hat.

Damit nicht die Umstände den „Tod der Liebe" provozieren und ein Paar scheiden, sollten Sie überprüfen, wo genau sich in Ihrer Beziehung ein Ungleichgewicht einschleicht:

❀ Unausgeglichene Bilanz von Geben und Nehmen

Auf dem Weg vom verliebten Paar zum Elternpaar wird oft die Bilanz zwischen Geben und Nehmen gestört. Diese Bilanz stimmt dann, wenn ich dem Partner viel gebe, aber genauso viel nehmen kann (und umgekehrt). Sobald eine Seite längere Zeit das Gefühl hat, immer nur zu geben ohne etwas zu bekommen, dann wird er oder sie sich ausgebeutet fühlen. Andererseits be-

Depressive Ehefrauen

Wissenschaftliche Studien belegen, dass verheiratete Frauen häufiger depressiv sind als Single-Frauen. Der Grund: Verheiratete Frauen überlassen sehr oft ihren Männern zu viel Aktivität. Sie fordern und sind dann unzufrieden, wenn ihre Forderungen nicht erfüllt werden. Anstatt selbst aktiv zu werden, beklagen sie sich über ihr böses Schicksal - ganz wie im Märchen vom Fischer und seiner Frau.

Im Focus: Paar-Balance ❀ Im Focus: Paar-Balance ❀ Im Focus: Paar-Balance ❀ Im Focus: Paar-Balance ❀ Im Focus: Paar-Balan

LOTHAR J. SEIWERT-BRIEF/FEBRUAR 2002　　7

Wirtschaft und Politik gefordert

Die optimalen Bedingungen zu schaffen, um Väter mehr in die Familie einzubeziehen und Müttern bessere Chancen zu geben, sich im Lebensbereich Beruf zu verwirklichen, ist nicht allein Sache der Betroffenen selbst. Oftmals fehlt es nicht am eigenen Willen der Väter, sich einzubringen, doch gibt es noch viel zu wenige deutsche Unternehmen, die Männer darin unterstützen, z. B. Kinder-Auszeiten zu nehmen. Und noch immer fehlt es an ausreichenden Kinderbetreuungsmöglichkeiten, die es Frauen erlauben, ohne die erwähnte Dreifachbelastung berufstätig zu sein. Hier sind die Unternehmer und die Politiker gefragt.

kommt der, der immer nur nimmt, seinerseits Schuldgefühle. In den meisten Fällen gerät die Frau in die Rolle der Geberin, denn sie „versorgt alle mit Gefühlen" und brennt dabei immer mehr aus. Der Mann steckt seine Hauptenergie in den Beruf und meint vielleicht, ebenfalls zu geben, weil er ja für den Hauptteil des Familieneinkommens aufkommt. Aber dieses Geben ist in den emotionalen Beziehungen zu wenig spürbar und geht deshalb unter – es vollzieht sich nicht vom Du zum Du.

Tipp: Damit kein zu großes Defizit in der Bilanz entsteht, sollten Männer kleine Aufmerksamkeiten geben, um die Bilanz zum Ausgleich zu wenden. Das kann ein Blumenstrauß für die Partnerin sein oder einfach ein früheres Nachhausekommen, das können eine Einladung der Partnerin zum Essen sein oder andere kleine Liebesdienste, die beiden Partnern zeigen, dass die Bereitschaft zur Balance vorhanden ist..

🔅 Ungleicher Zugang zu Machtquellen

Dis-Balance in Beziehungen hängt auch davon ab, welche Macht-Ressourcen dem Einzelnen zur Verfügung stehen. Das sind zum Beispiel: Geld, berufliches Ansehen, Information und soziale Beziehungen. Männer, die Karriere machen, verdienen das meiste Geld und bekommen die höhere Anerkennung. Die Frau hält dagegen, indem sie dem Mann im wichtigen Bereich der Kindererziehung den Zugang zur Ressource „Beziehungen zu den Kindern" verwehrt oder indem sie ihm wichtige Informationen die Familie betreffend vorenthält, die ihn mit der Zeit aus der Familien-Welt ausschließen. Das kann im Extremfall auch dazu führen, dass die Frau dem Mann den Zugang zur Ressource „Sexualität" verwehrt, worauf der Mann seine Machtquelle „physische Gewalt" ausspielt oder andere Machtquellen einsetzt.

🔅 Mehr Ebenbürtigkeit in der Beziehung

Frauen und Männer sind einander ebenbürtig – das ist theoretisch jedem klar. Im Zusammenleben geraten aber sehr viele Paare aus der Balance. Wichtig ist, dass Sie sich bewusst machen, dass Ebenbürtigkeit ein Prozess ist, der im Laufe Ihrer Beziehung immer wieder hergestellt werden muss.

🔅 Die Ebenbürtigkeit eines Paares wird immer wieder gestört durch:

✔ Alte, verinnerlichte Rollenbilder, die unser Verhalten, meist unbewusst, steuern.

✔ Ein unausgewogenes Verhältnis zwischen Geben und Nehmen.

✔ Einseitiges Machtausüben mit Hilfe von Geld, Information, Beziehung, Sexualität, Anerkennung.

Die meisten dieser Prozesse laufen außerhalb unseres Bewusstseins ab und gegen unsere Absicht. Aus diesem Grund ist es notwendig, sich zu sensibilisieren, um Beziehungsfallen rechtzeitig zu erkennen und bewusst gegenzusteuern.

Übung: Kleine Positionierungs-Analyse

Der Anfang einer guten erfolgreichen Positionierung: „Tue Gutes und sprich darüber!" Überprüfen Sie, ob Sie Ihre Positionierungs-Strategie klar und verständlich nach außen kommunizieren. Hinterfragen Sie dabei kritisch, ob Sie die aufgeführten Kommunikationsprinzipien beachten – auch für Ihre persönliche Positionierung.
Bewertung: 1 = sehr gut/vollständig erfüllt bis 5 = mangelhaft/überhaupt nicht

Was ist das Ziel Ihrer Positionierung?

....

Ihre Positionierungsstrategie	Bewertung aus Sicht Ihrer Zielgruppe	1	2	3	4	5
	Zeit und Arbeit sparen	☐	☐	☐	☐	☐
	Geld sparen	☐	☐	☐	☐	☐
	Geld verdienen, Zugewinn	☐	☐	☐	☐	☐
	die Zukunft des Unternehmens sichern	☐	☐	☐	☐	☐
	Risiken minimieren	☐	☐	☐	☐	☐
	Sicherheit	☐	☐	☐	☐	☐
	Lebensqualität	☐	☐	☐	☐	☐
	Verbesserung der Situation	☐	☐	☐	☐	☐
	der Nutzen steht im Vordergrund	☐	☐	☐	☐	☐

Kommunikations-Analyse	1	2	3	4	5
Steht Ihr Alleinstellungsmerkmal/Positionierung (Kundennutzen) im Vordergrund?	☐	☐	☐	☐	☐
Wird Ihre Spezialisierung deutlich?	☐	☐	☐	☐	☐
Wie stark/hoch sind die Begeisterungsmerkmale gegenüber dem Wettbewerb?	☐	☐	☐	☐	☐
Wird eine klare Abgrenzung zum Mitbewerber deutlich?	☐	☐	☐	☐	☐
Steht der Nutzen und die Problemlösung für den Kunden im Vordergrund?	☐	☐	☐	☐	☐
Holen Sie Ihre Zielgruppe bei seinen Problemen ab?(Vom Bauch in den Kopf)	☐	☐	☐	☐	☐
Werden alle besonderen Stärken kommuniziert?	☐	☐	☐	☐	☐
Ist die Kommunikation zielgruppenorientiert?	☐	☐	☐	☐	☐
Entstehen klare Nutzenbilder im Kopf?	☐	☐	☐	☐	☐
Ist Ihr Leistungsangebot vollständig?	☐	☐	☐	☐	☐
Ist die Information klar und logisch aufgebaut?	☐	☐	☐	☐	☐
Versteht ein Einsteiger Ihre Informationen? (Versteht es auch die Oma? Sind es einfache Sätze?)	☐	☐	☐	☐	☐
Wird das Sicherheitsbedürfnis des Kunden angesprochen?	☐	☐	☐	☐	☐
Sprechen Sie die Sprache der Kunden/Zielgruppe?	☐	☐	☐	☐	☐
Wird der Langzeitnutzen für den Kunden deutlich?	☐	☐	☐	☐	☐
Wird Ihre Philosophie, Vision, Mission etc. deutlich?	☐	☐	☐	☐	☐
Fordern Sie zu konstruktiver Kritik auf (Beschwerdemanagement)?	☐	☐	☐	☐	☐

Quelle: PETER SAWTSCHENKO

🔍☀ Was unsere Hände sagen

80 Prozent unserer Kommunikation ist nonverbal. Wieviel Prozent davon steuern Sie bewusst?

Buchtipp zum Thema
Körpersprache:
Samy Molcho
Alles über
Körpersprache
Mosaik Verlag,
München

Samy Molcho, DER Experte für Körpersprache warnt in seinen Seminaren immer wieder davor, bei der Interpretation von Körpersprache in Schubladendenken zu verfallen, aber er verrät auch, dass es ungeschriebene Gesetze gibt. Hier als Beispiel, was unsere Finger verraten:

🌀 Der Daumen: Er ist der motorisch stärkste Finger und steht für die Dominanz. Befindet er sich beispielsweise bei geballter Faust innen, so versucht die Person, ihre Dominanz zu verstecken. Wer den Daumen bei der Faust innen hat, kann nicht zuschlagen.

🌀 Der Zeigefinger weiß alles besser. Erklärt jemand etwas und hat dabei den Zeigefinger erhoben, dann möchte die Person belehren.

🌀 Der Mittelfinger steht für das Ego, für den Selbstgestaltungswillen einer Person. Wer Ringe am Mittelfinger trägt, der möchte hervorheben, wieviel ihm die eigene Dominanz und der Wille nach Selbstgestaltung wert ist.

🌀 Der Ringfinger ist der Gefühlsfinger. Berührt jemand im Gespräch seinen Ringfinger, dann benötigt er eine Streicheleinheit – wenigstens verbal.

🌀 Der kleine Finger ist unser Gesellschaftsfinger. Wer beim Trinken den kleinen Finger abspreizt, betont die Ästhetik seiner Haltung. Und auch, wenn es etwas lächerlich wirkt, er sagt damit: „Seht her, ich bin hier und ich spiele hier mit."

Crash-Kurs: Body-Talk

Ob beruflich oder privat – auch die beste Kommunikationsstrategie funktioniert nur, wenn wir authentisch sind, wenn wir es ehrlich meinen. Der Grund sind nicht unsere wohlgesetzten Worte und ausgefeilten Strategien, sondern unsere Körpersprache.

Wir kommunizieren immer, auch wenn wir nichts sagen – unser ältestes Kommunikationsinstrument ist unser Körper: Wir alle senden unbewusst Signale an unsere Gesprächspartner und empfangen und interpretieren die nonverbalen Botschaften unserer Gegenüber in der gleichen Weise.

Unsere Gesprächspartner interpretieren also unsere verbalen Botschaften, nachdem diese durch den Filter unserer Körpersprache gegangen sind.

Es gibt keinen Code, um diesen Body-Talk zu manipulieren. Verspricht Ihnen jemand Tricks, um andere Menschen nonverbal zu manipulieren, dann sollten Sie vorsichtig werden. Samy Molcho, der große Körpersprach-Experte, betont aber, wie wichtig es ist, Kenntnisse über unsere nonverbale Kommunikation zu besitzen, um die eigene Botschaft überzeugender zu vermitteln und andere Menschen besser zu verstehen.

Gestik: Keinen Fingerbreit ausweichen

„Alle meine Argumente wischte sie einfach vom Tisch, was blieb mir anderes, als mit hängenden Schultern von dannen zu ziehen." Es gibt sehr viele Redewendungen, die sich auf unsere Körpersprache beziehen. Wer nicht zugänglich ist für die Argumente des anderen, der wischt sie im wahrsten Sinne des Wortes vom Tisch. Vorher hat er vielleicht mit dem Kugelschreiber oder mit seinen Händen eine Barriere aufgebaut, damit sie gar nicht erst bei ihm ankamen. Und wenn der Gesprächspartner merkt, dass er keine Chance mehr hat, dann lässt er die Schultern oder auch den Kopf hängen und gibt auf.

Körperhaltung und Gesten verraten sehr viel über die wahren Intentionen unserer Gesprächspartner.

⊚ Spiegelgestik: Sie können beispielsweise merken, ob sich zwei Menschen verstehen – ob sie miteinander flirten oder ein harmonisches Paar sind. Denn Menschen, die sich sympathisch finden, halten unbewusst dem anderen den Spiegel vor. Neigt der eine den Kopf nach vorn, tut es ihm der andere nach. Fasst der eine nach dem Glas, trinkt der andere mit. Sitzen solche Menschen nebeneinander und schlagen die Beine übereinander, dann zeigen die Fussspitzen zueinander.

⊚ Die Hände: Auch an den Händen können Sie sehen, welche Intention Ihr Gegenüber hat. So steht die linke Hand für emotionale Beteiligung an der Sache, die Sie besprechen. Verschwindet sie also in der Hosentasche, dann wissen Sie, dass sich Ihr Gegenüber emotional von der Sache verabschiedet. Die rechte Hand steht für unsere Rationalität. Faltet Ihr Gegenüber also die Hände, dann wissen Sie, ob er nach Gefühl oder Verstand entscheidet, je nachdem, welcher Daumen oben liegt.

Mimik: Uns steht alles im Gesicht geschrieben

Wie stellen Sie sich das sprichwörtliche Pokerface vor? Versteinerte Miene und möglichst Sonnenbrille, damit niemand die Augen sehen kann? Glauben Sie Ihrem Sohn, wenn er ihnen versichert, dass er seine Vokabeln ganz bestimmt

gelernt hat und dabei mit den Augen verzweifelt versucht, Ihrem festen Blick auszuweichen. Nehmen Sie es Ihrem Partner ab, wenn er Ihnen versichert, dass er natürlich daran interessiert ist, was Ihnen Silke über den neuesten Liebhaber von Marion erzählt hat, dabei aber mit seinen Blicken nach Interessanterem suchend durch den gesamten Raum wandert.

In unserem Gesicht steht die gesamte Wahrheit geschrieben – und unsere Augen werden von weisen Männern nicht umsonst als die Spiegel unserer Seele bezeichnet.

Menschen, die beim Sprechen den Mund bedecken, haben etwas zu verbergen (man behauptet das auch von Bartträgern). Wer sich an der Nase oder am Ohr reibt, dem sind die Argumente ausgegangen. Wer aufrichtig lacht, der tut das nicht nur mit dem Mund, sondern auch mit den Augen. Und wir wissen auch, dass hängende Mundwinkel kein Zeichen von Fröhlichkeit sind und hochgezogene Augenbrauen verraten, wie sehr jemand verwundert oder verblüfft ist über das, was er da gerade hörte.

Stimme: Der Ton macht immer die Musik

Last but not least erkennen Sie schon am Klang und an der Lautstärke einer Stimme, wie die wahre Botschaft lautet. Laute Menschen sind eher selbstbewusst, zu laute dagegen tönen, um ihre Unsicherheit zu verbergen. Wer besonders leise redet, der kann schüchtern sein, aber auch müde oder unehrlich. Wer eine sehr warme und einfühlsame Stimme hat bekommt sofort Sympathiepunkte. Und warum empfinden wir eine Botschaft so positiv, wenn sie uns mit einer fröhlichen Stimme vermittelt wird?

Warum wirkt ein schwacher Händedruck immer negativ?

Ein lascher Händedruck erzeugt kein Vertrauen. Er drückt Schwäche aus und sagt: „Ich schaffe es

ohnehin nicht, erwarte von mir nichts."
Wir empfinden lasche Hände auch deswegen als unangenehm, weil sie an das Anfassen einer „Leiche" erinnert – einfach nur leblos.

Was sind typische dominante Bewegungen? Jede Geste, die die Bewegungsfreiheit des anderen einschränkt, ist dominant. Beispiele: Jemanden umarmen und ihm beide Oberarme festhalten oder jemandem die Hand reichen und aus „Herzlichkeit" die andere noch darauflegen.

Dieser kleine Ausflug in die nonverbale Kommunikation zeigt, wie wichtig es ist, auch auf das zu achten, was uns unsere Gesprächspartner zwischen den Zeilen vermitteln. Sie können das natürlich tun, indem Sie versuchen, Ihre Mimik und Gestik ein wenig zu überprüfen und indem Sie einfach sensibler werden für die Körpersprache Ihrer Mitmenschen.

Es bringt, wie gesagt, überhaupt nichts, sich irgendwelche positiven Gesten anzutrainieren. Allerdings schadet es niemandem, sich eine gerade Sitzhaltung anzugewöhnen (Schulter nach hinten, Kopf gerade) oder die Füße beim Stehen ein wenig raumgreifender zu setzen. Diese Zeichen von Selbstbewusstsein versteht jeder unbewusst. Und eine selbstbewusste Körperhaltung wirkt auch auf einen selbst – wie außen, so innen.

Wie wir unsere Körpersprache äußerlich verändern, so verändern wir auch unsere innere Einstellung. Denn unser Körper ist Ausdruck unserer Seele. Eine weitere Anregung ist, die nonverbalen

Balance-Tipp des Monats

Nichts auf später vertagen

Wollten Sie endlich wieder ins Fitnessstudio oder haben Sie Stress mit Ihrem Partner? Sagen Sie sich schon seit Wochen: „Darum kümmere ich mich später!" Dann sind Sie nicht in Balance. Fehlt Ihnen die Kraft, sich um Ihre privaten Belange zu kümmern, dann setzen Sie sich heute eine Stunde hin, und überprüfen Sie ehrlich Ihre momentanen Prioritäten. Wenn nicht jetzt, wann dann!

Signale Ihres Gegenüber in Ihre Entscheidung einzubeziehen, indem Sie einfach mehr auf Ihren Bauch hören. Wie eingangs erwähnt, interpretieren wir unbewusst ohnehin die Körpersprache der anderen. Wir müssen einfach wieder lernen, diese Interpretation auch zu akzeptieren. Hören Sie einfach etwas mehr auf Ihre Intuition – Sie werden im Laufe der Zeit merken, wie positiv sich das auf Ihre Entscheidungsfindung und auf Ihr Einschätzungsvermögen anderer Menschen auswirken wird.

Ihr

Lothar J. Seiwert